西南大学学科建设经费专项资助

西南大学应用经济学一级学科博士点建设系列丛书（第二辑）

Social Vulnerability and Catastrophe Risk Management

社会脆弱性与巨灾风险管理

谢家智　著

科学出版社

北　京

内 容 简 介

自然灾害事件大多起因于自然风险。但是，自然风险不一定导致灾害。自然灾害的发生，以及损失的扩散和放大往往因为社会因素。而且，风险也可能系社会行为"制造"。因此，巨灾的"社会"行为成为巨灾风险管理的重心，风险社会脆弱性理论成为 20 世纪 70 年代以后风险理论研究视角的重大创新。本书旨在融合应用多学科的理论和工具，创新研究视角和方法，研究脆弱性视角下的巨灾成灾机理、反脆弱性的路径、巨灾风险社会协同治理的机制等核心内容问题。本书主要内容包括：巨灾风险的成灾机理与管理演进、巨灾风险脆弱性分析与评价、巨灾风险扩散与放大机制研究、巨灾风险社会抗逆力分析与评价、巨灾风险认知与行为主体决策分析、巨灾风险社会协同治理机制设计、巨灾风险反脆弱性管理路径选择等。

本书可为风险管理领域研究人员提供参考借鉴，也可为政府部门、金融机构、社会团体协同治理管理巨灾风险提供决策参考。

图书在版编目(CIP)数据

社会脆弱性与巨灾风险管理 / 谢家智著. —北京：科学出版社，2022.1
（西南大学应用经济学一级学科博士点建设系列丛书.第二辑）
ISBN 978-7-03-070946-2

Ⅰ.①社…　Ⅱ.①谢…　Ⅲ.①自然灾害–风险管理–研究–中国　Ⅳ.①
X432

中国版本图书馆 CIP 数据核字（2021）第 260346 号

责任编辑：黄　桥 / 责任校对：彭　映
责任印制：罗　科 / 封面设计：墨创文化

科 学 出 版 社 出版
北京东黄城根北街16 号
邮政编码：100717
http://www.sciencep.com

成都锦瑞印刷有限责任公司 印刷
科学出版社发行　各地新华书店经销

*

2022 年 1 月第 一 版　　开本：B5（720×1000）
2022 年 1 月第一次印刷　　印张：20 3/4
字数：418 000
定价：168.00 元
（如有印装质量问题，我社负责调换）

前　言

　　现代社会因为人与自然、人与社会、人与人之间的关系发展快速变化，风险生成、传播与扩散机理，都发生前所未有的变化。巨灾系统的复杂性、脆弱性呈现新的特征，传统的风险管理制度和模式受到极大挑战。虽然灾害社会学理论的发展提出了不利的社会经济条件是人类社会在自然灾害面前具有"脆弱性"的原因，并提出了"反脆弱性发展"理念。但是，对巨灾风险脆弱性的机理缺乏深入研究，巨灾风险的扩散与放大机制研究仅仅停留在"框架"阶段。巨灾风险社会协同治理的目标更多停留在理论阶段。党的十八大、十九大明确了"推进国家治理体系和治理能力现代化"要求，巨灾风险治理需要积极发展和引导公民社会组织参与风险管理，改变我国在风险管理中的"强政府弱社会"和政府主导的"单中心"管理格局。本研究引入多学科的理论和工具，创新研究视角和方法，研究脆弱性视角下的巨灾成灾机理、反脆弱性的路径、巨灾风险社会协同治理的机制等核心问题，并基于提升巨灾风险管理水平，提出可资借鉴的加强脆弱性管理的政策建议。

　　本书共分9章。第1章：绪论。本章提出研究的问题与背景、研究的内容与思路、研究的探索与创新。第2章：巨灾风险的成灾机理与管理演进。基于多学科视角研究风险，并从风险管理实践与现实层面，分析巨灾风险的特征和演进趋势。基于联合国减灾委推荐的新风险评估模型：$R(\text{Risk})=H(\text{Hazard})\times V(\text{Vulnerability})/C(\text{Capacity})$，即 $R=HV/C$ 模型，以经济学、管理学、社会学为主的综合学科基础构建社会脆弱性视角下的巨灾风险成灾机理的理论分析框架，分析极端自然灾害冲击承灾体的机理与传导过程，研究巨灾风险的经济效应和社会效应。第3章：巨灾风险脆弱性分析与评价。建立风险客体(风险源)、风险感知、管理行为的三维巨灾风险社会脆弱性影响因素模型，运用模糊层次分析法，进行尺度耦合和空间转换，以建立多尺度巨灾下社会脆弱性研究的指标体系，并进行脆弱性的关联度、动态性趋势等深入的研究。第4章：巨灾风险扩散与放大机制研究。在回顾风险社会放大框架基础上，综合运用灾害学、物理学、社会学、心理学、传播学等多学科理论，构建一个集风险扩散与放大路径、载体、维度、影响因素及其作用机制为一体，覆盖自风险源至最终损失的全链条的风险放大理论体系，以揭示风险放大"面纱"背后的逻辑机理。并采取计量模型与案例分析相结合的实证方法，对巨灾风险放大影响因素的作用力进行测度，对不同巨灾风险放大机理进行比较分析，以期为治理风险放大提供实践指导。第5章：巨灾风险社会抗逆力分析与评价。从抗逆力的理论基础出发，研究抗逆力与脆弱性的关系，以及抗逆力在风险管理中的角色与作用，构建了包括社会抗逆力、社区抗逆力和家庭抗逆力等三个维度的抗逆力的指标评价体系，并提出优化抗逆力路径选择。

第 6 章：巨灾风险认知与行为主体决策分析。以行为经济学理论框架为起点，采用以博弈论为基础的分析方法，并借鉴预期效用理论、风险偏好理论等经验模型，从效用函数和交易费用理论入手，对巨灾风险主体风险感知、偏好与行为特征规律做出规范意义上的推理。最后将通过问卷调查、案例比较等研究方法，从实证角度加以佐证，揭示承灾体面临巨灾冲击的抗逆力、恢复力等脆弱性特征分析。

第 7 章：巨灾风险社会协同治理机制设计。现代巨灾风险管理是一个日益复杂的系统，巨灾风险管理缺乏复杂系统科学理论支撑，导致巨灾风险管理往往缺乏系统性和有序性。基于巨灾复杂系统的认知，利用耗散结构理论、协同论和突变理论等复杂系统科学的理论和方法，研究巨灾复杂系统的脆弱性与行为特征、巨灾风险社会协同治理的框架与路径，探索中国情境下巨灾协同治理的理论和机制设计，寻求巨灾管理理论和思路的创新。第 8 章：巨灾风险反脆弱性管理路径选择。脆弱性是巨灾风险的典型特征，反脆弱性管理是增强巨灾风险管理能力和提高管理绩效的有效手段。正因为巨灾风险的脆弱性是多因素、多环节、多系统综合影响所致，巨灾风险脆弱性管理也必须树立系统理念，包括：构建现代巨灾风险管理制度，增强风险治理能力建设；加快巨灾损失分散与融资机制创新，减少巨灾对风险主体的损失冲击；强化巨灾风险教育与风险沟通制度，增强风险管理的协同能力；加强应急管理与巨灾危机应对，遏制风险的传播与放大效应。第 9 章：研究结论与政策建议。总结本书的重要研究结论，包括：巨灾风险呈现新的发展趋势，巨灾风险管理面临新的挑战；巨灾是自然和社会因素共同作用，脆弱性和抗逆力创新成灾机理；影响脆弱性与抗逆力因素复杂，科学评价有助于增强巨灾应对能力；巨灾风险扩散与放大具有复杂机制，脆弱性与抗逆力是最主要影响因素；巨灾具有典型的复杂系统特征，巨灾风险协同治理机制设计是巨灾有效治理的关键；反脆弱性是系统工程，构建现代风险管理制度和机制是关键。并提出八项针对性的建议。

本书是作者主持的国家社会基金重点项目"社会脆弱性视角下巨灾风险管理的机制及路径选择"（项目编号：12AGL008，结项等级为"优秀"）的研究成果，团队成员姚领、陈利、车四方、涂先进、张明、陈启亮、李屹然等同志为本研究付出了努力、贡献了智慧，正是有了团队的精诚合作、开拓创新、刻苦钻研、深耕细作，才使得研究取得良好成果和本书顺利出版。同时，本研究得到了诸多专家学者、政府官员及金融专业人士的帮助与支持。最后，本书的出版得到了科学出版社的鼎力支持，为本书编辑、校稿等做出了大量艰辛而富有成效的工作。在此，一并予以感谢！

巨灾是"自然"因素和"社会"行为共同作用的结果，现代巨灾风险管理是一个庞大复杂的巨系统。因此，开展社会脆弱性与巨灾风险管理研究，要求跨理工学科和社会学科理论融合创新。尽管作者及研究团队为本研究竭尽全力，但受学科背景、学术能力等因素制约，本书难免存在不足乃至缺陷，在此敬请广大同仁、读者予以批评指正！

谢家智

2021 年 6 月

目　　录

第1章 绪 论

巨灾风险管理的研究致力于解决巨灾风险管理中的重大理论和实践问题。巨灾风险理论回答和解决：风险来自哪里？风险为什么造成损失，以及损失如何传播与扩散？人们怎样认知风险并提高风险的认知能力？风险管理实践着力于解决：风险管理的制度设计，风险管理的工具创新，力求回答人类怎样控制风险水平，增强巨灾损失分散能力，保障经济和社会可持续发展。由于人类生存的自然环境、社会环境、生态环境正在发生深刻变化，特别是科技成果的大量推广和运用，显著改变着人类的生产方式和社会结构，灾害的生存和损失的扩散机理在发生巨大变化，同时，人类的灾害知识、灾害风险认知也极大影响着灾害管理的理念。因此，人类的灾害管理理论和实践进入快速发展阶段。虽然如此，巨灾风险管理仍然是社会可持续发展的薄弱环节，面临越来越严峻的挑战。

1.1 研 究 背 景

1.1.1 现代社会面临日益严峻的巨灾风险

灾害风险，包括自然因素和人为因素导致的各类风险，是人类经济和社会可持续发展的重大障碍。规模越来越大、发生频率较高的自然灾害，加上气候变化，严重阻碍了可持续发展的进展（UNISDR[①]，2015）。灾害事件的发生，特别是巨灾风险的发生，将导致大量的人员伤亡、财产损失，并导致基础设施破坏、生态灾难，以及社会秩序和制度的破坏，严重的巨灾可能诱发经济危机和社会危机。虽然，近现代以来，人类的风险认知水平与能力得到了极大提升，特别是各类灾害管理和控制的工程技术及装备得到了快速发展，人类"征服"自然的能力获得了极大提高。但是，并未从理论和现实中得到逻辑性的结论：人类面临的巨灾威胁减少和人类系统管理风险水平能力的显著提升。非但如此，风险社会学家贝克认为，现代社会风险根源于科技。"在发达的现代性中，财富的社会生产系统地伴随着风险的生产。相应地，与短缺社会的分配有关的问题和冲突，同科技发展所产生的风险的生产、界定、分配所引起的问题和冲突相互重叠"（乌尔里希·贝克，

---

① 联合国国际减灾战略署（United Nations International Strategy for Disaster Reduction），简称 UNISDR。

2004)现代化使人类处在自身所"制造"的"风险"之中,而制造风险的人为因素不仅仅来自科学与技术,更来自政治和道德(张彦,2008)。大量的理论和实证研究表明:一方面,因为自然因素和人类因素导致的气候变暖,人类面临越来越严重的自然灾害风险损失;另一方面,新兴科技成果的发明和运用,人类经济社会活动的空间不断拓展,人类制造和产生了大量新型风险。而且,自然因素和社会因素的叠加,人类事实上面临日益严峻的风险威胁——这与科技和社会发展的一般逻辑并不吻合。

从全球范围看,据统计,在 20 世纪 60~80 年代,全世界自然灾害造成的经济损失为 2000 多亿美元,其中 60 年代约为 400 亿美元,70 年代约为 600 亿美元,80 年代达 1200 亿美元(于庆东,1993),90 年代超过 6000 亿美元,21 世纪以来达到 2.5 万亿美。灾害损失几乎呈指数形式增长。相关统计数据还表明,与全球不断扩大的自然灾害经济损失不同的是,灾害事件导致的伤亡人数呈现下降趋势。但是,与发达国家在灾害中主要产生的是经济损失相区别的是,发展中国家不但承受严重的经济损失,而且导致大量的人员伤亡。全世界灾害人员伤亡中90%集中在发展中国家(Perrow,2011)。这些统计数据也表明,发展中国家面临比发达国家更为严峻的风险威胁。

与灾害事件发生较为频繁、损失规模相对较小、灾害冲击和影响相对可控的普通风险相比,巨灾风险事件就更为特殊。通常情况下,巨灾发生的概率较低,但发生后损失较大,承灾体难以承受灾害损失冲击。而且,由于小概率事件,其发生的规律通常难以掌握,人们对这类风险普遍缺乏科学认知。常规风险管理一般将其列为"除外事件"。因此,对巨灾风险的管理极易导致管理缺位、知识缺位、认知缺失。也正因为人们对"黑天鹅事件"的巨灾风险存在准备和应对的严重缺失,巨灾风险一旦发生,给社会造成的冲击和影响往往让承灾体感受始料不及的巨大冲击。据世界气象组织(World Meteorological Organization,WMO)统计数据,21 世纪以来 10 次最大的气候灾害次数仅占同期发生的灾害数量的 0.1%,但占伤亡人数的 70%,占直接经济损失的 19%(WMO,2014)。由于巨灾会产生难以估量的经济损失和社会效应,近年来关于巨灾的研究和管理受到全球高度重视。特别是,近年来全球巨灾事件的发生频率呈现上升和损失规模表现为不断扩大的发展趋势(表 1.1),巨灾风险管理更引人瞩目。

理论研究已表明,一个国家或地区灾害威胁程度通常取决于:①地理环境。大多数自然灾害,例如地震、洪水、龙卷风、干旱等,都与地理位置和环境有关。②气候因素。气象灾害是自然灾害的主要因素,因此,异常气候常常导致灾害的发生。③经济发展水平。经济发展水平直接影响财产和人员的风险暴露程度。单纯的经济发展水平因素一般与风险损失呈正相关关系。④风险管理能力。风险管理能力决定减灾、防灾和救灾能力。因此,考察一个国家或地区的灾害风险程度,通常会综合考虑以上几个因素。由于我国地理位置特殊：东部地区面向太平洋，承受世界上最大的台风源，易于遭受各种气象与海洋灾害风险；西部为世界地势最高的青藏高原，地势西高东低，降雨时空分布不均，易于形成大范围的洪涝和干旱灾害；同时，由于位于环太平洋与欧亚两大地震带之间，近半数城市分布在地震带上，极易遭受地震和地质灾害风险。另外，近代大规模的开发活动，特别是近年来的工业化与城市化进程的加速，更加重了各种灾害的风险度。据史料记载，自西周至清末约 3000 年时间里，我国共发生大灾荒 5168 次，平均每年发生1.723 次(张业成等，2007)。据联合国统计资料显示，20 世纪全世界 54 个最严重的自然灾害中有 8 个发生在中国，死亡人数约占同期全球自然灾害死亡人数的44%，仅有的两次死亡人数在 20 万以上的特大地震全部发生在我国(1902 年，宁夏海原；1976 年，河北唐山)(李勇杰，2005)。伴随着巨灾数量的增加，巨灾发生频率也在增大，严重程度还会继续上升(张志明，2006)，我国面临非常严重的巨灾威胁，我国是全世界自然灾害风险较严重的国家之一，如表 1.2 所示。

表 1.1　1991～2011 年全球典型巨灾风险事件(张卫星等，2013)

序号	时间	灾害名称	强度/年遇水平	死亡人数/人	成灾范围	经济损失(人民币)/亿元
1	1995	日本神户地震灾害	7.3 级	6434 人死亡	约 12.0 万 km²	7175
2	1998	中国长江流域水灾	50～100 年	1562 人死亡	22.3 万 km²	1070
3	2004	印度洋地震海啸灾害	8.9 级	230210 人死亡45752 人失踪	深入内陆达5km	约 70
4	2005	美国卡特里娜飓风灾害	100 年	1300 人死亡	约 40.0 万 km²	约 8750
5	2008	南亚克什米尔地震灾害	7.6 级	约 80000 人死亡	约 20.0 万 km²	约 350
6	2008	缅甸飓风灾害	50～100 年	78000 人死亡56000 人失踪	约 20.0 万 km²	约 280
7	2008	中国南方低温雨雪冰冻灾害	50～100 年	129 人死亡4 人失踪	约 100.0 万km²	1517
8	2008	中国汶川地震灾害	8.0 级	69227 人死亡17923 人失踪	约 50.0 万 km²	8500～9000
9	2010	巴基斯坦洪灾	80～100 年	3000 人死亡	约 16 万 km²	约 700
10	2010	智利地震	8.8 级	802 人死亡	约 60 万 km²	1050～2100
11	2010	海地地震	7.3 级	22.25 万人死亡	约 1.5 万 km²	约 550
12	2010	中国玉树地震	7.1 级	2698 人死亡270 人失踪	3.6 万 km²	229
13	2011	日本"3·11"地震海啸灾害	9.0 级	约 28000 人死亡或失踪	0.04 万 km²	13000～22000

根据慕再的研究报告显示,中国巨灾损失事件的发生呈现螺旋式上升的趋势,1988 年、1995 年、2008 年、2014 年分别为不同时期的高点,但地球物理事件、气象事件、水文事件以及气候事件在每个阶段并未呈现出显著的差异。

表 1.2　每年受多种气候灾害影响较大的 15 个国家(Shi,2016)

预计年均总死亡人数			预计年均总受灾人口			预计年均总经济(GDP)损失		
排名	国家	死亡人数/(人/年)	排名	国家	受灾人口/(百万人/年)	排名	国家	损失额/(十亿美元/年)
1	印度	2194	1	中国	7.89	1	中国	75.85
2	中国	2181	2	印度	7.25	2	日本	74.93
3	孟加拉国	927	3	孟加拉国	3.6	3	美国	49.14
4	菲律宾	726	4	菲律宾	3.34	4	菲律宾	23.47
5	越南	374	5	越南	1.46	5	印度	11.57
6	美国	243	6	日本	0.95	6	韩国	5.96
7	日本	242	7	美国	0.79	7	墨西哥	4.08
8	印度尼西亚	181	8	印度尼西亚	0.51	8	巴西	3.73
9	巴西	156	9	墨西哥	0.47	9	越南	3.72
10	墨西哥	152	10	韩国	0.46	10	孟加拉国	2.9
11	韩国	126	11	巴西	0.44	11	印度尼西亚	2.52
12	缅甸	125	12	缅甸	0.44	12	泰国	2.46
13	巴基斯坦	122	13	巴基斯坦	0.32	13	德国	2.36
14	尼日利亚	110	14	尼日利亚	0.32	14	缅甸	2.13
15	泰国	104	15	泰国	0.29	15	法国	1.87

评价一个国家和地区的灾害风险威胁和影响程度,不但要考察灾害发生的频率和损失的绝对规模,还要考察其冲击程度。相关研究的结论表明,年度灾害经济损失占 GDP 的比值小于 2% 时,对国民经济的影响相对较小;当该比值大于 5% 后,则产生较大的冲击和影响。与其他大多数的发展中国家类似,不但直接损失规模较大,而且灾损率较高,灾害对宏观经济和社会的影响巨大。发达国家的灾损率相对较低,如美国的灾损率为 0.6%,日本为 0.5%。我国的灾损率为 2%~3%,有的年份更高。我国灾损额一般占财政支出的 10% 以上,而美国的这一指标还不到 1%。不难看出,我国的灾害损失较为严重。

1.1.2　巨灾成为危及国家安全的重要因素

非传统安全指的是由非政治和非军事因素所引发、直接影响甚至威胁本国和别国乃至地区与全球发展、稳定和安全的跨国性问题以及与此相应的一种新安全观和新的安全研究领域(马振超,2008),包括经济安全问题、信息安全问题、文化安全问题、恐怖主义问题、社会舆论和社会思潮、腐败问题、失业问题、环境问题、生态失衡以及自然灾害等。在经济全球化时代,非传统安全观相对传统的军事和政治安全观受到更多的关注。由于气候因素和人类的过度开发等因素,日益频发的巨灾事件,给人们的生命财产和社会稳定造成越来越大的冲击。各种巨灾事件对国家安全的威胁和危害主要表现在以下几方面。

1. 巨灾事件危及大量人身安全而危害国家安全

首先,巨灾事件的发生往往造成数量庞大的生命伤害。2004 年的印度洋地震海啸导致死亡人数 230 210,失踪人数 45 752 人;2008 年的缅甸飓风造成死亡人数 78 000 人,失踪人数 56 000 人。我国 1978 年发生的 7.8 级唐山地震导致 242 769 人死亡,16.4 万多人重伤。2008 年的汶川大地震造成 69 227 人遇难、374 643 人受伤、17 923 人失踪。2001 年 9 月 11 日发生在美国的恐怖袭击事件中共有 2996 人死亡。其次,巨灾事件因为饥荒、瘟疫等原因造成大量间接人员死亡。据统计,20 世纪的 100 年中,我国各种自然灾害至少造成 1231 万人死亡。其中,直接死亡 391 万人,饥荒等间接死亡 840 万人,平均每年死亡 12 万人;其中大约 2/3,即大约 820 万人死于巨灾事件(张业成等,2007)。

2. 巨灾事件通过造成心理恐怖而危及社会稳定

巨灾事件的发生往往造成极大的心理和社会情绪冲击和影响,社会理性程度与秩序可能被颠覆。特别是在现代发达的通信和信息技术条件下,各种信息叠加可能迅速放大相关事件,从而造成社会的极度恐惧,进而造成人心不稳,甚至社会动乱,最终危害到国家安全。典型案例是 2003 年发生在中国的"非典",这一事件也成为 21 世纪第一次全世界范围的恐慌,给中国社会造成了巨大的损失。该事件起因于 SARS 病毒的传播与扩散,继而迅速放大成为全球性恐慌事件,特别是严重危及中国社会的有序运行,并造成国家形象严重受损。本次"非典"危机的根源在于对风险事件自身的控制和管理上。因当时治理管理体系尚处不断完善中,同时重大疫情事件应对经验不足,使得没能及时发布权威的信息,以及对谣言的传播控制不及时,加剧了全社会的恐慌,最终造成了更高的医疗成本和更大的经济损失、社会成本。其实,巨灾风险如果管控失当,都会通过复杂的社会系统扩散和放大灾害损失,诱发社会恐慌,从而导致损失进一步放大并危及社会稳定。2020 年突如其来的新冠,党中央统揽全局、果断决策,以非常之举应对非常之事,在极短的时间内取得抗击新冠肺炎疫情斗争重大战略成果,生产生活秩序很快得到恢复。

3. 巨灾事件因严重破坏社会生产力而危害国家安全

巨灾事件不仅仅会因为事件本身导致严重的损失，而且，还可能因为严重破坏社会生产力而危害国家安全。特别是，一些重大灾害事件的发生往往会造成基础设施崩溃、生态环境严重破坏等危害国家安全。2011 年发生在日本的福岛大地震并引发海啸而造成核电站的核泄漏的严重巨灾事件，造成了严重的生态灾难和社会影响[①]。灾害发生后因关闭核电站而造成日本严重的电力短缺，给灾区救灾和灾民的安抚工作造成严重困难。更为重要的是，因核泄漏而造成的核污染对这一地区的危害相当严重。在核泄漏发生之后，日本当局划设了长超过 20 公里的禁区，禁区内共有 21 万人紧急疏散到安全地带。为处置核电站危机，将数万吨放射性污水排入大海，造成严重的核污染。据检测，西太平洋部分海域放射性元素含量超我国海域 300 倍，造成严重的海洋灾难，较长时期危及周边国家。地震、台风、洪涝、泥石流等巨灾事件的发生都将对交通、通信、电力等基础设施造成毁灭性打击，严重破坏社会生产力。1976 年唐山大地震发生后，河北唐山市被夷为平地，与唐山地区毗邻的天津市也遭到Ⅷ至Ⅸ度的破坏。2008 年的汶川大地震导致北川等县城交通中断，城市完全瘫痪。巨灾风险的发生不但会造成严重的直接经济损失，更会大量摧毁生产设施和破坏生态环境，削弱社会经济可持续发展能力。

诺贝尔经济学奖获得者库普曼斯(1957 年)把社会经济制度的核心问题描述为处理不确定性的问题，而发生概率低、突发性强、损失巨大的巨灾是现代社会最为"不确定性"的事件之一，足以体现巨灾风险管理在社会发展中的突出地位。日益严峻的巨灾风险已经成为经济发展和社会稳定的重大安全隐患。巨灾是影响国家安全、经济发展和社会稳定的主要因素，是国家非传统安全的重要领域。

1.1.3　巨灾风险管理面临理论和实践困惑

由于风险(特别是巨灾风险)威胁的严峻性，巨灾风险管理的理论创新研究和实践探索越来越得到重视。20 世纪 50 年代以来，取得了大量积极研究成果，特别是针对灾害理论积极开展了跨学科研究，人们对灾害风险的形成机理、扩散传播渠道、管理制度与机制等方面的研究取得了积极进展。但是，也面临新的理论挑战和实践困惑。

1. 巨灾理论的发展与演进：自然灾害理论到风险社会理论的发展

(1)自然灾害理论。自然灾害风险是人类面临的主要风险，早期的灾害研究主

---

① 这次事故被认为是自 1986 年苏联的切尔诺贝利核泄漏以来最严重的核灾难。

要基于灾害的自然属性。致灾因子论和孕灾环境论是灾害成灾的主要理论，这一时期的致灾因子主要是气象的(风、雨、雷、电等)、地球的(地震、滑坡、泥石流等)、环境的(高温、冻害)等，将灾害的发生与损失的造成归结为自然因素。因此，风险具有客观性。对风险的认知和管理主要基于物理学、地理学、数学、工程学等自然学科的科学和技术理论去探索自然灾害风险发生的规律，即使是基于管理学、经济学为基础的风险管理理论也是聚焦于风险研究的自然属性，基于工程物理等专业知识研究风险发生的概率分布并进行灾害损失的评估，研究风险手段和政策。基于灾害自然属性对风险的认识形成的风险理论归结为风险的客观实体学派。

(2)风险社会理论。自然灾害理论将风险的形成仅仅归结为自然因素，难以用科学解释灾害的成灾机理。特别是，伴随人类的快速发展，人类的"社会性"和"自然性"交互影响，而且，"社会性"特征日益明显，自然灾害具有重要的人文和社会维度，很多灾难事件从传统的自然属性无法解释，例如，核电站风险、气候变暖导致的气候风险、恐怖活动风险等。始于 20 世纪 70 年代，乌尔里希·贝克(Ulrich Beck)率先拉开"风险社会"理论研究，随后吉登斯、拉什、道格拉斯和卢曼等都开展了积极研究。随着诸多风险社会理论的兴起和快速发展，将风险由简单的自然现象扩展为一个复杂的社会现象，自此，风险研究的视角发生重大转变，风险理论开启了风险社会理论时代。灾害心理学、灾害社会学、灾害社会心理学、灾害哲学、灾害伦理学等研究了灾害的社会属性和社会脆弱性。风险社会理论从社会属性视角发现了灾害产生、放大的机理，传播和扩散的路径。风险社会理论认为自然灾害不仅仅是自然的，更是社会的。乌尔里希·贝克提出了自己的风险概念并构建了风险社会理论，他认为，现代社会人类面临的不仅仅是自然灾害风险，更为重要的是人类"制造风险"。O'Keefe(1976)等在 *Nature* 上首次提出了社会"脆弱性"概念，分析了不利的社会经济条件是人类社会在自然灾害面前具有"脆弱性"的原因。McEntire(2000)提出"反脆弱性发展"理念。以Hewitt(1997)为代表的学者将灾害理论研究由传统的致灾因子论转向灾害产生的社会经济系统的脆弱性研究，开启了巨灾理论研究的新范式。与传统自然灾害理论的风险客观实体学派相对应，风险社会理论成为风险建构学派。

2. 巨灾风险管理理论：从危机管理理论到风险管理理论的发展

(1)工程法为导向的危机管理。工程法强调综合运用工程手段，提高承受灾害风险的冲击能力，以及灾后的危机处置能力。这一传统的自然灾害危机管理理论力求运用工程技术手段"减少"风险发生的概率和损失程度，更强调和突出危机管理。例如，防洪大堤的修建或加固往往是在一次洪涝灾害后通过风险评估进行的；建筑结构和材料的标准也是经历了台风灾害后进行标准的重构。因此，工程法总体具有事后性、应急性、技术性的典型危机管理特征，风险管理手段单一。

风险的危机管理模式极易导致风险管理从危机走向危机的弊端，更为重要的是，一方面，因为工程法自身的局限往往导致技术手段的失灵；另一方面，应急管理和危机管理严重考验管理主体的危机处置能力。一个国家或地区，如果灾后危机处置不当或者超过自身的危机应对能力，将导致风险管理系统的崩溃，造成严重的社会危机。

(2)综合手段运用的风险管理。风险管理理论强调风险管理的全过程、全环节综合运用工程的和非工程的手段，以预防管理为主，并强调应急管理能力提升的综合管理手段。与传统工程技术手段"减少"风险发生的概率和损失程度不同的是，风险管理具有几个突出的特点：一是强调预防管理理念，突出管理的主动性和预见性。并坚持预防是最优的风险管理策略。二是强调灾害损失风险的"分散"理念。通过社会化的手段，将巨灾风险在全社会进行分散，提高灾害损失的承受能力。三是强调综合手段的运用。综合风险管理在理论上发现了灾害产生、放大的机理，传播和扩散的路径，树立了现代风险理念，构建了协同治理的理论和框架和现代风险治理体系，寻求政府和市场合作分散损失的机制与模式，并探索了市场化融资及管理工具。具体地，风险管理理论与实践的演进路径如图1.1所示。

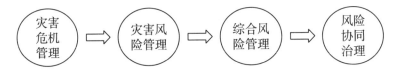

图 1.1　风险管理理论与实践的演进

在巨灾风险损失的分散与转移的理论研究方面，经历了期望效用理论、风险决策理论和风险分解理论的发展过程，逐渐形成了较为系统的巨灾风险管理理论，这些理论促进了巨灾风险可保性技术的发展(Cummins et al.，2002)。具有代表性的理论包括 Arrow(1951)将瓦尔拉斯均衡和帕累托一般均衡理念拓展到不确定性状态；James Tobin 和 Harry Markowitz 于 20 世纪 50 年代提出的投资组合理论和资本资产定价模型；Karl H. Borch 等根据再保险经验提出的有效风险交换理论。保险和再保险的快速发展，推进了降低社会脆弱性和有效分散巨灾损失的探索。人类系统在面对巨灾风险时的脆弱性正在不断增加，目前已把减灾的重心转移到脆弱性分析和综合风险管理方面(Dizard，2008)，这已经成为西方社会科学视角下灾害研究的共识。鉴于风险管理系统的复杂性，近年来在国际上提出了风险治理理论，更强调和突出了风险管理的系统集成、资源整合、管理协同的新型风险协同治理理念。

3. 巨灾风险管理的困惑：理论和实践的挑战与反思

从风险及风险管理理论的演进不难看出，在过去的半个世纪以来，风险管理理论的研究视角发生了重大变迁；风险管理理念得到了颠覆式发展；风险管理的手段和工具不断丰富。跨学科、跨部门、跨系统的交叉复合风险管理呈现新的发展趋势。风险管理理论得到持续创新，这为人类对风险的识别能力的提高、风险的认知水平的提升以及风险管理的创新发展奠定了坚实基础。但是，风险理论发展仍然面临许多困惑与挑战：

（1）灾害视角的创新能否诠释灾害成灾机理？灾害社会学理论既创新了传统自然灾害理论的研究视角和研究方法，又拓展了传统风险的范畴，给人们理解和识别风险提供了新的思路，特别是促进了自然灾害的成灾机理的创新与发展，以 Hewitt（1997）为代表的学者将灾害理论研究由传统的致灾因子论转向灾害产生的社会经济系统的脆弱性研究，开启了巨灾理论研究的新范式。客观地，基于脆弱性视角研究灾害成灾机理是重大的理论进步。但是，社会脆弱性研究刚刚起步（陈磊等，2012；石勇，2010），大多停留在概念梳理和框架构建阶段，少数成果开始尝试社会脆弱性的分析与评估，对该领域实证性和应用性成果研究还严重不足。现有社会脆弱性的研究大多集中在环境和地理科学，以及少数社会学范畴。基于经济学和管理学视角的研究成果很少，且该领域的研究又过分依赖巨灾保险，忽略了"脆弱性"研究的社会基础与环境。因此，现有灾害社会学理论自身的发展还不成熟。更为重要的是，现有的灾害社会学仅仅注重从社会维度去解释灾害成灾机理，忽略了灾害的"自然属性"，也难以客观解释灾害的脆弱性问题。例如，1988 年以美国罗杰·E. 卡斯帕森为代表的学者提出一种新的框架，称为"风险社会放大框架"（social amplification of risk framework，SARF）。该框架通过将风险活动中的心理、社会、制度和文化过程之间的相互作用来解释增强或减弱公众的风险感知度和相关的风险行为，确实有助于解释灾害社会放大效应问题，在现代风险理论中有较大影响力。但是，现实问题是，巨灾仅仅是"社会放大"吗？"自然灾害"本身在灾害损失的扩散和放大中不起作用吗？例如，2011 年发生的日本福岛大地震确实是严重的巨灾事件，社会因素在损失扩散和传播中发挥了重要作用。但是，如果该次地震不是 8.0 级而是 7.5 级或者更小级别，损失会放大吗？或者如果同样是 8.0 级地震但未发生海啸，该次巨灾事件还会产生如此严重的影响吗？事实上，大多数灾害的发生，既有"天灾"的自然因素，也有"人为"的社会因素，不能将二者充分结合的理论体系，不能更好地运用于实践。因此，不难看出，从灾害理论的自然属性到社会属性视角的创新，对灾害的成灾机理研究起到积极推动作用。但是，风险的社会属性研究理论深度不足，自然属性和社会属性融合解释成灾机理缺失，灾害的社会脆弱性评估与管理更为滞后。

(2) 公私结合的灾害管理机制为何难以奏效？风险特别是巨灾风险是人类的天敌，有效抵御巨灾风险是全社会共同的责任。虽然在巨灾损失的机制设计领域经过了剧烈的争论，先后有 Stigler (1971) 的自由放任说、Musgrave (1984) 的公共利益说、Lewis 和 Murdock (1996) 的市场增进说[①]，但总体上基本达成共识，即建立公私结合的灾害管理机制，在国际上许多研究还提出了具体的框架模式。政府或市场作为唯一主体的风险分散机制都是不可取的，政府与市场的某种结合形式可能是最合适的 (Kunreuther, 1998)。虽然，公私结合的巨灾管理机制具有理论上的科学性和实践上的合理性和可行性，但是，该机制无论在理论或实践中都遇到了诸多挑战。理论上，以政府为代表的主体代表公共权力和公共利益，政府在巨灾中的责任、边界、程度、方式等问题难以明确；以家庭、机构为代表的市场主体行为方式、激励和约束机制，政府和市场的结合模式等问题，在实践中没有真正破解。大量的灾害事件爆发后，留给人们深思的是为什么政府失灵的同时，市场也存在严重的失灵。

面对这一难题，人们可能会寻求答案。在巨灾面前或者因为政府不够强大；或者因为市场不够强大；或者因为二者的结合有问题。从数学角度，的确可以如此寻求答案。但是，这些答案牵扯的问题也许本身就是伪命题。因为，任何国家的政府 (包括中国政府) 永远都是有限政府：有限能力和有限责任。在高度不确定的巨灾面前，政府永远不够强大。而且，在巨灾发生时，政府自身也是灾难的受害者。市场在理论上应对风险的能力会因为市场的发展可以无限拓展。正因为如此，20 世纪 90 年代以来，通过强化巨灾再保险的发展、通过巨灾风险证券化工具的创新、通过气象指数保险产品的创新等手段来强化风险管理的市场机制并积极拓展市场分散风险的能力。应该说，这些创新探索为巨灾风险管理的机制和能力的提升找到了一个全新的思路和发展方向，从理论上这些思路也具有无限想象的发展空间。但现实情况表明，巨灾再保险的能力也相对有限 (中国更是严重不足)，而且，巨灾再保险市场本身受巨灾风险的影响波动很明显。巨灾风险证券化产品虽得到一定程度的发展，但在巨灾损失的分散中发挥的作用到目前为止还相当有限，而且这些产品发展的市场条件要求相当苛刻，大多数发展中国家短期内基本不具备发展条件。至于政府和市场的结合问题，这本身就是巨灾风险管理中急需破解的难题。系统理论表明，灾害是一个复杂系统，政府和市场仅仅是这个复杂系统中的组成部分。现行大多数研究将巨灾管理系统聚焦于政府和市场两个

---

① Stigler (1971) 的自由放任说认为只要是市场自发实现的均衡，总比政府干预下实现的均衡有效率。从这个角度来讲，任何政府干预都只会导致某个利益集团的寻租行为。Musgrave (1984) 的公共利益说认为失灵会导致资源的次优分配，针对市场失灵进行的政府干预，即以政府供给替代私人部门之间的协调，可以改善社会福利。Lewis 和 Murdock (1996) 的市场增进说认同市场失灵导致资源的次优分配，私人部门之间的协调也不总是有效的，但是并不赞同设立新的政府机构来替代私人部门行事，认为政府应当采取一些有力措施，推动和促进市场自身的发展。

主体,而且,市场主体主要定位于家庭和企业(主要是保险机构)。正是因为现行灾害管理缺乏对这一复杂系统的科学研究,才导致政府和市场结合难以破题。鉴于巨灾发生的突发性和损失规模的超大特征,解决巨灾风险损失的主要手段是提高风险管理的社会准备程度和损失分散的社会性。因此,将巨灾复杂系统简单化,寻求政府和市场的结合,难以获得理论和实践的成功。

(3)巨灾保险和巨灾风险证券化产品创新为何困难重重?虽然,巨灾风险的可保性在理论和实践上一直有争论。但通过保险资本的联合、保险技术的创新和政府的大力资助,过去半个多世纪以来,寻求巨灾保险和巨灾风险证券化产品创新的探索工作一直在努力推进。正如 Louis Eeckhoudt 和 Christian Gollier 所说:"保险是处理巨灾风险的最好风险管理工具"。在各项巨大灾害损失中,国外的保险公司通过支付保费承担的损失维持在 40%左右的水平,其中,发达国家的比例更高。日本、新西兰等国的地震保险,美国和英国的洪水保险等,都建立起相对完整的政府支持体系和制度,并构建发达的再保险体系,在全球分散巨灾风险损失。与发达国家相比,中国在历次巨灾风险损失中,保险公司承担的赔付责任和比例都很低。例如,在汶川大地震和南方冰雪灾害、长江特大洪涝灾害等巨灾事件中,保险公司的赔付比例都仅仅维持在 1%左右,中国中央政府和各级地方政府从 2016年开始在全国积极推广巨灾保险。

毋庸置疑,巨灾保险、再保险、巨灾风险证券化产品的组合运用,确实能将风险进行最大程度的分散,以降低不确定性巨灾风险对人类的威胁。在巨灾实践中,巨灾保险和巨灾证券化产品也的确发挥了积极作用。但是,我们也应该清醒地看到,一方面,巨灾保险市场发展过程中自身面临很多具体矛盾(特别是发展中国家);另一方面,到目前为止,巨灾保险在巨灾风险管理中的作用还较为有限(如表 1.3 资料所示),进一步发展面临的矛盾和困难一直未能有效解决。

表 1.3 全球自然灾害损失及保险赔付情况[①]

损失及赔付情况	年份				
	2011	2012	2013	2014	2015
全球损失/亿美元	3620	1800	1310	1010	800
保险损失/亿美元	1100	710	370	280	280
赔付比例/%	30.4	39.4	28.2	27.7	35

根据现有的研究成果和结论,不难推断造成这一困境的原因:一是巨灾风险的认知特殊性。传统风险认知主要基于风险的技术维度进行识别和认知。现代风险的认知理论综合运用心理学、社会学、管理学等相关学科知识进行研究(心理学

---

① 资料来源:瑞士再保险集团"经济研究与巨灾风险"报告。

研究最为突出），卡尼曼的前景理论在这个领域取得了突破性成果。传统保险理论研究投保人是基于传统的期望效用理论分析投保人的风险行为与决策偏好。但是，巨灾风险的发生规律具有相当的特殊性，风险主体通常因为风险知识、信息、社会环境、风险经历等因素，产生复杂的认知心理和行为过程。由于人们对小概率事件普遍存在侥幸心理而低估巨灾风险，选择不作为的行动方案，造成巨灾保险有效需求较低。二是保险人的风险态度和行为。巨灾风险损失可能导致保险市场的完全崩溃（Duncan and Myers，2000）。巨灾损失日益成为保险公司破产的重要原因（Rode et al.，2000）。而且，巨灾风险还将严重影响保险公司的保险行为和保险策略。相关统计数据表明，经历巨灾事件后保险公司往往会提高保费，或增加限制责任条款。例如，1992 年安德鲁飓风后，迈阿密地区的平均费率在 1992 年到 1995 年间增加了 65%；北岭地震后，93%的业主保险市场或停止承保，或加入苛刻的条款，101 家保险中介要求费率由 17.30%增加到 58.50%。2005 年的飓风季节后，报告显示佛罗里达财险的保费上涨了超过 500%。三是保险市场信息不对称。原保险人与再保险人之间信息不对称问题，严重影响巨灾再保险的发展。由于巨灾信息不对称和较高的市场运作成本，巨灾风险证券化市场也面临相同的问题。巨灾风险证券化产品发展潜力难以发挥。Holzheu 等（2006）指出：目前转移到资本市场的非人寿风险仅占全球财产和意外巨灾再保险市场的 6%。事实上，巨灾风险证券化的发展还需要政府监管、税收、法律等外部条件的支撑和配合，具有一定的系统性和复杂性。

不难看出，被理论界和实务界寄予更高希望的巨灾保险的发展需要满足相当复杂的条件和环境，缺乏这些必要的支撑，保险也很难"保险"。我国刚刚开始全面启动巨灾保险工程，我们既应该积极推动，但同时，也应该清醒认识到，巨灾保险仅仅是解决巨灾风险管理的一个工具。有效推动巨灾风险管理，必须将其纳入巨灾风险社会管理的这个复杂系统中去系统研究。

1.2　研究的内容与思路

1.2.1　研究理论假设

基于灾害理论及风险管理理论和实践的总结与反思，灾害既是"自然的"更是"社会的"，有效的灾害风险管理必须充分结合二重属性；灾害是一个日益复杂的系统工程，科学的巨灾风险管理需要借助复杂科学管理进行管理；巨灾系统管理需要构建协同机制，提高巨灾风险协同治理能力。因此，本研究基于以下三个假设展开：

1. 巨灾风险的成灾与危害取决于脆弱性程度与抗逆力水平

传统自然灾害理论将致灾因子简单归结为自然灾害因子，将灾害损失的发生归因为致灾因子，也正因如此，将其称为灾因论或灾变论；灾害社会理论却认为，人类已经进入风险社会，灾害不是自然的，现代社会的灾害风险是人类"制造的风险"。

显然，传统自然灾害理论将风险因子，以及风险损失的形成归结为"自然因素"；灾害社会理论则从风险发生的社会维度，将风险的产生与扩大归结为"社会因素"。现代风险理论的演进和风险实践都表明，风险的产生及成灾机理是二者共同作用的结果。我们的研究假设是基于对传统的自然灾害理论和灾害社会理论的研究，根据在现代自然和社会环境条件下灾害的发生和扩散规律，坚持灾害是自然和社会共同作用的结果，提出巨灾风险的成灾与危害取决于脆弱性程度与抗逆力水平的研究假设，从社会脆弱性和抗逆力的视角研究自然巨灾风险（如图 1.2 所示）。

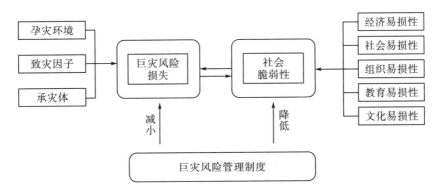

图 1.2 巨灾风险管理研究理论假设

灾害的社会脆弱性理论虽然在 20 世纪 70 年代开始以后，引起了灾害风险管理的高度重视，特别是其后跟进的灾害社会学理论，更是实现了灾害理论的研究从传统的"自然性"到"社会性"的跨越。本研究高度认同这些理论研究成果的贡献并在研究中充分吸收这些研究成果。但是，我们也发现这些研究成果存在一些缺陷与不足：无论是单纯从自然的还是社会的角度研究灾害风险管理都存在严重的不足。灾害既是自然的又是社会的。脆弱性是灾害损失产生和扩大的原因，抗逆力是灾害恢复能力的重要因素。这一研究假设可以回答以下问题：自然风险不一定导致灾难；小灾大害和大灾小害现象；灾害传播与扩散现象。虽然脆弱性和抗逆力理论提出的时间较早，但是该领域的研究一直未取得系统研究成果。例如，脆弱性的概念、抗逆力的定义；脆弱性和抗逆力指标体系等。本研究将在该领域进行系统深入的研究，寻求对巨灾理论的创新和发展。

正是基于对巨灾风险的成灾与危害取决于脆弱性程度与抗逆力水平的理论假设，有效的巨灾风险管理必须对巨灾风险的脆弱性程度与抗逆力进行科学的研究与评价，并提出反脆弱性和提升抗逆力的路径和政策。本研究在第 2 章"巨灾风险的成灾机理与管理演进"中讨论脆弱性与灾害的形成关系；并在第 3 章"巨灾风险社会脆弱性分析与评价"和第 5 章"巨灾风险社会抗逆力分析与评价"进行分析评价的理论与实证研究，在第 8 章"巨灾风险反脆弱性管理路径选择"中进行针对性的研究。

2. 巨灾的复杂系统特征需要运用系统科学理论进行管理

21 世纪是复杂系统和复杂科学的世纪(苗东升，2013)，在这个时代复杂系统研究将得到高度重视。复杂科学产生于 20 世纪 80 年代，被称为"21 世纪的新科学"。复杂科学的研究对象为复杂系统(李竹明和汤鸿，2009)。之所以人类对许多领域的认知和管理难度很大，管理绩效不高，从复杂系统的角度分析，是大量的理论研究和实践忽略了系统科学，特别是复杂系统科学。传统理论研究和政策的制定实施往往基于问题导向、目标导向，迫切需要抓住现象和问题，寻求立竿见影的解决办法。例如，应急管理、危机管理。从系统科学视角，灾害的发生及灾害管理是由若干子系统构成的，每个子系统由若干要素构成。复杂系统具有复杂的系统结构和特征，系统内部将产生复杂的系统运行规律。巨灾风险对自然系统、社会系统、生态系统、经济系统等将产生系列影响，而系统内部因为受到外部冲击发生相应调整和适应。无视复杂系统的存在或者不注重对复杂系统结构和行为调整的分析研究，缺乏系统管理的思想和理念来研究灾害问题，往往出现"只见树木不见森林"的问题。传统的管理思想基本上基于分割式思维模式(徐绪松和吴强，2005)，人类很难走出"从灾害到灾害"的管理逻辑。基于耗散结构论、突变论和混沌理论的系统科学理论基础已经建构并在实践中得到大量运用。但是，在巨灾领域系统深入的研究成果还很少。事实上，系统科学的一些研究成果在分析灾变，特别是巨灾危机的形成方面具有特殊的意义。例如，突变理论将复杂的随机现象称为混沌现象，并提出"巴西蝴蝶扇动翅膀引发美国发生龙卷风"的所谓"蝴蝶效应"，表明系统危机对初始条件的敏感性和依赖性。可见，系统科学对灾害系统的认知和管理提出了颠覆传统灾害理论的研究思路。因此，本研究提出并基于巨灾具有复杂系统特征需要运用复杂科学管理进行管理的研究假设，研究巨灾复杂系统的结构、形成、演变特征和规律，并为巨灾科学管理提供理论依据。

3. 巨灾风险协同治理假设

巨灾风险管理的理论与实践经历了从危机管理到风险管理，从风险管理到风险治理的重大转变，代表了现代风险管理理论和实践能力的提升。20 世纪 70 年代，德国科学家从物理学的角度提出了协同理论。协同理论的产生和运用受到高度重视。协同理论认为，开放系统经过自组织有序化程度不断增加的努力，整个系统在趋向于正熵（无序度）增大的正过程中与趋向于负熵（有序度）增大的逆过程动态平衡的无限循环中，向趋于熵减小方向不断推移，从而使系统从无序状态到有序状态（郭治安，1988）。治理理论在 20 世纪 90 年代以后风靡全球，特别是在公共社会治理领域得到积极响应。协同理论和治理理论是协同治理理论这一门新兴交叉理论的两个理论基础（李汉卿，2014）。协同治理理论在西方已被广泛应用于诸多研究领域。协同它既不是一般意义上的合作，也不是简单的协调，是在合作和协调程度上的延伸，是一种比合作和协调更高层次的集体行动。治理概念较为清晰，联合国全球治理委员会对协同治理的定义为，"协同治理覆盖个人、公共和私人机构管理他们共同事务的全部行动。这是一个有连续性的过程，在这个过程中，各种矛盾的利益和由此产生的冲突得到调和，并产生合作。这一过程既建立在现有的机构和具法律约束力的体制之上，也离不开非正式的协商与和解"（Defarges，2015）。正如斯托克所说，"说到底，治理所求的终归是创造条件以保证社会秩序和集体行动"（格里·斯托克和华夏风，1999）。社会协同治理已经作为全球公共治理的共识模式。2007 年党的十七大报告提出，要建立健全党委领导、政府负责、社会协同、公众参与的社会管理格局；党的十八大明确加强和创新社会治理是重大任务。十八届三中全会进一步明确推进社会治理体系现代化，是完善和发展中国特色社会主义制度，推进国家治理体系和治理能力现代化的重要内容。必须"坚持系统治理，加强党委领导，发挥政府主导作用，鼓励和支持社会各方面参与，实现政府治理和社会自我调节、居民自治良性互动"。①党的十九大对新时代国家治理体系和治理能力现代化提出更高要求。显然，国家的政策和制度的顶层设计已经从"社会管理"到"社会治理"深刻变化。巨灾风险涉及多部门、多主体、多环节、多目标的集体行动，需要社会协同治理方能产生成效。中国特色的社会背景下，党委领导是根本，政府主导是关键，社会协同是依托，公众参与是基础。多元社会主体合作共治，是社会治理走向现代化的重要标志。也正因为如此，本研究提出巨灾风险协同治理的研究假设，并在第 7 章展开系统研究。

①资料来源：《中共中央关于全面深化改革若干重大问题的决定》. 北京：人民出版社，2013 年，第 49 页。

1.2.2 研究逻辑思路

研究遵循理论分析(建立宏观分析框架)→实证研究(构建微观研究基础)→机制设计→路径选择的研究逻辑。

(1)运用系统分析法构建巨灾风险-社会脆弱性分析框架,研究社会脆弱性视角下的巨灾风险成灾机理,探寻巨灾冲击的薄弱环节。理论分析是本研究的逻辑基础和价值前提,分析在现代自然-经济社会复杂系统中,巨灾风险的成灾机理、传播和扩散机制,并通过对灾害管理理论的演进和发展过程分析,为现代风险治理理论的提出构建理论和现实基础。

(2)研究巨灾脆弱性和抗逆力评价体系,为巨灾风险的社会脆弱性管理机制及路径提供理论支撑。基于脆弱性和抗逆力的理论研究,构建脆弱性和抗逆力的指标体系和评价方法,运用层次分析法、神经网络法等方法进行实证研究,反映巨灾脆弱性和抗逆力的演进情况。

(3)研究巨灾风险行为主体的风险偏好和行为选择。基于风险认知理论、行为经济学理论分析方法、决策论、进化博弈论等理论基础和分析工具,研究巨灾风险主体风险感知与行为特征,探析巨灾脆弱性管理的"政府失灵"和"市场失灵"的原因,基于微观基础的研究结论,为社会协同治理的巨灾管理机制提供基础。

(4)研究巨灾复杂系统的结构特征和系统行为,社会协同治理的巨灾管理机制。以复杂系统和复杂科学为理论基础,研究巨灾复杂系统的管理特点和要求;以耗散结构论、突变论、混沌理论为基础,研究巨灾系统脆弱性和危机的形成过程,在此基础上研究巨灾系统治理的机制设计。研究思路及内容如图1.3所示。

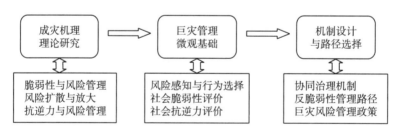

图 1.3　研究思路和研究框架

1.2.3 研究技术手段

本研究是基于现实背景和实证分析的综合性研究。为实施上述研究内容,尤其是解决关键问题和难点,研究将遵循由理论研究到实证研究再到政策研究的逻辑思路,研究具体的技术路线参见图1.4。

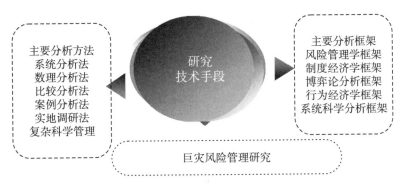

图 1.4 研究方法和分析框架

1.2.4 研究主要内容

(1) 社会脆弱性视角的巨灾风险成灾机理。基于联合国减灾委推荐的新风险评估模型：$R(\text{Risk})=H(\text{Hazard})\times V(\text{Vulnerability})/C(\text{Capacity})$，即 $R=HV/C$ 模型，以经济学、管理学、社会学为主的综合学科基础构建社会脆弱性视角下的巨灾风险成灾机理的理论分析框架，分析极端自然灾害冲击承灾体的机理与传导过程，研究巨灾风险的经济效应和社会效应。

(2) 巨灾情景下社会脆弱性影响因素及评价体系构建。建立风险客体(风险源)、风险感知、管理行为的三维巨灾风险社会脆弱性影响因素模型，运用模糊层次分析法，进行尺度耦合和空间转换，以建立多尺度巨灾下社会脆弱性研究的指标体系，并进行脆弱性的关联度、动态性趋势等深入的研究。

(3) 巨灾风险主体风险感知与行为特征分析。以行为经济学理论框架为起点，采用以博弈论为基础的分析方法，并借鉴预期效用理论、风险偏好理论等经验模型，从效用函数和交易费用理论入手，对巨灾风险主体风险感知、偏好与行为特征规律做出规范意义上的推理。最后将通过问卷调查、案例比较等研究方法，从实证角度加以佐证，对承灾体面临巨灾冲击的抗逆力、恢复力等脆弱性特征进行分析。

(4) 巨灾风险扩散与社会强化机制。为揭示风险社会放大现象及其机理，美国克拉克大学决策研究院的研究者们，于 1988 年构建了"风险社会放大框架"，引起了学术界的高度重视。但该框架主要基于传播维度进行研究，难以全面揭示发现扩散与放大的机制。此外，该框架仅仅停留在描述性分范畴，缺乏实证研究。本部分拟在回顾风险社会放大框架基础上，综合运用灾害学、物理学、社会学、心理学、传播学等科学理论，构建一个集风险扩散与放大路径、载体、维度、影响因素及其作用机制为一体，覆盖自风险源至最终损失的全链条的风险放大理论体系，以揭示风险放大"面纱"背后的逻辑机理。在此基础上，采取计量模型与案例分析相结合的实证方法，对巨灾风险放大影响因素的作用力进行测度，对不同巨灾风险放大机理进行比较分析，以期为治理风险放大提供实践指导。

(5)巨灾风险协同治理机制设计。现代巨灾风险管理是一个日益复杂的系统，巨灾风险管理缺乏复杂系统科学理论支撑，导致巨灾风险管理往往缺乏系统性和有序性。基于巨灾复杂系统的认知，利用复杂系统科学的理论和方法，主要包括耗散结构理论、协同论和突变理论。通过这些理论研究巨灾复杂系统的脆弱性与行为特征。复杂系统科学理论及巨灾风险管理的实践都表明，单一主体或单一手段难以解决巨灾管理问题。个体失败转向集体行动，以增强风险管理能力，协同治理已经成为解决公共社会问题最推崇的管理方法。但是，集体行动困境和协同惰性问题的普遍存在，又成为巨灾风险协同治理的重大理论和现实问题。通过协同治理理论的分析，研究我国协同治理的主要问题，构建巨灾风险社会协同治理的框架与路径，探索中国情境下巨灾协同治理的理论和机制设计，寻求巨灾管理理论和思路的创新。

(6)巨灾风险反脆弱性管理路径选择。脆弱性是巨灾风险的典型特征，反脆弱性管理是增强巨灾风险管理能力和提高管理绩效的有效手段。正因为巨灾风险的脆弱性是多因素、多环节、多系统综合影响所致，巨灾风险脆弱性管理也必须树立系统理念。包括：构建现代巨灾风险管理制度，增强风险治理能力建设；加快巨灾损失分散与融资机制创新，减少巨灾对风险主体的损失冲击；强化巨灾风险教育与风险沟通制度，增强风险管理的协同能力；加强应急管理与巨灾危机应对能力，遏制风险的传播与放大效应。

研究重点：巨灾情景下社会脆弱性影响因素及评价体系构建；巨灾风险主体风险感知与行为特征分析；巨灾风险管理运行机制设计。

研究难点：巨灾风险协同治理机制研究；巨灾风险反脆弱性管理路径研究。

1.3　研究的探索与创新

1.3.1　社会脆弱性和抗逆力的理论拓展

风险社会脆弱性理论是 20 世纪 70 年代以后风险理论研究视角的重大创新之一。但是，风险脆弱性理论的研究大多停留在概念和框架阶段，进一步深入研究进展缓慢，以至于该理论在巨灾风险管理的理论创新和实践运用中受到诸多限制。本研究在该领域的创新主要表现在：

(1)社会脆弱性与抗逆力的关系。传统研究大多在理论上未区分社会脆弱性与抗逆力。有的研究将抗逆力简单归结为脆弱性的组成部分，有的研究虽然做了区分，但仅仅在概念上进行了简单讨论。本研究认为，社会脆弱性和抗逆力是巨灾"社会属性"的两个重要属性和维度。社会脆弱性着重反映巨灾风险的"易损性"，既与风险暴露度水平有关，更与社会的易损性有关，包括经济易损性、社会易损性、组织易损性、教育易损性和文化易损性等。脆弱性水平是灾害发生前的客观水平，反映社会对巨灾风险冲击的"抵抗力"；与之区别的是，抗逆力反映的是社会对巨灾风险冲击的"恢复力"，因此，抗逆力反映的是灾后社会的应对能力。区别并深入研究社会脆弱性与抗逆力的关系，能够进一步揭示巨灾的社会属性，对研究巨灾风险的成灾机理、灾害损失的扩散与传播，以及灾害风险管理的机制研究，都具有重要的理论价值。

(2) 构建脆弱性与抗逆力的评价体系。现行的脆弱性与抗逆力的研究大多停留在理论和概念研究阶段，较少进行实证研究。因此，灾害风险的脆弱性和抗逆力的水平和演进趋势难以实证量化。本研究基于对二者深入理论分析基础上，设计出反映脆弱性水平的量纲，并通过相关统计数据进行实证研究。在脆弱性的评价研究中，分别从全社会维度和农业旱灾风险维度进行评价，得出了风险脆弱性水平和影响因素等系列主要研究结论。在抗逆力的研究中，设计出全社会综合维度、社区维度和家庭维度的抗逆力评价研究，得出不同维度的风险抗逆力水平及影响因素。因此，基于脆弱性与抗逆力微观基础的创新性构建，给"中国情景"下的巨灾脆弱性的形成和管理提供了重要依据，也为该领域的后续研究提供了丰富的文献。

1.3.2　巨灾风险扩散与放大机制的研究

虽然自然灾害理论和灾害社会学理论都表明，灾害风险发生及损失的形成是可以传播和扩散的，由此造成"小灾大害"和"大灾小害"现象。但是，自然灾害理论将其扩散机制的研究限定在致灾因子和致灾环境的研究机制中，主要分析灾害链和灾害群的扩散机理；灾害社会学理论局限在灾害信息的媒介和传播领域，主要通过风险社会放大框架(Kasperson et al.，1988)来研究传播机制。因此，在研究巨灾风险扩散与社会强化机制过程中，自然灾害理论和灾害社会学理论未能充分融合，没有建立起有效的理论体系。而且，以上两种理论体系没有建立微观分析评价基础，缺乏对风险扩散和传播机制的定量研究。本研究以社会脆弱性理论、风险社会理论、风险感知理论、风险沟通理论为理论基础，创新探索风险扩散与社会强化机制理论。这些理论的引入，表明风险的扩散和传播涉及自然脆弱性、社会脆弱性、社会抗逆力、信息传播、风险沟通等多种自然和社会因素。而且，风险扩散与社会强化机制的研究进行的多维度拓展，包括广度、强度和深度等。

通过构建评价指标体系，实证研究扩散机制及影响因素。这些研究拓展了风险放大框架的分析范畴，充实和创新理论研究，为巨灾风险管理机制创新提供理论基础。

1.3.3　巨灾风险管理协同治理机制设计

巨灾脆弱性是一个多元和多维度的综合变量，其管理是一个系统集成。巨灾风险管理是一个复杂系统，有效的风险管理必须增强参与的"社会性"、提高管理的"主动性"、增大损失分散的"稀释性"；实现脆弱性管理目标需要建立与完善巨灾风险管理制度、创新与发展巨灾损失融资制度、构建有效巨灾风险教育与风险沟通制度、夯实巨灾准备与应急管理制度等制度建设，并建立巨灾风险社会协同治理机制。本研究在这些领域开展积极创新研究，特别是，巨灾风险社会协同治理机制是重点和难点。提出了构建既能发挥政府作用，更能引导市场参与，符合中国国情的政府诱导型的巨灾管理运行机制，创新和拓展巨灾风险的融资渠道，建立相互联系、相互补充和相互促进的巨灾损失分担体系，是实现巨灾管理公平与效率的重要保障。长期以来，我国政府主导的巨灾风险管理制度，缺乏对社会和市场力量的引入，严重制约了巨灾风险管理的有效性。本课题在这些领域开展了较为深入的研究。巨灾风险教育与风险沟通制度在发达国家得到高度重视，并取得积极效果，基于我国现行灾害管理"大政府小社会"的现实，提出了加强巨灾风险教育与风险沟通制度，通过科学引导、制度设计、资源配置，向"大政府大社会"的巨灾管理模式过渡，降低巨灾风险脆弱性，增强巨灾管理的有效性。

1.3.4　研究方法探索和微观基础的强化

构建巨灾风险管理的微观分析基础和框架。任何一项制度机制设计必须建立在坚实的微观分析基础之上。本课题运用行为经济学、实验经济学、进化博弈论、决策论等分析框架，构建微观分析基础。并通过神经网络法、熵权法等方法进行实证研究，取得了在巨灾风险研究领域的一些创新性结论。在巨灾脆弱性和抗逆力的研究中，基于充分理论和相关文献分析，构建脆弱性和抗逆力的指标体系，通过实证研究分析巨灾脆弱性的构成和演进趋势；基于现行数据库的问卷资料，将巨灾风险社会抗逆力分别从社会维度、社区维度和家庭维度进行实证研究，得出了重要结论。这些微观基础的创新性构建，对"中国情景"下的巨灾脆弱性的形成和管理提供了重要依据，也为该领域的后续研究提供了丰富的文献。在巨灾协同社会治理机制的研究中，充分吸收复杂系统科学的思想，研究巨灾复杂系统的属性和行为特征，并利用协同学理论研究巨灾协同治理的机制设计。本研究在研究方法上具有开放性，大量引入其他学科的理论和方法，开展跨学科的研究，虽然具有较大的研究难度和工作量，但是，这些研究思路和方法对巨灾风险理论的创新具有积极意义，对研究视角和研究内容的创新也具有重要影响。

第2章 巨灾风险的成灾机理与管理演进

有效的风险管理必须基于风险的科学识别和认知。人类的发展总是伴随各种灾害风险的冲击和影响，但对风险的识别和认知又相当有限。也正因为如此，常常受到难以承受的巨灾风险影响。特别是现代科技发展极大拓展了人类活动的范围与强度。人与自然、人与社会、人与人之间的关系发展快速变化，风险产生的形式、渠道、种类，以及风险的传播与扩散，都发生了前所未有的变化。对什么是风险，风险来自哪里，风险的成灾机理是什么，如何有效进行风险管理这些问题引起越来越多的关注。过去半个世纪以来，出现了多学科、多视角的风险理论研究。虽然一些新兴的理论成果还很不成熟，各流派之间存在理论间的相互矛盾，甚至相互冲突。但是，这些新的理论为风险管理这样的复杂科学开启了新的窗口，为进一步探索巨灾风险管理机制设计与路径创新提供重要的理论基础。本章将基于多学科的理论研究成果，尝试探索一个巨灾风险成灾机理的新视角。

2.1　风险理论演进背景下的风险再认识

虽然风险无时无刻与人类相生相伴，风险影响甚至显著改变人们正常的生活与社会运转。因此，无论是传统社会还是现代科技和经济发达时代，风险都是热点问题。纵观各种理论体系，不难发现对风险的定义、风险的产生存在相当大的分歧。特别是，不同学科、不同流派在不同时期对风险具有不同的理解。争论的核心聚焦在三个方面：什么是风险？风险来自哪里？风险的存在是主观的还是客观的等问题。

2.1.1　多学科视角下的风险定义与特征

就风险的性质而言，可将风险划分为纯粹风险和投机风险两类不同性质的风险。纯粹风险是指风险事件发生后只可能带来损失机会而无获利可能，例如各种自然灾害风险；投机风险是指风险事件发生后既可能带来损失，也可能带来获利的风险，例如投资风险。我们这里研究的主要指纯粹风险，即各类灾害性损失风险，包括各类自然灾害风险和人为灾害风险。虽然关于研究风险问题的文献一直在快速增长，但人们对于什么是风险，以及风险怎样产生尚未取得一致观点。甚至一致性的风险定义也未达成共识(Aven and Renn,2010)。风险定义的分歧主要原因在两方面:一是风险研究的学科原因。自然灾害学、风险社会学、风险文化学、心理学等不同的学科都开展对风险的研究,不同学科采取不同的研究视角,因此对风险做出不同的定义。二是对风险产生的成因的原因。奥尔索斯(Althaus,2005)从不同学科总结了风险的七种定义。①

之所以出现对风险定义的多元性和复杂性,主要是研究的视角、研究的理论和方法的差异。另一方面,由于风险理论的创新和社会的发展不断拓展人类对风险的认知能力,对风险也有不同的理解。例如,风险是自然的还是社会的?是主观的还是客观的?20 世纪 50 年代以前,对风险的认知更多停留在自然灾害风险。这一时期风险的研究手段相对单一,以自然、物理和工程等学科作支撑,风险的定义争论较少,通常定义为"某种不利随机事件发生后给人们造成经济损失的不确定性"。但是,20 世纪 50 年代以后,伴随心理学、社会学、人类学等学科对风险研究的深入,人文社会科学为风险管理提供了崭新的研究视角。至此,对什么是风险、风险如何产生等问题引起了热烈的探讨。

埃文和雷恩(Aven and Renn,2010)侧重从经济学、管理学的视角总结了十种损失风险的定义②。

虽然统一的风险定义难度较大,但纵观各类定义不难看出,损失风险具有以下共性特征:

第一,客观性。无论是自然风险还是社会风险,无论是否被感知和认识,风险都是不以人的意志为转移的客观存在,甚至风险发生的规律都客观存在,即使人类的知识和价值判断尚无法认知的时期,例如地震风险。

第二,潜在性。风险是伴生于自然的、物理的,以及人类社会活动的进程中发生的,具有潜在性特征,需要借助于风险主体的经验、知识,甚至是专业的工具、程序方能有效识别。

第三,预期性。风险的发生与否以及损失的形成是若干因素共同作用的结果,发生的大小具有概率分布特征,损失的形成及影响的产生具有不确定性。

第四,主观性。风险虽然是客观存在的,但风险的认知行为具有主观性。不同的风险态度和偏好对风险具有不同的认知和判断,也将产生不同的风险行为选

---

① 奥尔索斯(Althaus,2005)从不同学科总结了风险的七种定义:①科学把风险看成是一种客观现实;②人类学把风险看成是一种文化现象;③社会学把风险看成是一种社会现象;④经济学把风险看成是一种决策现象;⑤心理学把风险看成是一种行为和认知现象;⑥艺术(包括音乐、诗歌、戏剧等)把风险看成是一种情感现象;⑦历史学把风险看成一种讲述(story)。

② 埃文和雷恩(Aven and Renn,2010)侧重从经济学、管理学的视角总结了十种损失风险的定义:"①风险等于预期的损失;②风险等于预期的失效;③风险是某种不利后果的概率;④风险是不利后果概率和严重性的测量;⑤风险是一个事件和其后果概率的混合;⑥风险是一系列事态,每一种都有一个概率和一个后果;⑦风险是事件和相应不确定性的二维混合;⑧风险指结果、行为和事件的不确定性;⑨风险是一种情景或者事件,其存在使人类有价值的事务处于危险之中,且其后果不确定;⑩风险是与人类价值有关的活动及事件的不确定的后果。"

择。此外，风险的主观性还表现在人类的主观行为(包括生产方式、组织结构等)也可以"制造"风险。因此，风险具有主观特性。

第五，损失性。损失性是指风险的发生都将不同程度造成损失，没有损失或者没有损失预期的风险不会引起人们的关注，也不会成为风险研究问题。风险的特征如图2.1。

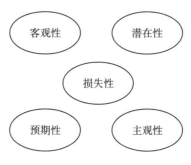

图 2.1　损失风险的基本特征

综上，风险的定义需要回答风险是什么的问题。基于风险的特征，我们认为，风险是客观存在的并给人类造成经济损失的不确定性，包括各类自然灾害风险和人为制造的风险。

2.1.2　自然属性与社会属性争论与融合

风险来自哪里？是来自自然界还是人为的，抑或是二者共同产生的？人类的生产和生活方式的改变、社会组织结构变迁、人类文化和价值观的变化对风险的形成产生什么影响？这些问题困扰着人们对风险的认知。同时，这些问题的研究和探索也在加速风险理论的创新。

(1)风险来自自然界，具有天然的自然属性。人类对风险的认知是从自然灾害风险开始的。自然界一些自身的现象和规律对人类的生存和发展造成严重的冲击和影响，自然灾害风险是人类最熟悉又最难以控制的损失风险。纵观人类的发展过程，由于人类的知识和能力的发展，经历了从依从自然和受制自然阶段、改造自然和征服自然时期，到适应自然和与自然和谐共存的一个不断发展过程。自然界本身有自然的规律，例如：地震、火山爆发、洪水、台风等。相应地，由于自然的、物理的、环境的等不利因素给人类带来了灾害性风险，因此，人类对风险最早的感知主要来自自然风险。人类的风险识别长期以来也主要聚焦在风险的自然属性，即使人类科技不断发达的今天，自然风险仍然是威胁人类可持续发展的主要风险：每年因为地震、台风、泥石流会导致大量人员伤亡和财产损失；因为旱灾和洪涝灾害也会造成严重经济损失。正如著名风险管理专家史培军(1991)的观点：灾害是地球表层异变过程的产物，是致灾因子、孕灾环境与承灾体综合作用的结果。习惯上更多将因为自然因素引起的风险称为自然灾害风险。20 世纪 50 年代以前，风险理论的研究都聚焦于自然灾害、气候变化和生态环境等自然科学领域风险的自然属性。

(2) 风险来自社会活动，具有明显的社会属性。随着人类经济活动对环境的影响越来越大，特别是全球气候变暖诱发的巨灾越来越多，灾害风险的研究重心已经从风险本身转移到巨灾的社会过程(Hewitt，1997)，灾害风险研究的视角和重心开始转向灾害风险的"社会属性"。因为，自然灾害不仅仅是"自然"的，而且具有重要的社会维度。不利的社会系统是人类社会在自然灾害面前具有"脆弱性"的原因(O' Keefe，1976)。由此，社会脆弱性的概念被提出并在灾害研究中引起高度重视。

20 世纪 70 年代后，社会学和人类社会学开启了对风险问题研究的高度重视。不同于地震、火山爆发、飓风等自然现象所导致的自然风险，社会学家和人类学家对风险产生的原因和渠道分析转向社会学领域，拓展和创新了风险分析视角，产生了较大影响。德国著名的社会学家乌尔里希·贝克(Ulrich Beck)在 1986 年首次提出"风险社会"的概念并开启了风险社会学的理论研究，产生了较大的影响力。贝克认为虽然自然风险是客观自然现象，是伴随人类的主要风险。但在近现代社会由于科技的发展和人类的生产生活方式的巨大改变，影响了风险的产生和发展。特别是，人类不再仅仅是风险的承受者，而是成为风险的主要制造者。风险的来源、结构和特征发生了显著变化，人类进入了"风险社会"。风险社会理论从社会的行为角度诠释了风险的来源，更为关注科技和社会制度因素产生和制造的风险，提出了现代社会生活在文明的火山上(杨明和叶启绩，2011)。正如贝克认为，"工业社会为绝大多数社会成员造就了舒适安逸的生存环境，同时也带来了核危机、生态危机等足以毁灭全人类的巨大风险。人类已经呈现从工业社会向风险社会过渡的迹象"。

著名社会学家吉登斯为了强化自然风险和社会风险的属性差异，将风险区分为外部的风险(即自然风险)和"被制造出来的风险"。安东尼·吉登斯(2001)认为，"在所有传统文化、工业社会中以及今天，人类担心的都是来自外部的风险，如洪灾、瘟疫或者饥荒等。然而，最近我们开始很少担心自然能对我们怎么样，而更多地担心我们对自然所做的。这标志着外部风险所占的主导地位转变成了被制造出来的风险占主要地位。"

显然，区别于传统对风险产生来源的"自然化"和"物化"特征，社会学视角更强调风险来源的"社会化"和"人化"特征，特别是突出了风险产生中的"人"的因素，即社会系统中的"人"既是自然灾害风险的接受者，更是社会风险的制造者，强调风险产生的主观因素。当然，还有哲学、心理学等视角对风险的研究。

因此，回答"风险来自哪里"的问题，得出了风险既来自自然的、环境的，也来自社会的、文化的多种因素。这也印证了所有的灾害事件的发生都有"天灾"因素，更有"人祸"的原因。多学科的风险研究视角有助于全方位研究风险的来源。

2.1.3　客观实体与主观构建争论与融合

在对风险的认识和理解方面，还存在一个激烈争论的学术问题——风险是客观实体的还是主观建构的。围绕这一问题的争论形成了两个典型的学术流派：风险的客观实体派和主观构建派。

1.　风险的客观实体派

将物理世界环境作为解释风险的出发点，认为风险是客观实在、由物理事实所决定的。风险具有物质的实体性，可以借助科学方法对其进行分析、预测和控制。主要通过客观概率来测度风险，用货币来衡量风险后果。因此，风险的客观实体派将物理世界环境作为解释风险的出发点，认为风险是一种与主观价值相分离的客观事实，把价值判断排除于社会风险之外。正因为坚持风险存在的客观性、科学性，风险管理研究的核心问题就归结为"多大的风险是可以接受的水平"和"以多大的代价接受风险"。客观实体派是以保险精算学、流行病学、安全工程学、经济学等学科为代表。斯塔尔和惠普尔等是风险客观实体派的典型代表①。Starr(1969)认为，通过尝试，社会能够在社会代价和技术收益之间实现可接受的平衡。社会代价是公众所从事活动的事故死亡率，技术收益是指从事活动获得的金钱收益。

2.　风险的主观构建派

客观实体派虽然揭示了风险的客观性和科学性特征，但该风险理论忽视了人们的风险价值观和风险偏好问题，难以解释风险实践中的人为风险现象。风险的主观构建派将风险看成是一种社会建构，认为风险不是客观测度问题，而是主观建构过程。风险是一种与风险主体的主观价值相连的社会建构，风险具有文化属性和价值属性的社会过程。风险的心理感知与文化对风险认知产生主要的影响，因此，风险管理必须高度关注风险心理和风险文化因素。风险心理主要研究风险个体的风险认知与风险偏好，以及风险行为特征；风险社会学和文化人类学从社会学和文化学视角研究社会群体行为特征。道格拉斯(Douglas)和怀尔达沃斯基(Wildavsky)等是主观构建派的代表。

---

① 斯塔尔1969年在《科学》发表的《社会收益与技术风险》和斯塔尔与惠普尔1980年在《科学》共同发表的《风险决策的风险》这两篇经典论文阐述了他们的核心观点。

Douglas 和 Wildavsky（1982）认为，人为因素与风险事件的发生以及风险损失的形成之间具有相当复杂的关系，仅仅通过概率的计算难以解释。而且，由于科技进步和人类活动范围的拓展，自然风险的主导地位会逐步让位于人为风险。现代社会风险更多表现为"人化"特征。道格拉斯进一步指出，"在当代社会，风险实际上并没有增加，也没有加剧，相反仅仅是被察觉、被意识到的风险增多和加剧了"。她和威尔德维斯宣称："虽然事实上科学技术迅速发展带来的副作用和负面效应所酿成的风险可能已经有所降低，人们之所以感觉风险多了，是因为人们的认识程度提高了"。

3. 走向融合的风险认知

以风险社会理论和风险文化理论为代表的风险强建构主义学派强调人为因素所带来的风险，并认为"被制造出来的风险"占主导地位。例如，吉登斯、贝克都使用 "人化环境"或"社会化自然"概念来描述风险产生的实践基础。这些研究观点相对于传统的风险理论，对风险来源和风险的认知起到了积极作用。但由于过分偏倚文化和社会作用，忽略了风险的技术分析，也存在一些不足，受到风险理论研究的批评和质疑。事实上学术界出现一些弱建构风险学派，以及走向二者融合的发展趋势。卡斯普森（Kasperson et al.，1988）指出："风险研究既是一种科学活动，又是一种文化表达。"20 世纪 90 年代的风险研究开始了从技术与文化两种取向相融合。近年来这种融合的趋势已经越发明显。

无论是自然科学还是社会科学，对科学问题的探索都是一个复杂的过程。有时从一个学科（或者视角）得出一个结论，从另外一个学科（或者视角）却得出不同的结论。也许这两个结论都是正确的，多视角的探索才能真正获得科学的认知。例如，在物理学上关于光的属性认知过程：基于光的直射和反射现象得出光具有微粒性；基于光在水中的折射和衍射现象得出光具有波动性，两个观点针锋相对。其实，光兼具微粒性和波动性的二重属性。同理，对风险的认知，客观实体学派和主观建构学派都从不同角度认知了风险：前者强调自然风险和环境风险，强调风险的客观性和风险管理的技术性，对自然灾害风险的认知起到了积极作用；后者强调了风险的社会属性和文化属性，提出了风险的产生和发展中人的主导性，较好地解释了工业化和现代化进程中的生态风险、技术风险，抓住了现代风险的生成趋势与最新特征，回答了传统客观实体学派难以回答的问题。两个流派理论对风险的认知各有侧重，各有优缺点，学派间的融合更能全面回答风险理论问题。例如，2011 年发生在日本福岛的核电站事故，经历了地震、海啸、核泄漏等巨灾风险事件。核电站建设和发展本身是人类科技现代化进程中的风险问题。因此，核电站本身的风险是人类主观制造的风险。但是，地震和海啸风险又属于自然灾害客观风险，是客观风险引发的主观风险。此外，核电站事故进程中，核电站工作人员因误操作、日本东京电力公司隐瞒实情、日本政府信息披露等环节的风险又属于主观构建维度的风险。这个灾害事件充分说明,许多风险事件是主客观风险的结合。风险的认知理论逐渐走向融合是风险理论发展的新趋势。

2.2　巨灾风险的特征与发展趋势

2.2.1　巨灾风险定义与特征

巨灾风险是相对于普通风险而言,目前尚未对其形成统一的定义。通常将巨灾风险定义为低发生概率、造成巨大损失和严重影响的风险。在这一定义中,突出了巨灾风险的三个典型特征,巨灾风险和普通风险的比较如图2.2。

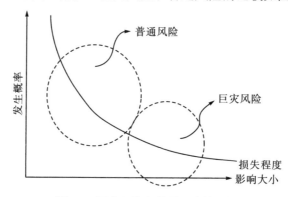

图 2.2　巨灾风险和普通风险的比较

1. **发生概率(或者频率)低**

就发生概率而言,有高概率和低概率风险。普通风险发生概率较高而且概率分布相对稳定。而巨灾风险具有明显的突发性,属于典型的极值事件。这种典型的极值事件造成损失额度的拟合曲线通常不符合正态分布特征,呈现出明显的"右偏"和"厚尾"特征,其期望和方差也不一定存在(如图2.3所示)。

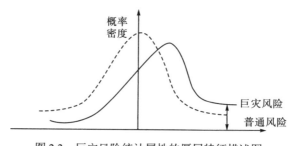

图 2.3　巨灾风险统计属性的厚尾特征描述图

正如 Philippe 和 Potters(2000)所说，"对于巨灾这类极值事件，从来没有证明高斯定理成立，这是因为中心极限定理仅能应用于分布的中心区。现在很清楚，人们最关心的是这些极端风险，首先要控制的也是它们……，简单地去掉这些极值事件的影响的做法是相当愚蠢的"。就巨灾风险发生的特征而言，虽然有的巨灾风险的发生具有一定的"规律性"，例如季节性的洪水风险、旱灾风险，但总体上，巨灾风险的发生具有突发性和低概率特征。

2. 损失巨大

无论是自然原因的巨灾风险(地震、台风等)，还是社会因素的巨灾风险(恐怖活动、核电站泄漏)，一旦发生都将造成严重的经济损失和人员伤亡，巨灾风险的界定必定和损失相联系。一次本身严重的特大风险因素，例如特大地震或者台风发生在一个远离人类的荒岛，未能造成损失的发生，就不能确定为巨灾风险。相反，一次严重程度不高的地震风险发生在人口稠密和财富集中的地区，造成了巨大财产损失和人员伤亡，也称为巨灾风险。此外，有的风险事件，例如洪水灾害的发生，虽然自身的严重程度不高，但由于持续的时间较长，波及的空间范围较大，累积了巨大损失，也称为巨灾风险。因此，巨灾风险与风险因素(或者致灾因子)有关，更与损失有关。也正因为如此，目前对巨灾风险的定义中主要按照损失程度来界定。如美国联邦保险服务局(Insurance Service Office，ISO)下设的财产理赔服务部(Property Claim Services，PCS)将巨灾定义为造成至少 2500 万美元的直接承保财产损失，且影响相当数目的保险人与被保险人的事件；再如瑞士再保险公司将巨灾界定为造成至少 3750 万美元的保险损失，且涉及大量保单和众多保险人的事件。

3. 影响程度大

一个巨灾事件的发生，造成的不仅仅是巨大经济损失、严重的人员伤亡，还严重破坏基础设施、波及社会秩序，严重影响经济和社会的可持续发展能力。而且，造成损失巨大是巨灾风险的重要特征，但损失是一个相对概念，绝对损失的大小与影响程度并不一定直接相关。相同损失对贫困地区和富裕地区的影响差异很大，即巨灾风险的影响与承灾体的承灾能力有关系。一个相同的巨灾事件发生以后，对有的国家(地区)是巨灾，对其他国家(地区)则可能不是；对财力弱小的保险公司是巨灾风险，但对实力雄厚的保险公司则不算。据此，有的巨灾风险的定义就是基于巨灾事件的影响程度来定义的。例如，慕尼黑再保险公司认为，受灾地区必须依靠区域或国际援助才能渡过危机的风险事件，就被定义为巨灾。目前国际上把一次灾害经济损失规模超过当期 GDP 的 0.01%界定为巨灾风险。当然，在现实中，巨灾风险的损失程度和影响程度往往具有相关性。因此，我国对巨灾风险的认定往往将二者进行结合。如我国 2006 年 1 月发布的《国家突发公共事件总体应急预案》，其划分依据类似于慕尼黑再保险公司的标准，其中将造成 300 人以上死亡，直接经济损失占地区上年国内生产总值 1%以上的地震和造成 50 平方公里以上较大区域，30 人以上死亡，或 5000 万元以上经济损失的气象灾害同时划分为特别重大的 I 级突发事件(即巨灾)。

2.2.2 巨灾风险的发展趋势

近年来的灾害事件表明，灾害具有多发性、广泛性、复合性、连锁性、扩散性、突发性等基本特征。而且，伴随气候变化，以及人类经济社会活动的新变化，巨灾风险呈现许多新的特征和发展趋势。

1. 气候变化导致自然灾害风险增多

大量证据表明，人类活动严重影响气候变化并带来更多极端天气，导致自然巨灾风险呈现加剧态势。气象资料表明，温室气体排放量越大，高温、洪涝和旱灾等风险概率越大。

联合国政府间气候变化专门委员会(Intergovernmental Panel on Climate Change，IPCC)2007 年第四次评估确认了全球气候变暖的基本趋势，过去 100 年全球平均气温升高了 0.740℃，而且，最近 50 年更有加速的趋势，并预计未来全球仍将表现为明显的增温特征。全球气候变暖导致的极端气候事件，以及引发的气象灾害可能呈加剧趋势。因为气候变化导致的飓风、洪灾和森林火灾风险将趋于更加频繁和强烈。以美国为例，据统计资料，2017 年美国遭遇的飓风比以往 12 年都更加严重。三大飓风造成 930 多亿美元的损失；加利福尼亚森林大火造成 70 多亿美元损失；美国中部和南部地区发生的雷暴天气造成 25 亿美元损失。据瑞士再保险公司(Insurance Firm Swiss Re)的估计，2017 年全球自然灾害导致的经济损失达到 3050 亿美元，几乎是 2016 年时 1880 亿美元的两倍，同时也高于近 10 年的平均水平。世界经济论坛发布的《2017 年全球风险报告》中，首次将极端气候事件、自然灾害、水危机、人为环境灾害，以及未能调整和减缓气候变化等五大环境风险，同时列为发生概率高、影响力大的风险，其中极端气候事件被认为是所有环境风险中最突出的全球风险。图 2.4 中总结了 1980~2008 年全球巨灾发生的次数，从图中可以明显看出，不论是自然巨灾还是人为巨灾发生的次数均大致呈上升趋势，而且人为巨灾发生的次数显著高于自然巨灾发生的次数。

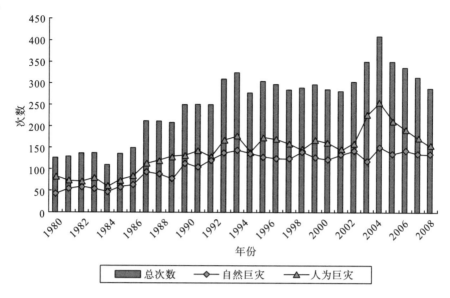

图 2.4　全球巨灾发生次数

表 2.1　自然巨灾发生及损失情况①

巨灾发生及损失情况	年度数字		10 年平均值	30 年平均值
	2016 年	2015 年*	2006~2015 年**	1986~2015 年**
事件数量	750	730	590	470
总体损失/十亿美元	175	103	154	126
保险损失/十亿美元	50	32	45	34
未保险损失/十亿美元	125	71	109	92
死亡人数/人	8700	25400	60600	53200

注：*损失原始金额，**按当地消费者物价指数(Consumer Price Index，CPI)扣除通胀因素后的损失金额。

从表 2.1 可知，2016 年发生了 750 宗相关巨灾损失事件(如地震、风暴、洪灾、干旱、热浪)，远高于过去 10 年的平均值(590 宗)。相比过去 10 年的平均值 21%，洪灾事件(包括河水泛滥和山洪)数量之多实属罕见，在总体损失中占 34%。

相关气象统计资料表明，中国极端气候事件种类多，频次高。极端气候事件区域特征明显，季节性和阶段性特征突出，灾害共生性和伴生性显著。相关专家预测，中国群发性或区域性极端气候事件频次增加，范围有所增大。未来我国可能面临特大地震、特大洪水、城市运行大面积障碍、大规模群体性事件、大规模传染病、恐怖袭击、网络安全、核事故、局部战争冲突等复合型重特大突发事件，甚至两个或两个以上事件同时发生。

---

① 资料来源：慕尼黑再保险公司官网。

2. 科技革命导致的社会风险扩大

科技创新正在推动和引领"第四次工业革命",以人工智能(AI)、生物技术、新能源、空间技术、科技金融等为代表的科技浪潮,正在以前所未有的方式变革甚至颠覆传统的经济发展和社会组织运行,带来极大效率提升的同时,加剧了新型社会风险的产生。以核电站为例,核电是一种安全、清洁、高效的能源,核电技术的运用带来了能源技术的突破。从20世纪50年代开始,核电技术在为人类发展做出积极贡献的同时,也带来了巨大的核电风险,其中一些事故酿成了巨灾。典型代表包括1979年发生在美国的三哩岛核事故、1986年发生在苏联的切尔诺贝利核事故以及2011年发生在日本的福岛核事故。严重核电站事故带来大量财产损失、人员伤亡和环境污染。显然,作为高科技的核电技术风险远远超过传统电力风险,人类也深深认识到新兴科技产业的巨灾风险影响。也正因为如此,近年来在全球引起核电产业发展的激烈争论,特别是日本的福岛核事故发生后,日本、韩国、德国等国家陷入是否发展核电的困境。从现代社会的发展趋势看,尽管新兴科技具有巨灾风险的不确定性,但人类不可能因此而止步不前。相反,新兴科技产业发展的步伐正在加快。

2017年世界经济论坛(World Economic Forum,WEF又称达沃斯论坛)对未来发展潜力巨大的12项新兴技术的风险进行了专题对比分析,报告分析表明,人工智能和机器人技术具有最大的潜在效益,可能推动经济增长并助力解决复杂的挑战。但其潜在的负面影响也最大,这两项技术是扩大经济、技术和地缘政治风险的首要因素(图2.5)。报告提出了"第四次工业革命"可能加剧全球风险的判断。

3. 灾害风险的复合型强化

由于人类经济和社会活动的扩大,巨灾的复合型呈现强化的演变趋势。灾害由个别的孤立事件变成普遍现象,灾害由偶发事件变成频发现象(张继权等,2006)。巨灾成因日趋复杂,巨灾事件之间的关联性增强。灾害由单一因素事件变成复合型事件,自然灾害越来越朝复合型灾害方向发展,具有空间性、时间性、连锁性和累积性等特点(周利敏,2013a,2013b)。风险因素间的关联性和复合型强化,加剧了巨灾风险发生的概率和损失程度。图2.6地震灾害链表明,地震灾害除了造成财产/生命损失风险外,还常常引起生态/生存环境的破坏,诱发生态风险;引发旱灾/洪灾风险;引发疫病/传染病风险。

图2.7是来自世界经济论坛2017年的全球风险报告,可见风险趋势关联关系越来越紧密。2011年日本福岛大地震遭遇了地震、海啸、核污染"三位一体"的典型复合型巨灾。

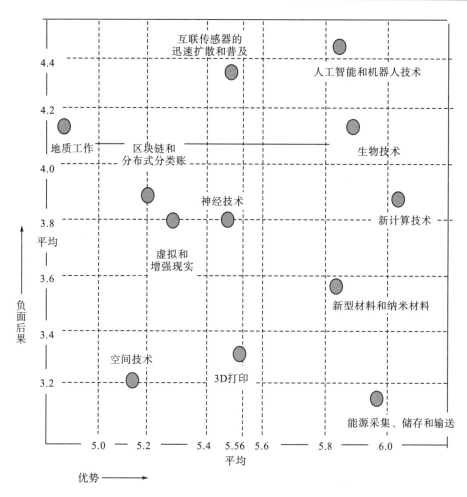

图 2.5　新兴技术与科技风险①

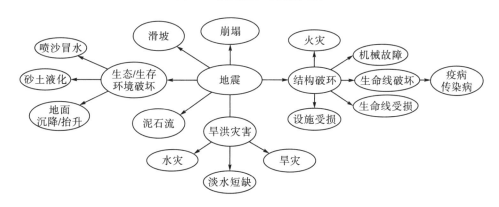

图 2.6　地震灾害链(史培军，2003)

---

① 资料来源：世界经济论坛，《2017 年全球风险报告》。

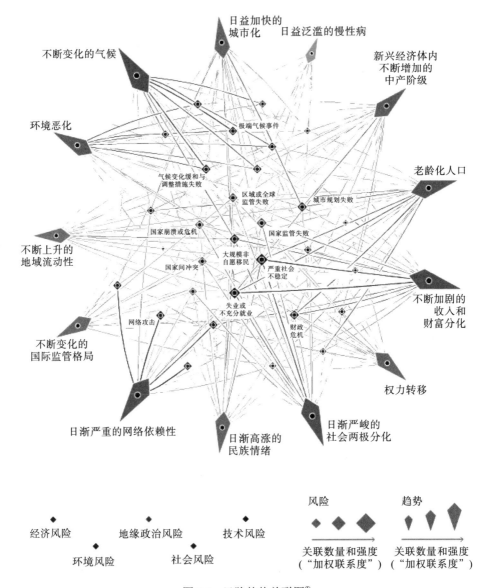

图 2.7　风险趋势关联图①

4. 扩散性加快

传统风险影响范围主要限定在某些特定的地区和群体，而现代风险则往往快速波及大范围地区，并且出现全球化的趋势。比如核辐射、环境污染、金融危机等风险事件都可能蔓延至全球。巨灾风险扩散性加快主要表现在扩散的速度加快、扩散的空间扩大、扩散的强度加大。受此影响，局部性灾害往往会迅速蔓延，酿

---

① 资料来源：世界经济论坛，《2017 年全球风险报告》。

成全局性危机；一国的灾害危机随时可能转化为跨国危机，甚至造成全球危机。

主要原因：一是致灾因子的特殊性。因为科技和社会的快速发展，除了传统的地震、洪水等致灾因子外，一些新的致灾因子在现代社会加速形成。例如，新型病毒、计算机病毒、转基因工程等，其扩散性和危害性大大超过传统致灾因子。即使是传统致灾因子，在现代社会条件下也会加快扩散。例如，因为气候变暖将加快洪涝灾害的影响和扩散。二是信息化程度的提高。信息化程度的提高既加大了全社会对信息的依赖，又加快了信息在全社会的传播速度。因为信息系统自身的危机迅速蔓延至全社会系统。另一方面，加大风险沟通的难度，谣言可以迅速放大灾害损失及影响。三是产业关联度和地区依存度提高。全球化进程驱动全球的经济和社会发展的紧密联系。唇亡齿寒的相互影响超过历史上任何时期。四是要素流动加快。全球化促进一体化，各种要素紧密融合并快速流动，加快风险传播与扩散。例如，病毒的扩散等。

5. 脆弱性提高

社会脆弱性主要表现为社会系统的易损性。现代社会的发展趋势主要因为社会复杂系统脆弱性、科技脆弱性和风险暴露的扩大等因素，导致社会脆弱性提高，增加巨灾损失风险的威胁程度。

社会复杂网络结构脆弱性。社会系统由若干相互联系相互影响的复杂网络构成，社会发展程度越高，网络的复杂性越强。作为一个复杂网络系统，社会具有小世界、无标度、择优连接、鲁棒性、脆弱性、社团结构等复杂性特征（范如国，2014)，如图 2.8 所示。

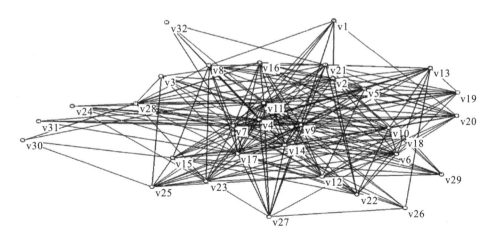

图 2.8　复杂社会网络结构

在这个网络体系中，网络结构并非对称的。其中，网络的中心节点在社会网络中起支配作用，受到高度依赖。其中一些关键核心节点或链路即脆弱点一旦失效、发生故障或被攻击，整个系统可能瘫痪（张旺勋等，2016）。例如，2008年汶川大地震发生后，进出灾区的交通全面瘫痪，交通就成为灾害系统的关键节点。社会的快速发展，社会网络日益发达，社会系统的营运效率不断提高，但社会系统的脆弱性将不断增强，面临的巨灾风险威胁程度将进一步提升。

风险暴露加剧脆弱性。风险暴露度主要是指面对风险威胁的财产和人员的规模。风险暴露度的大小既取决于风险发生范围的扩大和频率的上升，更取决于风险影响下的财富规模和人口密度。事实上，天气变化导致的气候灾害影响范围扩大、科技创新和人类活动范围的拓展，都将迅速扩大巨灾风险的影响范围。而且，人口数量增长、经济总量增长，将导致风险暴露度不断增大，承灾体脆弱性趋于增大。因此，未来人口增加和财富积聚对天气气候灾害风险有叠加和放大效应。预计2030年中国总人口将达到14.53亿左右，65岁及以上人口约2.31亿，城镇化率68%。经济社会发展、人口增长及结构变化、城镇化水平提高，与未来因为气候变化导致的高温、洪涝和干旱灾害增多增强相叠加，中国面临的天气气候灾害风险将进一步加大，经济损失进一步加重。

2.3　巨灾风险成灾机理演进与变迁

灾害是在特定因素和环境下耦合形成。传统的灾害成灾机理简单将其归结为致灾因子，由此产生致灾因子论。后来又提出孕灾环境论。但是灾害广泛存在着"小灾大害和大灾小害"的损失放大（缩小）现象，致灾因子论、孕灾环境论的成灾诠释机理受到质疑，加之灾害社会学的兴起，承灾体脆弱理论应运而生。本节聚焦于巨灾风险成灾机理演进与变迁，探索科学的巨灾风险成灾理论。

2.3.1　致灾因子论

所谓致灾因子（triggering agent），是指引发灾难的自然因素和人类活动，也就是人们常说的"天灾"和"人祸"（李宏伟和屈锡华，2009）。早期的灾害理论（20世纪的20年代）研究聚焦于灾害形成的自然属性，将灾害的形成归结为各类不利的风险因素（致灾因子）累积，超过一定临界值，便会给承灾体造成经济损失。致灾因子论将灾害的形成直接与"致灾因子"相联系，研究致灾因子如洪水（Renn，2007）、风暴和地震、干旱、核事故、有毒化学品排放等灾害事件的过程和机理，时空分布规律等。灾害调查、模拟和预报成为致灾因子论的主要研究内容。

根据殷杰等（2009）的研究，将致灾因子分为五类，包括自然致灾因子、生物致灾因子、环境致灾因子、技术致灾因子、人为致灾因子，如图 2.9。不但致灾因子种类较多，而且各类致灾因子之间关系复杂，因为致灾因子之间具有相互作用，灾害系统存在灾害群发与群聚的现象(亦称之为多灾种)、灾害链现象以及灾害遭遇现象(史培军等，2014a)。

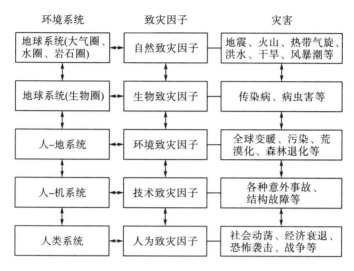

图 2.9　致灾因子图(殷杰等，2009)

致灾因子论将各类致灾因子与灾害发生建立了因果关系，成灾并致害视为致灾因子对承灾体在时空环境中的累积程度。不难看出，虽然致灾因子论也研究"人"和"社会"因素，但是，该理论也仅仅将"人"和"社会"归结为致灾因子。因此，灾害损失发生与否，以及损失的程度，都归结为致灾因子的数量和强度。

致灾因子论解释成灾机理比较简单和直接，但是存在许多缺陷。例如，只考虑灾害损失的灾害因子关系，忽略了灾害损失的经济和社会环境，更忽略了灾害损失发生过程中人的因素。无法解释相同的灾害因子及强度(例如地震)在不同国家(地区)造成的灾害损失差异；以及相同规模的经济损失对不同国家(地区)的影响和冲击不同等现象。此外，大量的巨灾风险事件表明，巨灾风险在发达国家主要造成经济损失，但是在发展中国家主要导致人员伤亡。20 世纪 80 年代开始，国际灾害学界开始重视人类社会经济自身存在的脆弱性在灾害形成中所起的作用。Pelanda(1981)指出"灾害是社会脆弱性的实现"；"灾害是一种或多种致灾因子对脆弱性人口、建筑物、经济财产或敏感性环境打击的结果，这些致灾事件超过了当地社会的应对能力"(Ward，2016)。Hewitt(1997)对致灾因子论提出了激烈的批评，灾难的本质受到根本性的质疑。

2.3.2　孕灾环境论

虽然致灾因子是灾害发生以及损失产生的原因。但是，致灾因子是否出现以及强度的大小取决于孕灾环境。孕灾环境是指由大气圈、水圈、岩石圈、人类社会圈所构成的地球表层系统，包括自然环境与社会环境。致灾因子是客观因素，孕灾环境为致灾因子发生灾害提供环境条件，决定了致灾因子发生的类型、频率和强度。例如，气候灾害是气候系统作用的结果；地震灾害与特定的地质结构和环境相联系(倪长健和王杰, 2012)。孕灾环境的区域差异不仅对致灾因子的产生有着深刻的影响，也对这些致灾因子造成的人员伤亡和财产损失影响明显(史培军等, 2014a)。

基于传统的致灾因子论和孕灾环境论的风险理论，学术界和政府部门推出了较为经典的风险损失模型(LC 模型):

$$R(\text{Risk}) = L(\text{Likelihood}) \times C(\text{Consequences})$$

该模型将风险的成灾机理归结为致灾因子发生的可能性(Likelihood)，以及后果(Consequences)。这个模型出自美军在 1960 年提出的系统安全管理导则(MIL-STD-882A)，几十年来在全世界得到广泛的推广与应用。

传统风险理论主要基于致灾因子和孕灾环境的视角研究，虽然在灾害学领域也进行了积极拓展，认识到灾害系统存在灾害群发与群聚的现象(亦称之为多灾种)、灾害链现象以及灾害遭遇现象。史培军等(2014a)曾就灾害系统的结构、功能、动力学以及综合灾害风险防范进行了系统的讨论，然而，从近年来发生在不同地理环境区域、不同承灾体暴露区域的灾害来看，仅从灾害系统中致灾因子之间的相互作用来认识灾害系统的复杂性，远不能满足对灾害系统复杂性的认识。因此，孕灾环境论受到关注。

2.3.3　承灾体脆弱性理论

致灾因子论和孕灾环境论确实能够揭示灾害的成灾机理。但是，现实的诸多灾害事件中出现难以解释的"为什么小灾大害"和"为什么大灾小害"现象。现代灾害学和风险管理理论开始转向灾害的社会属性，开启成灾理论研究的新范式。灾害社会学理论认为"自然灾害"只是一种"触发器"(trigger)和"催化剂"(catalyst)，其最终危害程度受到社会内生变量的制约。因此，灾害的定义中必须包括其社会后果(赵延东, 2011)。Kreps(1984)就把灾害定义为"一种在时空上可以观察到的事件，它能在社会及其较大的子结构(如社区、地区)中造成人身伤害和财产损失，或者干扰日常生活的运作"，并认为灾害的原因和结果都与社会结构有关。

O'keefe 等(1976)指出：不利的社会经济条件是人类社会在自然灾害面前具有"脆弱性"的原因。灾害从来都不是"自然"的产物，而是人类社会制度中的脆弱环节所致，灾害是致灾因子与脆弱性共同作用的结果。自此，"脆弱性"成为灾害的跨学科研究的一个基本范式，"脆弱性"不仅仅成为分析灾害成灾机理的重要理论基础，也成为综合性风险管理的重要方面(图 2.10)。当然，脆弱性的定义较多，一般是指一个系统容易受到损害的程度。这个系统既可以是自然生态系统，也可以是人类社会系统，还可以是社会-生态复合系统。因此，脆弱性是一个复杂的问题，深入研究脆弱性的机理需要进行多学科交叉研究。

社会脆弱性理论认为，灾害是自然与社会相互作用的结果；灾害的社会属性超越自然属性，占据主导地位。灾害来自社会的薄弱环节，并没有真正意义上的"自然灾害"，一切灾害都有着人为的因素(童小溪和战洋，2008)。在某些情况下，脆弱性本身就是诱发灾难的直接原因。致灾因子只是灾害发生的必要条件，而非充分条件，脆弱性才是灾害的真正肇因。而且，脆弱性还具有放大灾害的作用(刘铁民，2010)。Pelanda(1981)认为，灾害是社会脆弱性的实现；灾害是一种或多种致灾因子对脆弱性人口、建筑物、经济财产或敏感性环境打击的结果，这些致灾事件超过了当地社会的应对力。Blaikie 等(1994)进一步指出，脆弱性是灾害形成的根源，致灾因子是灾害形成的必要条件，在同一致灾强度下，灾情随脆弱性的增强而扩大。

图 2.10　脆弱性与风险关系

脆弱性理论给巨灾风险的成灾机理与风险管理提供了一个崭新的研究视角和分析工具。灾害的破坏程度(D)取决于源发事件(T)与承灾主体的脆弱性(V)之间的相互作用，即

$$D = T + V \tag{2.1}$$

脆弱性理论研究引起政府和国际组织的高度重视，逐渐成为引领风险管理的新理论和政策导向。由于传统的 $R=LC$ 模型忽略了承灾体在脆弱性方面的差异，

很难全面反映灾难类风险的特点与规律。联合国减灾委推荐的新风险评估模型：
$R(\text{Risk})=H(\text{Hazard}) \times V(\text{Vulnerability})/C(\text{Capacity})$，即

$$R = HV/C \tag{2.2}$$

其中，C 是指社会的防灾减灾能力。

$R = HV/C$ 模型融入了社会学的视角和复杂系统的认识，充分考虑了脆弱性对灾害行为的影响，是风险管理科学理论和实践的重要质变。

无论是 $R = HV/C$ 模型，还是 $D = T + V$ 模型都可以显示，脆弱性变量与灾害风险变量之间存在一定意义上的函数关系。

也有的研究认为，灾害风险导致的损失与风险的暴露度（Exposure）还与防灾减灾能力（C）有关。据此，灾害损失模型变为

灾害损失风险=危险性（H）×暴露度（E）×脆弱性（V）×防灾减灾能力（C）(2.3)

基于此，灾害损失机理及因素如图 2.11：

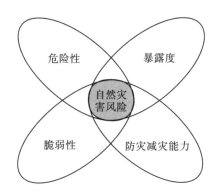

图 2.11　灾害损失机理及因素（张继权等，2006）

相对于传统的灾害理论，脆弱性理论强调了灾害的产生以及风险管理中人与自然、人与社会之间相互作用的复杂关系，创新性地分析了自然灾害产生和发展规律，有助于创新风险管理理念、工具和策略。但是，也应该客观看到，社会脆弱性属于多学科研究范畴，而且脆弱性的层次十分丰富。目前对脆弱性的定义、评价和分析方法等方面的研究还较为薄弱。本课题将在后续章节中展开专题研究。

2.3.4　承灾体抗逆力理论

抗逆力（Resilience）也被翻译为弹性，最早运用于物理学上，描述一个物体在外力的作用下如何运动或发生弹性形变。物体在受到外力的作用时，物体会产生应力和应变现象。应力是指在外力作用下，变形体内质点间单位面积产生的相互作用的内力，其物理意义是材料单位截面积所受到的力，应力会随着外力的增加

而增长。对于某一种材料，应力的增长是有限度的，超过这一限度，材料就要破坏。应变是指物体内任一点(单元体)因外力作用引起的形状和尺寸的相对改变，其物理意义是物体的变形；当外力卸除后，物体内部产生的应变能够全部恢复到原来状态的，称为弹性应变；如只能部分地恢复到原来状态，其残留下来的那一部分称为塑性应变。

图 2.12 所示的应力-应变曲线，反映了处于屈服强度下、处于极限强度下和断裂三种反应。图中的 A 点为屈服强度，B 点为极限强度。在屈服强度下(OA 区间)，应力与应变成正比，材料处于弹性形变状态(包括线性弹性和非线性弹性阶段)。在该阶段材料的变形能够得到完全恢复；在越过屈服强度 A 点时，应力与应变之间的直线关系被破坏，材料的变形只能部分恢复，而保留一部分残余变形，即塑性变形；当完全超过屈服强度，在极限强度 B 点之后，材料开始发生不均匀塑性变形进而形成缩颈，应力下降，最后材料断裂。材料物理学的研究结论表明，任何物体在受到外力冲击并变形时，都有一定的抗逆力，即在一定限度内都具有由自身的结构属性恢复原状的能力。不同的材料由于自身结构不同，受到外力冲击程度不同，其抗逆力也有显著差异。

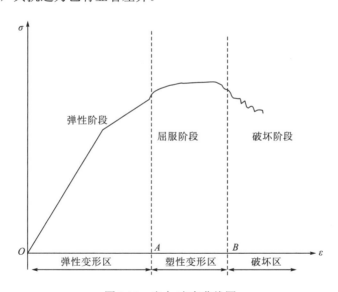

图 2.12 应力-应变曲线图

后来，抗逆力的概念被运用到生态系统和社会系统。其在社会科学领域运用最多的还是在心理学领域的研究。由于灾害社会学的崛起，抗逆力开始被引入灾害风险管理的研究。与脆弱性在成灾机理研究中充当"易损性"和"抵抗力"不同，抗逆力扮演的更多是"恢复力"的角色。与物理学上的抗逆力一样，社会系统的抗逆力也取决于系统自身的诸多因素，包括社会系统的组织水平、社会结构、经济实力、社会制度，以及社会成员的风险认知能力、风险沟通水平、风险行为选择等。

抗逆力理论引入了新的变量，为巨灾成灾机理研究拓宽了视角。复杂系统理论表明，巨灾系统是一个日益复杂的开放系统。单纯从自然(生态)系统越来越难以认识巨灾规律。事实上，大量的灾害实践表明，巨灾的产生及影响不但受到自然系统作用，更受到社会系统的影响；不但受到灾中环节的冲击，更受到灾前和灾后的影响。许多次生灾害和衍生灾害比原生灾害的损失更为严重；许多灾区社会制度和秩序的破坏比灾害损失本身的影响更严重；灾前的预防和灾后的重建比灾中的应急处置更重要；灾民在巨灾事件中受到的心理冲击比人身和财产的损失更可怕。因此，承灾体抗逆力是影响巨灾风险管理的重要变量和因素。传统的巨灾理论研究中对此缺乏足够的重视。近年来，国际组织开始关注抗逆力的研究和运用。抗逆力与脆弱性一道，是国际全球环境变化人文因素计划(International Human Pimensions Programme on Global Environment Change，IHDP)中三个核心概念之一(方修琦和殷培红，2007)。2011 年 IPCC 发布了《管理极端事件和灾害风险，推进气候变化适应》。应对气候变化的抗逆力是指社会生态系统在面对以下两种情况时的应对能力：一是在气候发生变化带来压力时，该系统吸收压力并维持系统功能的能力；二是重新组织构建提高系统可持续性的能力，为未来的气候变化提前做好准备(Folke，2006；Nelson，1999)。这一定义既包括对压力的吸收处理，也包括系统本身的进化。前者被称为单一平衡态观点或静态平衡中心观点(方修琦和殷培红，2007)，后者被生态学家 Holling(1973)称为多稳定态的或多吸引域的系统观点。这可以被看作气候学与生态学的交叉点之一。引入了抗逆力理论后，灾害理论和模型得到了新的拓展，如表 2.2 所示。

表 2.2　风险要素类评估模型(尚志海和刘希林，2014)

序号	研究机构或学者	风险评估模型
1	UNDHA*(1992 年)	风险=危险性×易损性
2	Wisner(2001 年)	风险=危险性×易损性－应对能力
3	联合国(UN)(2002 年)	风险=危险性×易损性/恢复力
4	UNISDR(2004 年)	风险=危险性×易损性/应对能力
5	联合国开发计划署 (UNDP)(2004 年)	风险=危险性×暴露性×易损性
6	刘希林(2003 年)	风险度=危险度×危险度
7	张继权(2007 年)	风险度=危险性×暴露性×脆弱性×防灾减灾能力
8	尹占娥(2009 年)	风险=致灾因子 ∩ 历史灾情 ∩ 暴露性－易损性 ∩ 抗灾能力

*联合国人道主义事务部(UNDHA)现改名为联合国人道主义事务协调厅(UNOCHA)。

正如上文述及,在灾害风险中,脆弱性在成灾机理中表现为"易损性"和"抵抗力",因此,脆弱性与灾害损失呈正相关的关系。抗逆力则表现的是对灾害冲击的"恢复力",抗逆力与灾害损失呈负相关关系。抗逆力对灾害冲击表现为抵减作用。因此,灾害成灾机理应该充分考虑脆弱性和抗逆力因素。

据此,灾害损失模型可以表达为

$$\text{灾害损失风险} = \text{危险性(度)} \times \text{暴露度}(E) \times \text{脆弱性}(V) / \text{抗逆力}(R) \qquad (2.4)$$

该模型表明,风险既是自然的,也是社会的,是自然因素与社会因素的结合;灾害损失既取决于灾害因子自身,更取决于人类自身的脆弱性和抗逆力。理论上解释了"小灾大害"和"大灾小害"的成灾机理;同时,该模型也表明了灾害损失既取决于灾前的风险因素影响,更取决于灾中脆弱性和灾后表现出的抗逆力。因此,纳入脆弱性和抗逆力的巨灾风险模型能够更为全面、客观和科学地诠释巨灾风险的成灾机理,认识到人类自身活动会对灾害造成"放大"或者"减缓"的作用。同时,也更能够为巨灾管理机制和制度安排提供科学依据。

2.4　巨灾风险管理视角演进与变迁

基于灾害理论的发展和灾害管理的经济社会发展环境的变化,特别是人类在经历若干次重大巨灾风险管理的经验和教训以后,巨灾风险管理的视角和重心发生了重大转变。对巨灾风险管理视角演进与变迁的梳理,既有助于对巨灾管理理论的研究,更有助于探索巨灾管理实践和政策的创新。

2.4.1　工程法减灾向非工程法管理的转变

工程法减灾是基于对灾害自然属性的认知,通过工程的、技术的主要手段,干预、管理和控制致灾因子发生条件,影响孕灾环境,从而降低灾害风险发生概率和灾害损失程度。例如,通过制订严格的建筑技术规范、改善耐震材料和建筑设计方法、技术、施工方法和修建公共减灾工程结构物作为预防手段以降低人和建筑物风险。工程法减灾也称为结构式减灾(structural mitigation)。非工程法减灾管理侧重于对灾害社会属性的认知,基于灾害社会脆弱性视角,主张采用社会结构性方法增强减灾能力,通过非工程和非技术层面规划、教育等途径进行减灾,非工程法减灾也称为非结构式减灾(non-structural mitigation)(图 2.13)。

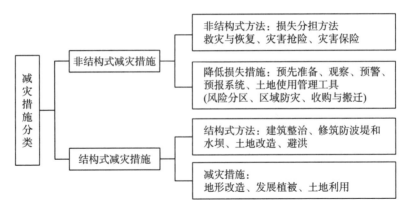

图 2.13　减灾措施的分类(周利敏，2013a)

客观评价，人类的发展对科技具有严重的依赖性，人类的风险管理也更多依赖各种技术和工程手段。工程法也确实在一定程度上提高了风险应对能力，人类对工程法手段表现出较强的依赖性。例如，防洪大坝的兴建提高了防洪标准，增强了抗洪能力；建筑标准和技术的采用增强了抗震水平；滑坡治理工程缓解了山体垮塌与泥石流风险；气象预测技术缓解了气象灾难风险；蓄水和灌溉工程减轻了旱灾风险等等。但是，传统的工程法为主导的风险管理手段在风险管理实践中遇到了越来越多的挑战：一方面，虽然人类的科技创新发展速度和工程水平快速提高，但人类面临的风险威胁非但没有减少，而且还呈现愈演愈烈的趋势(例如洪灾和旱灾风险)；另一方面，客观存在较为普遍的"技术失灵"和"工程失灵"现象。就人类现在乃至将来相当长一段时期，科技还无法准确预测飓风、洪水、地震、海啸、滑坡和泥石流等自然灾害发生的时间和地点，特别是在巨灾风险的现实威胁方面，有些技术还仅仅存在"理论价值"。一些重大灾害管理工程，例如防洪大坝、建筑工程、核电站等，其标准也是固定的，难以承受动态的、高度不确定性的、超过工程标准的巨灾风险威胁。"灾害事件发生的随机性与结构式减灾标准的有限性之间的矛盾"总是客观存在。巨灾风险存在百年一遇、千年一遇，甚至万年一遇的风险事件，结构性减灾的标准也会遇到防不胜防的困境。此外，工程法导致的技术依赖，更容易诱发人们的道德风险。皮尔克(Pielke，1999)总结分析了工程法的风险管理存在九个悖论，并将其称为"结构式减灾迷思"。因此，结构式减灾只能治标而无法治本，非结构式减灾才是降低未来自然灾害损失的有效手段。

与工程法相区别的是，非工程法的灾害管理视角强调灾害的社会属性，特别是聚焦于灾害的脆弱性视角，从人和人类社会自身出发，通过降低自然灾害的自然脆弱性和社会脆弱性，增强人类对灾害的适应性，减少灾害损失。非结构式减灾起源于巴罗斯(Barrows，1923)，他将地理学中的生态分析应用于灾害研究，强调人类对环境的调适能力能够减少灾害损失。1966 年,美国众议院第 465 号文件首次正式提出了"非结构式措施"概念,进行了结构式减灾和非结构式减灾相结合的尝试。但是,非结构式减灾真正受到重视是 20 世纪 80 年代中期之后。非结构式减灾带来了对自然灾害风险的认知、灾害管理理念的更新,以及灾害管理工具的创新,非结构式减灾的常用政策工具如图 2.14。人类系统在面对巨灾风险时其脆弱性不断增加,目前已把减灾的重心转移到脆弱性分析和综合风险管理方面(Dizard,2008)。自然灾害具有重要的人文和社会维度,是人类社会制度中的脆弱环节所致,而且这种脆弱性在灾害的强度与规模越大时,就越显突出(温宁和刘铁民,2011)。因此,降低脆弱性的综合自然灾害风险管理就成为避免灾难发生和减轻灾害后果的一种重要策略(陶鹏和童星,2011)。

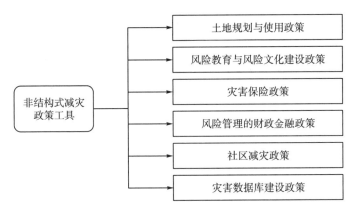

图 2.14　非结构式减灾常用政策工具(周利敏,2013b)

也应该看到,非结构式减灾虽然受到高度重视,理论研究也得到快速发展,特别是在社会学、心理学、生态学、人类学、经济学、管理学等交叉学科的推动下,设计出了许多新的发展思路。但是,非工程法的理论研究自身也还在探索中,特别是社会脆弱性理论发展的框架性很强,内涵也非常宽广,有效突破还有相当难度。此外,非工程法的政策实施在事件中也出现大量"非结构式减灾失灵"的现象。导致失灵的原因主要有三方面:一是非工程法手段见效慢。二是实施的条件限制。例如,要求人口和建设规划搬迁出危险地带。很多时候实施难度或者成本无法消化。三是非工程法自身的机制和政策不健全。例如,巨灾保险是一个较为有效的手段,但是对巨灾保险的产品设计、机制优化、政策保障等环节有相当高的要求。事实上,大多数国家,巨灾保险在巨灾损失的分担上发挥的作用相当有限。

因此,基于对传统的工程法能否有效,非工程法可否持续的争论与思考,为有效克服"单一工程减灾"或"单一社会减灾"二者失灵的现象,巨灾风险管理走向复合型减灾体系的重大转变。

2.4.2　灾害危机管理向综合风险管理转变

在经历了工程法和非工程法风险管理的理论和实践后,人类仍然面临日益严峻的巨灾风险事件的冲击,促使人们不断反思两个问题:传统的工程法能否有效?非工程法可否持续?特别是对比两个反差明显的案例:2011 年 10 月土耳其地震和 2011 年 3 月日本地震;美国 2005 年"卡特里娜"飓风和 2012 年"桑迪"飓风。2011 年土耳其大地震与同年的日本大地震,破坏力相当,但日本的直接灾害损失相对较小,社会秩序稳定;土耳其人员和财产灾害直接损失巨大。美国 2005 年遭受的"卡特里娜"飓风和 2012 年的"桑迪"飓风威力相当,但 2005 年因为政府和社会应对不力,损失严重,引起美国政坛和社会的强烈震动。2012 年的"桑迪"飓风到来时,美国高度重视,应对措施得力,面对几乎相同的巨灾事件,但受到的损失和影响远远低于 2012 年的"卡特里娜"飓风。这些鲜活的案例表明,面对破坏力极强的巨灾风险威胁,工程法或者非工程法都有局限。不难看到:巨灾风险也许不可避免,但是,巨灾风险的传递路径可改变,巨灾损失的承受能力可调节,巨灾损失的不利影响可控制。风险管理越来越倾向于综合性风险管理理论与实践的运用。

灾害风险和灾害危机是风险管理的两个不同范畴和阶段。灾害风险是灾害事件和灾害损失发生的潜在性和可能性。灾害危机是灾害风险已经发生,而且造成了严重的损失和不利影响,并超越了一定程度和范围。因此,危机管理是风险管理的环节之一。有效的风险管理是指采用科学、系统、规范的办法对风险进行识别、处理的过程,以最低的成本实现最大的安全保障或最大可能地减少损失的科学管理方法(张继权等,2006)。预防管理是风险管理的重要环节,是被实践证明成本最低、最有效的管理手段之一。灾害危机管理具有事后性和应急性,而风险管理具有主动性、预防性。从这个意义上说,科学的风险管理就是让风险事件永远不要演变成危机。当然,危机管理也是体现风险管理能力的重要标志,主要体现在应急管理能力的提升,防止危机的蔓延和扩大。风险管理与危机管理的比较见表 2.3。总之,从"危机管理"到"风险管理"是现代风险管理发展的重要转变。

表 2.3　风险管理与危机管理的比较(程静和彭必源,2010)

比较内容	危机管理	风险管理
关注重点	重点关注致灾因子和灾害事件本身	重点关注脆弱性和风险因素
关注内容	侧重灾害发生之后的恢复与重建	侧重灾害发生之前的预防与预警
管理部门	单个部门或不同部门的分散管理	多个部门的协调、共同管理
运作特征	短暂性、应急性的管理过程	系统性、持续性的管理过程

续表

比较内容	危机管理	风险管理
制度框架	以正规制度为主	正规制度与非正规制度的有机结合
信息管理系统	单一信息渠道	多种信息渠道，流动快，协调性好
管理理念	被动抗灾，立足眼前、局部	主动抗灾，立足长远、全局

虽然，相对于危机管理，风险管理更为科学和主动。但是，在风险管理实践中也暴露出一些突出问题，主要表现在风险管理体系不健全、管理制度不配套、协同推进较困难。

正因为风险管理的复杂性，巨灾损失的严重危害性，任何单一的风险管理手段都难以奏效。由此，风险管理实现由灾害危机管理向综合风险管理的转变（图2.15）。综合灾害风险管理理论由日本京都大学防灾研究所冈田宪夫（Okada Norio）教授和多多纳裕一（Tatano Hirokazu）教授在 19 世纪末和 20 世纪初提出，并在国际上被广泛重视。该理论强调风险管理的系统性、协同性、综合性、社会性。所谓综合灾害风险管理，是指在对各种自然灾害风险进行识别、估计和评价的基础上，综合利用法律、行政、经济、技术、教育与工程手段，通过整合的组织和社会协作，提升社会对灾害的应对能力。张继权等（2006）将其总结为五大原则：全灾害的管理、全过程的灾害管理、整合的灾害管理、全面风险的灾害管理、灾害管理的综合绩效准则。

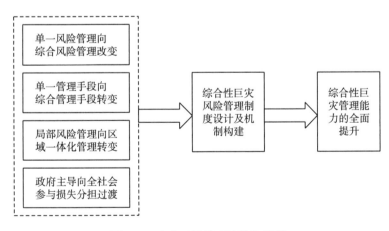

图 2.15　灾害风险管理演进路径图

2.4.3　"与灾害抗争"向"与灾害共存"转变

人是自然界的成员之一。与漫长的自然相比，人类在自然界的存续时间相当短暂。从人类在自然界的生存发展史观察，由于人对自然的认知水平、征服能力、发展观念的改变，先后经历了自然的依附者、崇拜者、征服者几个阶段。相应地，对各种自然灾害也经历了几个演进阶段，并形成相应的灾害管理理念。

1. 天命论的灾害观——自然灾害的承受者

在人类古代社会，生产力水平处于低级阶段，人类对自然环境和各种不利气象条件知之甚少，人们缺乏对自然界全面而深刻的认识，人对自然界表现出的是一种简单的依附关系。这时人们对自然界的运动规律及其对人类生活的影响找不到合理的解释，只有归结为某种超自然力量的作用。而把产生自然灾害的一些现象看作是不可征服的，往往把它们归结为一种超自然的力量或"神""上帝"的旨意，甚至将各种自然灾害归结为"天命论"或"神权论"等(梁留科和刘朝晖，1994)。

2. 决定论的灾害观——自然灾害的抵抗者

与人类在发展早期面对各类自然灾害的消极、悲观的灾害观区别的是，伴随人类科技水平的快速提升，特别是进入 20 世纪后，工业社会的科学技术和生产力发展到前所未有的阶段，人类对物质和财富的追求欲望无限膨胀，助推了人类社会向大自然的无限索取，人类征服自然的信心与能力在科技盲目自信阶段得到空前扩张。现代工业化、城市化在极大征服自然和改造自然的同时，产生了前所未有的灾害损失，如乱砍滥伐使水土流失、土地沙化现象日益严重；工程开挖引起山体滑坡、崩塌等；过量开采地下水造成地面沉降，水库诱发地震等；气候变暖引发洪涝和旱灾频发；核电站引起核污染、核泄漏危机四起；空气污染引起健康灾难等等，人类的生存环境面临前所未有的威胁、人类社会的可持续发展受到越来越尖锐的挑战。虽然，人类面对各种显性和隐性的巨灾风险，正在积极采取灾害治理，灾害防治和风险管理的手段也在快速进步。但是，人类还是免不了"从一个灾害到另一个灾害"的怪圈。由此，不得不引发人类自然灾害抵抗者的灾害观的反思。

3. 协调论的灾害观——自然灾害的管理者

灾害作为自然界的一部分，是无法避免的，灾害危险源也无法控制，针对自然灾害一味采取对抗态度，最后必然会被自然灾害所吞噬(Mileti，1999)。人类以工业现代化和城市化为代表的现代化进程表明，科技增强了风险和灾害管理的能力和自信，但科技发展和人类的发展模式也是现代风险的产生源。人类通过与自然和灾害的对抗并不能够真正缓解巨灾风险的威胁。过分夸大科学技术在征服、挑战自然方面的作用，严重违背自然的规律，将可能引起自然的报复。恩格斯早就指出了人类与自然界的一致："我们统治自然界，决不像征服者统治异民族一样，决不像站在自然界以外的人一样。相反地，我们连同我们的肉、血和头脑都是属于自然界，存在于自然界的，我们对自然界的整个统治，是在于我们比其他一切动物强，能够认识和正确运用自然规律。事实上，我们一天天地学会更加正确地理解自然规律，学会认识我们对自然界的惯常行程的干涉所引起的比较近或比较远的影响，但是这种事情发生得越多，人们越会重新地不仅感觉到，而且也认识到自身和自然界的一致，而那种把精神和物质、人类和自然、灵魂和肉体对立起来的荒谬的、反自然的观点，也就越不可能存在了。"（恩格斯，1971）

近年来，人类的灾害观转向自然-经济-社会系统协调论的灾害观。在此阶段，主张人类与灾害关系的"协调论""共生论""建设论"等。人类现代生活发展的经验和教训促进了生态学、生态经济学、生态社会学、灾害社会学等理论的发展，揭示了人与自然、人与社会的关系，逐渐厘清了自然灾害形成的社会机理，催生了人与自然协调发展的生态观。另一方面，伴随科技进步和人类认知自然风险能力的提升，人类在预防、预报、抗御、救灾等方面的技术在全面进步，预测和识别地震、火山、台风、飓风、滑坡等能力得到极大提升，人类应对自然灾害风险的有效性得到增强，人与自然协调发展的理念和能力都得到较大发展。

协调论的灾害观增加了人类对自然的敬畏，影响了人类对灾害风险的清醒认知和管理风险的理念，许多风险管理的策略发生了重大改变。例如，荷兰提出"与水共存"（Living with Water）、"还地于河"（Room for the River）；英国采取了"为水留下空间"（Making Space for Water）等理念；德、荷、法三国从曾经围垦河滩和对河道实施"裁弯取直"等工程措施到如今铲堤退堤、舍直取弯、还河道以原生态、自然蓄水和"退田还河"等转变，宣告了水利大国减灾政策的"大转变"。

中国优秀传统文化中的"天人合一"观念比较重视人与自然的和谐，很好地体现了协调论的灾害观。我国历史上成功的经典风险管理案例都很好地体现了这一风险管理思想。例如，尧舜禹时期大禹治水、秦昭王时期李冰父子的都江堰工程，都很好地遵从自然规律，采取"疏导而非堵截"，与自然风险"共生共存"的发展理念，堪称世界水利工程史的丰碑。

2.5　本　章　小　结

本章主要目的是通过回顾、借鉴、融合巨灾风险多学科理论研究成果，尝试探索一个巨灾风险成灾机理的新视角，以期为巨灾风险管理机制设计与路径创新提供理论支撑。

（1）多视角的风险认知。虽然不同学科、不同流派在不同时期对风险具有不同的理解，但是风险既具有自然属性也具有社会属性；风险既是客观实体的，也是主观构建的。风险的认知理论走向融合更能全面回答"什么是风险""风险来自哪里""风险为什么导致灾害"等问题,更能全面回答风险的来源和本质。

(2)巨灾风险特征及趋势。巨灾风险具有发生概率低、损失巨大和影响程度大三大特征。随着气候变化以及人类经济社会活动的新变化,巨灾风险呈现"气候变化导致自然灾害风险增多""科技革命导致的社会风险扩大""脆弱性提高""扩散性加快""灾害风险的复合型强化"等新特征和新趋势。巨灾损失既取决于灾害因子自身,更取决于人类自身的脆弱性和抗逆力,人类自身活动会对灾害造成"放大"或者"减缓"的作用。

(3)巨灾风险的成灾更取决于风险的"社会属性"。脆弱性与抗逆力是巨灾风险社会性的两个重要属性。社会脆弱性表现为"易损性"和"抵抗力",脆弱性与灾害损失呈正相关的关系;抗逆力则表现的是对灾害冲击的"恢复力",抗逆力与灾害损失呈负相关的关系。因此,害损失既取决于灾害因子自身,更取决于人类自身的脆弱性和抗逆力。纳入脆弱性和抗逆力的巨灾风险模型能够更为全面、客观和科学地诠释巨灾风险的成灾机理,认识到人类自身活动会对灾害造成"放大"或者"减缓"的作用。

(4)巨灾风险管理演进与变迁。巨灾风险的自然与社会二重属性,使得巨灾风险管理经历了由工程法减灾向非工程法管理、由灾害危机管理向综合风险管理、由"与灾害抗争"向"与灾害共存"的三大转变。

第3章 巨灾风险脆弱性分析与评价

早期自然灾害被视作纯自然事件之结果(陶鹏和童星，2011)，自然灾害研究也将重心放在致灾因子与工程防御方面。但越来越多的灾害案例反映出灾害不仅是自然的，而且具有重要的社会维度。风险和危害来自社会薄弱环节(童小溪和战洋，2008)。事实上，由于自然、生态、社会、经济等因素耦合而成的不同承灾系统，在面对致灾因子侵扰时所展现出来的影响规模、承受强度、抵御能力存在显著差异，即承灾系统脆弱性高低是决定灾害后果的关键因素(宋守信等，2017)，降低系统脆弱性是降低灾害风险、减轻灾害损失的有效手段，也是防灾减灾的根本手段(Thomalla et al.，2006；贺帅等，2014)。基于此，本章从脆弱性理论出发，构建了覆盖整个自然、社会、经济系统的脆弱性综合指标评价体系，并提出降低脆弱性的路径选择。

3.1 巨灾风险脆弱性的理论分析

有别于传统以工程防御为主体、消极被动的风险管理理念，脆弱性是从承灾系统自身出发，寻找灾害根源，将风险管理的重心由自然的、工程的转移到和社会、经济并重的双轨运行轨道上来，通过人类社会自身的努力，降低承灾系统脆弱性来应对风险。将从依靠外源式帮助为主转换为系统主体内生性动力为主、外来帮助为辅的新型风险管理模式。降低承灾系统脆弱性作为应对风险的一种积极表现，更加强调物质因素与非物质因素的协同效应，充分激发社会中每个系统抵御风险的潜在能力。因此，深刻把握脆弱性的概念内涵，深入剖析脆弱性的影响因素，对于防灾减灾具有重要的现实意义。

3.1.1 脆弱性的内涵与演变

脆弱性(vulnerability)一词起源于拉丁语"vulnerare"，是"伤害"或"面对攻击难以防御"的意思(Lundy and Janes，2009；陶鹏和童星，2011)，主要用于战争伤亡评估，表示受伤的结果或是含有将要受伤的客观风险概念，属于社会学范畴(石勇等，2011)。而后期的 vulnerable 用作形容词，则源于罗马人在战争中，对人员伤亡的一种状态表达和后续消极风险的展望(陈启亮，2017)。

20 世纪 70 年代前，关于脆弱性的研究主要停留在语言学上，意指负向的、不利的预设和负向的结果[①]。后被引入自然灾害研究，目前已广泛应用于气候变化、可持续发展、贫困、环境管理、土地利用、应急管理等领域（黄晓军等，2014；石勇，2010），并依托其独特的理论与方法，已发展成为分析社会——自然系统相互作用机理、过程与结果，实现可持续发展的基础性科学理论体系（李鹤等，2008）。由于不同学科背景不同、研究对象不同、研究视角不同，关于脆弱性的概念也千差万别（表 3.1），但不同学科关于脆弱性的概念中，或明或隐地包含着暴露性、敏感性、应对性乃至恢复性等性质（Adger，2006）。

表 3.1　不同学科关于脆弱性内涵界定情况（陈启亮，2017）

学科领域	子学科领域及研究对象	相关学科对脆弱性的界定	提出者
自然学科	地理学（地震、沙漠化、盐碱化、水资源），地质环境学（干旱、洪水、冰雹），灾害学（饥荒），农学等	如气候脆弱性：是某一系统气候变化特征、幅度和速率以及敏感性和适应性的函数。地下水脆弱性：地下水在其本质因素作用下的固有敏感性，或某类污染质所表现出的敏感性	IPCC（1997 年），姜桂华（2009 年），吕昌荣（2008 年），Smith（1996 年），Burton 等（1978 年，1993 年）
社会学科	经济学（金融、贫困、粮食），社会学（边缘化、弱势群体、剥削），管理学（企业、技术），人口学，教育学等	如人类生态学脆弱性：是社会个体或社会群体预测、处理、抵抗不利影响（气候变化），并从不利影响中恢复的能力，这种能力基于他们在自然环境和社会环境中所处的形势。金融脆弱性：广义是指金融市场本身接受外界冲击后自我放大进而导致金融危机的风险，狭义主要是指高风险的借贷造成债券债务危机	Hewitt（1983 年），Mustafa（1998 年），Bernanke 和 Gertler（1990 年），Aspachs（2006 年），Allen 和 Gale（2004 年），van Order（2006 年）
工程技术学科	安全工程，资源，采矿，冶金（能源污染、信息传递中断）	如工程学脆弱性：脆弱性与客体（房屋、桥梁、公路）的材料和结构功能有关而无法抵抗一定的灾害破坏力。环境污染脆弱性：人们在化学泄漏或能源污染情况下对不利环境的占有	White（1974 年），Burton（1978 年），Haas（1975 年），Wisner（2003 年）
计算机学科	网络（信息、黑客），软件（病毒、编译），数据库泄露	如大规模分布系统（LDS）下 P2P 或是 Internet 脆弱性体现在文件注毒、拒绝服务、恶意代码、身份标示攻击等，主要是指结构脆弱性、组件脆弱性和交互脆弱性三个层面	Andre（2010 年），Pretre（2005 年），Park（2003 年），Jensen（2007 年）
医药学科	卫生保健、医疗、流行病、传染病	如脆弱性理解为从生理和心理角度对某种疾病的抵抗和恢复能力。流行病学认为营养不良、残疾及其他健康状况因素导致面对灾害的影响不一	韩璐璐（2010 年），滕卫平（2010 年）

在灾害学研究中，脆弱性的概念也多种多样，其中最具代表性的是联合国国际减灾战略署（UNISDR）的观点，认为脆弱性是由自然、社会、经济、环境等共同决定的社区面临灾害的暴露程度、敏感性和恢复力的因素（UNISDR，2004；陈

---

① 如约瑟夫奈和基欧汉（1977 年）在《权利与相互依赖》一书中的脆弱性概念，是指改变相互依存的体系所带来的负向代价。

启亮等，2016）。为厘清灾害学中关于脆弱性的深刻内涵，可从脆弱性研究视角、内涵体系、涵盖范围等方面演变情况进行梳理。

1. 研究视角的演变：从自然科学领域→社会科学领域→多学科交叉领域

20 世纪 70 年代前的灾害研究基本上坚持自然科学及工程技术取向，形成了引领一时的"致灾因子论"（史培军，1996），对巨灾事件主要依据致灾因子破坏力"阈值"划分等级，对灾害的治理主要通过灾害规律探索、灾害预测和采取物理的、工程的技术加以防御，对承灾系统的脆弱性几乎不关注（Mileti，1999；Cutter et al.，2003）。但是，随着全球化、现代化进程不断加快，不同国家、地区、群体、个体之间抵御灾害的能力差异越来越大，表现出在相同类别致灾因子、相同等级灾害面前，灾害损失差异巨大，灾难的本质受到根本性质疑（Hewitt，1997；商彦蕊，2000）。由此灾害研究逐渐由纯自然科学领域拓展至社会科学领域，脆弱性也随之被提出[①]，并逐步成为灾害研究的重点内容。社会脆弱性成为灾害的核心解释变量，如：Pelanda（1981）认为灾害是社会脆弱性的实现（商彦蕊，2000）；Cuny 和 Ward 等进一步指出，灾害是致灾因子对脆弱性承灾体（包括人口、基础设施、生态环境等）打击的结果，致灾事件的破坏力超过了承灾体的应对能力（Hewitt，1997）。由此，社会脆弱性学派得出减灾就是要降低脆弱性的一般结论（Blaikie et al.，1994）。但是，如果没有致灾因子的扰动与激发，社会脆弱性仅是承灾体的一种性质和状态（商彦蕊，2000），就不可能展现出来，即致灾因子是灾害的必要条件。再者，人类自身也是灾害的制造者（Beck，2012），影响灾情的还涉及人口、经济、社会、文化、教育、物理、技术、组织、传播等诸多因素，致灾因子破坏力、系统脆弱性、系统抗逆力、风险信息传播等因素共同决定灾害损失程度，仅从单一学科来研究脆弱性已不符合实际。由此，对灾害的研究也逐步走向集自然、生态、环境、社会、经济、传播、心理等多学科交叉的发展态势，形成了社会-生态系统脆弱性的整合式研究态势（温晓金，2017），并成为灾害学主流研究范式。脆弱性分析就是分析社会、经济、自然与环境系统的相互耦合及其对灾害的驱动力、抑制机制和相应能力（UNISDR，2004；周扬等，2014），突出灾害管理的综合性、系统性和复杂性。

2. 内涵体系的演变：从暴露状况→敏感状况→适应能力→多属性集合体

脆弱性究竟是由外部因素，还是内部因素，抑或内外因素共同决定？围绕这一问题，脆弱性的内涵体系呈现不断演化景象。Dwyer 等（2004）、Rygel 等（2006）

---

① 代表性人物是 White 和 Haas，他们于 1976 年牵头成立了自然风险研究与应用中心（Natural Hazards Research and Application Center，后改名为自然风险中心 NHC），主张灾害研究应扩展至经济、政治与社会等领域，从而开启了跨学科、跨领域的自然灾害研究，并以提出脆弱性概念闻名于世。

认为脆弱性是系统暴露于危险源时，灾害发生可能遭受的潜在损失，主张脆弱性是承灾体与致灾因子相互作用展示出的性质，脆弱性的高低取决于暴露的位置、暴露时间、暴露频率和传递介质，以及致灾因子的强度、频率与规模(Bohle，2001；刘铁民等，2015)。Perrow(2011)在其著作《下一次灾难》中更是直接指出，风险高度集中造成脆弱性，可能引发致命后果。由此，提出采取工程技术提高建筑物质量、加强规划等方法降低暴露性，以达到防灾减灾的目的。但是，这难以解释人们不从一些灾害频发、损失较重区域迁出，以及同一灾害影响下不同群体、个人遭受的损失存在显著的差异性。由此，承灾体对灾害的敏感性被纳入脆弱性范畴。脆弱性不仅受外部致灾因子扰动影响，而且还由系统先天不稳定性和敏感性决定(Cutter et al.，2003)。敏感性是承灾体受到致灾因子扰动时产生不利影响的程度，敏感性越强，则面对统一破坏力的致灾因子产生的不利影响越快、越严重(宋守信等，2017)。实质上，暴露性与敏感性决定的是承灾体的易损性，反映的是致灾因子单向作用于承灾体的过程，是承灾体面对灾害时表现出的消极、被动属性(田亚平等，2013)。承灾体在面对致灾因子扰动时，还有一种自我调整、自我恢复正常状态的适应与恢复能力，承灾体面对灾害的反应速度越快、反应力度越大，则表明其适应能力越强、脆弱性越低，适应力是承灾体面对灾害扰动的一种主动应对属性。目前，脆弱性的概念逐渐演变成包含敏感性、适应性、恢复力等概念的集合(余中元等，2014)，脆弱性可以表达成系统暴露于外在致灾因子(气候变化的特征、强度和速率)的程度、敏感性与适应性的函数(IPCC，2001)，暴露性、敏感性、适应性是脆弱性的三大特征要素。宋守信等(2017)进一步研究发现，脆弱性的三大特征要素之间不是独立的，而是存在着递次关系(图3.1)。

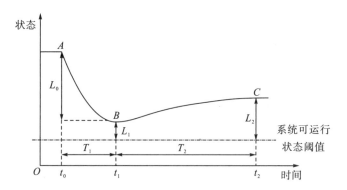

图 3.1　致灾因子扰动下脆弱性特征要素递次演化曲线(宋守信等，2017)

(1)暴露性作用阶段。曲线中 A 点左侧，系承灾体在没有受到致灾因子扰动前的正常运行状态。在 A 点时，承灾体受到致灾因子扰动，A 点是暴露性呈现时刻，暴露性在灾害发生瞬间起决定性作用。如：地震灾害发生瞬间，造成的生命财产损失就是承灾体暴露性与地震共同作用的结果。

(2)敏感性作用阶段。从 A 点到 B 点的过程，是承灾体在 A 点受致灾因子作用后，运行状态不断下降，直至达到状态最低点 B，曲线从 A 点到 B 点的时间 T_1 是承灾体对于致灾因子扰动的反应时间，A、B 两点间的状态差值 L_0 为反应幅度，B 点与系统可运行状态阈值的垂直距离 L_1 为反应限度。所谓反应限度是指，若承灾体运行状态值降至低于系统可运行状态阈值时，承灾体将进入病态困境无法运行(Allison and Hobbs，2004)。反应限度值越低，代表承灾体状态越接近崩溃边缘，受到的破坏越严重。

(3)适应性作用阶段。在 B 点之后，承灾体的适应性开始起作用，进行自我调整与恢复，运行状态逐渐回升，直到在 C 点达到较为稳定状态。曲线 BC 初始阶段的斜率代表承灾体的反应速度，B 点到 C 点的时间 T_2 是承灾体状态恢复时间，C 点与承灾体可运行状态阈值的垂直距离 L_2 是承灾体的恢复水平。反应速度越快、恢复时间越短、恢复程度越高，表明承灾体适应性越强，脆弱性越低。

3. *涵盖范围的演变：从自然脆弱性→社会脆弱性→多维度系统脆弱性*

脆弱性刚引入灾害学领域时，受传统自然灾害论影响，学者主要从自然的角度分析脆弱性，关注特定区域内的自然危险源与威胁，将脆弱性视为承灾体由于遭受致灾因子侵害产生的损害程度或可能性，侧重于损害结果。自然脆弱性重点研究方向主要包括生态脆弱性、脆弱生态区、脆弱性评估等(Zhang et al.，2008)。由于自然脆弱性对灾害的解释力度越来越弱，灾害越来越表现出来自社会的薄弱环节(Perrow，2011)，由此社会脆弱性被推到理论的前沿。社会脆弱性强调人类社会承灾体及承灾体的社会属性在自然灾害客体条件下的反作用应对能力特性(童星和陶鹏，2011)，是承灾体暴露于灾害系统，因缺乏适应能力、应对能力而可能产生损害的敏感状态(Janssen and Ostrom，2006)。与自然脆弱性不同，社会脆弱性注重分析脆弱性的影响因素，认为经济发展水平、社会结构特征、人口结构特征、文化教育程度、社会治理水平、社会组织发育程度等是影响脆弱性高低的因素。相对应地，社会脆弱性包括经济脆弱性、组织脆弱性、文化脆弱性、人口脆弱性、科技脆弱性等子系统(何爱平等，2014)。社会脆弱性影响因素隐含着人类社会中机遇存在着巨大的不平等性，只不过灾害将这一不平等性赤裸裸地反映出来(Adrianto and Matsuda，2002)。随着人类活动的增强，自然系统与社会经济系统相互渗透，纯自然的生态系统已被自然-社会-经济耦合的社会生态系统所取代，系统各要素之间存在着复杂的因果关系(余中元等，2014)。脆弱性既可能源自所处的自然环境系统，也可能源自社会系统(Sarewitz and Pielke，2011)。因此，脆弱性研究也逐渐由自然脆弱性、社会脆弱性拓展至人-环境耦合的系统脆弱性(Turner et al.，2003)的研究，覆盖自然、经济、社会、环境、制度等多维度领域(Birkmann, 2006; 余中元等, 2014)。Marsh 认为系统脆弱性是指系统(自然系统、人类系统、人与自然复合生态系统等)易于遭受伤害和破坏的一种性质。它是源于系统内在的、天生的一种属性,只是在未遭受致灾因子扰动、激发时不会显现(Myers et al., 2008)。系统脆弱性与自然、资源、环境、社会、经济和政治等各种因素具有高度复杂的相关性,这些因素的结构和状态以及相互作用,决定着系统应对致灾因子扰动时能够呈现出的适应与应对能力,最脆弱的系统往往是那些几乎没有选择、适应、应对能力较差的系统(Bolin, 2007)。自然、社会、系统脆弱性比较分析见表 3.2。

表 3.2 脆弱性类别比较分析(周扬等, 2014)

	自然脆弱性	社会脆弱性	系统脆弱性
思想	①脆弱性由灾害事件发生概率、承灾体暴露度共同决定; ②脆弱性是灾害或致灾因子的函数	①脆弱性是从人类系统内部固有特性衍生而来,是灾害发生前系统就存在的一种内部状态; ②脆弱性是暴露于系统的条件	①脆弱性是系统在未遭受致灾因子扰动时不易显现出来的内在的、天生的属性; ②脆弱性包含了风险、敏感性、适应性等相关概念
研究内容	①关注致灾因子发生的强度、频率、持续时间; ②关注灾害(潜在)损失	①关注社会、经济、政治、宗教、资源、人口、贫穷等因素对脆弱性的影响; ②对主体脆弱性进行评估	①研究系统的不稳定性; ②关注自然与人文因素的耦合状况,对整个系统脆弱性进行评估
决定因素	①灾害、成灾自然地理、人口环境,以及两者的相互作用	①人类社会自身的特性,致使应灾能力不同以及暴露度不同	①系统本身性质及其与外界环境互动情况
优点	①重视灾害自然性因素; ②重视工程性、物理性减灾	①识别社会中的脆弱群体、个人和社区; ②便于分析不同尺度上特定群体脆弱性的时空格局演变	①综合考虑了自然、社会、经济、环境等因素,体现了灾害系统中脆弱性的多层次性和多维度特征
缺陷	①局限于致灾因子的脆弱性分析,不足以理解脆弱性的复杂性; ②视脆弱性为附加于社会的问题; ③未能改变"自然灾害发生频率基本不变而灾害损失不断上升"的不利局面	①结果可能会产生误报,比如在整个周期中并非所有的老人都同等脆弱等; ②脆弱性评价难度大; ③对灾害的自然因素重视不够	①需要多学科交叉研究,驾驭理论研究要求高; ②涉及面广、系统复杂,不便于灾害管理实践

3.1.2 脆弱性的属性与特征

1. 成因复杂性

脆弱性既由系统内部条件决定,又包含系统与外界环境互动性能的特征(宋守信等, 2017)。系统本身具有高度复杂性、混沌性、测不准性(陈春生, 1986),仅社会系统就有小世界、无标度、择优联结、鲁棒性、脆弱性和社团结构等复杂性特征(范如国, 2014)。脆弱性作为系统的一种性质,其影响因素无疑也是极为复杂的、多元的。Cutter 等在构建系统脆弱性评价指标体系时，选取了 250 个变量[①]，足见脆弱性的影响因素之多，脆弱性成因之复杂。

在脆弱性成因探索上，学者主要从脆弱性构成要素出发，寻找影响暴露性、敏感性、适应性的因素。①暴露性是指承灾体受致灾因子扰动的潜在程度，与灾害频率、强度、历时以及系统的邻近性有关（MacCarthy et al.，2001），完善灾害预警系统、加强环境保护、人口迁出灾害区、优化土地规划等，是降低暴露性，从而降低脆弱性，进行防灾减灾的有效措施。②敏感性是指承灾体受到致灾因子扰动时，表现出的可以与灾害相抗衡的能力，敏感性的影响因素主要来自社会系统，包括人口结构、组织制度、产业结构、经济水平、社会文化、工程质量等（Cutter et al.，2003）。突出表现为灾害风险的不平等性（Bolin，2007），以及灾害容易进一步加剧社会分化现象（Tierney，2007）。改善社会结构、促进社会公平、发展经济、提高弱势群体应灾能力、加强风险文化建设、强化工程防御等是降低承灾体敏感性的关键。③适应性是承灾体遭受灾害后，表现出的迅速反应、恢复正常水平的恢复能力（resilience），主要受资产、授权、多样化策略和社会资本等因素影响（MacCarthy et al.，2001；陶鹏和童星，2011）。通过提升灾后领导力、管理水平，出台政策等，以提高灾害管理与组织能力，是降低脆弱性的有效手段。

在脆弱性影响因子分类上，分类方式多样，主流的分类有三种：第一种是根据脆弱性来源分为自然性脆弱因子与社会性脆弱因子（史培军等，2009）；第二种是从灾害发生情形下社会和个体主体环境特征角度，分为宏观脆弱性因子与微观脆弱性因子（聂承静等，2012）；第三种是从影响因素自身性质的角度，分为普适性脆弱性因子和特定性脆弱性因子（李丽娜，2010），其中：普适性脆弱性因子是指面对不同灾害均表现出的脆弱性特征的因子，而特定性脆弱性因子是指在特定灾种、特定区域、特定社区、特殊群体、特定个人中才予以表现的差异性脆弱性因素（Chambers，2006），具有较强的灾害风险种类及主体识别性（陈启亮，2017）。当然，三种分类方法具有一定的交叉性，通过对已有研究文献进行梳理，三种分类方法交叉关系大致如表 3.3 所示。

表 3.3　不同属性脆弱性因子非同质性关系

类别	自然性因子	社会性因子	
		宏观性因子	微观性因子
普适性脆弱性因子	生态环境变化	政治体制、经济发展水平、教育水平、法制、贫穷、边缘化、食物的供给、资源状况、卫生、公共物品等	经济状况、性别、年龄、健康状况、文化、知识、教育、社会地位、社会资本、心理等
特定性脆弱性因子	地震、海啸、台风、冰雹等	政治体制、经济结构、教育导向、贫富差距、不公平、基础设施、生态维护、社会价值等	收入来源单一且少、知识和教育、灾害针对性、种族歧视、资源依赖、心理等

① 但在构建评价指标体系时，因数据可获得性、指标可比性等原因，最终的指标体系包括 85 个变量。

在脆弱性各大影响因素关系探讨上，Cutter 等(2003)认为各大影响因素不是简单地叠加，而是存在着复杂的整合、耦合关系，具有全程性、综合性、关联性等特征，启示着要从多元背景要素相互联系作用的现实，将灾害风险置于广泛联系的客观世界中去认识(陶鹏和童星，2011)。李鹤等(2008)认为，脆弱性是根植于系统内部的一种性质，只不过是当系统遭受致灾因子扰动时，这种内在性质才显现出来。他们进一步提出，系统内部特征是影响脆弱性高低的根本原因，而致灾因子扰动及系统间的相互作用，能够显著地将系统脆弱性放大与缩小，是系统脆弱性发生动态变化的驱动性因素。具体的驱动机制是，致灾因子通过作用于系统内部特征要素，使系统的脆弱性发生动态变化，并最终通过改变系统的敏感性、适应性展现出来(董幼鸿，2014)。因此，本研究认为，从表面看承灾体的脆弱性由自然的、社会的、经济的、环境的等多个方面的脆弱性构成，实质上承灾体脆弱性由内在性质与外在条件共同决定，其中内在性质起主导性和根本性作用，外在条件发挥激活和驱动作用，虽然人类无法改变致灾因子，但可以通过改变承灾体性质、降低脆弱性，起到防灾减灾之功效。

2. 相对静态性

脆弱性的相对静态性主要体现在三个方面，即：一是脆弱性是承灾体的一种内在属性，其在灾害发生前就已客观存在，即在灾害发生瞬间，其脆弱性高低就是既定的。二是脆弱性总是相对特定的灾害而言的，同一承灾体面对不同的灾害具有不同的脆弱性，如福岛核泄漏灾害表明，该地区虽然对地震具有低脆弱性，但对于海啸与核泄漏灾害却具有高脆弱性。同时，灾害史表明，即使承灾体相对于其他灾害的脆弱性发生了重大改变，其相对于某一类灾害的脆弱性也可能保持不变。三是脆弱性是相对特定承灾主体而言的，不同承灾主体，由于资源占有、应对能力等不同，在相同灾害面前会表现出明显的脆弱性差异。

(1)脆弱性是承灾体的内在属性。脆弱性是灾害发生前就已存在的状态(周利敏，2012a)，由人类社会系统自身固有的特质衍生而来，不论致灾因子是否扰动，这种内在属性就已客观存在，只是在灾害发生时才"涌现"出来(Pelling and High，2005)，而在灾害发生前具有很强的潜伏性、隐蔽性(Birkmann，2006)。即使灾害发生时，致灾因子对承灾体形成冲击，承灾体的脆弱性特征也需通过其自身来予以体现(范如国，2017)。在追溯承灾体内在脆弱性原因时，社会脆弱性理论认为，导致灾害的原因不仅仅来自自然因素(如：地震、泥石流、海啸等)产生的冲击、造成的实质损害，还来自灾前社会系统中存在的阶级地位差异、权利分布与结构等不平衡性等因素。

(2)脆弱性是相对特定致灾因子而言的。脆弱性是在特定社会背景下、特定的区域范围内，由自然、经济、社会和环境等因素共同决定的(UNISDR，2004)，反映的是承灾体受到致灾因子扰动时承受损失、破坏与毁坏的潜在能力(IPCC, 2001)。不同的灾害，与其相关的脆弱性要素并非完全一致，而是存在普适性要素和具有该灾害扰动特点的特定性要素。因此，面对不同灾害种类、灾害情景，承灾体所面临的灾害风险及其要求的应对能力也不同(邹海平等，2013)，即灾变对承灾体存在非同质性要求(Adger，2006)。当承灾体对某一致灾因子扰动表现出高脆弱性时，并不代表其对其他类型的致灾因子扰动也是脆弱的，而往往是面对不同的致灾因子扰动会呈现出不同脆弱性的景象。因此，脆弱性总是与作用于承灾体的特定致灾因子扰动紧密相关(李鹤等，2008)。

(3)脆弱性是相对特定承灾主体而言的。按覆盖范围，脆弱性可分为个体、社区、区域脆弱性，不同承灾主体面对同一灾害时，其暴露性、敏感性、适应性均表现出明显的差异性(Turner et al.，2003；Chambers，2006)，如拥有社会资本越多的主体其脆弱性越低，穷人的脆弱性高于富人(Adger，2000)。影响承灾体脆弱性的还有职业、族群、性别、年龄、健康、身份、边缘化、保险程度及社会关系网络等(Cutter et al.，2003)。总之，社会资源、社会关系等社会条件将被带进灾前、灾中、灾后的防灾减灾行动中，这就造成了因权利、资源等占有的不平等性，每个社会成员对灾害的抗打击能力存在明显差异(Pelling and High，2005；邹海平等，2013)。

3. 动态发展性

静止是相对的，变化是绝对的，运动是物质的本质属性。系统脆弱性也是如此，呈现出富于时空动态演变的特征(Cutter et al.，2003；Tate，2013；Wisner，2003)。主要表现在三个方面：一是系统本身具有动态性和多稳态性，使得其内在的脆弱性也呈现动态发展特征；二是脆弱性随灾害扰动情况而不断发生动态变化；三是考验系统脆弱性的孕灾环境、致灾因子也处于不断发展变化中。

机制 1：承灾系统不断演替带动脆弱性变化。人与自然组成的社会生态系统具有不可预期、自组织、非线性、阈值效应、历史依赖和多稳态机制等系统复杂性特征(Beisner and Cuddington，2003；Walker et al.，2004；余中元等，2014)。当今，人类活动的广度、深度空前，对自然生态系统的反馈机制使得社会生态系统可变性、不确定性大为提高(Sun et al.，2007)。外来因子不断扰动和系统内部活动的不断进行，使得人类生产生活的系统总是处在不间断的发展变化之中(Folke et al.，2002)。由于人的能动性与阈值的复合性，易导致系统结构功能被破坏，阈值较容易被突破，系统容易从一个稳态转入另一个稳态[①]。特别是，违背自然规律的人类行为，容易对系统造成毁灭性打击，使得系统偏离正常的发展轨迹。

[①] 随着人类活动强度、效率和范围的扩展，人类活动的驱动作用愈来愈明显。

脆弱性作为系统的暴露性、敏感性与适应性属性的综合反映，也必然随社会生态系统的不断变化而变化，且不同的演替阶段具有不同的功能属性和跨尺度联系机制，进而给系统带来压力和影响其敏感性、应对能力（余中元等，2014），也即是系统的演变带动脆弱性的演变。

机制 2：灾害不断扰动造成系统脆弱性累进。危险源（致灾因子）、承灾体敏感性以及应对能力相互作用，决定整个承灾体的脆弱性。致灾因子爆发打击承灾体后，打击力度达到一定程度（系统状态可维持阈值）时，系统会发生变革，进入另一种稳态，相应地，承灾体敏感性会增强、应对能力会减弱，即承灾体的脆弱性增强（余中元等，2014），由此承灾体的脆弱性被放大 1 次。因此，灾害连发、多发也会强化系统的脆弱性（石勇，2010），形成脆弱性不断累进情形（图 3.2）。脆弱性累进曲线最右端变为垂直于横轴的直线，其内涵在于当承灾体接连受到灾害打击，脆弱性不断提高直至无穷大，此时，哪怕是一根轻轻的稻草，都能给承灾体带来毁灭性打击。

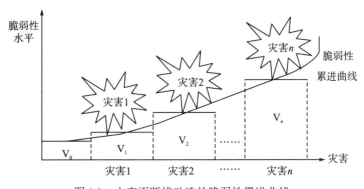

图 3.2　灾害不断扰动造的脆弱性累进曲线

机制 3：孕灾环境变迁催生新的脆弱性。经典灾害理论表明，风险是由承灾体脆弱性、孕灾环境不稳定性和致灾因子危险性共同决定的（史培军等，2014a），没有孕灾环境孕育灾害、没有致灾因子的扰动，脆弱性仅仅是承灾体的一种性质与潜在状态（Birkmann，2006）。脆弱性是与特定致灾因子相对的（Turner et al.，2003；Chambers，2006）。近些年来，全球变暖、土地退化、水土流失、沙漠化、地面沉降、森林枯竭、海平面上升、生物多样性遭受破坏等环境问题，引起灾害种类不断增加、致灾因子活力与强度不断提高，导致灾害发生频率、灾害损失与年俱增（史培军，1996）。与此同时，随着人类认识世界、改造世界的能力不断增强，新的风险在不断被制造，甚至人类一些管控风险的行为，同时也是风险的制造行为，据此乌尔里希·贝克（Beck，1988）提出风险社会的概念。自然的、社会的风险因子不断增多与叠加，使得人类在风险面前显得更为脆弱，表现为灾害损失非但没有随着人类社会的进步而减少，反而呈现出不断增加的态势①。

3.2　巨灾风险脆弱性影响因素与传递

3.2.1　风险脆弱性的影响因素

1. 脆弱性与经济发展水平的关系

一方面，灾害对人类社会的影响直接表现为经济损失；另一方面，经济的发展水平与能力也决定了灾害的影响程度（陈启亮等，2016）。因此，不利的经济社会条件是人类社会在自然灾害面前具有"脆弱性"的原因（O'Keefe et al.，1976），脆弱性水平随着经济的发展而不断变化。但是，经济发展水平与脆弱性二者间不是一个简单的负向线性关系，也即脆弱性不一定随着经济发展而不断下降。实质上，经济发展是一个缓慢的进程，与之相应，脆弱性的动态演变也较为缓慢（Schneiderbauer and Ehrlich，2004）。下面，借助图 3.3 来具体分析脆弱性与经济发展水平的关系。

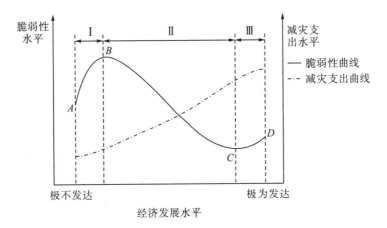

图 3.3　脆弱性与经济发展水平的关系（于汐等，2010）

横轴反映的是经济发展水平，最左边代表经济极不发达，越往右边表示经济发展水平越高。左右两个纵轴分别代表脆弱性水平和减灾支出水平，越往上表示水平越高。依据脆弱性与经济发展水平二者之间的演变关系，大致可以划分为Ⅰ（A 点到 B 点）、Ⅱ（B 点到 C 点）、Ⅲ（C 点到 D 点）三个阶段。

第一阶段（Ⅰ）：当经济发展水平处于极不发达阶段时，人们的首要任务是发

---

① 关于这一现象，本书第 1 章已有论述，此处不再赘述。

展经济，没有能力，也没有主观意愿去强化防灾减灾举措，因此，这个阶段的脆弱性水平随经济发展而不断提升。具体地，在这一阶段(A 点到 B 点进程中)，虽然经济不断发展、人们的财富不断增加，但是因经济发展水平总体较低，人们缺乏足够的意愿与能力去保护处于风险中的生命财产，使得更多的财富被暴露在风险中。因此，这一阶段脆弱性不仅不会随经济发展而降低，反而因暴露财富不断增多而扩大了风险暴露度，进而也就提高了脆弱性，也即脆弱性在这一阶段与经济发展呈正向的关系。从世界各国发展经验来看，很多刚刚起步的国家，均将主要精力、主要资源用于经济建设，而忽视风险管理，灾害管理更多是事后处置管理，使得风险主体在灾害面前损失惨重。

2. 脆弱性与风险的关系

风险是致灾因子(含自然致灾因子、人为致灾因子)与承灾体脆弱性条件相互作用，而造成的有害结果或预期损失[①]发生的可能性(UNISDR，2004)，并提出了著名的风险评估模型：

$$R(\text{Risk}) = H(\text{Hazard}) \times V(\text{Vulnerability}) \tag{3.1}$$

从模型(3.1)看，风险由致灾因子和承灾体脆弱性共同决定，脆弱性是风险的解释变量。但是现实情况远不止模型反映的这么简单，风险对脆弱性也具有复杂的作用机制。脆弱性分析总是与风险紧密结合在一起，Cutter 等(2003)指出，脆弱性是致灾因子和社会系统相互作用的产物，是承灾体暴露于灾害中而受到影响的可能性。如：在地震灾害中，低风险、小级别地震，几乎不会对人类社会造成影响，甚至如果官方不披露地震信息，人们可能不知道地震的发生，但是随着地震级别不断提高，造成的损失几乎呈几何级数增长，甚至一个超大的地震瞬间造成承灾体的毁灭，也即风险越大、致灾因子越强，承灾体的脆弱性越高。

脆弱性与风险的关系还体现在"灾害风险不平等性"和"社会分化"两大命题上(周利敏，2012a)。

(1)灾害风险不平等命题。因职业、族群、性别、年龄、健康、身份、边缘化、保险程度及社会关系网络等灾前社会不平等因素的存在(Cutter et al.，2003)，同一区域内不同群体、个体的抗风险能力呈现出不平等现象(Bolin，2007)，学界称之为"灾害风险不平等命题"。从世界范围已发生的灾害案例来看，每一次受到灾害影响最深、遭受灾害打击最严重的往往是"老、弱、病、妇、幼"等弱势群体，而社会上层、社会精英往往受灾害影响不大(Daniels et al.，2006)。如：Cutter(2006)发现"卡特丽娜"飓风灾害中，灾民脆弱性水平与阶级、种族高度相关；Bankoff 等(2004)发现在印度洋海啸中，不会游泳的女性在遇难者中比重较高。

---

① 包括人员伤亡、财产损失、生计威胁、经济活动中断、环境破坏等。

因此，在灾害风险不平等的作用机制下，一些特定的人群总是更易于遭受灾害风险。

（2）社会分化命题。"灾害风险不平等命题"揭示的是，承灾体脆弱性的差异来自受灾风险的不平等性。但是，倘若灾后重建资源不能有效地、公平地进行分配，则会相对地进一步提升弱势群体的脆弱性，进而使得灾前的阶级、贫富、族群、地位、性别等社会不平等现象，在灾后进一步加剧，这种恶化易导致灾后社会冲突乃至政治斗争，即产生"社会分化"现象，学界称之为"社会分化命题"（Tierney，2007）。Nel 和 Righarts（2008）通过分析 20 世纪中期至末期的灾害事件资料，发现在经济较为落后的国家与地区中，因灾后"社会分化"，引发了不少的暴力冲突事件。因此，脆弱性会因政治权利的缺乏、社会剥削和不公平待遇而增加，进而可能引发弱势群体的"反抗"与"斗争"，催生新的阶级分化。

3. 脆弱性与抗逆力的关系

脆弱性与抗逆力在时间上具有继起关系，在影响因素上具有"共因性"，因此，脆弱性与抗逆力难以区分，有的学者将抗逆力视为脆弱性的一个组成部分，认为是承灾体的同一表征的不同表述而已。本研究认为，脆弱性与抗逆力是承灾体面对致灾因子扰动时，表现出的两种密切关联的固有属性，前者主要代表承灾体抗打击能力、适应能力（谢家智等，2016），是灾前的一种状态与性质，而后者主要反映的是承灾体受打击后，从灾害中恢复至正常状态的能力，是一种恢复力（Kasperson and Kasperson，2001；方修琦和殷培红，2007）。抗逆力是指"良好地适应结果""积极地采取措施""有效地利用资源"，更进一步，抗逆力是恢复、超越甚至是创造新能力的能力（Bruneau et al.，2003）、学习能力（Paton et al.，2000；Carpenter et al.，2005）及知识（Coles and Buckle，2004）。显然，不能将抗逆力和脆弱性简单地看作整体与部分的关系，它们之间既有内容上的交叉，又有显著的区别。更为重要的是，脆弱性与抗逆力在程度对比上存在"双螺旋结构"现象。

一般地，承灾体的脆弱性越高，其较低的抗风险打击能力致使在灾害面前受到损失的可能性越高、损失程度更惨重，由此可用于恢复的资源就越少，抗逆力也就越弱。反过来，承灾体的抗逆力越高，意味着承灾体在灾害中的稳定能力越强，以及从灾害中恢复的速度越快、时间越短、程度越高，甚至超越灾害前水平恢复，由此，承灾体的脆弱性越低。也即，抗逆力是脆弱性的反向体现，脆弱性和抗逆力是此消彼长的关系（Folke et al.，2002）。但是，由于脆弱性与抗逆力会受到共同因素的交织影响，因此，两者之间并不是简单的正相关或负相关关系，抗逆力越强则意味着恢复能力越好、恢复水平越高，由此灾后系统的脆弱性可能会增加得不多甚至反而会有所降低（如：超灾前水平恢复）。因此，抗逆力和脆弱性在不同的场合既可能是正相关，也可能是负相关，抗逆力与脆弱性的关系可概括为双螺旋结构（Bruneau et al.，2003；Coles and Buckle，2004；Galea et al.，2005），这种双螺旋结构关系意味着不能将脆弱性、抗逆力简单地看作是硬币的两面或一条线的两端而强调它们之间的简单直接关联(朱华桂,2012)。总之,脆弱性与抗逆力都是由复杂因素相互作用而形成,因而对两者关系的讨论中双螺旋结构描述相对更为准确(樊博和聂爽,2017)。

3.2.2 巨灾风险脆弱性的传递

1. 社会资本与脆弱性传递

"社会资本"概念由法国社会学家皮埃尔·布尔迪厄(Pierre Bourdieu)于 20世纪 80 年代首次提出,后经詹姆斯·科尔曼(James Coleman)和罗伯特·普特南(Robert Putnam)等学者发展。目前关于社会资本的定义还存在广泛的争议性。科尔曼将其界定为"个人拥有的社会结构资源";Becker(1993)认为社会资本是指"社会组织的特征,如:信任、规范和网络";Portes(1998)提出,社会资本是"个人通过他们的成员身份、地位,在社会网络中或者在更宽泛的社会结构中,获取稀缺资源的能力";Lin(1999)认为,社会资本是"嵌入于一种社会结构中的可以在有目的的行动中摄取或动员的资源";Fukuyama(2000)则认为,社会资本是"一种有助于个体之间相互合作、可用事例说明的非正式规范"。虽然不同学科背景的学者关于社会资本的定义存在争议性,但是对于社会资本的功能、功效,则有较为统一的观点。社会资本能够促进信息流动,解决集体行动困境,提高社会效率(Putnam,1993;Lin,1999);能够降低交易成本,促进有限政府和现代民主的成功运转(Fukuyama,2000);能够为特定行动者实现特定目标发挥关键性作用(科尔曼,1990;Lin,1999);能够强化个体和群体的身份与认可,有利于维持人们心理健康和维护资源所有权(Lin,1999)。

在灾害应对能力中,社会资本、社会制度、文化习俗等社会固有内部特质起决定性作用(Adger et al.,2004)。承灾主体拥有的社会资本越丰富,则其拥有的抵御风险能力也就越强,灾后恢复速度越快、程度越高(Mileti,1999;周利敏,2012b;贺帅等,2014)。徐伟等(2011)在研究家庭的社会网络对贫困脆弱性影响时,发现家庭的社会网络能够直接显著地降低贫困脆弱性,同时还能够通过抵消家庭成员所承受的负向冲击的影响,进而间接降低贫困脆弱性,不仅有助于减少当期贫困,而且还有助于减少未来贫困。社会资本之所以能够降低承灾主体脆弱性,增强风险抵御能力,是因为社会资本蕴含着社会网络、信任和规范(Putnam et al.,1993;刘景东,2016),能够拓宽承灾体应对灾害的资源来源渠道,能够有助于整个灾害过程(灾前预测与应急准备、灾中应对、灾后恢复)信息有效沟通与传播,能够迅速使得受灾群体形成集体性行动(Grootaert,1999;Knight and Yueh,2010)。

同时，社会资本虽然是一种非市场力量、一个非正式制度，但是其具有较强的外部性(詹姆斯·S. 科尔曼，1990)，能够弥补正式制度的缺位与缺陷(Fukuyama，2000)，因此其对于弱势群体而言更加重要，在贫困治理领域也被称为"穷人的资本"。

但是事物具有两面性，社会资本对于脆弱性也是如此。虽然社会资本有助于降低承灾主体的脆弱性，有利于受灾群体与个体间齐心协力应对灾害，但是对于一些本来没有暴露于灾害之中的群体与个人，因社会资本这一纽带而"暴露于"灾害面前，使得他们也蒙受"损失"，这对于一些弱势群体是极为不利的，容易陷入集体性"困境"。如：在穷人圈子里，倘若圈子成员经受灾难(如：重大疾病)，则其他成员在伸出援助之手时，极有可能显著减少自身可利用的资源，进而也就提高了自身的脆弱性。此时，脆弱性就因社会资本这一载体，而发生了传递。

2. 社会组织与脆弱性传递

社会组织(non-governmental organizations，NGO)，又称非政府组织或非营利组织，是以非政府的方式参与的本应由政府关注的公益事业的组织(纪莺莺，2013)，具有组织性、非政府性、非营利性、自治性和志愿性等五大特征，其中又以非政府性和非营利性为核心特征(Salamon and Anheier，1997)。在灾害管理中，社会组织具有三大功能：①动员社会资源。一方面，社会组织通过慈善性、公益性的募款活动及接受社会捐赠，可筹集救灾款；另一方面，社会组织可以动员跨专业、跨区域等各类志愿者，参与救灾行动。②参与救灾行动。一方面，社会组织将其动员的各类社会资源，直接投入救灾行动中，成为政府救灾、灾民自救外的第三股重要力量；另一方面，社会组织可以接受政府委托，代行救灾职责，形成与政府救灾互补、合作的关系。③灾害政策倡导。一方面，作为群众利益"代言人"，积极建言并参与政府灾害政策制定；另一方面，密切关注灾害政策制定、执行情况，督导政府执行灾害政策。但是，政府与社会组织在灾害管理实践中，受到资源占有、信息沟通、权利分布、参与成本以及预期效果等因素的影响，可能出现社会组织与政府抗拒或者对立的不利局面，这将使得社会组织的灾害管理功能大打折扣。下面借助博弈论分析法加以剖析(孙燕娜等，2016)。

为便于探讨，在灾害管理中，做如下四大假设。

假设 1：只有政府和社会组织两大主体，也即仅有两大博弈主体。

假设 2：博弈双方都是"理性人"，都能从自身利益最大化的角度做出决策。

假设 3：博弈双方有权选择合作或者不合作，选择完全是独立的。

假设 4：如果选择合作，则由双方共同进行灾害管理，且能达到博弈双方权、责、利合理对等；否则，如果有一方选择不合作，则另一方必然要承担更多的成本。

表 3.4 所示为经典的纳什均衡博弈，博弈可能产生 4 种情形，对应着 4 种组

合收益。博弈中的收益，在灾害管理中，也可以理解为灾害损失的减少值。因政府占有的救灾资源、权利多于社会组织，故其收益总体高于社会组织(政府合作、社会不合作情形除外)。

表 3.4　政府和社会组织博弈的收益矩阵

		社会组织	
		合作	不合作
政府	合作	(7, 3)	(4, 5)
	不合作	(8, 1)	(6, 2)

情形 1：双方均选择合作。这种情形下，政府与社会组织均能充分发挥各自灾害管理优势，形成互补、合作的关系，进而使得收益最大(总收益 10)。

情形 2：政府选择合作，但社会组织选择不合作。政府愿意支持社会组织参与灾害管理，但社会组织享受了政府政策支持后，却不为政府办事，不履行灾害管理职责，此时政府的收益小于社会组织。

情形 3：社会组织选择合作，但政府选择不合作。此时，社会组织的力量可能比较薄弱，主要依附于政府，成为政府的一个附属机构(此时不再是一个真正意义上的社会组织)。因此，在灾害管理中，社会组织的效益被转移给政府，社会组织的收益显著小于政府。

情形 4：政府和社会组织都选择不合作。双方各自为政，均独立地开展灾害管理工作，出现资源浪费的情况，进而使得总收益最低(总收益 8)。

双方最优的策略都是选择不合作，因此，即便双方完全了解上述利害关系，博弈的最终结局一定会步入"囚徒困境"——总收益最低的情形 4。

因此，若不解决好政府与社会组织的关系，建立良好的合作机制，社会组织的灾害管理功能就发挥不出应有的功效，甚至还会产生负向作用。例如：汶川地震爆发后，缺乏有效的组织管理，各大社会组织"蜂拥而至"，使得本身脆弱的生命线——道路更为拥挤，反而阻碍了正常救灾工作的开展。

3. 社会治理与脆弱性传递

从运行意义上讲，"社会治理"实际是指"治理社会"，也即社会治理就是特定的治理主体对社会实施的管理(王浦劬，2014)。社会治理模式主要有单纯依靠政府的"单中心主义"治理模式、多中心自组织协同网络治理模式两种模式。单纯依靠政府的"单中心主义"治理模式主要特征是，以政府为唯一管理主体的社会管理，是一种借助国家强制力为保障的，非协商性的自上而下的"他组织秩序"管理模式。而多中心自组织协同网络治理模式，则是社会治理主体多元，且社会治理主体之间、社会各子系统之间，通过竞争、协作、自组织非线性作用，把社会系统中彼此无秩序、混沌的各种要素，在统一目标、内在动力和相对规范的结构形式中整合起来，形成社会系统的宏观时空结构或有序功能结构的自组织状态，产生单一社会主体无法实现的社会治理整体效应，是一种"自组织秩序"的管理模式(范如国，2014)。两种模式的特征及差异如图3.4所示。

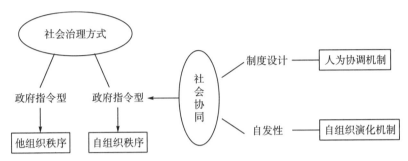

图 3.4　"单中心主义"治理模式与多中心自组织协同网络治理模式比较(范如国，2014)

　　作为承灾系统重要组成部分的社会系统，是一个典型的复杂网络结构系统，具有小世界性、无标度、择优联结、鲁棒性、脆弱性和社团结构等复杂特征。特别是，当今，一方面像自然灾害、传染病、贫困等传统的社会问题依然存在，与此同时，伴随着社会转型，贫富分化、环境恶化和舆情传播等社会新矛盾、新问题不断涌现，且呈现加剧之势，社会治理的复杂性、艰巨性不断加大。但是，因环境和灾害事件，尤其是人为灾害事件，其复杂性、关联性和不确定性，决定着任何单一社会治理主体，都难以具备解决灾害事件所需的全部知识、工具、资源与能力。这就决定着，以政府为单一管理主体的他组织管理模式，难以全方位主导复杂的社会治理活动。且政府指令型他组织管理模式，普遍存在治理成本高、效率低和社会响应低的"一高两低"天生机制性缺陷，同时，"单中心主义"政府治理模式，客观上必然会阻断政府与社会公众之间的互动与博弈，忽略社会网络中不同主体之间的妥协、联合与协同，而这恰恰是社会治理成本高低、成功与否的关键所在。再者，灾害管理，系与所有涉及的社会个体有着密切关联的共同事物，有着典型的"公共性"与"大众性"特征，因此，灾害管理应当在政府之外，广泛动员、充分发挥社会公众和社会组织的积极作用(邓伽和胡俊超，2011)。倘若政府唱"独角戏"，不注重与社会组织、社会公众的协同，不注重对社会自组织治理能力与水平的提升，那么就会导致政府肩负的灾害管理责任过重，且灾害管理因缺乏参与主体的互动、博弈、协同，终将成为没有生机的一潭死水。因此，在灾害管理方面，需要政府与社会组织、公众之间在复杂的活动中高度协同，实现社会功能的优化和社会治理效益的倍增。

3.3　巨灾风险脆弱性程度的评价

　　巨灾的低概率、高损失、突发性等使得巨灾不仅诱发严重的生命财产损失，而且成为短期和中期国家或地区暴力冲突的导火索，日益成为挑战经济社会可持续发展的重大非传统国家安全隐患。因为，自然灾害不仅仅是"自然"的，而且具有重要的社会维度。巨灾风险管理正逐步转向为以社会系统为中心，注重包括经济、人口等在内的社会系统在巨灾风险管理中的地位以及降低脆弱性中的作用，并将社会系统的能动性作为脆弱性评价的核心问题。然而我国地区分布不均衡性的特征要求对风险脆弱性的分析不仅要立足于宏观层面上的社会脆弱性，还要认识到社会脆弱性的地区差异性。

3.3.1　脆弱性的评价指标体系

1. 整体脆弱性评价指标

　　社会脆弱性既包含灾前潜在的社会因素，又包含受害者的伤害程度所形成的脆弱性，还包含应对灾害能力的大小，并且涉及经济、人口、组织、科技和文化等多个维度，因此对于社会脆弱性的评价虽然理论上极具意义但实际上难以操作。相对于巨灾社会脆弱性概念的定性分析，对于巨灾社会脆弱性多维度评价的相关研究依然相当缺乏。

　　特别是对于中国这样一个经济体制转轨、社会组织发育缓慢、人口结构深刻变化，文化和科技新旧交织和更替的转型国家，社会脆弱性评估不仅需要立足于基本理论体系，而且需要切合中国的社会建构。本研究构建巨灾风险冲击的社会脆弱性理论分析模型，基于复杂系统的认识，从经济脆弱性、人口脆弱性、组织脆弱性、文化脆弱性和科技脆弱性等五个维度设计社会脆弱性的度量指标体系，探究复杂系统环境下中国巨灾社会脆弱性的动态特征及驱动因素。

　　根据前述分析框架，我们以巨灾社会脆弱性为目标层，体现社会脆弱性的五个维度(经济脆弱性、人口脆弱性、组织脆弱性、文化脆弱性、科技脆弱性)为领域层，不同领域层下面再设置具体的基础指标来构建指标体系，共包括 5 个领域层 32 个基础指标(表 3.5)。具体来说，经济脆弱性包括的基础指标有人均 GDP、第一产业比重、基础设施水平、城乡收入差距、人均财政收入、人均保费等 6 个指标；人口脆弱性包括女性占比、60 岁以上人口比重、14 岁以下儿童比重、人口密度、采矿业从业人数、第一产业从业人数、总从业人口、失业率、少数民族人口比重、最低保障人口等 10 个指标；组织脆弱性包括万人刑事案件立案数、每千

人卫生技术人员、卫生机构床位数、社会福利企业职工人数、离婚率、农村住房
结构(砖木结构比重)等 6 个指标；文化脆弱性包括文盲率、大专以上人口数、高
等学校在校学生数、广播电视综合人口覆盖率、自然灾害发生次数等 5 个指标；
科技脆弱性包括 RD 经费占比、三项专利授权数、测绘地图数、地震台数、气象
观测站数等 5 个指标。

表 3.5　巨灾社会脆弱性指标体系

目标层	领域层	基础指标层
社会脆弱性	经济脆弱性	人均 GDP/元
		第一产业比重/%
		基础设施水平/公里
		城乡收入差距
		人均财政收入/元
		人均保费/元
	人口脆弱性	女性占比/%
		60 岁以上人口比重/%
		14 岁以下儿童比重/%
		人口密度/(人/平方公里)
		采矿业从业人数/万人
		第一产业从业人数/万人
		总从业人口/万人
		失业率/%
		少数民族人口比重/%
		最低保障人口/人
	组织脆弱性	万人刑事案件立案数/个
		每千人卫生技术人员/千人
		卫生机构床位数/个
		社会福利企业职工人数/人
		离婚率/%
		农村住房结构(砖木结构比重)/%
	文化脆弱性	文盲率/%
		大专以上人口数/十万人
		高等学校在校学生数/十万人
		广播电视综合人口覆盖率/%
		自然灾害发生次数/(次/年)
	科技脆弱性	RD 经费占比/%

续表

目标层	领域层	基础指标层
		三项专利授权数/个
社会脆弱性	科技脆弱性	测绘地图数/个
		地震台数/台
		气象观测站数/个

2. 区域脆弱性分析指标

前文从整体上探讨了巨灾风险的脆弱性，然而由于我国地域特征的复杂性叠加风险的多样性，整体性分析难以刻画区域的风险脆弱性。基于这一考虑，以重庆为例来研究巨灾风险脆弱性。重庆地理环境复杂，各种自然灾害频发，因此对重庆的巨灾风险脆弱性进行分析可为其他地区的巨灾风险管理提供重要参考。

1)评价指标体系和分级标准

传统的基于自然灾害、气候变化和生态环境等自然科学领域的风险预警以及风险管理手段聚焦于自然灾害的"自然属性"，但难以奏效，催生了灾害社会学的繁荣和发展，灾害风险管理的研究重心已经从风险本身转移到巨灾的社会过程(Hewitt，1997)，灾害风险研究的视角和重心开始转向灾害风险的"社会属性"。因为，自然灾害不仅仅是"自然"的，而且具有重要的社会维度。大量的灾害风险事件证实，不同地区或者同一地区不同时期面对相同的灾害风险冲击，却表现出显著的脆弱性差异[①]，表明自然灾害脆弱性不仅应该包含自然脆弱性，更应该涵盖经济脆弱性、社会脆弱性和科技脆弱性等几个维度(图3.5)。

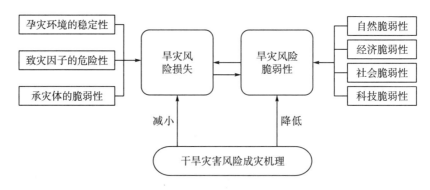

图 3.5　农业旱灾脆弱性成灾机理

从图 3.5 可知，旱灾风险主要受孕灾环境的稳定性、致灾因子的危险性、承

---

① 土耳其与日本地震：2011年10月土耳其发生7.2级地震，造成4000余人伤亡和大量的财产损失，社会秩序受到极大冲击。相比之下，2011年3月11日本近海发生高达9.0级强烈地震，直接的经济损失和社会影响冲击却小得多。

灾体的脆弱性等因素影响，而孕灾环境的稳定性、致灾因子的危险性很难科学地测度。因此，降低农业旱灾的脆弱性就成为减灾的关键，其主要体现在自然、经济、社会、科技等维度。

本书基于自然灾害脆弱性理论基础，结合农业旱灾的成灾机理，以农业旱灾脆弱性为目标层 A，构建包括自然、经济、社会和科技四个维度体现脆弱性为准则层 B，以不同维度选取基础指标作为指标层 C，设计农业旱灾脆弱性评价指标体系(包括 4 个准则层，30 个基础指标)及分级标准，如表 3.6。对于农业旱灾脆弱性的综合评价，目前学术界尚无统一权威的分级标准且这方面的研究很少。本书结合重庆市农业旱灾实际构建的农业旱灾脆弱性评价标准[①]，设计了适用于该地区农业旱灾脆弱性状况的尺度和标准，即将农业旱灾脆弱性划分为不脆弱(Ⅰ)、轻度脆弱(Ⅱ)、中度脆弱(Ⅲ)和重度脆弱(Ⅳ)四个等级并定量刻画出每个级别的临界值(表 3.6)。

2) 指标说明

表 3.6　农业旱灾脆弱性评价指标及其分类标准

目标层 A	准则层 B	指标层 C	重度脆弱 (Ⅳ)	中度脆弱 (Ⅲ)	轻度脆弱 (Ⅱ)	不脆弱 (Ⅰ)	极大值	极小值
农业旱灾脆弱性评价指标体系	自然脆弱性	降水量/亿立方米	550	700	850	1000	1200	400
		蒸发量/亿立方米	450	410	370	330	500	100
		地下水资源量/万亿立方米	60	80	100	120	150	40
		森林覆盖率/%	20	30	40	60	80	10
		旱灾成灾率/%	20	15	10	5	30	1
		旱灾受灾率/%	40	30	20	10	50	5
	经济脆弱性	农民人均纯收入/万元	0.2	0.4	0.6	1	5	0.1
		农业经营收入占比/%	50	35	20	5	70	3
		人均 GDP/万元	1	2	4	8	10	0.5
		财政支农资金/亿元	10	30	60	100	500	5
		财政支农资金占比/%	3	6	9	12	15	1
		第一产业占比/%	50	35	20	10	70	5
		人均农业保险费规模/元	10	100	200	400	500	0.01
		人均农业信贷规模/元	100	300	500	700	1000	50

---

① 这里也参照了刘兰芳等(2002)对农业旱灾风险脆弱性评价的研究成果。

目标层 A	准则层 B	指标层 C	重度脆弱 (IV)	中度脆弱 (III)	轻度脆弱 (II)	不脆弱 (I)	极大值	极小值
农业旱灾脆弱性评价指标体系	社会脆弱性	人口密度/(人/平方公里)	500	400	300	200	1000	100
		农业从业人口占比/%	60	45	30	15	80	5
		15~64岁农业人口占比/%	30	50	60	70	80	20
		小学及以下农业人口占比/%	60	45	30	15	80	5
		农民加入合作社占比/%	10	20	30	40	80	0
		乡镇企业产值占比/%	4	3	2	1	6	0.1
		广播电视人口覆盖率/%	30	60	80	90	100	10
		人均播种面积/亩	1	2	4	8	10	0.5
	科技脆弱性	农用化肥使用量/万吨	30	50	70	90	100	10
		农膜使用量/万吨	1	2	3	4	5	0.01
		水库总容量/亿立方米	10	20	40	60	100	5
		有效灌溉面积/万公顷	30	50	70	90	150	10
		农业机械总动力/万千瓦	400	600	800	1000	1500	50
		农用排灌动力机械台数/万台	20	50	80	110	150	10
		农技人员比例/%	1	2	3	4	5	0.01
		R&D经费投入强度/%	1	2	3	4	5	0.5

第一，自然脆弱性。该指标反映影响农业旱灾脆弱性的自然因素，包括降水量、蒸发量、地下水资源量、森林覆盖率、旱灾成灾率和旱灾受灾率。降水量和蒸发量的多少直接与农业旱灾的发生与否相关，降水量充足或者蒸发量较少，农业旱灾脆弱性程度越弱。当旱灾发生时，地下水资源量是抵御旱灾风险的关键因素之一，其存量越多，抵御旱灾风险的能力越强，农业旱灾脆弱性程度也就越弱。森林覆盖率指一个国家或地区森林面积占土地面积的百分比，它是反映生态平衡状况的重要指标。旱灾成灾率指旱灾成灾面积与农作物播种面积之比，旱灾受灾率指旱灾受灾面积与农作物播种面积之比。

第二，经济脆弱性。该指标反映影响农业旱灾脆弱性的经济因素，包括农民人均纯收入、农业经营收入占比、人均 GDP、财政支农资金、财政支农资金占比、第一产业占比、人均农业保险费规模、人均农业信贷规模等指标。农业经营收入占比指农业经营性收入占家庭经营性收入的比重，该比重越小，也就是指非农业经营收入占比越大，这样使得系统压力较小，即使是在农业旱灾特别严重的年份，非农收入也能够满足再生产需要,这可降低干旱灾害所带来的不利影响,因而具有较强的抗御灾害的能力。同样,若财政支农力度够大,农业保险和农业信贷政策健全,也能很好地抵御农业旱灾,降低农业旱灾脆弱性。

第三,社会脆弱性。该指标反映农业旱灾脆弱性的社会因素,包括人口密度、农业从业人口占比、农业人口的年龄结构、农业人口的文化程度、农民加入合作社占比、乡镇企业产值占比、广播电视人口覆盖率、人均播种面积等。人口密度越大,人均水资源量越小,农业旱灾脆弱性越强;农业从业人口占比指农业从业人口数量占乡村从业人口数量的比重,该值越小,农业旱灾脆弱性越弱;农业人口年龄结构和农业人口文化程度也是影响农业旱灾脆弱性的关键因素,为了实证易处理,选定 15~64 岁年龄段和小学及以下文化程度农业人口占比分别代替农业人口年龄结构和农业人口文化程度;此外,农民加入合作社的占比指加入合作社农业从业人口数量与总的农业从业人口数量之比,乡镇企业产值占比指乡镇企业总产值与农业总产值之比。

第四,科技脆弱性。该指标主要反映科技在抵御灾害风险、降低灾害风险脆弱性方面的作用。与旱灾相关的科技主要包括蓄水科技、灌溉科技、良种技术、栽培科技、农机科技等。例如,农用化肥使用量可以增强土壤肥力,改善土壤结构,提高水资源的利用率,从而减弱农业旱灾脆弱性;农膜的使用可以减少蒸发,增强保墒能力。水库蓄水容量反映调节降水时空分布不均的问题,水库总容量反映人类利用水资源的能力;有效灌溉面积反映一个地区的水利化发达程度,其对抗旱发挥直接作用。在降水量一定的情况下,有效灌溉面积越大,农业旱灾脆弱性越弱。本书用农业机械总动力和农用排灌动力机械台数反映一个地区的农业机械化程度,机械化程度越高,农业旱灾脆弱性越弱。另外,农技人员比例(农业技术人员数量与农业从业人口之比)和 R&D 经费投入强度(R&D 经费投入量与 GDP 总量之比)都在抵御农业旱灾中扮演重要角色,其值越大,农业旱灾脆弱性程度越弱。

3.3.2　脆弱性的评价方法选择

1. 整体风险脆弱性

(1)主成分分析法:巨灾灾前社会脆弱性的评价。由于巨灾社会脆弱性水平评价涉及多项指标,在对多指标进行综合评价时,需要对各指标确定相应的权重。现有确定指标权重系数的方法主要分为主观评价法和客观评价法,前者通过主观赋权的方式来确定各指标的权重系数,主要运用层次分析法(analytic hierarchy process,AHP)和逼近于理想解的排序方法(technique for order preference by similarity to an ideal solution,TOPSIS)等,在确定权重时往往带有主观成分,缺乏统一标准,因而容易导致评价结果存在一定的偏差。客观评价法通过客观赋权的方式来确定各指标的权重系数，主要运用主成分分析、因子分析、熵权分析等方法，在权重的选取上较为客观。因此，越来越多的研究者倾向于选择客观评价法，主成分分析法是常用的一种。

主成分分析法的主要思想是通过数据降维，在尽量减少信息损耗的前提下，将多个指标转化为几个综合指标。由于用于统计分析的各指标在不同程度上反映了研究主题各方面的"信息"，这就会造成变量间存在信息交叉、重叠的现象，影响研究结论的可信度。而主成分分析法则满足了较少变量赋予较大信息量的需求，能抓住事物发展的主要矛盾，揭示事物变化的内在规律，提高研究效率和可信度。其作用原理如下：

设有 K 个样本，每个样本包括 N 个指标，即 $X_1, X_2, X_3, \cdots, X_N$，写出其矩阵形式：

$$\boldsymbol{X} = \begin{pmatrix} x_{11} & \cdots & x_{1n} \\ \vdots & & \vdots \\ x_{k1} & \cdots & a_{kn} \end{pmatrix} = (X_1, X_2, X_3, \cdots, X_N) \tag{3.2}$$

其中，

$$\boldsymbol{X}_i = \begin{bmatrix} x_{1i} \\ x_{2i} \\ x_{3i} \\ \vdots \\ x_{ni} \end{bmatrix}, i = 1, 2, \cdots, N \tag{3.3}$$

对矩阵 $\boldsymbol{X}$ 进行线性变换，即用矩阵 $\boldsymbol{X}$ 的 N 个指标向量 $X_1, X_2, X_3, \cdots, X_N$ 做线性组合即可得到综合指标向量。

$$\begin{cases} C_1 = \alpha_{11}x_1 + \alpha_{12}x_2 + \alpha_{13}x_3 + \cdots + \alpha_{1N}x_N \\ C_2 = \alpha_{21}x_1 + \alpha_{22}x_2 + \alpha_{23}x_3 + \cdots + \alpha_{2N}x_N \\ \cdots\cdots\cdots\cdots \\ C_K = \alpha_{K1}x_1 + \alpha_{K2}x_2 + \alpha_{K3}x_3 + \cdots + \alpha_{KN}x_N \end{cases} \tag{3.4}$$

接下来需要确定主成分个数，关于主成分个数的确定，计量经济学家提出了多种准则，较为实用的有凯索(Kaiser)准则、卡特尔(Cattell)"碎石准则"等。本书依据卡特尔(Cattell)"碎石准则"进行判断，选取特征值大于 1 的主成分代替原来的 K 个指标变量的信息。最后，利用主成分 $C_1, C_2, C_3, \cdots, C_k$ 做线性回归，并以每个主成分的方差贡献率 φ_i 作为权数构造一个综合评价函数，便可得到各个维度的社会脆弱性指数(svi_i)。

$$\text{svi}_i = \varphi_1 C_1 + \varphi_2 C_2 + \varphi_3 C_3 + \cdots + \varphi_K C_K \tag{3.5}$$

(2)非参数数据包络分析(data envelopment analysis，DEA)方法：巨灾发生时

的社会脆弱性指数。巨灾发生时的社会脆弱性指数是指巨灾冲击发生时，包括经济、人口、组织、科技与文化等在内的社会系统应对巨灾冲击的实际表现，也就是在特定社会系统的敏感性和恢复力等因素下巨灾会带来多大程度的实际冲击破坏。在巨灾所能带来的冲击破坏中，重点包括经济损失和人口伤亡两个方面。如果一国或地区的社会系统使得相同等级的巨灾冲击只会带来较小的经济损失和人员伤亡，则认为该国或地区巨灾社会冲击指数较小；反之，巨灾社会冲击越大。对于巨灾等级的测度，由于不同灾害所采用的等级标准和衡量方法差异非常明显，因此难以核定某一时期特定国家或地区的巨灾发生等级。本研究采用的是一种替代的做法，用巨灾冲击爆发后表现出的事后指标，即巨灾的受灾人口和受灾面积来反映巨灾等级，这也能反映出巨灾危险源的暴露性。

　　根据以上巨灾发生时的社会脆弱性指数含义可知，巨灾社会冲击涉及社会系统的多个维度，各个维度对社会系统的敏感性和恢复力又有着不同的影响，从而使得巨灾从危险源暴露再到实际冲击破坏出现是一个复杂的过程。正是这种复杂性，也使得整个过程难以在一个精确的参数表达模型中刻画。准确地测度巨灾发生时的社会脆弱性指数，需要一种非参数化的测度方法。而目前发展成熟的 DEA 处理技术正是这样一种方法，它不需要预先假定模型表达式而测算相对指数，非常适合巨灾社会脆弱性指数的测度需要。

　　基于非参数 DEA 方法，假设某一地区面临巨灾冲击后，由于自然地理、生态环境和物理因素等因素暴露出了一定数量和规模的受灾人口（P）和受灾面积（S），在危险源冲击社会系统过程中，由于经济、人口、组织、科技和文化等因素造成社会系统应对巨灾时表现出特定的敏感性和恢复力，出现了死亡人口（D）和经济损失（E）。该形成过程可以描述为 $f(P,S) = \{(D,E):(P,S,D,E) \in T\}$。$T$ 代表一个地区的巨灾社会脆弱性，$f(P,S)$ 是产出集，表示所有可能产出的集合。假设共有 m 年，第 i 年的投入要素集为 $X_i = (P_i, S_i)$，则基于投入导向规模报酬不变下的 DEA 模型为

$$\theta^* = \min \theta,$$

$$\text{s.t.} \begin{cases} \sum_{i=1}^{m} \lambda_i X_i \leqslant \theta X_{i,0} \\ \sum_{i=1}^{m} \lambda_i f(P,S)_i \geqslant f(P,S)_0 \\ \lambda_i \geqslant 0 \end{cases} \qquad (3.6)$$

其中，θ^* 为第 i 年巨灾发生时的社会脆弱性指数，$\theta^* \leqslant 1$，若 $\theta^* = 1$ 则意味着该年巨灾发生时的社会脆弱性指数最高，且位于前沿线（或面）上；θ^* 越大，表示该年巨灾风险冲击的灾中和灾后脆弱性越大。X_i 为第 i 年的巨灾冲击等级，在本研究

中包含受灾人口 (P) 和受灾面积 (S) 两种要素；$f(P,S)$ 是产出集，反映相应年份的死亡人口 (D) 和经济损失 (E)。采用非参数 DEA 方法测得巨灾发生时的社会脆弱性指数 θ^*，便可对灾前脆弱性指标体系进行修正，基于改进主成分分析法求得巨灾社会脆弱性水平。

（3）改进主成分法：巨灾社会脆弱性水平的评价。现有研究对于巨灾社会脆弱性的评价，更多基于传统的主成分分析方法进行。但依据主成分分析方法来测度社会脆弱性存在明显的缺陷：第一，主成分分析法完全按数学方法计算，灵活性差，结果脱离实际；第二，并没有考虑到巨灾发生的实际情景，而仅是事前指标；第三，社会脆弱性测度的指标体系内涵复杂，不同指标对于社会脆弱性影响有正有负，而在这种情况下会使主成分分析法的结果变得难以理解。因此，在利用主成分分析法测度社会脆弱性指数时，需要根据巨灾风险发生时的社会脆弱性实际表现，采用适当的方法修正主成分分析法得到的权重。

葛怡等（2005）在测度水灾的社会脆弱性时，将地区综合脆弱性类比为弹簧弹性系数的倒数，借鉴弹性系数的测定方法来构建客观测度标准并修正主成分分析方法得到权重。即首先用经济的损失率与受灾面积比值构建灾害发生时的社会脆弱性指数，然后用底层评价指标拟合灾害发生时刻的社会脆弱性指数，从而实现评估指标的筛选和权重的修正。但葛怡等（2005）的研究仅仅用经济损失率代表巨灾损失，实际上巨灾所造成的不仅仅是经济破坏，更为严重的是巨灾的突发性直接危及人类生命，因此仅仅采用经济损失得出的比值修正权重并不合理。本研究运用基于非参数 DEA 方法求得的巨灾发生时的社会脆弱性指数[①]，对根据主成分分析法求得的各领域层主成分进行回归分析，从而确定各类指标的权重，再加权求和求得巨灾的社会脆弱性水平。根据上述思路，首先基于非参数 DEA 方法求得巨灾发生时的社会脆弱性指数，对各领域层脆弱性进行回归，用方程式表示如下：

$$\theta^*_i = \alpha_0 + \pi_1 svi_{1,i} + \pi_2 svi_{2,i} + \pi_3 svi_{3,i} + \pi_4 svi_{4,i} + \pi_5 svi_{5,i} \tag{3.7}$$

式中，i 表示时间；θ^* 表示基于非参数 DEA 方法求得的巨灾发生时的社会脆弱性指数；svi_1、svi_2、svi_3、svi_4 和 svi_5 分别代表根据主成分分析方法求得的各领域层的脆弱性指数；根据回归拟合出的 π_1、π_2、π_3、π_4 和 π_5，即为修正后的各领域层的社会脆弱性权重。通过 π_1、π_2、π_3、π_4 和 π_5 与 svi_1、svi_2、svi_3、svi_4 和 svi_5 加权求和，便可测度一国或地区社会脆弱性的时间动态特征：

$$SVI_i = \pi_1 svi_{1,i} + \pi_2 svi_{2,i} + \pi_3 svi_{3,i} + \pi_4 svi_{4,i} + \pi_5 svi_{5,i} \tag{3.8}$$

式中，SVI 即为根据改进主成分分析法测度的巨灾社会脆弱性指数，由于其不仅

---

① 相较于葛怡等（2005）运用 DEA 方法测算巨灾发生时的社会脆弱性指数，突破了传统方法单指标的束缚，可以同时纳入经济损失和人口伤亡两个层面的指标，从而能够更为准确地测度灾中和灾后的社会脆弱性表现。

参照了巨灾发生前的社会脆弱性评价指标体系，而且反映了巨灾发生时的实际情景，从而能更为合理地量化一国或地区的社会脆弱性表现。

2. 区域风险脆弱性

正如前文所述，农业旱灾脆弱性是一个多因素交互形成的非线性复杂问题。因素之间存在复杂的不确定性、离散性、随机性等关系，常规方法很难科学地测度和评价。而以反向传播（back propagation，BP）为代表的人工神经网络（artificial neural network，ANN）法旨在探索利用计算机系统模仿人工智能来处理复杂的非线性问题。该方法是由许多功能比较简单的神经元互相连接而成的复杂网络系统，用它可以模拟人脑的许多基本功能和思维方式，实现与人脑相似的学习、识别、记忆等信息处理能力，并且具有很强的自学习性、高度非线性、高度鲁棒性等特征。事实上，Funahashi（1989）从理论上证明了单隐层 BP 网络（拓扑结构见图 3.6）能以任意精度逼近任何非线性连续函数。因此，其被广泛应用于函数逼近、分类、模式识别等领域。

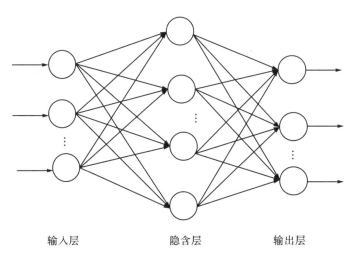

输入层　　　　　　　　隐含层　　　　　　　输出层

图 3.6　单隐层 BP 网络拓扑结构

从图 3.6 看出，单隐层 BP 网络结构由输入层、隐含层和输出层组成。假定输入层节点个数为 n，隐含层节点个数为 L，输出层节点个数为 m，则 BP 网络的农业旱灾脆弱性评价模型为

$$G_N(x_i) = \sum_{j=1}^{L} \beta_j \varphi(\boldsymbol{\omega}_j \cdot \boldsymbol{x}_i + b_j) \tag{3.9}$$

其中，$\varphi(\cdot)$ 表示激活函数；$\boldsymbol{\omega}_j = (\omega_{j1}, \omega_{j2}, \cdots, \omega_{jn}) \in \mathbf{R}^n$；$j = 1, 2, \cdots, L$，称为输入权；$b_j \in \mathbf{R}$，称为偏置值；$\beta_j$ 称为输出权；$\boldsymbol{x}_i = (x_1, x_1, \cdots, x_n)^T \in \mathbf{R}^n$，是输入数据，即

各指标2001～2014年的数据；$\boldsymbol{\omega}_j \cdot \boldsymbol{x}_i$ 表示 $\boldsymbol{\omega}_j$ 和 $\boldsymbol{x}_i$ 的内积。对于训练样本 $\tau = (x, \boldsymbol{T})$，其中 $\boldsymbol{T} = (t_1, t_2, \cdots, t_m)^{\mathrm{T}} \in \mathbf{R}^m$，称为期望输出。通过信息的正向传递和误差的反向传播分别得到最优的输入权、输出权和偏置值，代入式(3.9)可以得出农业旱灾脆弱性的最终评价结果，但是并没有得到基础指标对农业旱灾脆弱性的权重。要想得到其决策权重，还需要对各神经元之间的权重加以分析处理，为此用以下几项指标来描述基础指标和农业旱灾脆弱性之间的关系。

(1) 相关显著系数。

$$r_{ip} = \sum_{j=1}^{L} \boldsymbol{\omega}_{ij} (1 - e^{-x}) / (1 + e^{-x}), \ x = \omega_{jp} \tag{3.10}$$

(2) 相关系数。

$$R_{ip} = \left| (1 - e^{-y}) / (1 + e^{-y}) \right|, \quad y = r_{ip} \tag{3.11}$$

(3) 绝对影响系数。

$$S_{ip} = R_{ip} \bigg/ \sum_{i=1}^{n} R_{ip} \tag{3.12}$$

其中，i 为网络输入层节点数，$i = 1, 2, \cdots, n$；p 为网络输出层节点数，$p = 1, 2, \cdots, m$；j 为网络的隐含层节点数，$j = 1, 2, \cdots, L$；ω_{ij} 为输入层神经元 i 和隐含层神经元 j 之间的权系数；ω_{jp} 为隐含层神经元 j 和输出层神经元 p 之间的权系数。上面三个相关系数中绝对影响系数 S_{ip} 就是各基础指标的权重。

3.3.3 不同维度的脆弱性评价

1. 整体风险脆弱性评价

经济脆弱性包括的基础指标有人均 GDP、第一产业比重、基础设施水平、城乡收入差距、人均财政收入和人均保费等。其中人均 GDP、人均财政收入和人均保费等折算出以 1990 年为基期的实际值。第一产业比重采用第一产业增加值衡量，城乡收入差距以城镇居民人均可支配收入与农村居民人均纯收入之比来测度。基础设施的测度借鉴姚树洁等(2008)的方法，将铁路、水路转为相应标准公路计算运输承载能力，具体做法是铁路里程乘以 4.27，水路里程乘以 1.06，再加上公路里程求和来度量各年的基础设施水平。上述指标 1990～2012 年的数据摘自《中国统计年鉴》。

人口脆弱性包括女性占比、60 岁以上人口比重、14 岁以下儿童比重、人口密度、采矿业从业人数、第一产业从业人数、总从业人口、失业率、少数民族人口比重、最低保障人口，相关数据来自《中国人口统计年鉴》和《中国统计年鉴》。

组织脆弱性包括离婚率、每千人卫生技术人员、卫生机构床位数、万人刑事案件立案数、社会福利企业职工人数、农村住房结构等基础指标，1990～2012 年相关指标的具体数值来自《中国统计年鉴》。

　　文化脆弱性包括文盲率、大专以上人口数、高等学校在校学生数、广播电视综合人口覆盖率、自然灾害发生次数等基础指标，相关数据摘自《中国统计年鉴》、《中国人口与就业统计年鉴》以及《中国气象灾害年鉴》等。

　　科技脆弱性主要包括 R&D 经费占比、三项专利授权数、测绘地图数、地震台数、气象观测站数等基础指标，相关数据可以直接从《中国统计年鉴》中获取。

　　由于本研究在构建社会脆弱性的评价指标体系中，共包括 5 个领域层，每个领域层又包含很多基础指标，这些指标之间难免存在信息重叠，且难以判断指标的权重。因此，本研究首先对各领域层的基础指标进行主成分分析，将其转化成更直观的综合指标。具体操作过程中，首先，对基础指标做正规化处理，将其转化成均值为 0，方差为 1 的变量。然后，选取 1990～2012 年各年正规化处理后的基础指标进行主成分分析，观察总方差分解表，提取特征值大于 1 的主成分。实际计算过程中，每个领域层指标体系的主成分分析结果显示，特征值大于 1 的都只有 1 个。并且，这 1 个主成分的累积方差占总方差百分比都超过了 80%，包括了绝大部分信息，因此可以用该主成分来代替基础指标的信息。

　　进一步，对提取的主成分建立荷载矩阵，采用方差最大化正交旋转后，得到旋转后的主成分荷载矩阵，再求得主成分得分系数矩阵[1]，根据主成分得分系数矩阵和标准化后的各变量值，可计算出主成分得分，这也即是各领域层的脆弱性指数。图 3.7 直观地刻画了 1990～2012 年各年的经济脆弱性、人口脆弱性、组织脆弱性、文化脆弱性和科技脆弱性指数[2]。在本研究的样本跨期内，我国的经济脆弱性、人口脆弱性、组织脆弱性、文化脆弱性和科技脆弱性程度都出现了明显的下降。从近期的动态趋势来看，相较于经济脆弱性、组织脆弱性和科技脆弱性指数，人口脆弱性和文化脆弱性指数下降幅度更为平缓。这一结果说明，相对于经济脆弱性、组织脆弱性和科技脆弱性，人口脆弱性和文化脆弱性程度改善较为缓慢，这可能与近期人口和就业结构的相对稳定以及灾害文化培育的长期性有关。

　　我们已经基于主成分分析方法分别测度了 1990～2012 年我国的经济脆弱性、人口脆弱性、组织脆弱性、文化脆弱性和科技脆弱性指数，下面我们采用非参数 DEA 方法测算巨灾灾中和灾后社会脆弱性指数。根据前文已经介绍的巨灾发生时的社会脆弱性指数的测算思路和方法，基于非参数 DEA 方法，以受灾人口、受灾面积为冲击变量，死亡人口和经济损失为产出变量[3]，求得了 1990～2012 年我国

---

① 主成分各指标得分=各指标荷载/主成分特征值的开方。
② 根据得分矩阵可知，求得的领域层脆弱性指数为脆弱性程度的逆向指标，因此我们对各领域层的脆弱性指数做了反向处理。
③ 相关数据来自《中国统计年鉴》和《中国人口统计年鉴》。

巨灾冲击发生时的社会脆弱性指数，相关数据及指数测算结果见表3.7。

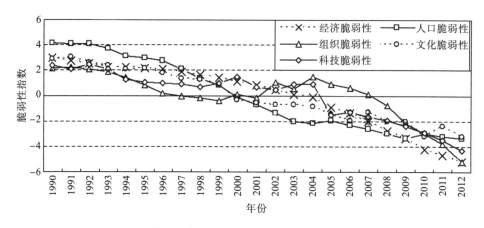

图 3.7　领域层脆弱性指数的变动趋势

表 3.7　巨灾社会冲击指数的测度数据与结果

年份	受灾人口/万人次	受灾面积/万公顷	死亡人口/人	经济损失/亿元	巨灾发生时的社会脆弱性指数
1990	29348	3847	7338	616	1.000
1991	41941	5547	7315	1215	0.835
1992	37174	5133	5741	854	1.000
1993	37541	4867	6125	933	0.935
1994	43799	5504	8549	1876	0.634
1995	24215	4587	5561	1863	0.632
1996	32305	5975	7273	2882	0.570
1997	47886	5343	3212	1975	0.874
1998	35216	2229	5511	3007	0.413
1999	35319	4998	2966	1962	0.831
2000	45652	5469	3014	2045	0.879
2001	37256	5215	2583	1942	0.907
2002	37842	4712	2840	1717	0.873
2003	49746	5439	2259	1884	1.000
2004	33921	3711	2250	1602	0.783
2005	40654	3882	2475	2042	0.753
2006	43453	4109	3186	2528	0.646
2007	39778	4899	2325	2363	0.823
2008	47795	3999	88928	13548	0.082
2009	47934	4721	1528	2524	1.000
2010	42610	3743	7844	5340	0.293
2011	43290	3247	1014	3096	1.000
2012	29422	2496	1530	4186	0.514

　　表 3.7 的测算结果显示，自 1990 年以来我国的巨灾冲击发生时的社会脆弱性指数虽然经历了多次震荡，但总体上呈现出下降的趋势。这说明，源于经济、人口、组织、文化和科技等层面的社会系统建构，巨灾发生时的灾中应急与救援、灾后恢复与重建都出现了一定程度的改善和提高。

　　下面我们将采用改进主成分分析方法测度我国 1990～2012 年的巨灾社会脆弱性水平。我们这里所采用的改进策略主要是基于非参数 DEA 方法求得的巨灾发生时的社会脆弱性指数，对各领域层的脆弱性水平进行回归拟合权重，加权求得最终的巨灾社会脆弱性水平。基于前文式(3.7)和式(3.8)介绍的测算思路和方法，图 3.8 直观地刻画出了基于回归拟合权重后，加权求和而得的 1990～2012 年的巨灾社会脆弱性水平。图 3.8 显示，虽然在考察样本初期我国的社会脆弱性水平并没有一个明显的变动趋向，呈现出波浪形变动态势，但自 2004 年之后，社会脆弱性水平呈现出震荡中下降的明显迹象，这反映我国的巨灾社会脆弱性有了一定程度的改善，整个社会面对巨灾的敏感性在降低，而恢复力则逐步提升。

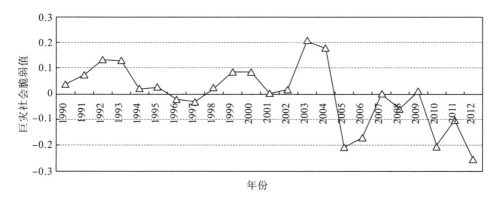

图 3.8　巨灾社会脆弱性水平的变动趋势

　　根据领域层巨灾脆弱性指数以及巨灾社会脆弱性水平的测度结果，1990～2012 年我国巨灾社会脆弱性水平的震荡式下降，主要得益于经济脆弱性、人口脆弱性、组织脆弱性、文化脆弱性和科技脆弱性等 5 个方面脆弱性水平的下降。下面我们进一步探讨，在促成社会脆弱性下降的动态过程中，各个领域层的贡献程度。我们首先建立包括巨灾社会脆弱性、经济脆弱性、人口脆弱性、组织脆弱性、文化脆弱性和科技脆弱性等 6 个变量的 VAR 系统模型，采用扩展的迪基-富勒检验法(augmented Dickey-Fuller test，ADF)检验各变量的平稳性，各变量均为平稳序列，因此可以基于水平序列构建 VAR 模型。VAR 模型构建首先需要确定滞后阶数，一般的方法是从较大的滞后阶数开始，通过对应的 LR 值、FPE 值、AIC 值、SC 值、HQ 值等确定。考虑到样本区间的限制，我们从最大滞后阶数 2 开始，检验结果 LR 值、SC 值和 HQ 值表明最优滞后阶数为 2，因此我们确定 VAR 模型滞后阶数为 2[①]。在确立了 VAR 模型的滞后阶数之后，便可进行方差分解，通过分解巨灾社会脆弱性水平的变动方差来度量每一个结构冲击的影响，从而评价不同结构冲击的重要性。对巨灾社会脆弱性的变动分解见表 3.8。

表 3.8　巨灾社会脆弱性的方差分解结果（%）

时期	S.E.	社会脆弱性	经济脆弱性	人口脆弱性	组织脆弱性	文化脆弱性	科技脆弱性
1	0.22	100.00	0.00	0.00	0.00	0.00	0.00
2	0.28	72.74	0.30	17.82	2.55	0.86	5.73
3	0.30	68.01	0.61	20.00	3.70	2.11	5.57
4	0.33	70.14	2.06	16.20	5.07	1.78	4.74
5	0.36	61.44	3.24	17.32	10.83	1.91	5.25
6	0.37	61.41	3.13	16.56	11.45	2.39	5.06
7	0.38	58.28	4.96	16.37	13.16	2.29	4.94
8	0.39	56.15	5.02	17.70	13.75	2.55	4.83
9	0.39	54.42	4.87	19.54	13.59	2.61	4.98
10	0.40	53.22	6.17	19.46	13.17	2.55	5.42

通过表 3.8 可以看出，巨灾社会脆弱性变动有 0.00%～19.46%可由人口脆弱性的变动来解释，有 0.00%～13.17%可由组织脆弱性的变动来解释，而经济脆弱性、文化脆弱性以及科技脆弱性分别可以解释巨灾社会脆弱性水平的 0.00%～6.17%，0.00%～2.55%，0.00%～5.42%。其余部分由社会脆弱性自身的变动来解释，这说明巨灾社会脆弱性水平变动具有路径依赖，其提高并不是一蹴而就。表 3.8 的实证结果表明，1990～2012 年期间中国的巨灾社会脆弱性下降，主要是由于人口脆弱性和组织脆弱性的改善带动的，这主要得益于这段时期人口和就业结构的优化和救灾组织体系的建设。

2. 区域风险脆弱性评价

本书旨在构建科学的农业旱灾脆弱性评价指标体系和分级标准，并采用 BP 神经网络法对重庆市 2001～2014 年农业旱灾脆弱性进行综合评价并探索其脆弱性特征的驱动因素。由于 BP 神经网络法是通过输入输出之间的直接非线性映射关系得出综合评价结果，该结果不依赖于每个指标的权重，所以用该方法能很好

---

① 限于篇幅，VAR 模型的 LR 值、FPE 值、AIC 值、SC 值、HQ 值此处没有给出，有兴趣的读者可向作者索取。

地改善评价结果的精确度。本书依据表 3.6 农业旱灾脆弱性评价指标体系及评价标准，利用 3.3.2 节训练好的 BP 神经网络模型模拟出重庆市农业旱灾脆弱性评价等级标准，并对 2001～2014 年农业旱灾脆弱性进行综合评价，其结果见表 3.9 和表 3.10。

表 3.9　重庆市农业旱灾脆弱性评价等级划分依据

定性评价	评价等级	BP 神经网络模拟结果	等级范围
不脆弱	Ⅰ级	0.1591	(0　0.1591]
轻度脆弱	Ⅱ级	0.4763	(0.1591　0.4763]
中度脆弱	Ⅲ级	0.7968	(0.4763　0.7968]
重度脆弱	Ⅳ级	0.9851	(0.7968　0.9851]

表 3.10　重庆市 2001～2014 年农业旱灾脆弱性综合评价结果

年份	BP 神经网络评价模型输出结果	评价等级	定性评价
2001	0.8546	Ⅳ级	重度脆弱
2002	0.7843	Ⅲ级	中度脆弱
2003	0.7194	Ⅲ级	中度脆弱
2004	0.5819	Ⅲ级	中度脆弱
2005	0.5757	Ⅲ级	中度脆弱
2006	0.8844	Ⅳ级	重度脆弱
2007	0.7815	Ⅲ级	中度脆弱
2008	0.5615	Ⅲ级	中度脆弱
2009	0.8227	Ⅲ级	中度脆弱
2010	0.5273	Ⅲ级	中度脆弱
2011	0.5178	Ⅲ级	中度脆弱
2012	0.4572	Ⅱ级	轻度脆弱
2013	0.2536	Ⅱ级	轻度脆弱
2014	0.2392	Ⅱ级	轻度脆弱

根据表 3.9 和表 3.10 可以看出，总体上重庆市的农业旱灾脆弱性呈下降趋势，特别是自 2012 年开始重庆旱灾脆弱性快速下降，从前些年的中度脆弱水平下降为轻度脆弱水平。虽然 2006 年和 2009 年两个年份的脆弱值急剧反弹，但没有改变农业旱灾脆弱水平总体上减弱的趋势(图 3.9)。这与实际情况是吻合的，因为重庆市 2006 年发生了百年不遇的特大旱灾，2009 年秋冬也发生了特大旱灾。

为进一步分析重庆市农业旱灾脆弱性水平变化的驱动因素，本书用 BP 神经网络模型分别对自然脆弱性、经济脆弱性、社会脆弱性和科技脆弱性进行了测度。

同时，还运用公式(3.10)～公式(3.12)计算出了各基础指标和准则层指标的权重，其结果分别见表3.11和表3.12。

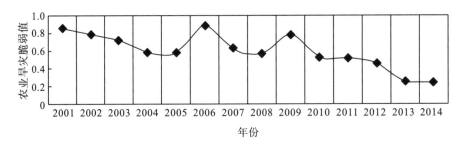

图 3.9　重庆市 2001～2014 年农业旱灾脆弱性评价结果

表 3.11　重庆市 2001～2014 年准则层脆弱性评价结果

年份	自然脆弱性结果	经济脆弱性结果	社会脆弱性结果	科技脆弱性结果
2001	0.1782	0.8164	0.6179	0.9667
2002	0.5103	0.8485	0.5295	0.9383
2003	0.2765	0.7592	0.6263	0.9149
2004	0.4694	0.7379	0.6872	0.8779
2005	0.4864	0.7255	0.7469	0.8292
2006	0.8870	0.7152	0.7114	0.6943
2007	0.5522	0.5753	0.7391	0.5802
2008	0.6142	0.3754	0.6713	0.4772
2009	0.8599	0.3394	0.7335	0.4300
2010	0.7866	0.1172	0.7453	0.3991
2011	0.7923	0.1070	0.7615	0.3241
2012	0.6450	0.2813	0.7887	0.1655
2013	0.8077	0.0397	0.8277	0.2691
2014	0.5123	0.0053	0.8733	0.0590

从表3.11可知，虽然旱灾风险总脆弱性减弱，但是自然脆弱性程度呈动态增强的趋势，社会脆弱性更是呈持续增强的趋势且其脆弱值维持在一个较高的水平；与之相反的是，经济脆弱性和科技脆弱性呈持续快速减弱的趋势，如图3.10。研究结论表明，经济发展水平和科技发展能力的提高是驱动重庆旱灾脆弱性下降的主要因素，对降低农业旱灾风险脆弱性起到积极作用。但是，重庆地区农业的自然脆弱性和社会脆弱性水平较高，严重影响了脆弱性总水平的下降。因此，旱灾风险脆弱性管理需要在继续强化经济脆弱性和科技脆弱性管理的同时，重点做好农业旱灾风险的社会脆弱性管理。

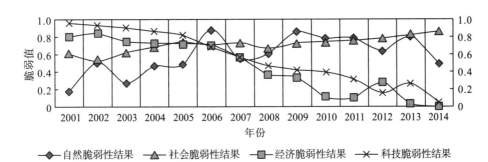

图 3.10　重庆市 2001～2014 年准则层脆弱性评价结果

为进一步反映各指标对总脆弱性的贡献度,可通过表 3.12 的农业旱灾脆弱性各评价指标的权重来衡量,指标权重的大小及正负方向,反映出该指标对总脆弱性的贡献度大小和方向。准则层的权重从大到小依次是科技脆弱性、经济脆弱性、社会脆弱性和自然脆弱性。表明科技和经济维度对旱灾风险脆弱性管理贡献最大,自然脆弱性维度贡献最小,也证明了自然灾害风险不主要是纯粹"自然"因素。

表 3.12　农业旱灾脆弱性各评价指标的权重

目标层 A	准则层 B		指标层 C		
	脆弱性	权重	指标	指标性质	权重
农业旱灾脆弱性指标体系	自然脆弱性	0.1359	降水量/亿立方米	−	0.3233
			蒸发量/亿立方米	+	0.0252
			地下水资源量/万亿立方米	−	0.1432
			森林覆盖率/%	−	0.2197
			旱灾成灾率/%	+	0.0150
			旱灾受灾率/%	+	0.2736
	经济脆弱性	0.2640	农民人均纯收入/万元	−	0.1012
			农业经营收入占比/%	+	0.3209
			人均 GDP/万元	−	0.2811
			财政支农资金/亿元	−	0.0710
			财政支农资金占比/%	−	0.0807
			第一产业占比/%	−	0.0326
			人均农业保险费规模/元	−	0.0802
			人均农业信贷规模/元	−	0.0323
	社会脆弱性	0.2390	人口密度/(人/平方公里)	+	0.0018
			农业从业人口占比/%	+	0.3709
			15～64 岁农业人口占比/%	−	0.0563

续表

目标层 A	准则层 B		指标层 C		
	脆弱性	权重	指标	指标性质	权重
农业旱灾脆弱性指标体系	社会脆弱性	0.2390	小学及以下农业人口占比/%	+	0.0049
			农民加入合作社占比/%	–	0.2301
			乡镇企业产值占比/%	–	0.0262
			广播电视人口覆盖率/%	–	0.0776
			人均播种面积/亩	–	0.2322
	科技脆弱性	0.3611	农用化肥使用量/万吨	–	0.1799
			农膜使用量/万吨	–	0.1998
			水库总容量/亿立方米	–	0.0321
			有效灌溉面积/万公顷	–	0.2075
			农业机械总动力/万千瓦	–	0.0471
			农用排灌动力机械台数/万台	–	0.0543
			农技人员比例/%	–	0.1905
			R&D 经费投入强度/%	–	0.0888

注："+"号表示正指标，"–"表示逆指标。

为进一步研究相关指标的影响，分析各准则层中的具体指标的权重大小和方向。在自然脆弱性中，权重从大到小依次是降水量、旱灾受灾率、森林覆盖率、地下水资源量、蒸发量和旱灾成灾率，表明降水量在旱灾中的地位凸显，这也成为解释 2006 年和 2009 年重庆市农业旱灾脆弱性凸显的理由，因为这两年降水量不足、旱灾受灾率大、地下水资源量锐减等。在经济脆弱性中，权重从大到小依次是农业经营收入占比、人均 GDP、农民人均纯收入、财政支农资金占比、人均农业保险费规模、财政支农资金、第一产业占比、人均农业信贷规模，说明要减弱农业旱灾脆弱性，应该进一步减小农业经营收入占比，增加农民人均 GDP 和人均纯收入，加大财政支农资金占比和农业保险规模等。在社会脆弱性中，权重从大到小依次是农业从业人口占比、人均播种面积、农民加入合作社的占比、广播电视人口覆盖率、农业人口的年龄结构、乡镇企业产值占比、农业人口的文化程度、人口密度。该指标表明，降低农村社会脆弱性重点是加快农村社会结构变迁，改造小农经济。在科技脆弱性中，权重从大到小依次是有效灌溉面积、农膜使用量、农技人员比例、农用化肥使用量、R&D 经费投入强度、农用排灌动力机械台数、农业机械总动力、水库总容量，表明水利化先进程度在科技脆弱性中扮演重要的角色，这也是在防范和抵御农业旱灾中首选的措施。

3.4　本 章 小 结

本章主要从理论与实证的角度，系统研究了脆弱性的内涵与演变、属性与特征、影响因子与传递，构建了反映脆弱性水平的量纲体系，并通过科学评价方法进行评价。得出以下结论：

(1)脆弱性理论。灾害学中，脆弱性是由自然、社会、经济、环境等共同决定的社区面临灾害的暴露程度、敏感性和恢复力的因素。脆弱性研究经历着：研究视角从自然科学领域→社会科学领域→多学科交叉领域，内涵体系从暴露状况→敏感状况→适应能力→多属性集合体，涵盖范围从自然脆弱性→社会脆弱性→多维度系统脆弱性的演变规律。脆弱性具有成因复杂性、相对静态性和动态发展性等特征，与经济发展、灾害风险、抗逆力水平密切相关，社会资本、社会组织、社会治理是脆弱性传递的重要影响因素。

(2)脆弱性评价。本研究将脆弱性评价分为综合社会脆弱性评价、区域性特定风险的脆弱性评价。在综合性脆弱性评价体系的构建中，构建了经济脆弱性、人口脆弱性、组织脆弱性、文化脆弱性、科技脆弱性五个维度的评价指标体系。研究结论表明，自 1990 年以来我国的社会脆弱性指数虽然经历了多次震荡，但总体上呈现出下降的趋势。就脆弱性的构成看，经济脆弱性、人口脆弱性、组织脆弱性、文化脆弱性和科技脆弱性程度都出现了明显的下降。但是，人口脆弱性和文化脆弱性指数下降幅度更为平缓。在区域特定风险脆弱性评价中，选取了旱灾风险脆弱性作为代表，构建了包括自然脆弱性、经济脆弱性、社会脆弱性和科技脆弱性四个维度的评价指标体系。研究结论表明，经济发展和科技发展是驱动重庆旱灾脆弱性下降的主要因素，对降低农业旱灾风险脆弱性起到积极作用。但是，重庆地区农业的自然脆弱性和社会脆弱性水平较高，严重影响了脆弱性总体水平的下降。

第 4 章　巨灾风险扩散与放大机制研究

巨灾风险的成灾机理表明，巨灾风险具有扩散传播特性，并能够产生放大(或者缩小)效应。虽然早在 20 世纪 80 年代就提出了著名的风险社会放大框架 (SARF)。但是，该框架的研究仅仅停留在"框架分析"阶段，运用的分析工具主要依靠风险认知理论和风险信息传播工具。因此，难以满足揭示巨灾风险扩散与放大机制的理论研究，无法全面深入研究影响巨灾风险扩散与放大的因素，以及这些诸多因素在扩散与放大过程中的作用。据此，本部分的研究在回顾风险社会放大框架基础上，综合运用灾害学、物理学、社会学、心理学、传播学等多学科理论，构建一个集风险扩散与放大路径、载体、维度、影响因素及其作用机制为一体，覆盖自风险源至最终损失的全链条的风险放大理论体系，以揭示风险放大"面纱"背后的逻辑机理。并采取计量模型与案例分析相结合的实证方法，对巨灾风险放大影响因素的作用力进行测度，对不同巨灾风险放大机理进行比较分析，以期为治理风险放大提供实践指导。

4.1　巨灾风险扩散与放大的理论分析

4.1.1　风险社会放大框架的回顾与评述

1. 风险社会放大及内涵

灾害是自然与社会相互作用、相互耦合的结果(Hansson，2010)。而随着社会的不断发展，社会系统愈发复杂，呈现出灾害的社会属性占主导地位的趋势(童小溪和战洋，2008)。由此造成同一强度灾害形成的最终损失表现出较大的时空差异，以及灾害造成的最终损失与其本应的、合理的影响普遍存在不一致性的"小灾大害，大灾小害"现象。学界将这一现象称为风险的社会放大。

以 Kasperson 为代表的美国克拉克大学决策研究院的研究者们，在总结风险社会放大现象基础上，提出风险社会放大是指公众对风险事件的逐渐关注和风险感知水平的逐渐升高，是灾难事件与心理、社会、制度和文化状态相互作用，其方式会加强或衰减社会公众对风险的感知并塑形风险行为。反过来，行为上的反应造成新的社会或经济后果。这些后果远远超过了对人类健康或环境的直接伤害，导致更严重的间接影响(张海波和童星，2006)，进而也就形成了风险的社会放大现象。

风险"放大"隐喻内涵包括风险形成的"放大"和"减弱"两个向度的效应，风险形成减弱同样会对社会造成超出原有的影响(谢尔顿·克里姆斯基和多米尼克·戈尔丁，2005)。因风险社会放大表现为公众对风险事件感知的夸大或缩小，故风险社会放大具有主观臆想性、不可预测性、成因复杂性和危害多元性等特征(常硕峰和伍麟，2013)。

2. 风险社会放大框架提出

为揭示风险社会放大现象及其机理，美国克拉克大学决策研究院的研究者们，于 1988 年构建了"风险社会放大框架"(SARF，见图 4.1)(Kasperson et al.，1988)。SARF 系统地将风险技术评估、风险感知，以及风险相关行为的心理学、社会学研究和文化视角联系、综合起来，提出风险事件与心理的、社会的、制度的和文化的过程之间的相互作用会增强或减弱公众风险感知水平及其相关风险行为。继而产生次级社会或经济后果，也可能增加或减少物理风险本身(卜玉梅，2009)。

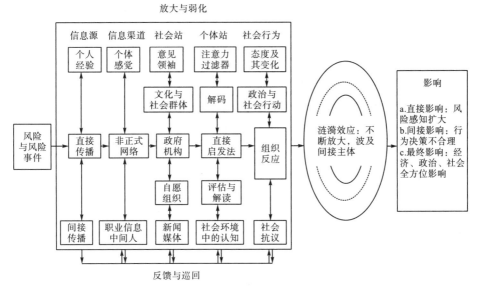

图 4.1　风险社会放大框架(王锋，2013)

SARF 进一步指出，风险社会放大发生在风险信息的传递过程与社会响应过程两个阶段，相对应地体现为信息机制和社会反应两大机制。风险通过信息系统和风险信号放大站(包括个体放大站与社会放大站)而被放大，产生行为反应，行为反应转而导致超出原始危害事件的直接影响范围的次级影响。次级影响包括如下效应：持久的心理感知、臆想和态度；对经济的影响；政治和社会压力；危害的物理性质的变化；对其他技术和活动的影响。接下来，次级影响被社会群体和个体感知，产生了第三级影响。这些影响可能传播或"波及"其他方面、遥远的地方或未来世代，形成"涟漪效应"（伍麟和王磊，2013）。

在风险的社会放大追因溯源探究上，Roger E. Kasperson 等 SARF 提出者认为，其既取决于风险事件本身的性质，又取决于在涟漪波及的过程中，信息系统和公众反应的特征，即公众如何获得相关信息以及如何解读和运用这些信息（Slovic，1987），而这一过程又取决于社会信任、价值观、社会群体关系、信号值、污名化和社会信任等作用机制（Kasperson et al.，1988）。

后继研究者采取分析法、访谈法和问卷调查法得出：在信息机制方面，传播渠道（官方、媒体、非正式渠道），传播强度（官方披露、媒体报道的客观性、准确性、及时性、全面性等，社会大众交流的频率与信息量），传播情景（社会文化、同一时间有无其他重大事件等、公众对风险的熟悉度）都是影响风险放大的重要因素。如：非官方渠道风险信息比官方渠道更易引起风险的社会放大（McComas，2010），风险信息披露的客观性、准确性、及时性、全面性越高，越有利于防止风险社会放大（Boyd and Jardine，2011）。在反应机制方面，公众理性程度、个体特征、风险直接经验、社会信任、社会文化与制度、风险事件污名化是风险放大的重要影响因素（Kuhar，2009）。

3. 风险社会放大框架评述

风险社会放大框架作为一个风险信息社会作用过程的分析工具，它的提出为风险研究开辟了新的思路和新的视角（Pidgeon，1999）。一是创造性地将风险研究视角从自然灾害系统拓展至人文社会系统。二是开拓性地将风险成灾机理从社会脆弱性、经济抗逆力层面，拓展至风险信息传播、风险文化维度，发现了影响风险成灾新的社会性因素。三是虽然其重点分析了风险信息传播、社会文化对风险放大的影响，但其也坚持风险本体论（即承认风险的客观实在性），使得该框架在理论上能够具备整合风险的技术取向和文化取向的基础（伍麟和王磊，2013）。尽管如此，SARF 仍有诸多不足：

首先，SARF 仅仅是一个分析框架，尚未形成完整的理论体系。该框架的功能是系统化经验数据和整合已有风险观点，提出风险信息社会处理的新假设，确定风险扩散与放大过程中相关因素之间的关系（伍麟和王磊，2013）。其后续研究也只是将其作为描述风险及其影响的工具，或者研究背景，而没有将其抽象的、模糊的概念转化为精确的、可资检验的概念的相应规则的运用，也即没有升华为理论（卜玉梅，2009）。

其次，SARF 仅仅从风险传播的单一角度剖析风险放大，尚未系统揭示灾情放大完整机制。根据经典灾害理论，灾情系由致灾因子、孕灾环境和承灾体三个维度的因素共同决定(史培军等，2014a)，姑且不论致灾因子和孕灾环境，仅承灾体的抗风险属性不仅仅包括风险沟通，还包括脆弱性和抗逆力等。因此，SARF 从风险的信息传播及社会行为反应的维度揭示风险放大现象是欠科学的。

再次，SARF 仅仅揭示了风险放大机理，尚未展开实证研究。一方面，缺乏衡量风险的客观标准，导致风险经社会放大后，缺乏参照系，致使无法从实证的角度衡量放大的程度；另一方面，SARF 描述风险的社会放大整个过程，涉及心理、经济、政治、传播等诸多社会性因素，很多影响因素很难指标化，即使能够找到代表性衡量指标，也可能会遇到指标难以量化的问题。同时，社会系统是一个典型的复杂巨系统，各种组成要素之间作用机理复杂，SARF 难以(事实上也没有)理清各大因素之间的作用机制，因此实证研究缺乏理论基础，这就使得风险社会放大各大影响因素的作用力度无法衡量(伍麟和王磊，2013)。

不难看出，虽然 SARF 描述了风险社会放大现象，揭示了风险社会放大过程，剖析了风险社会放大影响因素。但遗憾的是，该框架对放大机制及其影响因素相互作用机制研究较少，没能形成一个完整的理论体系。同时，虽然 SARF 承认风险损害是客观灾害和社会系统共同作用的结果，但其偏重从风险信息传播的单一角度揭示风险社会放大，忽略了风险放大的其他机制，亟待进一步发展和完善，构建一个内涵更为丰富、解释能力更强的风险放大理论体系。

4.1.2 巨灾风险扩散与放大的理论基础

1. 社会脆弱性理论

经典风险评估模型 $R(\text{Risk})=L(\text{Likelihood})\times C(\text{Capacity})$，在实践中暴露出忽略了承灾体的抵抗力、恢复力等方面差异，难以全面反映巨灾风险特征、成灾机理的缺陷(王永明和刘铁民，2010)。事实上，灾害的破坏性及其造成的损失规模，并不仅仅取决于灾害的源发强度，还取决于(甚至更大程度地取决于)承灾系统应对灾害时，表现出的准备能力、抵抗能力和恢复能力(即脆弱性与抗逆力)(UNISDR，2004)。由此，UNISDR 提出全新的风险评估模型：

$$\text{风险}=\frac{\text{危险性}\times\text{易损性}}{\text{应对能力}} \tag{4.1}$$

该理论认为，脆弱性源于系统内部的、与生俱来的一种属性，只是当系统遭受致灾因子扰动时，这种内在属性才被激活、才予以显现出来。系统内部特征是系统脆弱性产生的主要、直接和根本原因，而致灾因子扰动与系统之间的相互作用，使其脆弱性放大或缩小，也即致灾因子扰动是系统脆弱性变化的驱动因素。

由此造成在面对相同危险源时，社会脆弱性低的地区不一定形成危机，但社会脆弱性高的地区则可能出现危机的一般现象，如同样强度的自然灾害，发生在发达地区与落后地区呈现灾损差异巨大的情形(陶鹏和童星，2011)。Wisner 等(2003)进一步指出，危险源仅仅是灾害形成的必要条件，脆弱性才是灾害形成的根源，而且在灾害的强度与规模越大时，脆弱性的决定作用就可能越突出，如图 4.2 所示。

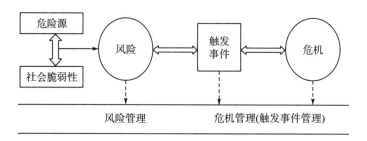

图 4.2 危险源、社会脆弱性与危机形成关系图(陶鹏和童星，2011)

社会脆弱性理论还指出，脆弱性还具有放大灾情的作用。如果承灾体脆弱性较高，即使仅仅遭受一些破坏力较弱的风险事件，也可能使得灾害发生行为变异、扩展以及加速，进而导致灾害损失增加、灾情加重。按照"黑天鹅"理论，无论是自然的还是人为的风险，特别是对于低概率、突发性的巨灾风险，人类很难预测、预警，更不用说控制巨灾发生及其过程，实际上，人类唯一可控的要素是人类社会自身的脆弱性。由此，该理论进一步提出，风险管理的主要目标是降低地区的社会脆弱性(李宏伟等，2009)。

2. 风险社会理论

风险社会理论由德国社会学家乌尔里希·贝克提出，后经玛丽·道格拉斯、威尔德韦斯、斯科特·拉什等发展。该理论认为，风险源自人类生产生活的自然环境、制度环境(Beck，1988)，在知识、信息、技术、经济、政治日益全球化的时代，风险社会成为难以避免的境遇，人们随时随地面临着风险，"除了冒险别无选择"(Luhmann，1993)。同时，该理论认为在全球化时代，风险突破了地区、民族和国家界限，日益呈现出多元化、区域化和复杂化的特征，风险社会一旦在全球范围内形成，就会对全人类形成根本性乃至致命性的威胁(安东尼·吉登斯，2001)。该理论还认为风险社会的产生根源在于现代科学技术的滥用，解决途径是进行现代性反思(Beck，1988)。

风险社会作为现代社会的一种特有现象，具有不可感知性、整体性、建构性、平等性以及自反性等性质(赵延东，2007)，这使得现代风险具有显著的放大特征。

首先，现代风险致灾规模更大。在区域联系尚不紧密时期，风险往往是局部的、区域性的，风险几乎不会扩散至风险区域外。但在全球化时代，依托便利的交通、密切的经济链条、便捷的信息传播与文化融合等条件，风险传播与扩散呈现出脱域性和全球性的特征，且各种世界性危险（如：气候变暖）威胁着全人类的共同安全与利益（薛晓源和刘国良，2005）。

其次，现代风险破坏力更强。在欠发达的前工业文明时代，人类对自然的开发和利用层次较低、规模较小，此时的风险对人类的危害是短期的，且是可恢复的，人类与自然相处是和谐的，发展是可持续的。但是，自进入工业文明时代以来，工业在促进人类社会取得长足发展的同时，一些不计后果的"掠夺式"开发自然资源行为，对人类赖以生存的自然生态、自然资源造成难以逆转的巨大破坏，人类的环境面临着不可逆转的毁灭性危机（安东尼·吉登斯，2001）。

再次，现代风险源范围更广。在人类改造自然能力极强的现代社会，哪怕是自然风险也蕴含着丰富的人为因素，特别是随着社会的不断发展，人类活动范围不断拓宽，进而使得越来越多的原来自然灾害多发地带不断被囊括到社会生活的区域内（杨雪冬，2006），甚至许多人类限制和控制风险的努力，反而可能引发更严重的后果（乌尔里希·贝克，2004）。

最后，现代风险复杂性更高。在人类改造自然能力不强、改造力度不大的时代，风险表现出类型单一、成因清晰的特征（李翠，2014）。但由于人类实践活动尤其是科学技术的快速发展，让自然和社会及其耦合的自然-社会系统都变得极为复杂，且自然与社会之间的明显界限消失，更多地呈现出自然与社会的"叠加效应"，由此催化了全球范围内风险广度和深度的变化，造成风险的构成及其后果趋于高度复杂化和严重化（彼得·哈里斯-琼斯和周战超，2005）。

3. 风险感知理论

风险感知又称风险认知，是指人们对风险事物和风险特征的感受、认识与理解（王锋，2013）。风险感知研究起源于 20 世纪 50 年代，并沿着心理学和社会学两条途径展开，相应地形成了风险的心理测量流派和风险的文化理论流派。前者主要代表人物为保罗·斯洛维奇、里纳特·舍贝里等，该学派认为风险是主观的，而非客观的，是由受心理、社会、制度和文化等多种因素影响的个人主观定义的，并指出恐惧因子、风险知识欠缺、污名化等是公众风险感知强弱的重要影响因素（Slovic et al., 1979）。风险的文化理论主要从认知主体自身的生活方式理解风险感知及与风险有关的行为，代表人物有玛丽·道格拉斯、迈克·汤姆森等，该学派认为文化是风险被感知的编码准则，风险感知有赖于共享的文化、制度和规则，而非个人的心理（Douglas，1985），强调个人、组织和社会在风险感知方面的内在互动性，并指出制度结构是风险感知的最终原因（Thompson et al.，1990）。

虽然两大学派研究的出发点和论断存在差异，但在不否认危险源是客观存在和人们没有特定价值取向的基础上，均强调风险的社会建构性及其可能造成的风险扭曲。在风险构建过程中，会受政治、教育、经济、文化、制度等社会因素影响（谢尔顿·克里斯基和多米尼克·戈尔丁，2005），这些社会因素与客观危险源形成互动，决定着人们对风险感知的强弱，进而影响风险行为决策。

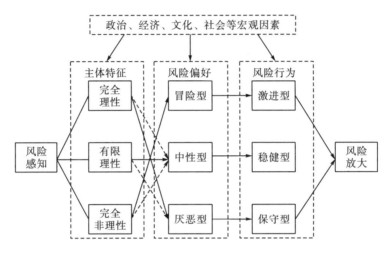

图 4.3　风险感知及其社会放大作用机制

风险源是客观存在的，但是它经过不同的主体形成的风险感知是不同的（详见图 4.3）。而从风险感知的社会建构过程看，风险感知至风险行为的过程，既受到经济、政治、社会、文化等宏观环境影响，又受风险感知主体特征（完全理性、有限理性、完全非理性）、风险偏好（冒险型、中性型、厌恶型）的影响，这些因素作用的结果大致可划分为风险被正确认知、风险扭曲两种类型。其中，风险扭曲又可进一步细分为风险放大（即风险被社会建构后其程度被放大）和风险弱化（即对风险产生错误认识，低估其程度以及只感知到部分风险）（Fischhoff，1995；陶鹏和童星，2011）。影响风险感知的这些不同因素，公众行为（反应过激或反应不足），造成了风险实质性放大或弱化（Kasperson et al.，1988）。

4. 风险沟通理论

"风险沟通"一词由美国环保署首任署长威廉·卢克希斯于 20 世纪 70 年代率先提出，目的在于保证风险认知的正确性（张洁和张涛甫，2009）。风险沟通的一般定义是"个体、群体和机构之间交换信息和看法的互动过程"（Covello et al.，2001），也是政府、传媒、公众间信息资源的配置过程和决策与行为反应的博弈过程（林爱珺和吴转转，2011）。因此，在风险沟通过程中，信息的双向传播与政府、媒体、大众在不同场域的良性互动，是实现良好的沟通传播效果不可缺少的前提。

而良性互动的条件是风险信息传播者与风险信息受众对风险信息的解读是一致的、无偏的，同时风险信息传播过程中，传播渠道、载体的"噪声"不会使得信息产生扭曲、失真问题。但是，与其他物质传播过程类似，风险信息高质量传播受到诸多的苛刻条件制约，现实中完全准确传播很难做到，传播信息失真是常态，导致风险信息传播失真的原因，一方面来自风险的传播者(如政府官员、专家学者)与风险信息受众对信息的编/解码不一致；另一方面，风险信息传递过程也可能被各种"噪声"干扰，使得信息难以准确传播。

首先，传播主体的沟通方式选择影响风险社会放大。虽然理论界强调风险沟通过程应是传播者和接收者双向良性作用的过程，但事实上，沟通双方的主体地位并不对等，社会公众更多的是扮演被动接收信息的角色。因此，风险信息传播者的披露态度、披露质量，对于沟通的有效性具有决定性的影响(Slovic，2010)，倘若一味采取决定、宣布、辩护方式进行沟通，那么很难在沟通的双方建立起真正的信任(Covello et al.，2001)，这就使得风险有效沟通丧失了基础，使得风险容易被放大，引起躁动。

其次，传播载体的信息处理能力影响风险社会放大。作为风险信息传递主要载体的媒体，其需要处理复杂的风险信息，但一些时候即使媒体主观上想准确表达风险信息、传播风险信息，但受主观理解与客观风险信息质量等因素制约，媒体对风险信息的表达可能会被无意地"放大"或"缩小"，这也正是"客观风险"与"感知风险"的本质差异(张洁和张涛甫，2009)。同时，与公众倾向于接收确切信息(即："发生"或是"不发生")相左，风险沟通所传递的信息往往是不确定的，这就会让公众更加茫然(Renn，1998)。由此，在涉及复杂的技术或专业的知识风险问题时，社会大众就难以准确感知风险，进而可能会出现风险过度反应行为等非理性的风险态度和行为决策(谢晓非和郑蕊，2003)。

最后，传播受众的信息解读能力影响风险社会放大。个体对风险事件的准确认知、判断与决策的前提条件是"个体是理性的"(谢晓非等，2003)，但因个体在风险记忆、风险思维、风险信息、逻辑推理等方面的有限性，使得其认知风险的知识具有有限性特征，由此个体完全理性条件是难以达到的，因此只能是有限理性或有约束条件的理性。倘若不重视影响风险认知和行为决策的约束条件，则必然会产生巨大的风险认知偏差(赫伯特·西蒙，1989)。在约束条件下，个体往往通过采取易获得策略、代表性策略、锚定调整策略，对事物进行认知与判断(Kahneman and Tversky，2000)，事实上任何风险事件的发生都有其特定的条件，但社会公众在认知风险过程中很大程度上会忽视这些关键的、特定的约束条件信息，进而也就因以偏概全造成非理性的心理负担，导致认知偏差(谢晓非和郑蕊，2003)。

4.1.3　巨灾风险扩散与放大的理论建构

本部分以灾害理论、风险社会放大框架为基础，借鉴经济金融风险传导、信息传播等研究领域分析范式，系统地构建巨灾风险扩散与放大的理论体系，以从机理上揭示巨灾风险扩散与放大的全景。

按照物理学理论，要揭示一个能量扩散与放大现象机理，则需要厘清能量扩散与放大依靠哪些动力、借助哪些载体、沿着哪些路径、产生哪些影响等四大问题。基于此，本部分探讨巨灾风险扩散与放大依托的载体、遵循的路径、扩散与放大的维度，以及巨灾风险扩散与放大的形成机制。

1. 巨灾风险扩散与放大的研究范畴

1) 巨灾风险扩散与放大的载体

载体本为科学技术术语，系装载之物，指能传递或运载其他物质的物质，其显著的功能特征在于承载性和传导性，且承载性是传导性的基础和前提(朱新球，2009)。后引申应用至社会科学领域，其中在风险传导、信息传播研究中使用较多。具体到巨灾风险扩散与放大过程中，一方面其是灾害活动形式的具体体现，另一方面也是传导的介质，起着"媒介""桥梁""链条"的作用。按照不同的标准，载体可分为不同的类型，如：显性与隐性载体、宏观与微观等。本研究拟根据巨灾风险主要受体，剖析巨灾风险的扩散与放大载体体系。

载体之一：自然系统。自然系统(包括天体、气象、生物、生态等子系统)是人类赖以生存的基础，其在运行过程中，会不断地进行自然变异，当自然变异超过一定的程度，则会发生给经济社会带来破坏、导致损失的灾害事件。比如：地震灾害，就是地壳经过一定时期的运动，由量变积累质变，引发板块剧烈碰撞，产生给人类社会造成损失的地震灾害。根据经典灾害理论，灾害系统主要由致灾因子、孕灾环境与承灾体三大要素构成(史培军，1996)，而自然系统三大要素均涉及，比如：地质、气象灾害、生物灾害等的致灾因子均由自然系统提供，而致灾因子爆发的环境条件也主要由自然系统决定，最后自然系统本身也是灾害的受害者(承灾体)。自然承灾体的传递性能在于，自然系统的子系统均能相互作用、相互影响，当其中一个子系统受到灾害破坏后，其能传导至其他子系统。同时，自然系统受到打击后，能够传递至作为生态系统重要组成部分的人类圈，使得人类社会正常生产生活遭受影响。

载体之二：经济系统。灾害在很大程度上是人类社会一种非稀缺性、减值性的经济现象(张艳等，2016)。经济系统作为载体，其承载性体现在两个方面：一方面，灾害一旦发生，会直接给人们的生命财产带来一定程度损失；另一方面，灾后恢复、重建还要投入大量乃至巨量的人力、财力和物力，如图4.4所示。

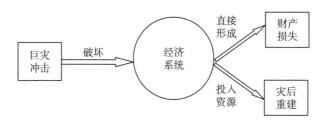

图 4.4　经济系统的巨灾风险承载性

与此同时，现代经济社会的传导性及其带来的损失不容忽视，甚至有的灾害造成的间接损失比直接损失更大。主要机理在于：首先，巨灾容易冲击经济发展基础(如损毁生产系统、打击消费者信心等)，由此制约经济增长，灾害对经济的影响由即期演变为中长期，有的灾害甚至能使受害区经济长期停滞不前。其次，生产、交换、分配、消费这一完整的经济链条，任一节点受到灾害冲击后，都可能引发连锁反应，传导至其他节点，影响整个经济顺利运行，放大经济损失。再次，随着经济全球化程度不断提高，区域经济系统的关联度不断增强，某地受到灾害冲击后，通过"蝴蝶效应"能够很快向外扩散，波及其他地区和国家的经济发展。经济越发达、在世界经济扮演的角色越重，越能将巨灾风险向外传播。

载体之三：社会系统。巨灾冲击的最终受体是人类社会及其生存环境和基础条件。由此，社会系统巨灾风险的承载性在于，一方面，受到巨灾风险冲击后，社会系统由于其内在稳定性和抗灾性，能够承载一定强度、规模的灾害冲击，并能通过自身的新陈代谢，消化吸收而不形成损失；另一方面，一旦巨灾风险冲击能量超过其承载范围后，人类社会生产生活的基础设施、生命线工程可能受到损毁，人们的生命健康可能受到损害，经济、政治、文化、社交等活动可能受到影响乃至中断，从而形成灾情。社会系统的巨灾风险传递性在于，社会系统极其复杂，由人口、经济、政治、文化、制度等共同构建复杂的网络体系，网络任一节点、任一链条受到冲击后，均可能通过多米诺骨牌效应、连锁效应传递至其他节点、链条和领域，从而制约整个网络体系的正常运转，放大风险。

另外，社会系统的承载性与传递性，随着经济社会不断向前发展、城市化率不断提升，均得以增强。当今的基础设施工程密度、人口密度、经济密度以及社会的关联度均大幅提高，风险暴露度也随之大幅上升，由此使得社会系统的承载性越来越强。同时，由于人类社会的设施网、经济网、物资网、社交网等网络子系统的宽度、广度和复杂度的大幅提高，社会系统的巨灾风险传递性越来越强。由此，同样强度的灾害，给人类社会造成的损失越来越大。

载体之四：信息系统。在信息传播尚不发达的时代，灾害的扩散与传播载体限于社会、经济、自然三个系统。但随着传播媒介的迅猛发展，信息传播表现出瞬时性、交互性、多元性、脱域性、个性化等特征，这就为灾害信息的扩散与传播提供了一条崭新的高速通道，已发生的"毒奶粉""抢盐""核辐射"等事件警示我们必须高度重视信息系统扩散与放大风险的客观性与危害性。信息系统的巨灾风险扩散与放大承载性体现为，信息系统构成的传播主体、传播媒介、信息受众三大要素，均能够承载灾害信息，其中：传播主体承载性在于收集灾害信息源，传播媒介承载性在于能够存储信息，信息受众的承载性在于能够接收信息。与此同时，信息传播主体、传播媒介和信息受众均能够接收、解码、加工、编辑、输出信息，也即三大要素均具有信息传导功能，比如：传播主体能够将收集的灾害信息，通过一定的传播媒介，传导给信息受众，信息受众接收到信息后，也能够进行解码、加工、编辑后，再采取微信、微博、演讲、面谈等方式传递给他人，而信息媒介本身就是传播主体与信息受众的"桥梁纽带"，扮演输入输出、传递信息的角色。与自然系统、经济系统、社会系统不同的是，信息系统传播与扩散巨灾风险，具有很强的主观建构性。现实生活中，人们形成的风险感知往往与客观风险存在不一致性，甚至存在不少风险本身的破坏力并不强、影响面并不大，但经过信息系统传播后，人们形成巨大的风险感知，由此引发新的、更大的灾害。

2) 巨灾风险扩散与放大的路径

巨灾风险扩散与放大的路径是指，巨灾风险依托动力系统，借助载体，进行扩散与传播所经过的路线。从已发生的灾害传导的效果来看，巨灾风险扩散与放大的路径应当包括从灾害区向非灾害区的空间扩散路径，从受灾人群向非受灾人群的群体扩散路径，以及由直接效应向次级效应、涟漪效应的损失强化三大总体路径(如图4.5所示)。

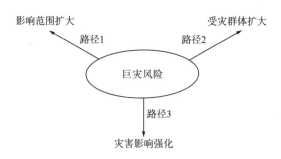

图4.5 巨灾风险扩散与社会强化总体路径

主要机理在于：一是区域间经济社会联系紧密化、基础设施网络化，致使灾害能够沿着多路径从一个地区传导至另外一个地区，由直接受灾群体传导至其他非灾害区群体。二是由于地理位置上的邻近性，区域间基础设施有机相连、地区文化高度同质、地区人员密切往来，致使一个地区受到灾害冲击后，很容易产生多米诺骨牌效应，逐渐向外传播扩散，放大风险。三是由于有些风险，比如毒奶粉、SARS 病毒等影响可能覆盖面广，而暂时又未能确定影响范围、尚无有效控制手段的灾害，风险信息一经传播后，可能引发巨大的社会响应，进而可能引发更大的灾害，造成灾情空间上的扩大。

3) 巨灾风险扩散与放大的维度

当代灾害呈现出诸多新特征和发展趋势(张继权等，2006)：一是灾害由个别的、孤立的事件逐渐转变为普遍现象；二是灾害由偶发事件演变为频发现象；三是灾害由单一因素事件占主导转变为复合型事件占主导；四是越来越多的局部性灾害迅速蔓延、发酵，演变成全局性危机；五是越来越多的小范围、区域性危机易向外蔓延，演变为跨国、跨区域乃至全球性危机；六是一些灾害造成的负面影响，根治所需的时间越来越长，有的甚至需要几代人、上百年的努力才能基本消除。这就启示我们，巨灾影响的度量要与时俱进，不断将灾害损失计量由单一的物质维度拓展至心理维度，由直接损失拓展至间接损失，由即期影响拓展至远期影响，由灾害静态响应拓展至动态演变等多维度的综合视角。

第一、巨灾风险扩散与放大的强度维度，表现为灾害损失的"加重性"。主要原因有：一是灾害本身的致灾强度很高，由此造成的损失类型和每一类型的损失均可能较高，进而使得整个灾害损失也就越重。二是灾害可能激活其他致灾因子，进而使得灾害群发、链发，形成"群灾齐至"局面，导致产生更多的灾害损失种类，并加重多灾害重复打击对象的损失(史培军等，2014a)。三是承灾体承载的各类可能遭受损害种类的价值较高，进而导致灾害造成的损失也就越大。四是承灾体灾后修复能力较弱，比如经济发展基础受到打击后，如果迟迟没有修复，就可能使得受灾区经济增长长期低于潜在发展水平，进而加重灾害影响的严重性。

第二、巨灾风险扩散与放大的空间维度，表现为灾情影响的"脱域性"。体现为巨灾风险对人类社会产生的影响越来越脱离"本地"，呈现向外"扩散性"和"长程关联性"的特征。主要机理在于，自然-经济-社会-信息系统内，源发灾害与次生灾害，直接承灾体与间接承灾体，在空间上具有紧密的、难以割裂的关联性(如地理位置的邻近性和基础设施网络化、区域间经济社会联系紧密化等)，致使巨灾风险不再局限于表现为直接受害区的灾害问题，而且可能会波及至较长乃至遥远区域内的相关灾害问题。

第三、巨灾风险扩散与放大的速度维度，表现为灾情扩散的"加速性"。造成巨灾风险传播加速的原因是多方面的。一是巨灾本身的致灾力较大，致使致灾能量快速传播，留给承灾体应急准备的时间短，形成的冲击力大，造成的损失也就越大；二是经济社会系统日益网络化、复杂化、关联化，使得风险扩散更为便捷，进而为任一节点的风险能够快速地通过网络加以传播提供了条件；三是信息传播的瞬时性、交互性、脱域性等特征，使灾害信息能够迅速地传至世界角落，引发新的灾情，进而加重灾害损失等。

第四、巨灾风险扩散与放大的时间维度，表现为灾害作用实践的"延迟性"。表现为巨灾风险持续地冲击承灾体，使得承灾体长时间地承受灾害打击，导致灾害损失不仅显现出"即时性"，而且更加具有"延迟性"，也表现为巨灾风险给人类生命、财产、心理造成的损害和创伤需要很长的时间才能恢复，使得承灾体长时间遭受灾害作用，进而也就放大了灾害的影响。造成灾害作用的"延迟性"的机理在于：一是巨灾发生后，可通过灾害链的形式传播、放大风险，导致灾害影响的时期很长。二是当前经济社会网络日益复杂，灾害传播扩散往往不是单一的，而是多链条、交叉性地传播，致使灾害危害的时间被"拉长"。三是巨灾发生后，特别是重大灾害发生后，往往对承灾体破坏程度较大，导致灾害恢复、重建极为困难，往往需要巨量的财力、物力和人力的较长期建设过程，才能够恢复灾前水平(有的甚至根本就不能恢复到灾前水平)。四是巨灾风险冲击后，比人身、财产损失更难恢复的是受灾人群的心理损害，尤其是当受灾人群受到巨大的精神创伤和刺激后，将需要很长的时间才能够恢复，有的甚至精神失常，终生不能走出灾害影响的"泥潭"。

2. 巨灾风险扩散与放大的形成机制

1) 自然灾害效应与巨灾风险放大

在前工业社会，灾害更多地体现为自然现象。自然灾害系统有其孕灾、致灾、消灾等内在机理。自然灾害不仅能够直接导致灾害损失，还能通过导致生态环境破坏、孕灾环境变迁以及激活灾害链等方式，放大损失程度。具体主要有6大作用机制，如图4.6所示。

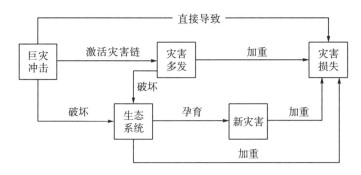

图4.6 借助自然系统的巨灾风险扩散与放大机制

机制 1：巨灾冲击直接导致灾害损失。巨灾风险发生后，会对灾害发生区的生命健康系统、基础设施系统、物质财产系统产生破坏作用，造成直接损失。该机制的主要特征是涉及环节少，力度大小主要取决于灾害冲击与承灾体的耦合度和相互作用。

机制 2：巨灾冲击→生态系统破坏→加重灾情。灾情由致灾因子、孕灾环境和承灾体三者共同决定，当灾害发生后，致灾因子会冲击生态系统的岩石层、大气圈、水圈、生物圈和人类圈，导致生态系统部分或全部产生结构破坏和功能损毁，进而加重灾情。

机制 3：巨灾冲击→生态系统破坏→孕育和发生新灾害→加重灾情。当生态系统遭受破坏后，还易使得孕灾环境发生变迁，进而孕育和发生新灾害，使得承灾体发生更大的损害，也即造成灾情在更长的时间范围内累积放大。

机制 4：巨灾冲击→灾害链激活→加重灾情。致灾因子系统的复杂性和不同灾种的有机联系性，使得一种灾害发生后，极易引发系列次生灾害。比如：台风灾害容易引发暴风雨灾害，地震灾害易引发滑坡和泥石流灾害，等等。如此，巨灾风险发生后，其他致灾因子被激活，发生次生灾害，使得承灾体短时间内受到多种灾害的冲击，造成灾情累积放大。

当然，灾害链被激活，灾害多发后，可能对生态系统造成更大损害，进而沿着生态系统受冲击后的两条机制进一步放大风险，形成机制 5 和 6。

2) 灾害社会属性与巨灾风险放大

灾害之所以会产生损害，关键在于有人的社会系统存在，倘若没有人，没有社会系统，那么灾害不能称之为灾害，仅仅是自然现象。正是因为有了人的社会系统，才有真正意义上的灾害受体，才有损害、损失之说。在社会系统这一承灾体的存在下，巨灾发生后，会对社会体系产生冲击，致使人口、组织、经济、文化、科技等方面的社会子系统受到结构破坏和功能损伤，考验着医疗卫生、应急管理、抗灾救灾、灾后重建等方面的能力。当受灾区的社会系统较为脆弱时，一方面，社会系统本身容易受到灾害打击，直接放大灾情，另一方面，因医疗卫生水平低以及应急管理、抗灾救灾、灾后重建能力弱，社会系统受损后，很难恢复或者需要很长的时间才能恢复至灾前水平。由此造成持久的心理认知，产生对地方经济活动的长期影响，以及带来较大的政治和社会压力，等等。如图 4.7 所示。

机制 1：巨灾冲击→破坏社会系统→造成灾害损失。巨灾发生后，直接冲击受灾区的社会系统，导致人员伤亡、家庭破裂、组织损毁，形成灾害损失。这一损害路径发生是瞬时性的，损害严重程度主要与人口、家庭和组织密度，以及灾害破坏力有关。

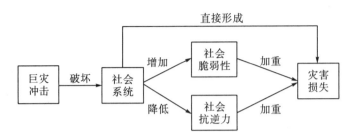

图 4.7　借助社会系统的巨灾风险放大机制

机制 2：巨灾冲击→破坏社会系统→增加社会系统脆弱性→加重灾害损失。即：巨灾发生后，导致社会系统中的社会、经济、政治、文化和制度子系统产生损伤，体现为社会系统整体的敏感性增强、暴露度增大、抗冲击和稳定能力减弱，也即是社会抵御风险的"安全网"受到破坏、"安全阈值"被降低，进而加重灾情。

机制 3：巨灾冲击→破坏社会系统→降低社会抗逆力→加重灾害损失。即：灾害冲击社会系统后，除抵御风险的"安全网"受到破坏外，由于社会、经济、政治、制度、文化等子系统受到损伤，使得灾后重建能力被削弱，进而使得一些本可抢救的生命、挽回的财产没能及时得到妥善的救治和处置，也即巨灾冲击后，导致社会系统的抗逆力减弱，进而加重灾情。

由于社会系统内容丰富、涉及面广、结构复杂，巨灾风险扩散与放大的实际过程远比上述三大机制复杂多变，事实上，巨灾风险通过社会系统传递时，极容易形成错综复杂的传递网络系统。

4.2　巨灾风险扩散与放大的影响因素

上节系统揭示了巨灾风险扩散与放大的路径、载体及维度，展示了风险扩散与放大的景象与逻辑，但未涉及风险扩散与放大的动力机制问题。传播载体与路径仅仅提供了基础条件，巨灾风险扩散与放大还需要有"推力"。基于此，本节拟系统剖析巨灾风险扩散与放大的影响因素及其作用机制，以期会同前文阐述的传播路径、载体、维度，构建一个完整的巨灾风险扩散与社会放大理论体系。

灾害学理论认为，灾情系由致灾因子、孕灾环境、承灾体三大要素相互作用形成(如图 4.8 所示)，灾害造成损失主要由致灾因子的危险性、孕灾环境的稳定性以及承灾体的脆弱性共同决定(如图 4.9 所示)。

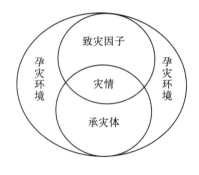 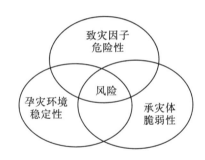

图 4.8 灾害系统构成体系 图 4.9 灾害系统作用条件(史培军等，2014a)

本研究认为，已有的灾害学理论从宏观上勾勒出了决定灾害损失程度的三大系统(即致灾因子系统、孕灾环境系统和承灾体系统)，但是对三大系统进一步剖析的深度和广度略显不足，而且偏重从自然系统的角度，剖析决定灾害损失程度的原因。随着灾害社会学、灾害经济学、灾害传播学、灾害心理学、灾害行为学等学科研究的不断深入，发现脆弱性、抗逆力、风险沟通等社会系统以及自然-社会复合系统方面的因素，对灾害造成的损失决定作用越来越大。基于此，本研究拟从自然-社会系统的综合视角，揭示巨灾风险扩散与放大的动力机制。

4.2.1 致灾因子的破坏力

致灾因子是指可能带来人员伤亡、财产损失、生计和服务设施丧失、社会经济混乱或环境破坏的危险现象、物质、人类活动或局面(UNISDR，2015)。目前尚无对破坏力的精准定义，我们结合灾害最终表现为损失的程度，将破坏力在灾害学领域的定义界定为致灾因子破坏承灾系统的能力。综合起来，可以归纳出致灾因子的破坏力是指，致灾因子灾变后，造成人员伤亡、财产损失、生计和服务设施丧失、社会经济混乱或环境破坏等的能力。决定致灾因子破坏力强弱的因素除致灾因子自身特征(内部因素)，还有致灾情景(外部因素)。

1. 致灾因子特征与破坏力

致灾因子的特征主要包括强度、规模、频率与时空。其中：致灾因子强度主要反映致灾因子爆发对承灾体产生冲击力的大小，致灾因子强度的单位主要有"级"(如地震级次、台风级次)、"颜色预警"(如：红色、橙色、黄色预警)等，以地震灾害为例，"里氏震级"反映的是地震释放的能量大小，呈几何倍数增加，地震级数每相差 2 倍，能量释放则相差 1000 倍，每级之间相差 31.6 倍；规模反映致灾因子灾变时的规模；频率系致灾因子灾变的频次，一般用某种灾害多少年发生一次或一定时期内灾害发生的次数表示；时空反映致灾因子灾变的地点与时间。已有研究表明，致灾因子的致灾力与强度、规模成正比，与频率成反比，时空因素作用主要取决于时空范围内承灾体的暴露性，一定时空范围内暴露性越大，致灾力也就越强。致灾因子特征的风险放大作用机制可用图 4.10 表示。

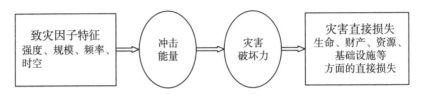

图 4.10　致灾因子特征的风险放大作用机制

基本逻辑是致灾因子强度越高、规模越大、频率越低、时空范围内暴露性越大，灾害冲击能量等级就越高，进而灾害破坏力也就越大，最终导致承灾体的生命、财产、资源以及基础设施等方面的损失也就越大。同时，灾害冲击能量与造成的损失不是一个简单的线性关系，而是随着冲击的强度逐渐增大，单位冲击强度增加量造成的损失程度将大幅提高(可粗略地用"J"曲线表示，如图 4.11 所示)。以地震灾害为例，5 级到 6 级与 7 级到 8 级造成的损害程度变化情况完全不具可比性。

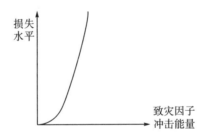

图 4.11　致灾因子冲击能量及其风险放大"J"曲线

2. 致灾情景与破坏力

灾害损失是致灾因子灾变时的"耦合情景"。这一"耦合情景"包含致灾因子与承灾体的耦合和致灾因子系统内部的耦合。

1) 致灾因子系统内部耦合：致灾因子多度

灾害往往不是单发的，而是以灾害链、灾害群、灾害遭遇等形式多发，体现为致灾因子多度。致灾因子多度的危害在于，单一致灾因子灾变，产生的破坏力可能有限，但是当多个致灾因子相继或同时爆发时，将极大地增强破坏力，使得承灾体的"安全阈值"很容易被突破，进而放大损失。其中：同时爆发的灾害群、灾害遭遇与相继发生的灾害链放大风险效应有所不同,可以分别用图 4.12、图 4.13表示。

(1)灾害群、灾害遭遇的风险放大直接效应。

图 4.12　灾害群、灾害遭遇、并发型灾害链风险放大效应

灾害群与灾害遭遇虽然产生的原因不同,但效果基本一致,均是多个灾害同时发生,形成致灾合力,打击承灾体。形成合力后,就如同增加单个致灾因子的冲击能量,而随着冲击能量的增加,单位冲击能量引发的灾害损失会越来越大,在图 4.12 中表现为每多一个灾害,损失横线距离越大。灾害群、灾害遭遇风险放大水平的数学表达式为

$$K = R_n / R_i \qquad (4.2)$$

式中,K 表示放大倍数;R_i 表示单个灾害引发的损失水平;R_n 表示 n 个灾害并发引发的损失水平。

(2)灾害链的风险放大直接效应。

灾害链本有串发与并发之分,前者系原始灾害发生后,引发一个次生灾害,再由次生灾害引发第三个灾害,依次类推;并发系原生灾害发生后,引发一系列的次生灾害,强调次生灾害同时发生。由于并发式灾害链灾害多发仅体现为两个阶段,其可以简化为两阶段串发式灾害链,当然其第二个阶段引发的风险放大效应类似于灾害群、灾害遭遇情形。为简单起见,这里仅揭示串发式风险放大效应。

串发式灾害链的放大机制在于,每一个阶段发生后,都产生了一定的破坏作用,使得承灾体抵御风险的能力不断减弱,进而使得免受灾害影响的"阈值"越来越低,同样强度的灾害造成的损失越来越大。在图 4.13 上反映为,连接 n 个灾害损失水平点可以形成一条斜率越来越大的损失曲线。

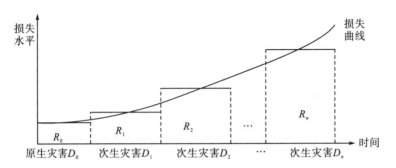

图4.13 串发式灾害链风险放大效应

串发式灾害链风险放大水平可用数学表达式表示为

$$K = R_n / R_0 \tag{4.3}$$

式中：K表示放大倍数，即原生灾害经引发系列次生灾害后，形成的总放大倍数；R_n表示第n个次生灾害发生后，引发的损失总水平；R_0表示原生灾害并发引发的损失水平。

(3) 灾害多度的风险放大间接机制。

致灾因子多度除聚集冲击能量，增加破坏力打击承灾体这一直接渠道外，还能够通过增强承灾体的脆弱性和降低承灾体的抗逆力两个渠道，进一步放大灾害损失水平。原理在于，灾害多发情形下，由于灾害爆发时间间隔短，使得承灾体在受到上一个灾害打击后，没有足够的时间恢复，进而越来越脆弱，抗打击的能力也就越来越弱，造成的损害也就越来越大。同时，由于被打击的程度越来越大，恢复也就越来越困难，抗逆力也就显著降低，进而再一次放大风险水平。灾害多度与承灾体脆弱性和抗逆力的关系如图4.14所示。

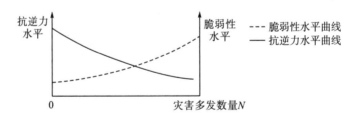

图4.14 灾害多度与承灾体脆弱性、抗逆力的关系

2) 致灾因子系统外部耦合：致灾因子发生情景

灾害发生系统外部耦合，主要是致灾因子爆发时，承灾体所拥有的抵抗能力与灾前所做准备的匹配程度。抵抗能力越强、灾前准备越充分，遭受灾害损失就越小。而承灾体的抵抗能力、灾前准备情况又由多方面因素共同决定，主要包括灾害发生的历史情况，灾害发生时经济、政治、人口、社会、文化等方面的软条

件，自然、物理、技术等硬条件的强弱，以及其他灾害发生的情况。主要作用机制见图 4.15 所示。

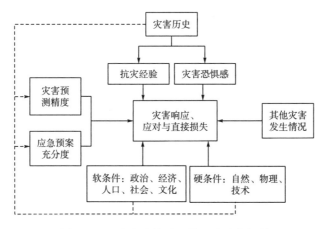

图 4.15　灾害发生情景及其风险放大机制

(1) 灾害历史的作用机制为：一方面，灾害历史直接决定抗灾经验多寡以及人们对灾害的恐惧感，历史上灾害发生的次数越多，积累的应对灾害经验也就越丰富，对灾害的驾驭能力也就越强，灾害恐惧感也就越低，由此受灾人群也就能够做到从容不迫地、有经验地应对灾害，进而降低风险损失。另一方面，灾害历史还能够为灾害预测、应急准备提供经验支撑，进而提高预测精度和应急准备优度，降低风险损失。

(2) 综合实力 (软实力、硬实力) 的作用机制为：一方面，综合实力越强，抵抗灾害的能力就越强，使得同样强度的灾害造成的损失也就越小。比如，硬实力方面，基础设施、生命线工程、建筑物等方面的等级越高，越能够抵抗灾害打击；软实力方面，比如经济越发达，就有更多的资源投入防灾减灾工程，人口科技文化水平越高，越有抵抗风险的意识与能力，进而使得灾害的"免疫力"越强。另一方面，综合实力越强，比如灾害预测技术越先进，就越能提高灾害预测的精度，经济社会越发达，就越有物质条件保障应急准备的充分度，从而降低损失。

(3) 其他灾害发生情况的作用机制是：一方面，其他灾害发生多，则需要分散抗灾救灾资源，进而降低抵抗灾害的能力，放大风险。另一方面，其他灾害的发生，可能使得灾前应急准备计划被打乱，难以顺利执行，且可能灾害多发的情况没有被精确预测到，使得应急准备不充分，进而提高损失水平等。

4.2.2　承灾系统的脆弱性

根据前文的梳理，脆弱性概念的综合性、系统性和多维性，单从概念界定上可能难以厘清其复杂的内在蕴含，越来越多的学者致力于对脆弱性进行系统的层级划分。借鉴 Moss 等(2001)的划分方法，本研究从系统本身的物理、社会和自然三个尺度把握脆弱性内涵(也就是认为承灾系统脆弱性包括物理脆弱性、社会脆弱性和自然脆弱性)及其作为影响因子的巨灾风险扩散与放大逻辑。

(1)物理脆弱性。物理脆弱性表现为承灾区域的基础设施、生命线工程、建筑房屋等"硬件系统"的灾害暴露度、面临灾害扰动的敏感性以及缺乏应对能力从而使物理结构和功能容易发生改变、破坏的一种属性。物理脆弱性除取决于"硬件系统"的性能外，还取决于"硬件系统"的密度与布局，比如道路、通信网络布局的多寡，一般地，承灾区域与外界连通的道路、通信网络越多，其抗风险能力就越强，制约汶川地震救灾的重要因素就在于唯一的道路和通信设施被损毁中断，导致内外救灾人员、物资难以进入灾区，灾区受伤人民难以被运送出来救治，以及内外沟通不畅。同时，"硬件系统"布局越优，其抵抗风险的能力也就越强，否则物理系统容易产生一损俱损的情形。

(2)社会脆弱性。社会脆弱性直接表现为一个国家或地区面对巨灾时的敏感性和恢复力，它主要体现在社会系统的经济、人口、组织、文化和科技五个维度。在面对相同危险源时，社会脆弱性低的地区不一定形成危机，但社会脆弱性高的地区则可能出现危机的一般现象，如同样强度的自然灾害，发生在发达地区与落后地区呈现灾损差异巨大的情形(陶鹏和童星，2011)。现今，风险管理的主要目标是降低地区的社会脆弱性，这也是现代灾害学中风险消减(risk reduction)或减灾(mitigation)的核心要求。而经济、人口、组织、文化和科技五个层面作为反映社会脆弱性的核心维度，对于降低巨灾风险的敏感性，提高社会系统应对巨灾的恢复力，从而实现风险消减和减灾具有重要作用，是巨灾风险管理的重要乃至主要切入维度与视角。

(3)自然脆弱性。自然脆弱性包括自然资源和自然环境的脆弱性。前者系面对灾害冲击时，自然资源的暴露度、抗冲击能力以及受冲击后的稳定能力，自然资源越丰富、多样性越强，其系统内在结构与功能的稳定性，以及在此基础上形成的抗冲击能力也就越强。后者包括自然环境抵抗灾害冲击和面对灾害冲击稳定的能力，以及受灾害冲击后，自然环境恶化、变迁及其孕育新灾害的能力。自然环境越差的地区，其越容易被灾害冲击，且受冲击后越难修复，同时越易孕育新的灾害。

系统脆弱性体现了以下五大内在逻辑：一是系统脆弱性内部包括多个层级的脆弱性，比如系统脆弱性包括物理、社会和自然三个维度，而社会又包括经济脆弱性、组织脆弱性、文化脆弱性、人口脆弱性、科技脆弱性等维度，同时经济脆弱性又可包括宏观经济、中观经济和微观经济的脆弱性，等等。二是系统脆弱性具有地理属性，不同地理背景下的脆弱性基础不同(Cutter，2006)，既与特定区域物质成分、结构有关，也与防灾力度有关。三是系统脆弱性是一种负向的表达(葛怡等，2005），一般承灾体的脆弱性越低，灾害损失越小，灾害风险也越小，反之亦然，如图 4.16 所示。四是系统脆弱性作用机制上表现为综合灾害应对力和控制力，具体体现为抗冲击能力和系统稳定力（Cannon，2014）。五是系统损失存在多维和周期性，不仅包括灾害产生时所造成的直接损失，还包括次生灾害损失以及灾害预防、应对、恢复等周期内的机会成本（周利敏，2012a）。

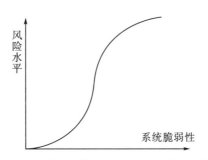

图 4.16　系统脆弱性与风险水平关系示意图[①]

综合系统脆弱性的内涵及其内在逻辑，系统脆弱性的巨灾风险扩散与放大的机制为：物理脆弱性、社会脆弱性和自然脆弱性有机构成系统的整体脆弱性，系统的脆弱性高低决定系统抗冲击能力和稳定能力的强弱，系统抗冲击能力、稳定能力与致灾因子破坏力耦合决定灾害直接损失水平，灾害直接损失程度与系统的抵抗能力、恢复能力再次耦合作用，决定次级灾害损失水平（如图 4.17 所示）。

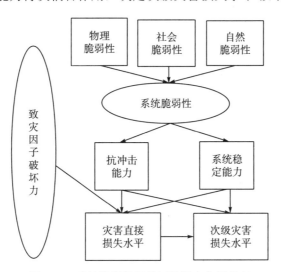

图 4.17　系统脆弱性及其风险放大作用机制

① 注：曲线两端较为平缓（斜率较小），表示在这两个区域，脆弱性的变化对风险水平的影响有限，原因在于，当脆弱性很高时，风险已经接近最高水平，风险几乎没有增长空间；当脆弱性很低时，虽然抵抗能力很强，但由于致灾因子的因素，一些风险降低的空间有限。

4.2.3　承灾系统的抗逆力

抗逆力(resilience)也被称为弹性、恢复力，起初源于物理学和工程学领域。物理学将抗逆力描述为一个物体在外力的作用下如何运动或发生弹性形变。在工程学领域，抗逆力指的是材料在外力作用下发生变形并储存恢复势能的能力(Goldings，1978)。其后，抗逆力被广泛运用于心理学、生态学、社会学、灾害学等学科领域。近年来，抗逆力被引入风险管理学，2010年联合国国际减灾战略(UNISDR)定义抗逆力，是指一个暴露在风险下的系统、社区或者社会能及时有效地抵御、吸收、适应灾难带来的影响，并从中恢复的能力。本研究认为承灾系统抗逆力是指承灾系统面对外部风险时的抗冲击力，凭借结构转变、自身重构等力量实现系统适应性不断强化的适应力以及恢复力。承灾系统抗逆力强弱，表示承灾系统在一定期限内能够从灾害中恢复的程度。与脆弱性相反，抗逆力具有典型的正向效应，一般抗逆力越强，代表承灾体从灾害中恢复的能力越强，意味着恢复的程度越高、恢复的时间越短，反之亦然，可用图4.18表示。

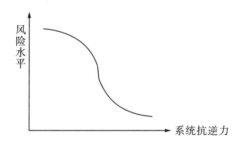

图 4.18　系统抗逆力与风险水平关系示意图[①]

系统的抗逆力是与系统脆弱性关系极为紧密的一个灾害风险影响因素，也正是如此，很多研究对脆弱性和抗逆力不加以区分，认为二者均表现为系统抗冲击能力、稳定能力、适应能力和恢复能力。本研究认为，脆弱性与抗逆力是承灾系统两种联系紧密的品质，脆弱性表现为灾前预测、应急准备以及灾中抵抗风险、稳住结构与功能免遭损失的能力，抗逆力表现为灾中与灾后，形成损失后，恢复灾前结构与功能的水平的能力。当然，恢复并不代表承灾体恢复至灾害前相同的状态，事实上，恢复原状几乎无可能，即使实现了恢复原状也仅仅是一种巧合罢了，更多地体现为超越灾前初始水平、基本与灾前初始水平一致、低于初

[①] 曲线两端较为平缓(斜率较小)，表示在这两个区域，抗逆力的变化对风险水平的影响有限，原因在于，当抗逆力很强时，受自然、社会、经济条件制约，风险降低已经接近最低水平，风险几乎没有降低空间；当抗逆力很弱时，虽然灾后损失几乎没有降低，但鉴于最大损失为灾害造成的损失，因此风险水平要收敛于灾害造成的损失。

始水平的三种恢复后的稳定状态，以及没能恢复至稳定状态，功能紊乱的恢复
状态（如图 4.19 所示）。

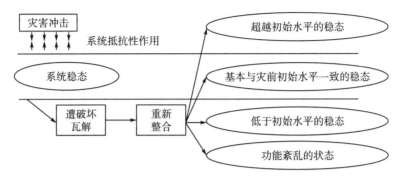

图 4.19　系统抗逆力及其风险放大（减弱）过程

系统抗逆力主要由社会、经济和自然三个方面的抗逆力有机构成。社会抗逆
力表现为受灾害冲击后，承灾主体的救灾重建态度、理念以及组织管理能力，灾
害风险转移、分散、消减能力，可供救灾重建调动的人力、物力和财力等。经济
抗逆力除表现为救灾重建可供调配的财力与物力资源外，还意味着经济系统受到
灾害冲击后，经济系统恢复正常运行，保障生产生活正常的能力。由于巨灾发生
后，重建需要投入大量资源，因此最终也体现为经济实力，经济实力越强，才越
有能力保障灾后恢复重建的资源投入，才能够保障恢复水平，因此有必要将经济
抗逆力从社会抗逆力中独立出来，作为系统抗逆力的一个重要组成部分。自然抗
逆力表现为，自然系统遭受灾害冲击后，凭借自然系统自身的运行规律、作用力，
恢复的能力，比如林木、牧草等自然资源被灾害破坏后，经过一段时间后，就会
逐步恢复。

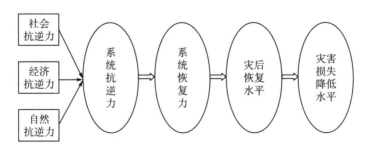

图 4.20　系统抗逆力及其风险减弱作用机制

综上，系统抗逆力的抵制巨灾风险扩散与放大机制为：社会抗逆力、经济抗
逆力、自然抗逆力共同构成系统抗逆力，三大抗逆力越强，系统的整体抗逆力也
就越强，系统的灾后恢复能力就越强，进而使得灾后的恢复水平就越高，最终使

得灾害损失有效降低，甚至灾后恢复的水平高于灾前的水平[①]。系统抗逆力及其风险减弱机制如图 4.20 所示。

4.2.4　风险沟通的有效度

风险感知研究表明：风险并不是纯粹的"客观性"地存在，风险扩散还受人们主观意志、应对能力等多方面的影响和制约，例如：人们接受风险的意愿、规避风险的能力、对灾害的熟悉程度等等。这些人的因素共同决定着人们对客观风险事件的主观反应，进而建构主观风险，并进一步影响和决定人们风险应对态度和行为选择。也即是，风险除了具有"客观性"外，还具有社会"建构性"。正是在风险"建构性"的作用下，一些本来可能危害并不大，甚至没有被证明是有危害的"风险"，被无限放大。如转基因农产品至今还未被证明其危害性，但社会已经构建了其危害程度非常高的概念风险，进而做出了抵制转基因产品的行为决策。

风险的社会建构强调社会因素在人们形成风险感知中的主导作用，以及强调社会结构与个人感知的交互作用引发新的风险。风险的社会建构不是凭空产生的，而是人们借助信息系统进行风险沟通，并根据沟通接收到的信息进行解码、加工与编辑，进而形成风险感知。显然，信息系统在风险沟通中扮演桥梁纽带的角色，风险的扩散与社会放大就是风险通过信息系统和风险信号放大站（包括个体放大站与社会放大站）而被放大，产生行为反应，行为反应转而导致超出原始危害事件的直接影响范围的次级影响。因此，风险沟通引发的社会风险包括两个阶段（或两个机制），即信息传播阶段（信息机制）和行为决策及产生影响阶段（反应机制）。

1. 灾害信息传播与风险构建

灾害信息传播的基本过程是，传播主体将其收集的灾害信息源进行整理、加工后，通过信息传播媒介，传播给信息受众。因此，信息受众最终感知风险，至少受客观灾害情况、传播主体掌握的灾害信息、传播媒介输出的灾害信息，以及信息受众接收和加工灾害信息能力与意愿的影响与制约。

(1)客观灾害信息源。灾害本身的强度、危害度、覆盖面，不仅决定灾害造成直接损失和次级损失的大小，而且还在风险构建中起基础性作用。一般灾害的强度越高、危险度越大、覆盖面越广，给人们的主观冲击力就越大，比如：不同级别的地震给人们的冲击力不同，甚至日常人们看到 5 级及以下的地震，几乎没有感觉，而对 7 级以上的地震则表示出极大的关心（如：多数人关心其造成的损害情

---

① 汶川地震虽然造成了极大的生命、财产损失，但由于灾后重建投入力度大，使得受灾区的基础设施、房屋等建造的水平很高，抗震性、安全性、舒适性均高于灾前水平，当然在地震中失去的生命、健康、心理创伤等是不能或难以挽回的损失。

况)，而交通事故虽然每天都有发生，但是由于具体的交通事故覆盖面有限，往往不能引起人们的广泛关注与感知。

(2)信息传播主体。在巨灾风险中，传播主体主要有政府、社会团体和社会大众。不同的传播主体接收到的信息源是不同的，一般政府接收到的信息为直接信息，而社会团体和大众接收到的为"二手信息"，也即社会团体和大众传播的信息可能是经过政府加工的信息，因此，三类主体传播的信息质量(全面性、真实性、及时性等)也不尽相同。再有，即使接收到相同的信息，也可能因身份不同、立场不同、能力不同、动机不同，而使得传出的信息也不尽相同。最后，三类主体的信任度在信息传播中起重要的作用，一般地，信任度越高，其信息越容易被信息受众接受，反之，则不易被大众接受，即使传播了高质量的信息，也可能引起人们的猜疑，进而极有可能放大风险，甚至引起危机，难以控制。总之，信息传播主体决定着信息传播、输出的质量。

(3)信息传播媒介。当前，信息传播媒介有官方与非官方、正式与非正式、线上与线下之分，不同媒介的传播效果、引起的轰动效应可能完全不同。一般地，官方渠道、正式渠道传播的信息真实度、准确度较高，非官方、非正式渠道传播的信息夹杂的动机因素、诱导因素更多，质量更低，当然对于一些重大灾害信息，政府为避免引起恐慌，传出的信息可能有所保留，进而民间的、非正式渠道传出的信息真实度、全面性可能更高。现代社会的典型特征在于互联网的高度发达，任何人随时随地，只要有一个联网的终端，均可以成为"记者"，这就为风险信息传播创造了极大的便利。同时，信息接收个体均可进行信息加工与传播，起着"个体放大站"的作用。因此，不同的传播媒介、传播渠道，其信息传播的性能存在极大的差异。也即是，某一灾害事件，即使传播主体传出的信息一样，但由于选择的传播媒介不同，引起的响应也可能存在极大的差别。

(4)灾害信息受众。灾害信息源、传播主体、传播媒介均只是传出了灾害信息，只能决定灾害信息的冲击力，但由于风险感知是人们基于"客观"信息进行主观构建的行为，最终形成多大的风险感知，还需由人们的风险构建主观意愿与能力决定。而人们风险构建的意愿与能力既与个体特质有关，也与社会性因素有关。个体特质主要包括受教育程度、年龄、性别、身份、财富、职业等。一般地，受教育程度高的往往更能够真实客观地构建风险，使得风险既不被放大也不被缩小。年龄处于中年的人们往往承受风险能力与意愿更强，男性往往比女性更能够理性认识风险，富裕的人们往往风险承受能力更强，但可能也越害怕风险(因为其面对风险的损失可能越大)，一些从事风险管理类的职业的人们往往更能够客观地洞察风险水平，工作较为稳定的人(如公务员)往往对风险不太敏感等等。社会性因素主要包括社会风险文化、风险经验、物质财富等，一般地，风险厌恶型社会文化，往往极容易构建风险乃至放大风险感知水平，反之亦然。风险经验较为丰富的受众，往往面临风险能够做到从容不迫，而一些尚未发生过，且短期内已造成较大损失的风险，则可能引起人们的高度恐慌，如 SARS 病毒事件。物质财富的多寡，与风险构建的关系存在不确定性，一般地，经济发展水平越高，社会财富越发达，社会承受风险的能力也越强，且越有分散、转移、消除风险的基础条件，这使得人们拥有更大的风险承受能力，使得风险感知强度不强，但也有研究表明，越富有的人们，越怕失去财富，进而使得风险感知意愿更强烈。灾害信息传播与风险构建的作用过程与机制如图 4.21 所示。

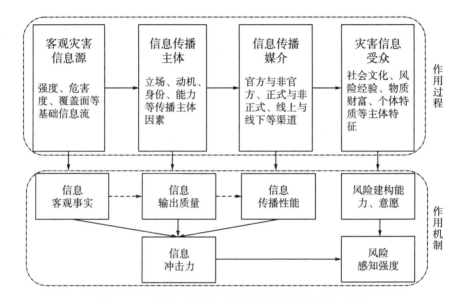

图 4.21　灾害信息传播与风险构建的作用过程与机制

2. 风险价值判断与行为反应

风险感知作为风险的社会放大，体现的是风险信息对人们心理产生的冲击强度，反映的是一种"心理损失"，而心理损失要上升为生命、健康、财产等"实质损失"，则还需要人们对风险进行价值判断，以及在基础上做出行为决策，形成行为反应，构成风险社会放大的第二个阶段。影响风险价值判断与行为决策的主要因素及其作用机制有：

(1) 风险感知。风险感知形成的"心理损失"是后续风险价值判断以及行为决策、反应的前提条件。感知的风险越强，规避风险的意愿就越强烈，做出的行为反应也就越激烈。风险感知的强度，包括风险是否可控、是否持续、是否致命、是否会累加、是否会引起大范围恐慌，上述指标若是肯定的，则风险感知强度越强。同时，风险感知还与感知情景有关，同一时期，是否有其他重大事件发生，若有，则有可能分散人们的注意力，导致风险感知强度被弱化。但是，若发生的重大事件，或者与其他灾害事件相关，则可能产生放大的效果（累加效应）。此外，风险感知还与该时期舆论环境有关，倘若某个灾害事件发生期间，恰好舆论环境非常排斥、厌恶该类风险，则信息系统有足够多的动力传播灾害信息，社会大众也对该类信息极为敏感，进而极可能放大风险感知强度，反之亦然。最后，风险感知强度还与信息量有关，倘若某个风险可预知性较差，而经信息系统传播的信息又少，则越容易引起公众的猜疑，进而可能引发放大风险感知强度，如：著名的苏丹红风波和高露洁致癌事件。

（2）个体特质。风险价值判断的主体是个人，因此个体特质与风险价值判断必然高度相关。具体地，有三个方面的个体特质因素对风险价值判断产生影响。一是心理素质，表现为恐惧感和敏感性，一般地，个人越是"胆小怕事"，其对风险的恐惧感、敏感性越强，致使其越重视风险，越趋于对风险做出行为反应，特别是在面对一些之前尚未发生、不可预测的且没有有效方法手段控制的灾害，极容易引起恐惧感强、敏感性强的群体恐慌，进而做出不恰当的行为反应，放大风险。二是物质基础，与风险感知一样，个体特征是风险价值判断与行为反应的物质基础，一般地位、富裕程度、教育程度越高，越有抗风险意识，越趋于对风险价值做出客观准确判断，并采取合理的手段予以规避，而身份、富裕程度越低的群体，认识风险、规避风险的能力越弱，越容易产生不安，惧怕风险，进而放大风险。年龄、性别因素中，一般中青年、男性的冒险精神、承受风险倾向更高，越容易忽视风险，而年长者、女性容易放大风险。三是风险经验，风险熟悉度、风险直接经验对风险价值判断及行为决策极为重要，一般个体风险熟悉度越高、风险直接经验越丰富，则其风险价值判断越准确、越客观，做出的行为决策也将更为科学、合理，一般不会产生"病急乱投医"的情形，进而使得风险水平也更为接近客观风险水平。

（3）风险文化。人类文化学家认为，人类是社会性群居物种，其风险反应取决于文化信仰。人们身边的社会制度、文化环境等对风险事件的影响要远超事件本身（常硕峰和伍麟，2013），风险的放大或缩小取决于与文化世界观相关的经验（Masuda and Garvin，2006）。在不同的文化背景下，社会个体往往会有不同的风险认知偏好与不同的风险应对策略。风险文化（包括制度文化、物质文化和精神文化等）是决定风险价值判断与行为反应的一个因素。事实上，在当今社会，风险实际上并没有增多，而是被察觉、被意识、被反映到的风险增多和加剧了（Douglas and Wildavsky，1982）。风险是文化认知的结果，一个地区的价值、规范与信仰，决定其风险认知与价值判断，由此同一风险事件，同样的信息传播质量，在不同的文化群体中，会引起不同的行为反应。同时，与社会文化环境有着密切联系的事件更容易引起风险的社会放大。而作为文化系统中的主体——人，有能人与普通人之分，能人的素质及其价值判断在其所处的群体中起决定性作用，其风险行为决策一般要被整个群体所模仿、跟从，也即其风险行为决策代表整个群体的风险决策。此外，风险事件是否污名化，在行为反应中也至关重要，被污名化后的风险事件极容易引起公众非理智性的行为决策与反应。灾害风险价值判断及其行为互动决策与风险放大机制可用图 4.22 表示。

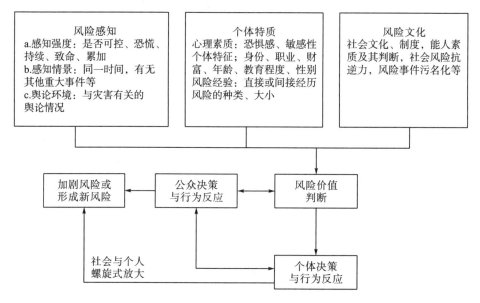

图 4.22　灾害风险价值判断及其行为互动决策与风险放大机制

综上，风险感知、个体特质与风险文化共同作用，决定着风险价值判断，进而决定个体与公众风险决策与行为反应。但是，社会系统的复杂性在于，个体决策、反应不是一蹴而就的，而是往复式的。个体决策、反应后，会密切关注社会总体决策与反应，并不断调整自身的决策与行为反应，而若干个个体决策与行为又形成了新一轮的公众决策与行为，进而又使得个人有了新的参照物，并不断调整自身决策，如此不断往复，使得整个风险被不断地放大，呈现出螺旋式上升的放大特征。因此，社会风险放大的"涟漪效应"不是一个简单的涟漪现象，而是随着风险不断向外传播，其引起的风险不仅不会消减，反而可能会不断地放大，呈现出波峰越来越高的特征。这一放大特征，可以用图 4.23 加以展示。此外，与涟漪效应相伴的是，风险传播还有"回波效应"，遥远的地方的不恰当反应，也能通过信息系统传播至灾害区、受灾人群，进一步加大受灾人群的风险感知强度，并由此可能加剧受灾区的风险。

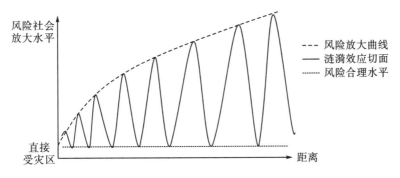

图 4.23　灾害风险"涟漪效应"及其社会放大曲线

4.2.5　放大效应动力转换

前文研究表明，巨灾风险的放大是致灾因子的破坏力、承灾系统的脆弱性、承灾系统的抗逆力以及风险沟通的有效度四个因素相互综合作用的产物（如图 4.24 所示）。

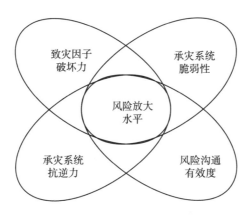

图 4.24　巨灾风险扩散与放大效应及其决定性因素

各个影响因素与风险放大的基本关系是，致灾因子破坏力、承灾系统脆弱性与风险放大成正比，也即致灾因子破坏力越强，承灾系统脆弱性越高，风险放大水平就越高，放大倍数值也就越高。而承灾系统抗逆力和风险沟通有效度则与风险放大呈反向关系，即：承灾系统抗逆力越强，风险沟通越有效，风险放大的可能性越小，放大倍数值也就越小。这一逻辑关系可用如下概念模型加以表示。

$$k = HV/RC$$

模型中，k 代表风险放大倍数；H 代表致灾因子的破坏力；V 代表承灾系统的脆弱性；R 代表承灾系统的抗逆力；C 代表风险沟通的有效度。

但进一步地，四大影响因素在风险放大中，是如何分工的，有何内在逻辑，尚未揭示，亟待挖掘。SARF 后继研究表明，风险放大主要包括三个层次(即三个阶段)：直接效应、次级效应以及涟漪效应。直接效应，主要是指风险的物理放大，即指巨灾风险事件中，直接承灾区的生命健康伤害、财产损失和生存环境恶化等等。次级效应(社会放大)则主要包括：持久的心理认知、图像和态度，对地方经济发展的影响，给政治和社会造成的压力，对其他技术的影响等等。涟漪效应，则是风险事件的直接和次级影响被社会群体和个体所感知，其影响可能会在看不见的地方发生，而且这种影响可能是多层次、多角度的，在时间和空间上的无限延展会产生连锁反应，甚至会对未来的文化、生态等产生举足轻重的多重影响(常硕峰和伍麟，2013)。这就启示我们，放大效应的阶段不同，是否起作用的要素也不同，是否随着放大效应阶段的转换，其作用因素也在进行着转换。

(1)第一阶段：直接效应。直接效应为直接承灾区的生命健康伤害、财产损失和生存环境恶化程度，根据经典的灾害学理论，主要由致灾因子危险性(破坏力)、承灾体脆弱性和孕灾环境稳定性共同决定。而在具体灾害发生较短的时期内，孕灾环境不容易变迁，也即可以假设孕灾环境是稳定的，因此可以忽略孕灾环境的作用。同时，直接效应阶段往往是灾害发生瞬时的或者较短的时间段内，灾后恢复还未启动，风险沟通有限或者灾害信息还未发生实质性传播，因此承灾系统的抗逆力和风险沟通的有效度这两个因子并没有发生作用。由此，直接效应阶段起决定性作用的影响因素是致灾因子的破坏力和承灾系统的脆弱性。

(2)第二阶段：次级效应。次级效应阶段涉及灾后恢复(包括心理、健康、物质等多个层面的恢复)，以及灾害对经济社会发展、政治和社会环境稳定等方面的影响。由于灾后恢复是在直接损失基础上的恢复，因此直接损失程度是这一阶段的影响因素。同时，灾后恢复起决定性作用的在于承灾系统的抗逆力大小，抗逆力越强，灾后恢复重建的力度越大，恢复的水平越高，形成损失越小。此外，遭受灾害打击后，承灾体的脆弱性往往更高，进而可能降低脆弱性。总之，这一阶段起决定性作用的因素为承灾系统的脆弱性、抗逆力和直接损失程度。

(3)第三阶段：涟漪效应。涟漪效应主要是灾情向受灾区外传播，强调的是借助信息系统，将灾情传播至受灾区外，引起受灾区外不恰当的灾害反应，进而放大风险。根据前面关于风险沟通的有效度及其风险放大机制，直接效应、次级效应为灾害客观信息，两个阶段效应的大小，决定客观灾害信息的强度，为灾害信息传播与放大提供基础。而传播主体借助信息媒介将灾害信息进行传播，形成灾害信息的冲击力，冲击力度越大，信息受灾形成的风险感知强度就越强。同时，"社会放大站"与"个体放大站"的相互作用将进一步放大风险。此外，信息受众的脆弱性程度，影响其承受灾害信息打击的能力。总之，涟漪效应主要由风险沟通的有效度和信息传入地的脆弱性决定。

综上，风险放大三个阶段的动力转换机制为，直接效应区由致灾因子的破坏力和承灾系统的脆弱性决定，到次级效应区后，决定因子转换为承灾系统的脆弱性和抗逆力以及直接损失程度，而到涟漪效应后，决定因子又转换成了风险沟通的有效度和信息传入地的脆弱性。同时，还可发现，三个阶段虽然动力机制转换了，但是脆弱性始终是决定性条件之一，只不过仅仅是涟漪效应阶段的脆弱性主体变为"波及主体"。风险扩散与放大三个阶段及每个阶段的影响因素可用图 4.25 展示。

此外，三个阶段风险放大水平及其放大速率也不尽相同，直接效应区由于灾害发生时刻，其可供损失的总量有限（表现为 S_1 面积较小），因此，相对而言，其放大倍数也是较为有限的，且放大水平较影响因素变化不太敏感，表现为曲线较为平缓。次级效应区由于涉及灾后重建、社会再生产等，其不仅包含已损失，也包含潜在损失，因此，其可供损失的规模将大于直接效应区（表现为 S_2 的面积大于 S_1），且一旦恢复不好，则其带来的潜在损失是非常大的，也即其放大水平可大于直接效应区，表现为曲线更为陡峭。

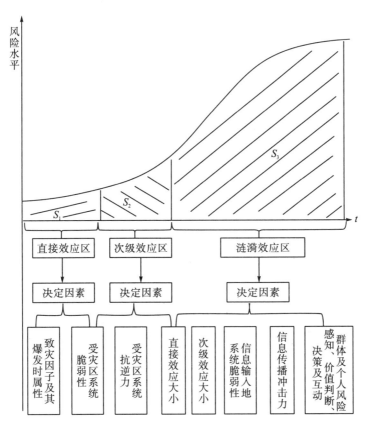

图 4.25　巨灾风险扩散与强化三阶段模型

而在涟漪效应阶段，由于灾害波及的地域、人群范围难以控制，且公众极易根据风险信息做出行为反应，形成新的风险，因此其风险可放大的水平将因突破地域的限制而变得难以估量(表现为 S_3 的面积远大于 S_2、S_1)，且新媒体时代，风险信息传播速度极快，致使风险放大的速度也远高于直接效应区和次级效应区，表现为曲线斜率极为陡峭。

4.3　巨灾风险扩散与放大的程度量化

本章 4.1、4.2 节，已从理论上构建了一个集路径、载体、维度与影响因素"四位一体"的巨灾风险扩散与社会放大分析框架，揭示了巨灾风险扩散与放大的内在机理。本节拟在理论分析的基础上，通过构建衡量巨灾风险扩散与放大程度的指标体系、模型，并选取 2010～2017 年的地震灾害进行模型、指标体系效果测试，验证理论分析的科学性。

4.3.1　程度量化模型构建

根据巨灾风险扩散与放大的理论分析，巨灾风险扩散与放大是由多要素综合性作用的多维度结果，单一维度或视角难以诠释这一复杂问题，需要进行多因素、多维度测算。因此，巨灾风险扩散与社会放大的评价需要建立包括放大强度、传播空间、扩散速度和影响时间在内的四个维度放大效应，以及致灾因子的破坏力、承灾系统的脆弱性、承灾系统的抗逆力和风险沟通有效度在内的指标体系，如图 4.26 和表 4.1 所示。

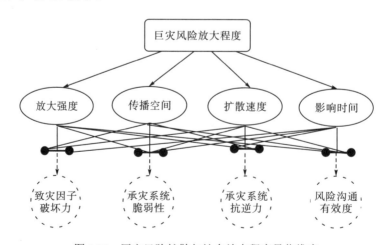

图 4.26　巨灾风险扩散与社会放大程度量化维度

1. 程度量化指标体系构建

指标体系构建是一项主观性很强的工作，对同一事物进行评价，不同的评价主体从不同的角度极有可能构建出不同的指标体系。但不论从何种角度出发，指标体系应当充分反映评价所关注的焦点内容且要具有情景性、动态性，同时还应遵循目的性、全面性、可行性、稳定性、协调性、结合性、量化性等基本原则(李远远，2009)。

(1)目的性原则：指标选取要服务于评价目标，选取能够客观反映评价对象关于评价目标的特性指标。

(2)全面性原则：指标的选取要尽可能全面且具有代表性，涵盖评价对象的各个方面特性。

(3)可行性原则：应当能够通过可靠的渠道，保质保量地获取指标数据。

(4)稳定性原则：所选取的指标应当不易受到偶然因素的干扰。

(5)协调性原则：指标应与我们所选择的评价方法相协调，不同评价方法的机理要求指标具有不同的特性。同时，不同影响因素之间、指标之间也要相互协调，要尽可能避免存在共线性。

(6)结合性原则：指标体系的构建应当将定量分析与定性分析有机结合，理论与实际相结合，比如：自然脆弱性中，孕灾环境本是重要因素，但考虑到孕灾环境变迁需要较长的时间，且难以衡量，因此在评价时可以不予以考虑。

(7)量化性原则：综合评价指标体系应当定量化，避免定性指标使用中所造成的人为主观因素的影响，使评价结果尽可能地客观、准确。

表 4.1　巨灾风险扩散与社会放大程度量化指标体系

影响因素	一级指标	度量指标
致灾因子破坏力	致灾因子特征	强度、频率、规模
	致灾情景	灾害多度、预测精准度、应急预案充分度
承灾系统脆弱性	自然脆弱性	基础设施等级、建筑物等级、生命线系统等级
	社会脆弱性	人口、组织、文化和科技等方面发展程度
	经济脆弱性	经济发展水平、经济结构优度
承灾系统抗逆力	社会抗逆力	医疗卫生水平、社会帮扶力度、政府调动资源力度
	经济抗逆力	经济发展、财政收入、居民收入、金融发展水平
风险沟通有效度	传播主体属性	传播主体的权威度、与灾害事件的利益关系
	传播媒介属性	传播媒介的多样性、媒体的权威度、网络普及率
	信息受众属性	与风险的紧密度、风险经验多寡、风险沟通意愿

根据指标体系构建原则，基于巨灾风险扩散与放大理论分析，本书构建包含致灾因子破坏力、承灾系统脆弱性、承灾系统抗逆力和风险沟通有效度在内的 4 个因素，构建巨灾风险扩散与放大评标指标(表 4.1)。

因不同类型灾害，各个因素影响不尽相同，且指标选取的难度也不尽相同。因此具体到某种灾害风险放大程度计量时，其细化的指标体系又会有所不同，因此具体的指标层要根据具体灾种构建。

2. 程度量化实证模型构建

根据理论分析，巨灾风险扩散与社会放大由致灾因子破坏力、承灾系统脆弱性、承灾系统抗逆力和风险沟通有效度共同决定，且放大效应包括强度、空间、速度和时间四个维度，据此，综合放大程度量化可用以下联立方程组表示。

$$\begin{cases} QD = a_1 H + b_1 V + c_1 R + d_1 C \\ KJ = a_2 H + b_2 V + c_2 R + d_2 C \\ SD = a_3 H + b_3 V + c_3 R + d_3 C \\ SJ = a_4 H + b_4 V + c_4 R + d_4 C \\ ZHFD = aQD + bKJ + cSD + dSJ \end{cases} \tag{4.4}$$

式中，QD 表示因巨灾强度放大而导致的损失；KJ 表示因巨灾风险传播空间扩大而导致的损失；SD 表示因巨灾风险扩散速度加快而导致的损失；SJ 表示因巨灾风险影响时间延长而导致的损失；ZHFD 表示巨灾风险综合放大后最终形成的损失；H 代表致灾因子破坏力；V 代表承灾系统脆弱性；R 代表承灾系统抗逆力；C 代表风险沟通有效度；a_i、b_i、c_i、d_i ($i = 1, 2, 3, 4$) 分别代表作用系数。

联立方程的基本内涵为：巨灾风险各个维度的放大程度均由致灾因子破坏力、承灾系统脆弱性、承灾系统抗逆力和风险沟通有效度共同决定，但是每一个影响因素对每一个维度的作用力度不尽相同，表现为作用系数不同。同时，综合放大程度由四个放大维度构成，但是在具体巨灾中，每一个维度的放大程度对综合放大程度的作用也有差异，表现为系数不同。

3. 程度量化实证方法选择

指标体系与实证模型构建后，关键是指标的无量纲化和指标权重的确定。

1) 指标的无量纲化

为了消除原始指标量纲对评价结果的影响，本研究借鉴联合国人类发展指数 (human development index，HDI) 的处理方法，采用每个指标的上、下阈值对指标进行无量纲化。指标标准化的公式如下：

正向指标的无量纲化计算公式:

$$Z_i = \frac{X_i - X_{\min}^i}{X_{\max}^i - X_{\min}^i} \tag{4.5}$$

逆向指标的无量纲化计算公式:

$$Z_i = \frac{X_{\max}^i - X_i}{X_{\max}^i - X_{\min}^i} \tag{4.6}$$

其中,X_i 为第 i 个指标值,$X_{\max}^i$ 与 $X_{\min}^i$ 分别为第 i 个指标的最大阈值和最小阈值。当各次灾害之间的指标数值分布较为均匀时,采用前者计算方法;而当各次灾害之间的指标值差异明显时,则采用对数形式的计算公式。

2) 指标权重(影响度)的确定

在巨灾风险放大的程度量化体系中,由于指标间的重要程度有所差异,需要对选定指标的权重进行合理赋值。指标权重的确定方法主要包括主观赋权法与客观赋权法。其中,主观赋权法可能受到专业知识的限制,从而导致其赋权结果存在主观性偏差。因此,文献中通常采用客观赋权法进行权重的确定。近年来研究者在实践中开始引入人工神经网络(artificial neural networks,ANN)方法,ANN 是由具有适应性的简单单元组成的广泛并行互联的网络,它能够模拟生物神经系统对真实世界物体所做出的交互反应。ANN 旨在探索利用计算机系统模仿人类智能来处理复杂问题。该方法是由大量的、功能比较简单的神经元互相连接而构成的复杂网络系统,用它可以模拟大脑的许多基本功能和简单的思维方式。人工神经网络的研究始于 20 世纪 40 年代,经历了几个重要的发展阶段,特别是在 20 世纪 90 年代开始进入新一轮研究和运用的热潮。在复杂系统模拟和分析实践中,最常见的是 BP 神经网络方法。该方法通过大量神经元简单处理单元构成非线性动力学系统,实现与人脑相似的学习、识别、记忆等信息处理能力,并具有很强的自学习性、自组织性、高度非线性、高度鲁棒性、联想记忆功能和推理意识功能等。然而 BP 神经网络具有训练时间长、收敛速度慢、易发生过拟合等缺陷,这对快速而精准地评估和预测地震灾害直接经济损失造成了许多障碍。随机权神经网络(neural networks with random weights,NNRW)的提出恰好克服了 BP 神经网络的训练时间长和易发生过拟合等问题。基于此,本研究引入随机权神经网络的理论与方法,对巨灾风险扩散与社会放大影响因素进行度量与预测评价。

3) 随机权神经网络(NNRW)方法

随机权神经网络(NNRW)是由 Schmidt 等于 1992 年提出的一种单隐层前馈神经网络。考虑该网络的隐层节点个数为 L,则 NNRW 的实际输出为式(4.7):

$$f(x) = \sum_{i=1}^{L} \beta_i \phi(\omega_i x + b_i) \tag{4.7}$$

其中，ω_i 称为内权；b_i 称为偏置值；β_i 称为外权；$\phi(\cdot)$ 代表激活函数。BP 神经网络是通过梯度下降法来优化内权、外权和偏置值的一种反向传播算法，它具有训练时间长、易陷入局部最小、易发生过拟合等缺陷。而 NNRW 是通过随机选取内权和偏置值，将网络参数训练问题转化为线性方程组求解问题，再利用广义逆求解方程组的最小二乘解作为网络外权 β_i。这样就有效地克服了传统的 BP 神经网络算法中的训练时间过长、过拟合、陷入局部最小等问题。

针对样本 $\left\{x^{(j)}, t^{(j)}\right\}_{j=1}^{M}$，则 NNRW 的数学模型为

$$t^{(j)} = \sum_{i=1}^{L} \beta_i \phi(\omega_i x^{(j)} + b_i), \ j = 1, 2, \cdots, M \tag{4.8}$$

进一步，式 (4.8) 可以写为如下的矩阵形式：

$$\boldsymbol{H\beta} = \boldsymbol{T} \tag{4.9}$$

这里，$\boldsymbol{\beta} = (\beta_1^{\mathrm{T}}, \beta_2^{\mathrm{T}}, \cdots, \beta_L^{\mathrm{T}})^{\mathrm{T}}$，$\boldsymbol{T} = (t^{(1)}, t^{(2)}, \cdots, t^{(M)})^{\mathrm{T}}$，

$$\boldsymbol{H} = \begin{bmatrix} \phi(\omega_1 x^{(1)} + b_1) & \phi(\omega_2 x^{(1)} + b_2) & \cdots & \phi(\omega_L x^{(1)} + b_L) \\ \phi(\omega_1 x^{(2)} + b_1) & \phi(\omega_2 x^{(2)} + b_2) & \cdots & \phi(\omega_L x^{(2)} + b_L) \\ \vdots & \vdots & & \vdots \\ \phi(\omega_1 x^{(M)} + b_1) & \phi(\omega_2 x^{(M)} + b_2) & \cdots & \phi(\omega_L x^{(M)} + b_L) \end{bmatrix}_{M \times L}$$

于是，通过求解以下优化问题来训练最优网络外权 $\boldsymbol{\beta}$，有

$$\hat{\boldsymbol{\beta}} = \arg\min_{\boldsymbol{\beta}} \| \boldsymbol{H\beta} - \boldsymbol{T} \|_2^2 \tag{4.10}$$

式中，$\|\cdot\|_2$ 称为欧几里得范数。根据上式可得最小二乘解：

$$\hat{\boldsymbol{\beta}} = \boldsymbol{H} \cdot \boldsymbol{T} = (\boldsymbol{H}^{\mathrm{T}} \boldsymbol{H})^{-1} \boldsymbol{H}^{\mathrm{T}} \boldsymbol{T}$$

4.3.2 程度量化实证分析

前面已结合巨灾风险扩散与放大理论分析，构建了放大程度量化模型。因不同类型灾害，各个因素影响力可能不同，指标选取的难度也不尽相同，为此，具体到某种灾害，其细化的指标体系又会有所不同。因此，本节拟选取近年来频发的地震灾害，进行实证分析，测量各大影响因素对灾情放大的影响程度。

地震是人类认知和管理能力最为脆弱的巨灾风险之一。地震灾害的发生对经济、社会和环境可持续发展造成了相当大的冲击。我国是世界上地震活动最强烈和地震灾害损失最严重的国家之一，地震每年所造成的人身和财产损失巨大。尤其是 2008 年 5 月 12 日四川汶川 8.0 级特大地震的发生给人们造成了巨大的心灵

创伤和物质损失。地震造成的损失程度预测分析与影响因素度量，是灾害风险管理，特别是应急管理的关键环节。

1. 地震灾害风险放大程度量化指标体系

地震灾害是社会和自然综合作用的产物，灾害作用于人类社会产生灾难，灾难的灾情大小取决于致灾因子破坏力、承灾系统脆弱性、承灾系统抗逆力与风险沟通有效度。为了测度影响因素的作用程度，本研究将地震灾害直接经济损失看成是致灾因子破坏力、承灾系统脆弱性、承灾系统抗逆力与风险沟通有效度的函数。它们之间存在复杂的非线性、不确定性和离散性，相互作用下造成难以估算的损失。为了更加客观、科学、合理、有效地对地震损失放大程度影响因素及其放大程度做出度量与评估，研究中建立了地震直接经济损失放大程度评价指标体系（如表 4.2 所示）。

表 4.2　地震灾害风险放大程度量化指标体系

影响因素	一级指标	二级指标	度量方法/代理指标/单位	预期效果
致灾因子破坏力（7 个）	致灾因子特征	地震震级	里氏级次	+
		震源深度	公里	+
		震中烈度	度	+
	致灾情景	地震时间	是否为睡眠时间（若地震发生于 22:00～08:00、13:00～14:30 则为是，记 1；否则记 0）	+
		致灾环境	3 年内是否发生灾害（是记 1，否记 0）	+
		灾害多度	次生灾害个数（含 5.0 级次以上的余震）	+
		地震频率	是否地震频发区（是记 1，否记 0）	−
承灾系统脆弱性	自然脆弱性	基础设施水平	高速公路、铁路记 2，国道、省道记 1，其他记 0，总等级由各层级分值乘以条数累加	
		生命线系统密度	灾区与外界相连的公路、铁路与水路条数	
		抗震性能	抗震设防烈度	−
	社会脆弱性	人口密度	人/平方公里	+
		治理能力	中介组织发育和法律指数	−
		风险知识水平	平均受教育年限/年	−
	经济脆弱性	经济密度	GDP/平方公里	+
		财政能力	财政赤字率	+
		产业结构	第一产业比重	+
承灾系统抗逆力（8 个）	社会抗逆力	医疗卫生水平	每千人卫生技术人员	−
			每千人卫生机构床位数	−
		信息化发展程度	信息化发展指数	−
		保险发展水平	人均保费	−
	经济抗逆力	经济发展水平	人均 GDP/元	−
		财政收入水平	人均财政收入/元	−

续表

影响因素	一级指标	二级指标	度量方法/代理指标/单位	预期效果
承灾系统抗逆力（8个）	经济抗逆力	居民收入水平	农民人均纯收入和城镇居民可支配人均收入加权值	-
		金融发展水平	存贷款金额/GDP	-
风险沟通有效度（9个）	风险沟通平台	传媒发展水平	媒介生产能力指数	-
		社会网络水平	组织（工会、党团、合作组织）参与率	-
		网络发展水平	（互联网普及率+广播电视覆盖率）/2	-
	风险沟通能力	信息获取渠道丰富度	媒体使用情况平均得分	-
		社交娱乐活动频繁度	社交娱乐活动平均得分	-
		行为易受信息影响度	思想受网络信息影响程度值	+
	风险沟通意愿	政府信任度	政府信任程度评价平均分值	
		社会信任度	社会信任程度评价平均分值	
		媒体信任度	媒体信任度评价平均分值	

注：+表示放大灾害风险，-表示缩小灾害风险。

(1)致灾因子特征。用地震震级、震源深度、震中烈度三个指标衡量，地震震级越高、震源深度越浅、震中烈度越大则地震强度越大，破坏力越强。

(2)致灾情景。用次生灾害、是否为睡眠时间、3年内是否发生灾害、是否地震频发区四个指标衡量。次生灾害数越多，则会接连对承灾体产生冲击，使得灾情放大；若地震发生时间属于睡眠时间，则将会缩短人们的反应时间，放大灾情，鉴于中国地域广阔，东部与西部作息时间差异大，且地震灾害多发生在西部地区，故本研究将休息时间跨度稍做拓宽；地震灾害发生前期，若已发生灾害，则承灾体脆弱性可能有所增强，进而可能放大灾情，鉴于承灾体受到打击后，在抗逆力作用下，经过一定时期可能能够恢复，因此本研究选取的指标为3年内是否发生灾害。

(3)自然脆弱性。用基础设施水平、生命线系统密度、抗震性能三个指标衡量。基础设施水平、生命线系统密度越高，抗震性能越强，则自然脆弱性越低，抗灾害冲击能力越强。基础设施包括范围较广，收集数据难度较大，本研究作简化处理，选取代表性强、与救灾高度相关的交通设施水平作为替代指标。生命线本应包括交通、通信、水电气等多个方面，但考虑到通信、水电气属垄断性公共事业，各个地区相差不大，本研究仅考量交通情况，即灾区与外界相连的公路、铁路与水路条数。建筑物的抗震性能直接决定易损性，采取抗震设防烈度加以衡量。

(4)社会脆弱性。社会是一个复杂的系统，因此衡量社会脆弱性指标也应是多维的，比如张明和谢家智(2017)构建了5个维度32个指标的评价体系，但鉴于本研究认为脆弱性主要是指易损性，本研究选取与易损性高度相关的人口密度、治理能力、风险知识水平三个指标来衡量，人口密度越高、治理能力越弱、风险知识越匮乏，则受地震损害的生命财产越多，治理能力、风险知识水平分别采取樊纲 2011 年构建的中介组织发育和法律指数以及平均受教育年限作为代理指标。

（5）经济脆弱性。巨灾的灾前预防与准备、灾中应急与救援、灾后恢复与重建都需要经济系统的"嵌入式管控"（Howard et al.，2014），经济系统对巨灾风险冲击的影响涉及风险管理周期全过程。经济发展水平、经济结构、财政资源等都会对社会系统应对巨灾的敏感性产生影响（Khazai et al.，2018）。经济密度越高则暴露于地震风险中的经济资源越多，农业占比越高，财政能力越弱，抗打击能力也越弱。

（6）社会抗逆力。选取医疗卫生水平、信息化发展程度、保险发展水平 3 个指标衡量。其中：医疗卫生水平具体选择每千人卫生技术人员、每千人卫生机构床位数两个指标反映，水平越高，越有利于抢灾救灾，越有利于灾后恢复；信息化发展程度用赛迪研究院发布的信息化发展指数反映，程度越高，越有利于灾情沟通，进而有利于救灾工作开展；保险发展水平用人均保费表示，水平越高，保障程度也就越高，进而就越有足够的经济资源用于灾后重建，进而降低损失。

（7）经济抗逆力。经济抗逆力突出表现出经济系统对于风险压力的应对或适应性（Pelling and Blackburn，2014），是经济系统根据潜在风险而采取积极的准备、规划、应对、恢复等决策的能力或过程，涵盖灾前的预防与准备、灾中的应急与救援、灾后的恢复与重建等。本研究选取经济发展水平、财政收入水平、居民收入水平、金融发展水平 4 个指标反映经济抗逆力，其中：经济发展水平用人均 GDP 反映、财政收入水平用人均财政收入反映、居民收入水平用农民人均纯收入和城镇居民可支配人均收入加权值反映、金融发展水平用存贷款金额与 GDP 之比反映，4 个具体指标均为正向指标，值越大经济抗逆力越强。

（8）风险沟通平台。风险沟通平台是地震信息传播的载体系统，是公众获取灾害信息的基础。选用传媒发展水平、社会网络水平和网络发展水平 3 个指标衡量。传媒发展水平反映媒体生产、传播灾害信息的能力，引用中国人民大学喻国明教授编制的媒介生产能力指数衡量，指数值越大，代表媒介生产能力越强，进而灾害信息传播能力也就越强。社会网络水平反映的是公众从非媒介渠道获取灾害信息的可能性，用组织参与率表示，组织参与率越高，通过社会系统获取的渠道就越丰富。网络发展水平反映的是信息传播的及时性，具体选取互联网普及率和广播电视覆盖率进行评价，网络越发达，公众越能够第一时间了解掌握并与他人对灾情信息进行互动，从而越容易全面客观获知风险信息，降低社会放大的可能性。

（9）风险沟通能力。风险沟通能力反映的是公众获取与编辑加工风险信息的能力，选取信息获取渠道丰富度、社交娱乐活动频繁度、行为易受信息影响度 3 个指标表示，获取渠道越丰富、社交活动越频繁，获取信息的能力越强，越有助于形成客观风险感知。公众行为越易受信息影响，说明其风险沟通能力越弱，缺乏信息编辑加工能力，越不易甄别信息，使得风险容易放大。

(10)风险沟通意愿。风险沟通意愿反映的是信息受众接收、采纳风险信息的主观意愿，鉴于信息来源渠道可分为官方、媒体和社会三个系统，因此采取政府信任度、媒体信任度、社会信任度 3 个指标衡量，信任度越高，越容易接收、采纳灾害信息，越有利于灾情缩小。

2. 地震灾害风险放大程度量化数据来源

1) 数据来源

本次实证研究样本主要选取了 2010～2017 年造成损失金额 1 亿元(含)以上且发生在我国大陆的地震，共计 52 次地震，汶川地震作为新中国成立以来的特大地震，也作为了实证样本。致灾因子破坏力衡量指标及灾情数据主要来源于中国地震信息网，辅以政府门户网、权威媒体信息。承灾系统脆弱性、承灾系统抗逆力数据以及风险沟通有效度中网络发展水平数据主要来源于相关地区统计年鉴、金融年鉴、统计公报等；信息化发展程度数据来源于赛迪研究院编制的信息化发展指数，治理能力来源于樊纲编制的中国市场化指数，基础设施水平与生命线系统密度则通过查阅地震前灾区地图获取。风险沟通有效度中传媒发展水平采纳中国人民大学喻国明教授编制的历年中国传媒发展指数，社会网络水平、信息获取渠道丰富度、社交娱乐活动频繁度、行为易受影响度、政府信任度、社会信任度、媒体信任度等指标数据来源于中国综合社会调查(2010、2011、2013)。

2) 数据处理

从数据可能性角度以及实证科学性角度，本研究将各地地震灾害数据统计范围定为地震发生地所在的县级行政区，对于地震灾情涉及多个行政区域的，则将相应行政区域合并成一个"灾害行政区"，也即是将相应的指标数据做合并处理。

对于少数县级层面缺乏的数据，则采用其所属的地市级和省级数据替代；对于少数缺乏地震上一年度的数据，则选择相邻年份的数据予以替代。

3. 地震灾害风险放大程度量化实证结果

基于驱动地震灾害直接经济损失的因子分析和指标体系，本研究建立了由 33 个输入节点、1 个输出节点组成的单隐层 NNRW 网络模型。其中输入节点是前文构建的指标体系，输出节点是地震直接经济损失。由于目前对于隐层节点数的选取尚无理论支撑，而隐层节点个数的选取直接关系到网络模型设计的好坏，因此，本书借鉴王薇总结得到的如下公式来选取隐层节点个数：

$$n = \sqrt{m_1 + m_2} + a \tag{4.12}$$

其中，n 为隐层节点数；m_1 和 m_2 分别表示输入节点数和输出节点数；a 为 1~10 的常数。进而得到的实证结果如下。

1）模型实验优度

为了评估模型实验优度，在实验中选择训练精度和预测精度进行了检验。这里的精度用均方根误差来衡量，其定义为

$$\text{RMSE} = \sqrt{\frac{1}{M}\sum_{j=1}^{M}(\sum_{i=1}^{L}\beta_i\phi(\omega_i x^{(j)} + b_i) - t^{(j)})^2} \qquad (4.13)$$

式（4.13）中的变量如式（4.7）所定义。由于隐层节点个数是通过公式（4.12）来选取的，所以本书分别取隐层节点数为 7~16 进行实验。实验结果见表 4.3 所示。

表 4.3　NNRW 的训练精度与预测精度

隐层节点数	训练精度	预测精度	隐层节点数	训练精度	预测精度
7	1.3405×10^{-3}	2.9782×10^{-4}	12	1.1398×10^{-3}	2.3264×10^{-4}
8	1.3245×10^{-3}	2.1401×10^{-4}	13	1.2548×10^{-3}	2.3351×10^{-4}
9	1.3477×10^{-3}	2.3369×10^{-4}	14	1.9386×10^{-3}	2.4436×10^{-4}
10	1.1564×10^{-3}	2.3400×10^{-4}	15	1.3186×10^{-3}	2.3295×10^{-4}
11	1.3410×10^{-3}	2.7522×10^{-4}	16	1.1085×10^{-3}	2.0631×10^{-4}

NNRW 的训练精度与预测精度评估结果表明：随机权神经网络模型的训练精度和预测精度很高，表明模型模拟得好。另一方面从模型输出值与各次地震灾害实际损失值比较来看（表 4.4），实际损失值与模型预测值比值统计性质及比值分布特征表明，模型预测值与实际损失值拟合得较好，模型的可信度高。

表 4.4　实际损失值与模型预测值之比

比值统计性质			比值分布特征（占比%）			
平均值	最大值	最小值	0.7(不含)以下	0.7(含)~0.9(不含)	0.9(含)~1.1(不含)	1.1(含)以上
0.89	3.72	0.23	26.92	26.92	36.54	9.62

综合 NNRW 的训练精度与预测精度、实际损失值与模型预测值比值统计性质及比值分布特征，可以采纳模型度量的结果。

2）影响因素权重

地震灾害风险放大影响因素及各级指标的权重如表 4.5 所示。

表 4.5 地震灾害风险放大影响因素及其指标权重

影响因素	一级指标	二级指标
致灾因子破坏力 (0.192)	致灾因子特征(0.077)	地震震级(0.018)
		震源深度(0.027)
		震中烈度(0.032)
	致灾情景(0.115)	地震时间(0.040)
		致灾环境(0.033)
		灾害多度(0.006)
		地震频率(0.036)
承灾系统脆弱性 (0.288)	自然脆弱性(0.105)	基础设施水平(0.035)
		生命线系统密度(0.033)
		抗震性能(0.037)
	社会脆弱性(0.085)	人口密度(0.035)
		治理能力(0.009)
		风险知识水平(0.041)
	经济脆弱性(0.098)	经济密度(0.040)
		财政能力(0.018)
		产业结构(0.040)
承灾系统抗逆力 (0.280)	社会抗逆力(0.124)	医疗卫生水平(0.065)
		信息化发展程度(0.031)
		保险发展水平(0.028)
	经济抗逆力(0.156)	经济发展水平(0.038)
		财政收入水平(0.040)
		居民收入水平(0.038)
		金融发展水平(0.040)
风险沟通有效度 (0.240)	风险沟通平台(0.098)	传媒发展水平(0.041)
		社会网络水平(0.021)
		网络发展水平(0.036)
	风险沟通能力(0.079)	信息获取渠道丰富度(0.009)
		社交娱乐活动频繁度(0.035)
		行为易受信息影响度(0.035)
	风险沟通意愿(0.063)	政府信任度(0.001)
		社会信任度(0.034)
		媒体信任度(0.028)

影响因素及指标体系权重实证结果表明：

一是验证了地震灾害风险放大取决于致灾因子破坏力、承灾系统脆弱性、承灾系统抗逆力和风险沟通有效度四大因素的共同作用。且地震灾害的破坏作用越来越取决于社会性因素（权重高达 0.808），而致灾因子破坏力已经成为损失影响最小的因素（权重为 0.192）。启示在从自然科学、工程管理提高地震灾害本身的预防管理能力的同时，要更加注重从社会管理的角度发力，以减少承灾客体的"自我致灾性"。

二是在致灾因子破坏力这一因素中，地震发生的偶然性、不可预测性与地震本身的危害性对损失的影响相当，表现为致灾因子特征与表示致灾因子偶然性和不可预测性的地震时间、地震频率权重几乎相等，前者为 0.077、后者为 0.076。启示通过提高地震预测技术，可以有效消除地震偶发性所带来的重大打击。

三是承灾系统自身的易损性及其恢复力是放大损失的主要原因，二者对地震灾害损失的贡献度达 56.8%，表明巨灾风险越来越表现为由致灾因子引发的社会化现象。同时，也启示通过提高基础设施、生命线工程的质量与抗震性能，优化城镇发展规划与人口布局，提升社会中介发展和人们风险知识水平等手段可以有效降低社会脆弱性，增强抗风险能力。同时，还可通过增强承灾系统内部的抗逆力，以及灾害发生后调动承灾系统外部的力量参与灾后重建，是降低灾情放大程度的可行路径。

四是验证了风险沟通在地震灾害降低损失中的重要性，其成为与脆弱性、抗逆力具有相当重要性程度的影响因素（权重分别为 0.240、0.288 和 0.280）。启示灾害发生后，可通过加大风险沟通力度，准确、全面、及时地传播灾害信息有助于灾民形成客观的风险感知，做出正确的行为反应，进而缓解灾情，防止损失放大。

4.4　巨灾风险扩散与放大的案例研究

4.4.1　中国汶川"5·12"特大地震

2008 年 5 月 12 日发生在中国汶川的特大地震（以下简称汶川地震），波及大半个中国[①]及亚洲多个国家和地区，造成严重破坏地区超过 10 万平方公里，其中，极重灾区 10 个县（市）、较重灾区 41 个县（市）、一般灾区 186 个县（市），造成 69227 人死亡、374643 人受伤、17923 人失踪，造成直接经济损失 8452 亿元人民币，造成大规模的基础设施、道路、通信、文物损失以及生态环境的破坏、人民心理打

---

① 根据《汶川地震救灾救援工作研究报告》（民政部国家减灾中心、联合国开发计划署，2009 年 3 月；本书中所有涉及汶川地震灾情数据如无特别说明，均系引自该报告）披露：灾害波及四川、甘肃、陕西、重庆等 10 个省（市），417 个县，4667 个乡（镇），48810 个村庄，灾区总面积约 50 万平方公里，受灾人口 4625 多万人。

击和社会关系的破坏。但在党中央的坚强领导和全国人民众志成城、顽强抗争下，汶川地震恢复重建取得了重大胜利。

1. 震级高且次生灾害多发，致灾因子破坏力极强

(1)致灾因子强度高。汶川地震里氏震级达 8.0Ms、矩震级达 8.3Mw、震中烈度达 11 度，地震的强度、烈度都超过了唐山大地震，是新中国成立以来破坏性最强、波及范围最广、救灾难度最大的一次地震。同时，震源深度为 14 公里，属于浅层地震，且持续时间长(约 2 分钟)，余震多[①]，进一步加重了地震的破坏力，使得灾害影响的空间广(即空间维度放大程度大)、灾害区直接生命财产和自然资源损失惨重[②](即强度维度放大程度大)。

(2)次生灾害多发密发。强大的地震造成大面积山体崩塌、山体松动和地层破裂、地表破碎以及植被破坏严重。同时地震发生于夏季，暴雨频发。在余震、暴雨和高温的共同作用下，不仅直接增加抗震、救灾难度，还沿着地震→崩塌、滑坡(泥石流)→堰塞湖，地震→地裂缝、地面塌陷→设施受损，地震→火灾、传染病、社会恐慌→社会灾祸等灾害链形成次生灾害。由此导致灾害在多个维度上加重。一方面，损失加重。次生灾害导致 2 万人死亡，导致的经济损失约占总损失的 1/3 左右，直接加重了灾情。二是灾害持续时间长(即时间维度放大程度大)，且灾害数量有逐年增加的趋势。地震过后，灾区地质灾害发生数量连续 3 年呈逐年迅速上升的趋势(2008 年的 114 起增长至 2010 年的 530 起)，截至 2010 年底，地震灾区共发生泥石流、崩塌滑坡地质灾害约 880 起，致使灾区人民一次又一次地饱受灾难打击之苦。

2. 承灾系统脆弱性高，抗地震冲击能力弱

承灾体脆弱性的高低越来越起到放大灾情的决定性作用(苏筠等，2005)，汶川地震灾情被层层放大与承灾体脆弱性累积密切相关(尹卫霞等，2012)。

(1)灾区建筑物抗震性能差，致使直接损失惨重。人们防震意识不强、房屋建筑抗震性能较低，加上汶川地震灾区经济欠发达，更不重视或没有足够经济实力提升房屋抗震性能。震区的城镇房屋结构类型为砖混结构、钢筋混凝土框架结构和下部为框架上部为多层砖混结构，较为简单，抗震性能差。而农村的房屋质量更低，灾区农村住房多以土坯、土木房为主，几乎没有抗震性能。同时，多数农村房屋建于山脚、山坡或高山上，地形对地震灾害的放大效应加剧了灾害破坏程度。由此，造成承灾体对地震致灾因子易损性极大，在 8.0 级特大地震作用下，

---

① 截至 2008 年 10 月 21 日，发生余震 33000 多次，其中里氏 4 级以上 600 多次，5 级以上 60 多次，6 级以上 7 次。
② 地震造成大量人员伤亡和房屋大面积倒塌，重灾区 60%~80%以上的房屋倒塌(北川县城、汶川县映秀镇等部分城镇被夷为平地)；机关、学校、医院等严重受损，基础设施严重损毁；电力、通信、供水等系统大面积瘫痪；部分农田和农业设施被毁。

造成房屋倒塌 546.19 万间，进而造成大量人员伤亡。

(2)社会脆弱性强，致使灾区自救能力弱。一是地震预测技术尚不成熟，加之对地震灾区的龙门山断裂带的危险性估计不够和缺乏 8 级震例经验，致使未能成功预测、预报以及做好人员转移和应急准备，进一步加重了地震暴露性。二是救灾物资准备不足，灾后帐篷、食品、饮用水、小型发电机、蜡烛、雨衣雨具、部分药品、生活用品等生活必需品和救治伤员的物资匮乏[①]，同时震中地区电力、通信、供水等系统大面积瘫痪，导致了灾区群众的基本生活无法保障和伤员无法及时得到救治。三是缺乏铲车、挖掘机、吊车等大型救灾机械设备，致使救援工作极难开展。四是缺乏生命探测仪，致使在重灾区被夷为平地后，精准定位救援目标极为困难。五是地震灾区多为贫困地区和灾害易发频发地区，且连年重复叠加受灾，受灾群众自救能力十分脆弱。

(3)基础设施容易受破坏，致使"外力"救灾受阻。汶川地震灾区地处中国西部欠发达地区，属农业小城镇系统，基础设施、生命线工程等级低、条数少，极为脆弱。地震发生后，几乎与外界"失联"(交通、通信中断)，致使灾情信息难以及时传出灾区和救灾指令难以及时传进灾区，救援部队、人员难以深入灾区展开救援，救灾物资难以运送到灾区深处，以及一些受灾群众也无法从受灾的地方及时转移出来，严重制约"外部力量"帮助救援。

(4)自然环境脆弱，致使灾害损失加剧。一方面，灾害链的演化受自然孕灾环境驱动，汶川地震灾区多属山区，地震造成山体崩塌、山体松动后，在暴雨诱发下，形成了大量的泥石流和堰塞湖次生灾害，直接加重灾情(如泥石流损毁建筑物和基础设施，造成人员伤亡等)。另一方面，重灾区多为交通不便的高山峡谷地带，加上地震造成交通、通信中断、河道阻塞，救援人员、物资、车辆和大型救援设备无法及时进入现场，使得救灾工作难以展开，间接加重灾情(如一些伤员因未及时救治而丧失生命或加重伤情，一些灾民因未及时转移而在后续灾害中受伤乃至失去生命)。

3. 社会抗逆力强，形成超越震前水平稳态

虽然地震破坏力极强，但是抗震救灾力度大、效果好，最大限度地挽救了受灾群众生命，降低了灾害造成的损失。同时，虽然罕见的特大地震造成了巨大损失，但是灾后恢复效果极好，灾区实现了跨越式发展，形成了超越震前水平的新稳态[②]。究其原因，在于举国之力抗震救灾和灾后重建，体现为强大的社会抗逆力。

---

① 以帐篷为例，中央救灾物资储备库储备的帐篷只有 15 万顶，而地震灾区需求达到百万顶以上，缺口巨大。
② 根据 2013 年 5 月 12 日的《人民日报》报道：2012 年，四川省 39 个重灾县实现生产总值 4331.9 亿元，是震前 2007 年的 2 倍；人均生产总值由 2007 年的 13334 元提高到 2012 年的 27427 元；完成全社会固定资产投资 3445.3 亿元，是震前 2007 年的 3.5 倍；实现地方公共财政收入 198.6 亿元，是震前 2007 年的 3.2 倍；工业化率由 2008 年的 38.7%提高至 2012 年的 46.0%；城镇居民人均可支配收入 20116 元，较四川省平均增速高 2.9 个百分点；农民人均纯收入 7933 元，较四川省平均增速高 0.3 个百分点。

(1)抗震救灾力度空前，抢险救灾效果佳。抗震救灾力度前所未有。地震当天，时任国家主席胡锦涛作出批示，灾后 2 个半小时，时任总理温家宝就赶赴现场指导抗震救灾，当天晚上成立国务院抗震救灾总指挥部，并由总理亲自担任组长[①]。同时，成立了由国家相关部委牵头的抢险救灾组、群众生活组、地震监测组、卫生防疫组、宣传组、生产恢复组、基础设施保障和灾后重建组、水利组、社会治安组等"全方位"的 9 个救灾工作组。整个救灾过程，投入力度均为历史之最。一是投入救援力量总人数达到 17 万多人（震后短短 4 小时内，就已组织民兵预备役部队 1.3 万人投入重灾区救援），专业救援队 95 支（1.8 万人），动用车辆机械 9670 台、飞机（直升机）193 架，综合运用了卫星图像、卫星电话、小型无人驾驶飞机、北斗定位系统、地理信息系统以及生命探测仪、二氧化碳探测器等设备和技术，成功救出 8.7 万余人。二是投入医疗卫生人员约 9.13 万人（其中灾区一线 6.5 万人），向四川省外转移伤员 1 万余人，使得地震伤员得到及时救治。三是投入卫星电话 1532 部、帐篷 5000 顶、500 套活动房及便携油机、备用电池、野外电源等物资，配套口粮和生活费补助政策[②]，投放中央储备肉 8708 吨，向四川灾区调运蔬菜 2 万多吨，有效保障了灾区的基本生活。四是投入了巨量的生命线工程抢修人力、物力和财力，47 个小时打通汶川县漩口铝厂至映秀镇的陆路通道、震后 12 天内各大铁路线相继抢通、共抢修修复供水管线 13649.6 公里、短短 6 天内抢通四川重灾 8 县的对外通信联络，使得被严重损毁的"生命线"工程在最短的时间内得以恢复。同时，累计投入 59850 辆客、货运输车辆，保障救灾物资、人员和灾区群众疏散运输。五是短短半个月，地震灾区就已实现医疗救治、防疫监督、疫情监测和医疗卫生物资的全面覆盖，妥善处理遇难者遗体 64847 具，无害化处理死亡畜禽 2230.6 万头（只），有效阻断了地震→人员/动物死亡→尸体腐败滋生传染性疾病→传染性疾病暴发的灾害链。

(2)灾后重建力度大，生产生活系统恢复好。震后国家迅速启动[③]恢复重建工作，高效率出台了系列灾后恢复重建文件[④]，建立了"一省帮一重灾县"的对口支援机制[⑤]，开启了举全国之力，帮助灾区群众及早重建家园、恢复正常生活，使得灾后 2 年基本完成了受灾地区住房、道路、公共设施等"硬件"重建工作。同时，灾后重建还特别注重生产的恢复，在土地开发利用、工业园区建设、旅游开发区建设、社会管理制度建设、农业生产等方面下了大量功夫[①]，对口支援省市把自身的产业优势、市场优势与灾区的资源优势结合起来(后期，对口支援还逐步转变为对口合作)，帮助灾区迅速恢复生产，从而有力地促进了灾后恢复重建进程，有效夯实了灾区的经济发展基础。

除了政府的力量外，特大自然灾害的救灾救援需要全社会各种力量的共同参与，汶川地震抗震救灾救援行动中社会动员广泛深入，国内外捐赠资金物资总计达到了史无前例的 700 多亿元。在政府和民间共同努力下，使得汶川地震灾后恢复重建有足够的可供调配的人力、财力与物力资源，使得灾区受到严重损毁的物理系统、经济系统能够逐步恢复至超越灾前水平的状态，形成了"灾后重建的奇迹""汶川模式都江堰模式""发展型重建""超越式重建"；"取得全面胜利""令人骄傲的数据""灾区旧貌换新颜"；"两年跨越二十年""辛苦两三载，进步二十年""跨越式发展"的宏大灾后重建图景(刘铁民，2010)。

4. 风险沟通有效，灾害社会放大控制好

(1)灾情信息传播质量高，公众风险感知客观。抗震救灾期间，由中央电视台、中央广播电视台、人民日报等中央主流媒体和地方权威媒体全面客观报道地震灾害情况[②]、国家抗震救灾的重大决策部署以及抗震救灾工作的难度、抗震救灾工作最新进展情况，并由权威人士、专家解疑释惑，直播历次国务院新闻办公室新闻发布会，使得国内外客观、真实、及时、全面地获知地震灾害信息，最大限度地满足了公众的知情权，有效稳定了社会公众的情绪。加之地震灾害本身特征决定其扩散范围有限和引发的社会灾祸(如传染病)控制好，以及地震灾区经济不发达，对地区和国家经济影响有限(东北财经大学"众志成城：5·12 汶川大地震抗震救灾研究"课题组，2009)，使得公众能够客观真实地感知风险，没有形成社会恐慌。同时，针对地震、余震及次生灾害给灾区人民产生的极大创伤，派出了一批心理医生进行全面的心理疏导，有效帮助灾民摆脱灾难精神折磨，弱化风险感知。

(2)救灾信息疏导得当，社会参与救灾有序。地震发生后，举国上下爱国热情瞬间被激发，参与救助的意愿极其强烈，但倘若组织不好、疏导不力，救灾效果会大打折扣，甚至起反作用。为此，中央通过权威媒体准确报道灾区急需药品、帐篷、板房等实际问题，报道堰塞湖排危抢险困难以及对下游群众造成的威胁等各种新闻，准确传递抢救生命、救治伤员、群众安置、卫生防疫、恢复生产、捐

---

① 如：为恢复农业生产，震后中央政府积极动员灾区和周边省份农业部门组织帮扶队，帮助受灾地区抢收小麦和油菜。在广元、雅安、成都、乐山等轻灾区县安排蔬菜生产和新建蔬菜育苗场，组织灾区改种玉米和补种马铃薯。各级政府指导灾区畜禽良种场(户)、规模养殖场(户)修复受损圈舍和供水供电设施，扩大生产规模。四川及时完成大春粮食作物栽播 6810 万亩，栽播了花生、棉花、甘蔗、烟叶等经济作物。

② 地震 17 分钟后，中国国家地震台网通过新华社发布了汶川县发生强烈地震的消息；灾后 4 小时民政部通过新华网发布了人员伤亡信息；抗震救灾期间，每一天国务院都按时公布最新统计的伤亡人数。

款捐物、排除次生灾害、学校房屋倒塌等国外关注的热点焦点信息，辅之背景音乐、报道语音等手段"煽情"，有效引导了非制度化力量有序参与(林闽钢和战建华，2010)，使得参与救灾的人员结构、物资结构等合理，较好地发挥了民间组织救灾的积极作用。

4.4.2 日本福岛"3·11"特大地震[①]

2011年3月11日，日本宫城县以东太平洋海域发生里氏9.0级地震(以下称福岛地震)。截至2020年12月，据日本官方统计，此次地震及其引发的海啸与核泄漏，共造成约1.5人死亡、2500人失踪。造成直接损失约1.36亿元人民币，近20万人从灾区转移，引起世界范围内的核恐慌和"抢购事件"。虽然日本极力恢复重建，但仅消除核污染的影响需要短则几十年、长则几百年的时间[②]，故灾区暂未修复，处于低于灾前水平的功能紊乱状态。

1. 地震海啸核泄漏"三重'揍'"，致灾因子破坏力恐怖

福岛地震级别高达9.0级，系自有记录以来，日本规模最大的地震，世界第5大地震，其产生的破坏力本身是巨大的，但其发生于海域，震中离人口密集地有一定的距离[③]，加之从沿海向内陆逐渐由平原过渡到丘陵、山地，山地孕灾环境较为稳定(尹卫霞等，2012)，通过"陆波"传递能量、引发地质灾害以及造成的损失有限。但是巨大的地震，能够以"海波"的形式传递能量，表现为引发了10米高(最高达23米)的"海啸"，强海啸正是福岛地震人员伤亡和财产损失的直接外部原因。同时海啸还越过东京电力公司的"安全墙"，损毁核电站冷却系统，使得核反应堆的温度不能有效降低，最终引发爆炸，进而造成核泄漏事故。也即，灾区在短时间内，就接连遭受大地震、强海啸、严重核泄漏"三重'揍'"打击，致灾因子的致灾能力、破坏力是极为恐怖的，特别是核污染影响面广、破坏力强、易扩散，且目前世界范围内尚无核污染的解决良方与捷径，使得核泄漏的致灾威力尤为恐怖。

2. 相对于地震脆弱性低，海啸与核泄漏社会脆弱性高

(1)日本为地震多发国家，地震预测技术先进、地震预防准备充分、救灾重建经验丰富，综合体现为相对于地震灾害的暴露度、敏感性、易损性低。具体到本

---

① 本案例主要探讨的内容是福岛核泄漏事件，且本次地震日本官方称之为"东日本大地震"，但鉴于核泄漏系由地震引发，以及为便于与汶川地震进行灾情扩散机制与放大效应系统比较，故本研究称之为"日本福岛'3·11'特大地震"。

② 1977年，捷克斯洛伐克核电站事故的发生，排除污染的工作要到2033年才能彻底结束。1986年苏联切尔诺贝利核电站爆炸事故，其影响至少需要800年才能消除。目前专家估计福岛核泄漏影响需要300年才能消除。

③ 震中距日本本州岛仙台港东130公里。

次地震：一是提前 73 秒发布了地震海啸预报，为受灾群众逃生赢得了宝贵时间；二是基础设施、生命线工程以及建筑物防震性能高，以发生爆炸的核电站为例，虽然建于 20 世纪 70 年代初，但其抗震级别高达 7.9 级；三是灾害发生后，灾区群众表现出从容应对的景象。综合地，由于日本对于地震的脆弱性低，使得本次地震直接造成的生命、物理损害总体有限和可控。

(2)对于海啸的脆弱性较高。日本系岛屿国家，海啸时有发生，因此较为注重海啸防范，以发生爆炸的核电站为例，其建有 5.7 米高的防海浪冲击"安全墙"，但是本次海啸袭击核电站的浪高 14 米，远远高于防洪高度，使得供电系统被损坏。核电站在遇紧急情况停电后，本配有柴油发电和蓄电池两套应急电源系统，但是应急柴油发电机组被海啸冲击后，无法启动，而紧急电池存储的电力有限，很快就耗尽，加之调用的电源不匹配，进而使得冷却泵系统停止工作，核反应大量余热无法被带走，最终造成多个机组温度急剧上升、发生爆炸和放射性物质泄漏的事件。

(3)对于核泄漏的脆弱性极高。国际核能协会指出，人们日常生活不可避免地会受到自然界的核辐射，微量的核辐射有益于人体健康，少量的核辐射也不会对人体健康造成危害。但是过量的、高浓度的核辐射却会对人体产生损害，甚至直接导致死亡[1]。因此人类在核辐射面前是极为脆弱的。但核能又是清洁能源、低成本能源，在能源日益紧张的情况下，核电发展很快，截至 2004 年 5 月，核电约占世界电力生产的 16%。因此，只有不断提高核技术的安全性标准，提升核泄漏的控制力，以便核能造福人类。正是在这样的指导思想下，目前核电技术发展迅速，正研究应用能够解决核能安全性、废物处理和防止核扩散问题的第四代核电机组（目标定于 2030 年向市场推广应用）。但是福岛核电站采用的是第二代核电技术，使用的是已被淘汰的单层循环沸水堆散热技术，依靠电动控制带动冷却水循环散热，一旦冷却水循环系统出现故障，核反应的热量将无法散去，存在较大安全隐患。且福岛核电在建设之初对抗震性和防水性的设计标准较低，其防震能力仅为 7.9 级、防水能力为浪高 5.7 米，均远低于本次地震和海啸强度，使得冷却系统被毁。同时，福岛核电站还存在超期服役、设备老化[2]，管理不善、安全意识淡薄[3]，监管体制缺乏独立性[4]等问题，因此福岛核电站在地震和海啸面前是脆弱的，表现为在两大灾害冲击下，冷却系统被毁，进而引发了核泄漏事故。

---

[1] 以切尔诺贝利事故为例，事故导致 31 人当场死亡，上万人由于放射性物质远期影响而致命或重病，至今仍有被放射线影响而导致畸形胎儿的出生。

[2] 福岛核电站 1971 年投入使用，至事故发生时已运行 40 年，超期运行，且各种设备和管道已经老化，甚至出现锈蚀。

[3] 东京电力公司作为福岛核电站主体，为民营企业，其逐利性决定其更重视经济利益而忽视安全性，据日本公开的材料显示：福岛核电站隐瞒事故 29 年，篡改安全数据 28 次，有 33 组机器没有经过安全检查就直接使用。

[4] 东京电力公司与监管核电站的原子能安全保安院隶属于同一个上级——经济产业省，形成了电力公司"自我监管"的模式（杨晖玲，2012）。

3. 经济社会抗逆力强，但在核泄漏灾害面前"失灵"

日本为发达国家，其经济总量高居世界第3，人均收入世界排名第18（据经济合作与发展组织2017年的调查数据）。灾害发生地福岛县的经济发展水平也很高，年出口额约180亿元，是日本东北部地区工厂数最多、产品上市额最高的县，特别是加工组装型产业的工厂数位居日本榜首。且福岛县有纵横交错、高速发展的交通体系[①]，人口190万（65%居住在市区），以及医疗卫生、教育科技、巨灾保险等方面均较为发达，总体上经济社会抗逆力较强。

但是，核技术发展至今，仍无较好的核辐射影响消除技术，使得承灾体一旦被核污染后，恢复极为缓慢，表现为抗逆力极弱。而福岛地震引发的核泄漏又在多重人为因素作用下，使得核泄漏影响被放大，相对地，抗逆力进一步被减弱。一是福岛核电站爆炸伊始，东京电力公司出于自身经济利益考虑，掩饰了核泄漏的相关信息，致使日本政府错误判断核泄漏灾情，低估了核泄漏风险及其对人类和生态系统可能带来的严重后果，进而未能及时启动国家应急救援响应，以至于事故发生的前4天，几乎没有动员国家、地方政府力量进行救灾。二是福岛核事故发生后，日本首相官邸、东京电力公司以及原子能安全保安院（核安全监管机构）之间互不信任，缺乏统一的认识，导致核事故处理问题混乱，进一步导致事故恶化。比如：在1号机组、3号机组接连发生爆炸、事态急剧恶化时，日本首相菅直人却收到东京电力公司申请从福岛第一核电站撤离的信息。在事故后的救援行动中，日本首相菅直人作为核事故的最高指挥官，难以调动自卫队参与核电站灭火[②]。三是福岛核泄漏事故发生后，专业的救援、处置力量极度匮乏，期初仅有50名"敢死队"留守处置，而之前尚未将核泄漏处置作为灾害救援主力军——自卫队的培训内容，使得救援部队对于核反应堆的燃料棒溶解等问题束手无策。后期日本首相继任者野田佳彦不得不承诺"日本政府将立即推进从事核污染清除工作人员培训工作，以确保在2012年4月能有3万以上的人员参与清除核污染影响"。

直到核泄漏发生9个多月后，福岛核电站反应堆才被控制于相对稳定状态，预计要用30~40年才能完成核电站废堆作业。时至今日，大量的恢复工作仍在艰难中推进，核电站现状仍不容乐观，离事故的完全平复为期尚远，总体上处于低于灾前水平的功能紊乱状态。

[①] 福岛县有铁路13条、公路70435条（其中：国道19条，县道367条，市町村道70049条）、福岛机场、7个港湾。
[②] 自卫队一度以会使队员遭到严重的核辐射为由予以拒绝。

4. 风险沟通有效度不高，已引起世界范围风险放大

核泄漏风险沟通问题较大。作为抗震经验丰富的岛屿国家，日本关于福岛地震与海啸的风险沟通是有效的，震前 73 秒就通过 NHK 电视台播报了地震和海啸预警，震后 17 秒就播出了地震灾害场景画面，使得灾区民众有充分的反应时间，并在地震发生后立刻了解掌握受灾情况。与中国注重灾害感情渲染①不同，日本更注重信息的真实性、实用性，比如 NHK 电视台滚动播报灾区受灾情况、政府应对措施、饮用水和食物存放地点、撤离灾区通道以及灾情预警等重要信息。但是在核泄漏事故信息披露方面，存在较大问题，体现在：

一是报道及时性不够。受制于东京电力公司为民营企业，且灾害发生后，内部已陷入混乱状态，使得日本政府不能及时掌握核泄漏事故真实情况，进而也就无法及时披露事故情况，甚至连时任日本首相菅直人都只是从电视上获知核泄漏，1 小时后才接到东京电力高管电话，之后才召开新闻发布会说明核爆炸情况和"核能紧急事态宣言"。日本政府在核泄漏信息的掌握、研判、发布方面的滞后性充分暴露。

二是报道主动性不够。面对影响巨大的核事故，了解掌握灾害真实情况究竟如何是国际社会亟盼的，日本政府本应积极主动、及时披露真实信息，以正向引导社会舆情，消除核恐慌，但是日本却在国际原子能机构多次敦促后，才提供有关核反应堆的详细信息及情况。信息披露的主动性不够，使得社会公众对核泄漏的严重程度具有无限想象空间，无疑为"谣言"提供了温床。

三是报道严谨性不够。日本政府关于核泄漏事故的论断，经历了不会发生→恐会发生→尚未发现是否发生→无法确认是否发生→已经发生(存在核泄漏迹象)→事故级为 4 级→事故级别调整至 5 级→事故级别定为最高级 7 级，不够严谨、准确的论断，使得政府的公信力不断下降，引发群众猜疑日本政府故意隐瞒事故的真实性。又如，2011 年 3 月 27 日，日本政府对外公布 2 号机组积水的辐射超标 1000 万倍，但随后却声称公布的信息是错误的，应为超标 10 万倍，日本政府在核泄漏这种巨大影响的事件中，显得极不严谨，面对两组相去甚远的数据，群众无疑会猜忌政府是否隐瞒真实情况，让政府的公信力跌至冰点②。

风险沟通不及时、不主动、不严谨和不断升级的核泄漏，在与核辐射恐怖致灾力、公众缺乏核知识、核泄漏传播性强、核电站爆炸惨痛回忆以及世界各地媒体报道渲染等多重因素共同作用下，使得世界范围内出现了"反应过度"局面，

---

① 比如中央电视台打出"抗震救灾，众志成城"标语，新闻播报者使用较为沉重的语音、语调和用词，以及配有悲伤背景音乐等。
② 在日本共同社公布的一项民意调查结果显示，对福岛第一核电站泄漏危机中，58.2% 的民众认为政府应对不力，其中：19.6% 的民众完全不认可政府、38.6% 的民众非常不认可，仅有 4.9% 的民众表示相当认可(何德功，2011)。

对于核能是否安全、是否继续发展核电、是否关闭核电站等问题接踵而来，有些国家和地区甚至爆发大规模的示威游行，强烈要求关闭核电站、放弃核电，使得核电发展受阻[①]。

4.4.3　汶川地震与福岛地震比较

汶川地震与福岛地震是发生时间相近、震级罕见，但孕灾系统、承灾系统、传导系统、抗灾系统不同的两起巨灾事件。在前文剖析单个案例的基础上，进一步对比分析两次地震成灾机制、其放大效应的差异对验证巨灾风险扩散与社会放大理论和指导减灾救灾实践具有重要意义。两次地震的灾情影响因素放大力度比较见表4.6。

1. 致灾因子系统差异性及其灾情放大对比

汶川地震属大陆地震，地震能量以"陆波"形式传递，表现为直接造成人类赖以生产生活的地表系统及地表系统附着物(如人类、动植物等)的损害，并通过引起次生地质灾害和与气候致灾因子形成灾害遭遇(如泥石流、堰塞湖等)进一步放大灾情。而福岛地震属海洋地震，地震能量以"海波"形式传递，表现为地震本身对人类生产生活损害有限，但通过引起海啸、核泄漏等二次灾害而造成巨大灾害损失。

2. 承灾系统脆弱性差异及其灾情放大对比

汶川地震灾区属经济欠发达落后地区，基础设施、建筑物的质量、结构与位置均不佳、易损性高，且地震预测技术落后，居民(特别是农村人口多)防灾减灾经验不足、意识淡薄，整个灾区应急准备不充分，致使地震发生后，基础设施被毁、建筑物结构破坏，进而造成大量人员伤亡。而日本系地震多发国家，已积累丰富的地震经验，居民防震意识强、逃生避险技巧熟练，且具备先进的防震抗震技术，应急准备充分，同时福岛地震灾区属城市系统，基础设施和建筑物等级高，使得其抗地震能力强，进而使得地震直接对其生命财产造成的损失有限。但是，日本对海啸的防范能力不足、暴露度高，加上人文环境因素(核电站)，进而产生特大二次灾害，也即地震仅仅是"引子"，海啸与核泄漏才是"真正"的灾害。同时，与汶川地震灾区为农业系统，经济与外界联系少不同，福岛地震灾区经济发达，集聚了大量的钢铁、石油化工及制造工业，是能源、交通重地，使得经济系统的暴露度高，且日本经济已高度全球化，灾区集中了一批世界企业，灾区停工停产可通过连锁反应快速殃及其他地区和国家，进而造成经济上的更大损失。

---

① 如：德国暂停或关闭了三分之一的核电站，意大利放弃了核能，英、美重启和新建核电站计划受阻等。

3. 承灾系统抗逆力差异及其灾情放大对比

从抗灾"止损"的角度看，两起地震后，中日两国均反应迅速，第一时间成立了指挥部，及时部署、积极调动各种力量、资源投入抗灾抢险。但在实际行动方面，中国抢救出 87 000 多人，一些潜在危险(如堰塞湖)得到及时排除以及身处危险地的群众得到及时救助，日本虽然也及时转移了 20 万群众，但其行动则显得较为迟缓，应对不力"超预期"，造成灾区群众和国际社会对日本的信任危机(许建华等，2014)。特别是核泄漏后，日本表现出应对核泄漏技术、人员、手段不足，使得灾情难以控制，不断被放大，同时在未经批准的情况下，"不得不"自行向海洋排放"1.15 万吨低浓度放射物"，使得核泄漏影响被放大。

从灾后恢复重建来看，汶川地震灾区虽然经济、社会、自然等多维度的抗逆力极弱，但是在面对新中国成立以来的最大地震，中央政府、广大人民举全国之力"抗震救灾，众志成城"，极大地保障了灾后基础设施、建筑物以及经济系统在短短的几年时间内超震前水平修复，表现出极强的恢复力。福岛地震后，日本也投入了巨量的资金、技术、人员以恢复重建，但是由于受核污染自身特征制约，灾后恢复极慢，原生活在灾区的群众何时能够重返家园尚不得而知，表现出较弱的恢复力。

4. 风险沟通有效度差异及其灾情放大对比

汶川地震后，中国立即成立了由中宣部牵头的宣传组，采取电视连线直播地震现场，召开新闻发布会，聘请权威专家解读等方式真实、客观、及时地报道，反映灾情及其救灾面临的困难、成效进展等灾害动态，使得公众能够客观、真实、及时、全面地获知地震灾害信息，最大限度地满足了公众的知情权，有效稳定了社会公众的情绪，汶川地震风险沟通有效度很高，风险社会放大得到了有效控制(表 4.6)。

表 4.6　汶川地震与福岛地震灾情影响因素放大力度比较

影响因素		汶川地震	放大力度比较	福岛地震
致灾因子	地震震级	8.0 级地震	<	9.0 级地震
	次生灾害	滑坡、泥石流、堰塞湖	<	特大海啸、7 级核泄漏
	致灾情景	没有预测到地震，同期无其他灾害发生，缺乏应对特大地震经验	≈	已预测到地震和海啸，但没有预测到核泄漏，缺乏应对核泄漏经验
承灾体脆弱性	物理脆弱性	基础设施极不发达，抗震性能低	>	基础设施高度发达，抗震性能高
	社会脆弱性	抗震经验欠缺，技术滞后，准备不足，抗地震冲击能力弱	≈	有丰富的抗震经验、先进的抗震技术与充分的应急准备，抗地震冲击能力强。但抗核辐射能力弱，且容易通过经济链条向外传播
	自然脆弱性	震区为山地，极为脆弱，易受地震破坏	≈	灾区虽为发达城市，但对于核辐射却无能为力

影响因素		汶川地震	放大力度比较	福岛地震
承灾体抗逆力	社会抗逆力	举全国之力救灾，中国特色社会主义制度充分体现	<	救灾力度大，但受技术所限，核污染后难以修复
	经济抗逆力	同上	<	同上
	自然抗逆力	自然生态恶劣，需要漫长时间修复	<	核泄漏造成污染修复难度极大
风险沟通	风险感知	灾害信息传播质量高	<	政府隐瞒灾情，事故等级不断上调，产生猜疑与恐慌；部分媒体渲染核泄漏难以控制，引起恐惧
	行为决策	没有引起社会恐慌	<	引起了日本乃至全世界范围内的社会恐慌

反观福岛地震，起初日本政府仅精准地预测和掌握了地震、海啸信息，但对核泄漏预判不准确，仅是估计可能存在风险隐患，使得日本政府并未掌握灾情真实信息，向社会公众披露不会发生核泄漏的信息。同时，在整个事件处理过程中，起初主要由东京电力公司自行组织，耽误了灾情控制宝贵时间，其后灾情级别逐渐上调至最高级7级，引起了社会公众的"热议""猜疑"，加之核辐射影响深度广度难估量、损害难恢复以及社会公众核知识缺乏，使得公众感知的风险水平极高，不仅日本出现了抗议、抢购物资行动，其他国家的公民也出现类似行动，出现"零核时代"的反核势头，一些国家地区不得不停止(暂停)核行动，也就是风险被放得非常大。

从两起特大地震放大效应的四个维度来看，①在强度放大维度上，汶川地震灾区人员暴露性高，人员伤亡显著多于福岛地震；灾区经济欠发达、总量小，使得直接经济损失小于福岛地震；地震灾害本身覆盖范围有限，不易引起灾区外人民共鸣，而核辐射直接危及周边地区和国家安全，易引起核恐慌，使得福岛地震造成的心理影响高于汶川地震。但鉴于生命价值不可衡量，故强度维度的放大效应难做比较。②在空间维度上，受制于陆地地震影响面有限和灾区经济不发达双重特征，汶川地震的空间放大效应有限，而福岛地震灾区系全球经济重要节点，易通过经济链条向外传播，且核污染易通过海洋、气流等多种载体向外传播，使得空间放大效应很大，故汶川地震的空间维度放大效应小于福岛地震。③在速度维度上，汶川地震造成的损失是瞬时性的，承灾体几乎无抵抗时间，而福岛地震造成的直接损失小，更多的是通过灾害链、经济链形成次级损失，而次生灾害需要一定的形成、作用时间，进而灾区可作一定的应对准备，故速度维度上，汶川地震的放大效应大于福岛地震。④在时间维度上，目前除灾区人民心理、社会交往需要较长时间康复外，其他多数系统已超震前水平修复，而福岛核辐射造成承灾系统难修复，影响时间长，故时间维度上，汶川地震的放大效应低于福岛地震(表4.7)。

表 4.7　汶川地震与福岛地震风险放大效应比较

放大维度		汶川地震	放大效应比较	福岛地震
强度	人员伤亡	造成 69227 人死亡、17923 人失踪、374643 人受伤	>	造成 15550 人死亡、3760 人失踪
	经济损失	灾区经济欠发达，总量小，直接损失 8451 亿元人民币	<	灾区经济发达，总量大，直接损失 13150 亿元人民币
	心理影响	风险沟通、心理辅导有力，且地震灾害本身覆盖范围有限，不易引起灾区外人民共鸣	<	核辐射直接危及周边地区和国家安全，易引起世界人民核恐慌
空间		人员伤亡限于灾区，经济系统不发达，向外扩散有限	<	灾区系全球经济重要节点，易通过经济链条向外传播，且核污染易通过海洋、气流等多种载体向外传播
速度		地震造成损失是瞬时性的，承灾体几乎无抵抗时间	>	地震造成损失小，更多的是通过灾害链、经济链形成次级损失（需要一定时间）
时间		除灾区人民心理、社会交往需要长时间康复外，其他多数系统已超震前水平修复	<	核辐射造成承灾系统难修复，影响时间长

4.5　本　章　小　结

本章在回顾风险社会放大框架基础上，综合运用自然、社会领域理论，构建了一个集风险扩散与放大路径、载体、维度、影响因素及其作用机制为一体、覆盖自风险源至最终损失的全链条的风险放大理论体系。在此基础上，采取计量模型与案例分析相结合的实证方法，对巨灾风险放大影响因素的作用力进行测度，对不同巨灾风险放大机理进行比较分析。主要结论有：一是巨灾风险扩散与放大是由自然与社会双重因素耦合而成的，灾情具有"加重性"、"脱域性"、"加快性"和"延迟性"复杂现象，剖析风险放大现象要综合考虑自然与社会两个维度的因素。二是致灾因子破坏力、承灾系统脆弱性、承灾系统抗逆力和风险沟通有效度是决定巨灾风险扩散与放大程度的因素。启示在管理巨灾风险时，要注重统筹兼顾，既要从合理避开遭遇破坏力强的灾害，降低风险的自然放大，也要从降低承灾系统脆弱性、提高承灾系统抗逆力、做好风险沟通的维度，降低风险的社会放大。

第5章 巨灾风险社会抗逆力分析与评价

巨灾风险的社会脆弱性与抗逆力是风险管理的两个方面。社会脆弱性研究在现代巨灾风险管理理论和实践中已经引起高度重视。但是，抗逆力的研究较为薄弱。近年来，包括国际气候变化专门委员(IPCC)在内的国际组织等对灾害风险管理抗逆力的研究和运用越来越重视，风险抗逆力研究成为风险管理新的领域。然而现有研究对抗逆力理论内涵并没有形成共识，对抗逆力水平的定量分析和评价就更为滞后。基于此，本章从抗逆力的理论基础出发，研究抗逆力与脆弱性的关系，以及抗逆力在风险管理中的角色与作用，构建了包括社会抗逆力、社区抗逆力和家庭抗逆力等三个维度的抗逆力的指标评价体系，并提出优化抗逆力路径选择。

5.1 社会抗逆力的理论基础

有别于传统以工程防御为主体、消极被动的风险管理理念，抗逆力是一种应对风险的全新的战略性概念(Norris et al.，2008)，将风险管理的重心从技术、资金、财产等物质性投入的单一选项转移到和文化、制度、社会资本等非物质投入并重的双轨运行轨道上来；将从依靠外源式帮助为主转换为系统主体内生性动力为主、外来帮助为辅的新型风险管理模式。抗逆力作为应对风险的一种积极表现，更加强调物质因素与非物质因素的协同效应，充分释放社会每个细胞、每个系统抵御风险的潜在能力。因此，深刻把握抗逆力的概念内涵，深入剖析抗逆力的影响因素，对于系统主体的灾后恢复具有积极的现实意义。

5.1.1 抗逆力的内涵与演变

抗逆力(resilience)来源于拉丁语 resilio，最初源于物理学领域或工程学领域，意思是反弹、弹回，有时也被翻译为弹性、恢复力、韧性力。一般而言，物体在受到不同程度的外力作用时会呈现出屈服强度下、处于极限强度下和断裂反应特征。因此，在传统的自然科学领域将抗逆力形象地描述为物体在受到外来力量作用下的反应轨迹或弹性形迹，或者是物体在外力作用下发生变形并储存恢复势能的能力(Gordon，2011)。

在自然灾害频发背景下,学者们开始关注自然灾害面前人们表现出的抗逆力,即暴露于致灾因子下的系统、社区或社会及时有效地抵御、吸纳和承受灾害的影响,并从中恢复的能力,包括保护和修复必要的基础工程及其功能。Holling(1973)等学者将抗逆力引入生态学。所谓抗逆力,是指在不可抗力的自然因素或人为因素引致变化冲击时,为保持自然系统结构完整性及功能稳定性,自然系统所能够吸纳或承受的扰动量。抗逆力不仅是被动地接受外在自然能量,Bruneau等(2003)更是强调人在灾害面前的主动性,认为抗逆力是各受灾主体(包括个体、社区和组织)通过采取多种抗逆方法来弱化自然灾害因子影响的能力。刘婧等(2006)则进一步将抗逆力分解为面对灾害的自组织能力、持续学习能力、适应能力、恢复能力。UNISDR(2015)认为在风险暴露下的各主体在抗风险过程中表现出有效的抵御、吸收、适应及恢复能力。

随着风险理论研究的发展,抗逆力的应用逐渐从生态学、灾害学等自然科学向社会学、文化学、制度学、心理学等社会科学领域拓展。社会学领域将抗逆力定义为一种品质,即个体或组织在逆境中或面临困难时也不会表现出反社会性质的物质滥用、犯罪等问题(Linquanti,1992)。然而,文化学领域认为抗逆力不仅仅是一种品质,如张秀兰和张强(2010)指出人类的抗逆力潜能是数千年与无数艰难险阻搏斗的经验积淀的结果,是我们的"文化 DNA"。钟晓华(2016)把政府及其他社会组织基于多元利益相关者的治理网络及管治能力称为制度抗逆力。心理学领域认为抗逆力是在高危或逆境中,个体快速调整自我以适应、克服恶劣环境的能力和潜能。Bonanno(2004)、McMahon 等(2007)等认为抗逆力是一种能力,即面对消极事件时表现出稳定的心理健康水平和生理功能,并且能有效处之的能力;美国心理学会将抗逆力定义为个人面对生活逆境、创伤、悲剧、威胁或其他生活重大压力时的良好适应能力,它意味着面对生活压力和挫折的"反弹能力"。此外,Titus(2006)则把抗逆力看作一个受稳定、应对及建构等多因素交织影响的心理反应过程。Leipold 和 Greve(2009)认为抗逆力是一种面对逆境时表现出的"心理弹性"或"心理韧性",是一种内在的特质或品质。

总之,对抗逆力的研究已突破原有灾害学的研究边界,向心理学、生态学等领域广泛渗透。从抗逆力概念演变过程看,基于不同维度和学科背景的学者们赋予抗逆力不同的内涵和外延。总体上,基于不同的风险灾害主体,学术界对抗逆力概念的界定也并未形成共识。

(1)社会抗逆力。Paton 和 Johnston(2001)认为社会抗逆力是社会在危难中有效使用自有经济资源和心理资源禀赋进行恢复的过程;Bruneau 等(2003)则把社会抗逆力看作是社会单位降低危险程度、弱化灾害负面影响而采取措施的过程;张秀兰和张强(2010)认为社会抗逆力是指包括个体、家庭、社区、社会、政府等整个社会机体抵御风险、最大限度降低风险损失以及修复风险损害的能力。朱华桂(2013)进一步对社会抗逆力进行了更为全面的诠释,认为社会抗逆力是由各种能力交织成的网络模型,既包括面对外来环境变化表现出的适应、消除、抗压及干预能力,也包括自身信息沟通、经济发展、社会资本等能力。

(2)社区(组织)抗逆力。Adger(2000)把社区抗逆力看作是社区利用自身基础设施抗击外来冲击的能力。Sempier 等(2010)认为社区抗逆力是社区应对风险而做出适应、抵抗或是改变的能力。Ganor 和 Ben-Lary(2003)、Pfefferbaum 等(2008)也认为社区抗逆力是社区通过综合发挥资源禀赋效能在风险灾害中成功适应和应对社会风险,迅速恢复功能,达到过往水平的能力。社区抗逆力是整个社区在面对复杂多变的外部环境时适应、处理及恢复的能力(Bell,2002;Gallopín,2006;McManus et al.,2008)。

(3)个体或家庭抗逆力。学术界在微观层面对抗逆力的研究主要聚焦于个体心理方面。个体或家庭抗逆力指个体或家庭暴露于各种逆境中时,在与困难长期的斗争中,个体或家庭利用自有资源或在外来帮助下适应不利环境以及从困难中恢复的能力(Egeland et al.,1993;Luthans and Youssef,2004;Butler et al.,2007;刘玉兰,2011),所以,个体或家庭抗逆力的本质是风险主体在困境中表现出的适应恢复能力。

通过对抗逆力概念的梳理可知,不同视角下抗逆力内涵不同,传统视角下把抗逆力视为灾后的补救及恢复力,而现代视角下把抗逆力看作风险中人的主观能动性的发挥,利用资源积极应对灾害。本研究认为,抗逆力是风险主体在应对外来风险或冲击等不利环境过程中表现出的抗压能力与稳定能力,并且积极充分利用自有资源和借助外部力量进行灾后恢复、重建的过程。总体上,学术界从多维度多视角对抗逆力概念进行界定,丰富了抗逆力理论内涵,但抗逆力的形成主要有三个核心组成部分:一是暴露于风险或逆境中,二是抵消困境影响的资源或者优势的出现,三是展示积极的适应结果(刘玉兰,2011)。进一步对抗逆力概念进行梳理发现,抗逆力概念在理论内涵和适用外延具有如下特征:

(1)抗逆力内涵认识不断深化。虽然 Masten 等(1990)提出抗逆力是个体在逆境中仍能积极表现特质、过程和结果的共同体,但随着抗逆力理论向纵深方向拓展,人们发现很难对抗逆力进行科学界定,于是对抗逆力的认识逐渐呈现出多样化的特征。第一,抗逆力是一种能力或品质。在面临灾害或困难时,承灾或受压主体利用自有资源及外来帮助克服困难、恢复良好状态的能力、品质或潜能(刘玉兰,2011),当然包含人格特质和自我观念(陶欢欢,2009),这种品质或能力是与生俱来的,并且随着环境的改善可以开发和提升;抗逆力是个体在风险破坏性下的承受力以及表现出尽可能少的不良行为的能力(Werner,1995),抗逆力是个体从负面经历中恢复过来,并且灵活地适应外界多变环境的能力;2012 年 IPCC 发布的《管理极端事件和灾害风险,推进气候变化适应特别报告》(SREX)更进一步指出抗逆力是压力发生前和压力发生后两种场景下系统承受、维持、重构、提高的能力(Folke，2006)。第二，抗逆力是一种结果。抗逆力绝不仅仅是系统主体与生俱来的属性，而且还是一种适应风险的结果(Kahan et al.，2009)，面临逆境仍表现出良好的适应状态并恢复原状(Masten，2001)。第三，抗逆力是一个过程。抗逆力是承灾主体在外部干扰或环境变化的动态适应过程(Luthar and Cicchetti，2000)，或者是风险因素与保护因素交互作用的过程(Howard et al.，1999；Richardson，2002；Norris et al.，2008；Sherrieb et al.，2010)。第四，抗逆力是一种机制。抗逆力是关于个体改变过程和长期发展轨迹的理论，是系统主体在复杂环境下对系统结构功能进行固化并实现进一步自我发展的运行机制(Hollister et al.，2001)。第五，抗逆力是特定情境下系统主体的反应过程，因此对抗逆力的认识应该处于动态的调整之中(Luthar，1993)。

(2)抗逆力外延得到积极拓展。Elmqvist 等(2004)提到，生态系统本身具有适应性，人类只有通过仔细地观察、学习和改变某些行为模式才能让生态系统用自身的适应性去完成结构的转变(Gunderson，2000)，而结构的转变(regime shift)在之后的研究中又促成了巨灾理论的发展(Scheffer et al.，2001)。通过结构转变、资源重构等内生力量，系统抗逆力的提升能够改变风险的发展轨迹，从而日益挑战"灾害风险约束发展机遇"的传统观点(Mochizuki et al.，2014)。因此，抗逆力绝非静态的、单一面向的概念，而是一个处于动态发展过程中的复杂系统(Colten et al.，2008；Cutter et al.，2008)。抗逆力源于物理学现象，对抗逆力概念的界定逐渐向其他自然科学领域与社会科学领域扩散。受到生物技术等因素的影响，最初抗逆力的研究主要聚焦于生物学视角下的个体抗逆力，随着计算机科学与技术、统计学等学科的发展，抗逆力的研究从注重传统领域扩展到非传统领域。Mileti(1999)最早开始将抗逆力应用到自然灾害的评估中，Walker 等(2004)将生态系统的抗逆力扩大为社会-生态系统的抗逆力，使抗逆力研究实现自然和社会的结合；从个体心理抗逆力到个体分子或神经元抗逆力(Nelson，1999)；从硬件建筑物、经济等抗逆力到文化抗逆力、制度抗逆力等。从单一研究基因抗逆力到更加注重多元动力：在基因与环境互动、基因与社会互动中，可以探寻出在风险暴露中抗逆力起主体作用的因子类别(Masten，2007)；从人与自然的互动中寻求提升抗逆力到人与人、人与资源协同效应来提升抗逆力。

5.1.2　抗逆力和脆弱性关系

抗逆力包括恢复力，也有学者把 resilience 译作恢复力(方修琦和殷培红，2007)。与抗逆力一样，脆弱性也是灾害管理方面的重要维度或者自然灾害的固有属性，二者关系引起学术界的广泛兴趣。总之，脆弱性和抗逆力作为风险管理的重要内容，二者既有时间上的先后顺序，也有力量对比上的此消彼长的关系。从内容上看，二者既有重复也有交叉，但脆弱性是风险主体应对风险灾害结果的静态反应，而抗逆力是风险主体对风险灾害的适应、恢复的动态过程。学术界从不同维度对二者关系进行了深入的剖析，具体来看：

一是时间维度上的先后顺序。从联合国国际减灾战略(UNISDR)对脆弱性和抗逆力概念的诠释中看出，"抗逆力是指一个暴露在风险下的系统、社区或者社会能及时有效地抵御、吸收、适应灾难带来的影响，并从中恢复的能力，包括其核心的基础设施和功能的准备与复原"，而"脆弱性是指社区、系统或资产易于受到影响或破坏的状态，表明其易于受到致灾因子影响的特征"。可见，脆弱性和抗逆力在内涵界定上虽然存在一定的重复和交叉，但二者又存在明显差异，在不同时期起着不同的作用，即在遭受灾害的初期，系统脆弱性发挥着主导作用。因为自然、经济、社会、人口等复合脆弱性的存在使得系统容易受到外来变化的冲击和影响，直接决定着灾害损失大小。随着时间的推移，在受到外力作用后，系统自身的抗逆力开始起主导作用。个体、家庭、社区及整个抗逆力的大小影响着系统在灾难中恢复的速度和质量。总之，脆弱性与抗逆力两者相互衔接，依次占据主导地位并由此构成一个闭合回路(樊博和聂爽，2017)。

二是既有交叉，又有区别。在关于脆弱性与抗逆力二者关系的讨论中，可以发现国内外学者均有把恢复力纳入脆弱性解释的尝试。气候变化专门委员会(IPCC)认为，"脆弱性指一个系统及其组成成分从潜在的危险事件影响中，以迅速有效的方式，预测、承受、适应或恢复的能力"。脆弱性是在外力或灾难面前表现出的适应、恢复能力(Kasperson and Kasperson，2001)，从脆弱性内涵上看，脆弱性包含抗逆力(恢复力)，因此有学者将脆弱性与抗逆力比喻为整体与部分的关系，即抗逆力是脆弱性的重要组成部分。但这种将二者界定为整体与部分的关系忽略了经济环境的变化，以及系统主体主观效能的发挥。事实上，系统在风险社会中将期望损失值大小看作是脆弱性，脆弱性不仅由自然风险本身决定，在很大程度上也取决于经济、社会以及环境等因素，将脆弱性从传统的自然领域向经济社会领域拓展，并且逐渐弱化脆弱性中的自我恢复力，对脆弱性的界定更具有经济学意味(章国材，2014)。不仅如此，学术界还对脆弱性和抗逆力赋予不同的标签，脆弱性往往和风险、灾难、损失等相联系；而在心理学(Masten and Coatsworth，1998)、生态系统学(Waller，2001)、社会学(Bruneau et al.，2003)、组织管理学(陈征，2012)等领域中，都强调抗逆力是指"良好地适应结果""积极地采取措施""有效地利用资源"。更进一步，抗逆力是恢复、超越甚至是创造新能力的能力(Bruneau et al.，2003)或者是学习能力(Paton et al.，2000；Carpenter et al.，2005)甚至是一种知识(Coles and Buckle，2004)。显然，不能将抗逆力和脆弱性简单地看作整体与部分的关系，它们之间既有内容上的交叉，又有显著的区别。

三是同一表征的不同表述。脆弱性和抗逆力都是承灾系统的重要内容，是对同一现象不同的描述。脆弱性是以致灾因子为考察对象，关注系统暴露于风险的状态表征和受损可能性，强调的是应对外来扰动的一种结果、状态，是系统本身面对外来变化冲击时所具有的固有属性。因此，脆弱性是一种表征损失量的静态指标；而抗逆力以承灾主体为研究对象，侧重于分析对外力作用的响应、抗击、恢复的行为过程，并且会随着外来环境的变化而做出相应的、积极的调整（Masten and Coatsworth，1998）。因此，抗逆力是一种表征社区防灾抗灾能力的动态过程。总之，脆弱性主要强调系统对风险被动的承受，而抗逆力强调系统积极应对风险的过程和能力，脆弱性和抗逆力是同一表征的不同表述（Ligon and Schechter，2003）。

四是力量对比上的双螺旋结构。脆弱性和抗逆力是风险管理的重要内容，二者存在一定的交叉和重复，可以说在某种程度上受共同因素的影响和制约。通常来说，系统的脆弱性越高，其较低的抗击风险能力致使系统在风险面前受到损失的可能性越高，用于抗击和恢复的资源越少，抗逆力越低。反过来，系统抗逆力越高，意味着系统在灾难抗击中的稳定能力越强以及从灾难中恢复的速度越快，会影响系统在下次灾难面前的脆弱性大小。因此，抗逆力是脆弱性的反向体现，脆弱性和抗逆力是此消彼长的关系（Folke et al.，2002）。但由于脆弱性与抗逆力会受到共同因素的交织影响。因此，二者并不是简单的正相关或负相关关系，较强的抗逆力意味着系统抗风险能力越强，进而对系统的脆弱性预期较为乐观。因此，抗逆力和脆弱性在不同的场合既可能是正相关，也可能是负相关，抗逆力与脆弱性的关系可概括为双螺旋结构（Buckle et al.，2001；Coles et al.，2004；Galea et al.，2005）。这种双螺旋结构关系意味着不能将抗逆力和脆弱性简单地看作是硬币的两面或一条线的两端而强调它们之间的简单直接关联（朱华桂，2012）。总之，脆弱性与抗逆力都是由复杂因素相互作用而形成，因而对两者关系的讨论中双螺旋结构描述相对更为准确（樊博和聂爽，2017）。

5.1.3　抗逆力的影响因子

抗逆力是系统及系统内部各承灾主体面对灾难时，以及在逆境中利用自有资源或借助外力进行适应、恢复及超越的能力。但由于面临自然、经济、社会等环境差异，不同风险主体在面临灾害时的反应恢复能力不同。换言之，由于主客观因素差异的存在，处于风险中的社会、社区（组织）、家庭（个体）会表现出不同的恢复力。这是因为整体社会抗逆力由不同部分组成，除受到自然、经济、制度等宏观环境的影响，还会受到个体生物特征、社会网络、经济状况等微观因素的影响。虽然抗逆力理论呈现出主体多元化（个体、家庭、社区、政府等）和内容丰富性(经济抗逆力、制度抗逆力、文化抗逆力等)特征，但抗逆力本质上是针对风险因素而对保护因素进行整合的过程(Luthar，1991)。风险因素，是指致使系统各主体在生存和发展方面受到损失的各种生物的、物理的、自然的等因素总和。与此相反，保护因素是在风险因素出现后，使系统免受风险因素冲击的各种因素的空间集(Garmezy and Devine，1984)。保护因素则进一步分为内在保护因素和外在保护因素(Richardson，2002)。内在保护因素是系统个体所具有的抵抗风险的心理素质或能力；而外在保护因素是遭受风险冲击时获得的外来帮助。风险因素和保护因素不是一成不变的，在一定条件下可以相互转换。宏观社会抗逆力和社区抗逆力以及家庭抗逆力除了受共同因素的影响外，还会表现出个体差异。具体来说：

共性因素：主要是系统所有成员面临的自然灾害、地理环境、基础设施、经济资源、人口特征、不平等现象等，这些因素在不同承灾主体中又呈现出不同形式。

(1)自然灾害。自然灾害是对系统抗逆力构成冲击的首要因素。灾害是否可知以及灾害发生频率、力度、范围、持续时间构成了抗逆力的重要组成部分(Norris et al.，2008；朱华桂，2012)。如果风险是可知的，那么系统在应对困境时可积极地进行社会干预，比如地震频发区的居民往往通过提高建筑物的抗震等级来增强抗逆力。

(2)地理环境。地理环境在一定程度上也是抗逆力的风险重要来源之一，主要包括系统所处的宏观地理位置及微观居住的建筑物。由于抗逆力是社会环境的脆弱性、建筑环境的脆弱性、自然环境的脆弱性和自然灾害显露总和减去系统固有韧性的结果(Cutter et al.，2010)，因此，系统所处的宜人地理环境有利于灾后恢复。相反，复杂的地理环境不仅会影响灾后重建的速度，还会迟滞救援力量及各种资源的进入速度。建筑物结构类型(Cutter et al.，2003)、房屋年龄(Mileti，1999)也是形成抗逆力的重要源泉。

(3)基础设施。完善的基础设施可以有效地提升对灾难的抗逆力。便利的交通设施可以使得外面的救援力量和资源快速到达灾区，从而提高灾后恢复的速度；发达的信息通信设施可有效减少系统内与系统外部间的信息不对称，从而为相关部门快速制定应急方案提供信息支持；水电气生活设施则对维护灾后的秩序至关重要；医疗机构(Auf der Heide and Scanlon，2007)、防护设施(Tierney，2009)等是否完善关系到系统灾后的恢复速度与质量。

(4)经济资源。经济资源是灾后恢复过程中的重要物质基础，结构资源及资源配置结构在某种程度上直接决定着系统抗逆力。劳动力就业比例(Tierney et al.，2006)、拥有住房比重(Norris et al. 2008；Cutter et al.，2008)、收入结构(Bruneau et al.，2003)、女性就业比(National Research Council，2006)、收入及平等性(Norris et al.，2008)对提高社会及个体抗逆力都具有积极的导向作用。

(5)人口特征。人是灾害系统恢复的决定性因素，而人的能动性的发挥常常取决于人口特征。因此,系统中人口总体特征可反映出逆境中抗逆力大小。合理的特征结构会使系统在面对灾害时或在逆境中快速地恢复从而具有更强的适应性。通常青年人具有较强的抗逆力,因此青年人居多的社区比老人、小孩居多的社区具有更强的抗逆力(Norris et al.,2008);健康人群所占比重、最优的种族构成、良好的受教育程度、丰厚的收入都是构成社会抗逆力的积极因素(钟晓华,2016)。

(6)不平等现象。社会经济政治等领域的不平等构成弱化抗逆力因素。不同的承灾主体在面对风险时承受的压力是不均等的,弱势群体的存在是系统抗逆力的薄弱环节。因此,社会经济政治等领域的不平等现象进一步弱化了系统的抗逆力(Dow et al.,2006)。此外,教育的不平等性也会降低系统的抗逆力(Morrow,2008)。教育不平等意味着系统成员文化知识存在短板,从而降低了系统抗逆力。

差别因素:系统不同主体身处的内外环境因素不同,因此会表现出有差别的抗逆力。

(1)制度保障。健全的制度可以使整个系统在灾难及困境中从无序状态快速恢复达到、甚至超越灾前状态。首先是政治制度,主要包括社会组织制度,如政府政策、专项资金、发展规划、规章制度(Dwyer et al.,2004);其次是救灾制度,抗逆力的提升也离不开完善的救灾制度,如应急计划及响应策略的多样性(Rose,2009)以及对系统内各因素的监测以及应急计划的调整;再次是互助制度,国际政府间、非政府组织间等各种救援力量间相互协作也是形成抗逆力的重要来源(Pulley,1997);最后是系统凝聚度,组织是系统中各成员联结的纽带,众多的政府及非政府组织的存在可以快速进行信息传达、资源共享及信心的恢复(Comfort and Okada,2011)。相反,如果团体或组织受到较多的限制则会对抗逆力产生不利影响(Tierney and Bruneau,2007)。

(2)组织参与。在灾难发生时人们的集体行为(互助和利他行为、角色认同和责任担当行为、恐慌和哄抢行为),社区维度中的互惠帮助、社区成员参与、情感支持程度越高以及社区网络越强越广,均对社会抗逆力的提高带来正面的影响(钟晓华,2016)。除此之外,灾后组织的响应灵敏度以及组织间的协调度也会影响到抗逆力的发挥(Tierney et al.,2006)。社区中领导、文化、人员等都会影响在混乱及紧急状态下的快速反应能力(Bell,2002),系统成员对政府的信任度和参与度也影响着系统抗逆力大小(Morrow,2008)。

(3)社会网络。社会网络越发达,在面对困境及自身恢复力有限情况下,可以快速通过网络关系从外部获取信息、资金、情感及技术支持,从而保证主体在灾难中具有较强的恢复能力(Norris et al.,2008)。

5.2　社会抗逆力评价指标与方法选择

风险灾难发生时，系统范围内所有利益主体在面临不同程度的财产损失或者人员伤亡的同时，对风险灾难本身又表现出一定的恢复弹性，这种恢复弹性即为抗逆力。风险主体的抗逆力水平直接决定了风险灾难中损失的大小，也为各种救灾资源的配置指明了方向。由于风险灾难主体的多样性，以及主体抗逆力影响因素的异质性，因此，对抗逆力水平的科学界定与量化显得极为重要。

5.2.1　抗逆力的评价指标体系

通常来说，风险灾害发生时，社会系统及内部成员间的抗逆力表现为"公助-共助-自助"，它们相互影响、相互作用并缺一不可，构成有机体并贯穿于社会系统恢复的全过程。因此，科学界定抗逆力水平，对于正确把握系统在面对灾难或困境时的适应力、恢复力至关重要，对于抗灾救灾等政策的制度无疑具有积极的现实意义，可以有效配置资源、提升救灾效率。然而，由抗逆力理论可知，抗逆力的发挥与释放受到自然、经济、社会等因素的交织影响，抗逆力是涵盖多要素的综合性风险应对与管理能力，单一维度或视角难以诠释这一复杂问题，需要进行多维度测算(Cutter，2014)。对抗逆力进行测度是一个复杂的系统工作，因此，既要全面、客观、真实地反映居民乃至社会的抗逆力水平，又要兼顾抗逆力涵盖自然、经济、社会、制度等整体性特征。总体来说，应对外部风险的冲击，经济系统的抗逆力至少包括系统的抗冲击能力、系统的稳定能力和系统的恢复能力。

在此过程中，抗逆力指标的选取决定着能否准确度量抗逆力水平。因此，对于抗逆力水平指标的选取应基于一定的准则：①科学性。抗逆力不仅是一种现象，更是一种能力、知识、创新。因此，如何真实、客观反映抗逆力所蕴含的含义尤为重要。②全面性。抗逆力不仅有自然抗逆力，还包括经济抗逆力、制度抗逆力、人口抗逆力乃至文化抗逆力等，因此全面性要求抗逆力指标要体现抗逆力的内在逻辑性、整体性、系统性。③可行性。抗逆力是系统成员在灾难中适应、恢复能力的体现，因此指标的选取应尽可能考虑数据的可获得性以便于抗逆力的量化。④定性与定量相结合。抗逆力内容上的丰富性，既要重视对抗逆力数理化的定量描述，也不忽视对抗逆力概念和内容的定性分析，因此定量与定性分析的结合成为提升抗逆力可信度的关键。

1. 社会抗逆力

将抗逆力引入风险管理，不仅创新了环境演变响应机制的研究框架，而且开启了风险管理机理分析的新视角（Paton and McClure，2013）。社会抗逆力是经济系统根据潜在风险而采取积极的准备、规划、应对、恢复等决策的能力或过程，涵盖灾前的预防与准备、灾中的应急与救援、灾后的恢复与重建等，突出表现出经济系统对于风险压力的应对或适应性。社会抗逆力的作用机制涉及风险管理周期的全过程（Williams et al.，2013）；此外，社会抗逆力要求加强政府、市场、社会等多主体的协同参与，注重经济、法律、文化、信息技术等手段的综合运用，实现立体化的风险管理构架。更加注重在风险管理全流程中对系统优势与资源整合的关注，强调在面对危机时能够有效整合内外资源，充分发挥系统的潜能（Zahran et al.，2011）。然而在应对风险灾害过程中，目前的风险管理策略仍然侧重于依赖政府单方面的财政资源投入来抗击风险，风险管理手段较为单一。现有研究也忽略了信息传播、社会治理是否有效、经济基础等与财政资源共同抗击风险的协同效应。基于此，考虑到相关因素数据的可获得性，并遵循系统性、可比性、层次性、动态性等原则，从经济稳定、市场效率、治理能力、社会发展、信息化发展五个维度构建宏观层面的社会抗逆力的综合评价体系，如图 5.1 和表 5.1所示（Briguglio et al.，2009）。

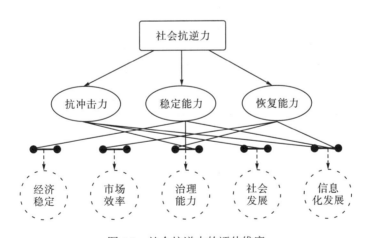

图 5.1　社会抗逆力的评估维度

表 5.1　社会抗逆力的评价体系及权重

一级指标	二级指标	度量方法	资料来源
	财政赤字率(3.730)	财政赤字/GDP	中宏数据库
经济稳定指数(6.430)	经济增长率(1.662)	GDP 增长率	中国经济与社会发展统计数据库
	通胀率与失业率之和(1.038)	CPI+失业率	中宏数据库
	金融市场化程度(10.227)	金融市场化指数	
市场效率指数(33.989)	劳动力市场化程度(20.702)	劳动力市场指数	樊纲等(2011)
	产品市场发育程度(3.060)	产品市场发育指数	
治理能力指数(20.293)	中介组织发育与法律保障状况(20.293)	中介组织发育和法律指数	樊纲等(2011)
社会发展指数(22.718)	发展与民生状况(22.718)	发展与民生指数(DLI)	中国统计学会(2014年)
信息化发展指数(16.570)	信息化发展程度(16.570)	信息化发展指数(Ⅱ)	国家统计局统计科学研究所(2011年,2014年)

注：括号中为相应指标的权重(%)。

2. 社区抗逆力

不同于宏观层面的社会抗逆力，社区抗逆力旨在反映社区这样一个特殊的社会组织面对风险的抗逆力水平。社区通常是由在地理或空间上居住、生活或工作在一起的特殊群体构成，包括城市社区和农村社区。由于空间相邻、彼此熟悉，因此，社区内部各风险主体间具有一定的依存和互动关系。

表 5.2　社区抗逆力评价指标体系

目标层	准则层	指标层	指标解释	指标极性
		建筑格局	很乱—很整洁(1~7)	正
	居住环境	地貌特征	海拔落差，即最低处与最高处海拔差	正
		自然灾害	自然灾害的种类数	正
		交通	用到县城距离(里)表示	负
社区抗逆力		社会保障	社会保障覆盖率	正
	公共服务	基础设施	用人均水电等公共服务开销表示	正
		医疗服务	用社区内医疗人员数表示	正
		经济状况	很穷—很富(1~7)	正
	经济基础	人均收入	社区成员收入状况	正
		经济依赖度	用外出务工比例表示	负

续表

目标层	准则层	指标层	指标解释	指标极性
社区抗逆力	社会治理	成员参与度	用投票比例表示	正
		社会信任度	用候选人数量表示	正
		领导素质	受教育程度：文盲—本科（1～6）	正
		信息披露	用公告栏数目表示	正
	人口特征	年龄结构	年龄介于 17～59 岁人群比重	正
		健康状况	健康人群占总人口比重	正
		流动人口	流动人口占总人口比重	负
		宗族分布	大姓占比表示	正

　　事实上，社区形成了一个相对松散的利益共同体。在信息沟通、知识传播、资源融通等方面，特别是在面临巨灾风险威胁时，社区具有较为特殊的作用。国内外大量的风险管理理论和实践表明，传统以政府为主导的风险管理模式已不能适应灾害管理的新形势，加上政府自身在风险管理的局限性，社区公众参与的风险管理模式在应对灾害过程中表现出明显的优势（Maskrey，2011），风险管理的重心逐渐由政府向社区转移，基于社区的风险管理是适应灾害风险管理规律的有效模式（Shaw，2014）。然而，在我国风险灾害管理过程中还是以传统政府力量为主，政府在风险灾害管理中处于中心和主导地位，社区则处于边缘和从属地位（陈容和崔鹏，2013），社区的地位和作用则并未得到充分的重视和肯定。在对社区抗逆力的量化中，现有研究主要基于地理环境、基础设施、经济、人口特征、教育等方面，但却忽略了我国特有的社区治理因素。社会参与和领导力是影响社区能力的两大维度，只有令人信服的领导加上积极的社会参与，才能达到最佳效果（胡曼等，2016）。社区抗逆力的提升离不开对社区内人群的集体行为与再组织能力的培养（Ainuddin and Routray，2012）。基于前文抗逆力理论分析及指标数据的可获得性，本书构建了社区抗逆力的评价指标体系，主要由居住环境、公共服务、经济基础、社会治理以及人口特征组成（表5.2）。

　　3. 家庭抗逆力

　　早期对家庭抗逆力的研究主要是基于压力理论和家庭系统理论，大多聚焦于帮助家庭成员摆脱困境的策略选择，尤其是心理学视角下青少年人在压力之下的修复、调整、适应、重建过程。家庭压力源主要是社会、经济等因素，如婚姻状况、家庭关系、社会资源、就业收入等，对家庭抗逆力的研究仅仅局限于心理学、伦理学等领域，对风险灾害下的家庭抗逆力研究并未给予足够的重视。然而，家庭作为社会组织中最基本的社会单位和风险主体，家庭的风险抗逆力水平不但决定和影响家庭单位的风险应对能力，而且，直接影响社区和全社会的抗逆力水平。然而在风险普遍存在尤其是自然灾害频发的背景下，忽略自然灾害来研究家庭抗逆力无论在理论上还是在实践中都是不完善的，家庭作为风险灾害的直接受害者和主要应对者，其在灾难环境中表现出的能力和优势却没有得到重视。基于此，本研究以家庭抗逆力理论为基础，通过选取经济基础、家庭特征、金融资源、居住环境和社会资本五个维度对家庭抗逆力水平进行综合评价(表5.3)。

表 5.3　家庭抗逆力评价指标体系

目标层	准则层	指标层	指标解释	指标极性
家庭抗逆力	经济基础	家庭收入	家庭纯收入	正
		收入结构	非工资性收入占比	正
		资产配置	非固定资产占比	正
		收入依赖	有工资人员占比	正
	家庭特征	家庭规模	同灶吃饭人员的数量，不包括不住在家中，而且不供养这个家庭，同时家庭也不供养他的人员	正
		健康状况	很差—很好次依赋值1～7	正
		文化程度	用家庭藏书量表示，将0本、1～10本、11～20本、21～50本、51～100本、101～500本、501～1000本、1001本以上依次赋值1～8	正
	金融资源	融资渠道	用是否有银行、亲友、民间借款来表示，有则赋值2，无则为1	正
		金融融资	用银行、亲友、民间总借款额表示	正
		社会保险	有商业保险赋值为2，无则为1	正
	居住环境	房屋年龄	用实际房屋建筑年龄表示	负
		房屋类型	根据抗震等级，分别将单元房、平房、四合院、别墅、联排别墅、小楼房赋值1～6	正
		舒适度	用家庭居住拥挤程度表示，很拥挤—很宽松依次为1～7	正
	社会资本	邻里关系	将关系很紧张、关系有些紧张、关系一般、比较和睦、很和睦依次赋值为1～5	正
		亲戚交往	将没有交往、不常交往、偶尔交往、经常交往分别赋值1～4	正
		社会网络	用人情礼支出表示	正

5.2.2　抗逆力的评价方法选择

为了全面系统、准确地反映抗逆力水平，本书分别使用熵权信息法来客观反映抗逆力水平。熵权法是由 C.E. Shannon 引入信息论，并广泛应用于工程技术、社会经济等领域。熵权法的基本原理是把各个评价单元的信息进行量化与综合后的方法。具体步骤为：

(1) 构造原始矩阵：由待评价的各个指标可以得到一个原始数据矩阵：

$$X = \begin{bmatrix} x_{11} & x_{12} & \cdots & x_{1n} \\ x_{21} & x_{22} & \cdots & x_{2n} \\ \vdots & \vdots & & \vdots \\ x_{m1} & x_{m2} & \cdots & x_{mn} \end{bmatrix}_{n \times m} \tag{5.1}$$

其中，n 为指标，其取值为 14，m 为样本数指标。

(2) 对指标进行同趋势性变换，建立正向矩阵：评价时不同指标之间应该具有同趋势性，所以将低优指标转化为高优指标，即采用倒数法，转化后的矩阵为

$$Y = \begin{bmatrix} y_{11} & y_{12} & \cdots & y_{1n} \\ y_{21} & y_{22} & \cdots & y_{2n} \\ \vdots & \vdots & & \vdots \\ y_{m1} & y_{m2} & \cdots & y_{mn} \end{bmatrix}_{n \times m} \tag{5.2}$$

为了消除原始指标量纲对评价结果的影响，本书借鉴联合国人类发展指数 (HDI) 的处理方法，采用每个指标的上、下阈值对指标进行无量纲化。由这种测量方法得到的社会抗逆力指数实现横向与纵向的可比性。指标标准化的公式如下：

$$Z_i = \frac{Y_i - Y_{\min}^i}{Y_{\max}^i - Y_{\min}^i} \tag{5.3}$$

其中，Y_i 为第 i 个指标值，$Y_{\max}^i$ 与 $Y_{\min}^i$ 分别为第 i 个指标的最大阈值和最小阈值。

(3) 确定评价指标的熵权值：在进行评价时，我们常常考虑到每个评价指标的相对重要程度，常用指数法对该指标进行赋权。在熵权法中，先获得指标的信息熵，然后得出熵权。评价指标信息熵公式为

$$H(x_j) = -k \times \sum_{i=1}^{m} z_{ij} \times \ln z_{ij}, \quad i = 1, 2, \cdots, m \tag{5.4}$$

其中，k 为调节系数，$k = 1/\ln(m)$。对于某项指标而言，其 z_{ij} 差异越大，$H(x_j)$ 就越小，即该指标反映的信息量就越大，其熵值就越小。

(4) 引入第 n 个指标的差异系数：$D_{ij} = 1 - H(x_j)$，差异系数越大，说明该指标反映的信息量越多，在指标体系中所占权重越大。

(5) 最后确定指标的熵权值：

$$\omega_j = \frac{d_j}{\sum_{j=1}^{n} d_j}, \quad j = 1, 2, \cdots, n \tag{5.5}$$

其中，$0 \leqslant \omega_j \leqslant 1$，$\sum_{j=1}^{n} \omega_j = 1$；该指标的熵越大，其熵权越小，越不重要。

抗逆力指数的计算采用加权的方法，通过将各个指标无量纲化后的数据进行加权计算得到各个分项指数，然后由各个分项指数加权计算得出抗逆力总指数。具体的计算公式如下：

$$ERI = \sum_{i=1}^{l} W_i \left(\sum_{j=1}^{n} W_{ij} Z_{ij} \right) \tag{5.6}$$

其中，ERI 为抗逆力指数；l 为抗逆力评价体系中一级指标的个数；W_i 表示第 i 个一级指标在抗逆力总指数中的权重；n 代表第 i 个一级指标中的二级指标的个数；W_{ij} 为第 j 个二级指标在第 i 个一级指标中的权重；Z_{ij} 是通过式(5.3)得到的无量纲化后的指标值。

5.3　社会抗逆力指数的评价

在对社会抗逆力概念及影响因素进行科学分析的基础上，对风险主体抗逆力水平的准确量化成为迫切需要解决的问题。系统在风险灾难中表现出的抗逆力可以为相关部门决策提供宏观和微观的参考，有助于减少资源错配从而提高资源使用效率，对于实施精准定向救灾具有重要的现实意义。

5.3.1　社会抗逆力

社会层面的抗逆力涉及经济、信息等多个维度，鉴于数据可获得性，本书采用2000~2012年中国31个省域的面板数据对全国及省域的社会抗逆力进行测度。基础数据的来源如表 5.1 所示[①]。

1. 社会抗逆力的测算结果

为了勾勒出中国社会抗逆力的动态演化轨迹，首先从时序层面报告测算结果。图 5.2 汇总的是 2000~2012 年中国社会抗逆力指数与分项指数的时间趋势。图 5.2 显示，研究期间中国社会抗逆力指数基本处于上升通道，由 2000 年的 0.2004 攀升至 2012 年的 0.4974；同时，各类分项指数大多呈现上扬趋势。表明依托市场机制的培育、治理能力的提升、社会民生的改善以及信息技术的推广等，中国社会系统应对外部冲击的能力得到逐步提升。值得关注的是，虽然整体社会抗逆力水平处于上升趋势，但是 2008 年以后社会抗逆力指数呈现增速下降，表明社会抗逆

---

① 对于缺失的数据，采用趋势外推法进行补齐。

力水平进入缓慢发展时期。而且，研究期间的经济稳定指数呈现出波动性下降的趋势，从 2007 年的 0.5446 锐减到 2008 年的 0.4952，2012 年进一步降至 0.4657。经济不稳定因素的增加日益成为中国社会抗逆力提升的重要制约变量。

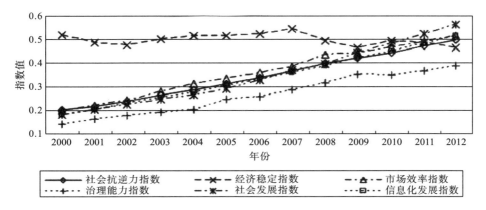

图 5.2　中国社会抗逆力指数及其分项指数的时间趋势

表 5.4 展示了 2000～2012 年中国社会抗逆力指数及其分项指数的描述性统计，以从总体上认识社会抗逆力的统计特征。从表中可以看出，研究期间中国的社会抗逆力指数均值为 0.3428，其中，市场效率的增进与社会发展对社会抗逆力建设的贡献最为突出，两类分指数对社会抗逆力总指数的贡献率分别达到 35.70%与 22.98%。伴随金融市场化、劳动力市场化与产品市场化进程的推进，以及国家对社会民生建设投资的加大，市场机制与社会机制在缓解外界干扰中的积极作用日益明显，成为构建中国社会抗逆力体系中的突出亮点。

表 5.4　2000～2012 年中国社会抗逆力指数及其分项指数的描述性统计

变量	平均值	贡献率/%	最大值	最小值	标准差	样本量
社会抗逆力指数	0.3428	100.00	0.8377	0.0217	0.1533	31×13
经济稳定指数	0.4995	9.37	0.8078	0.1606	0.1170	31×13
市场效率指数	0.3600	35.70	0.9454	0.0002	0.1683	31×13
治理能力指数	0.2635	15.60	1.0000	0.0000	0.1683	31×13
社会发展指数	0.3467	22.98	1.0000	0.0000	0.1981	31×13
信息化发展指数	0.3382	16.35	1.0000	0.0000	0.1705	31×13

为全面理解中国社会抗逆力的发展状况及趋势，需要对抗逆力指数的增长速度进行考察。表 5.5 报告的是中国社会抗逆力指数及其各项分类指数的年均增长率。从表 5.5 可以看出，不管是社会抗逆力指数还是分项指数的增速均逐渐放缓，

这样的发展趋势值得特别关注。其中，社会抗逆力指数的年均增长率由"十五"时期的9.30%下降到"十一五"时期的7.32%，到了"十二五"时期又进一步回调至5.75%。尤其是经济稳定指数在研究期的大部分时间内都处于负增长态势，这与图5.2显示的经济稳定指数的递减趋势相一致。

表 5.5　中国社会抗逆力指数及其分项指数的增长速度(%)

变量	"十五"时期					"十一五"时期					"十二五"时期	
	2001	2002	2003	2004	2005	2006	2007	2008	2009	2010	2011	2012
社会抗逆力指数	8.48	9.29	10.64	8.77	9.33	7.71	8.98	8.64	6.01	5.25	5.98	5.51
经济稳定指数	−5.84	−2.13	4.88	3.26	−0.38	1.91	3.76	−9.06	−5.76	6.06	−1.92	−4.07
市场效率指数	9.84	9.99	15.26	12.27	6.91	7.87	7.04	13.46	1.43	5.04	5.52	5.23
治理能力指数	14.42	8.42	8.21	6.47	21.05	5.03	11.01	10.67	12.17	−1.94	5.83	5.51
社会发展指数	12.15	12.36	8.48	8.40	9.64	11.66	13.96	7.46	11.32	9.25	8.07	7.60
信息化发展指数	10.67	15.16	10.50	7.74	11.13	8.61	7.90	8.15	8.83	7.00	7.41	6.71

2. 社会抗逆力的分布特征

由于中国发展的不平衡性，本书从省际结构、地理区域和聚类分组等多维度探讨中国社会抗逆力的空间分布特征。中国的社会抗逆力发展程度不仅在总体水平上差异明显[1]，而且各地区在发展的结构上也各有侧重。本书以2012年社会抗逆力发展水平最高的浙江和上海为例，采用雷达图对全国、浙江与上海社会抗逆力的结构进行比较(如图5.3所示)，浙江的社会抗逆力提升倚重于市场效率指数，而上海的社会抗逆力发展更为倚重于社会发展指数与信息化发展指数。就全国而言，社会抗逆力的结构较为均衡，各项分类指数的发展状况基本相当。

中国的经济社会发展具有明显的梯度特征，按照传统的地缘关系分类标准，将全国及东中西部的社会抗逆力描述性统计结果汇总为表5.6。结果显示，中国社会抗逆力的区域性分布特征明显，其中，东部居于翘楚地位，西部最低。另外，市场效率指数、社会发展指数和信息化发展指数依然是不同区域社会抗逆力水平提升的主要驱动因素，其中，市场效率对社会抗逆力的改善效应在西部地区表现最为明显。

---

[1] 正如表5.4的描述性统计所显示的，社会抗逆力总指数的最大值为0.8377，而最小值仅为0.0217，高低极差高达0.816。

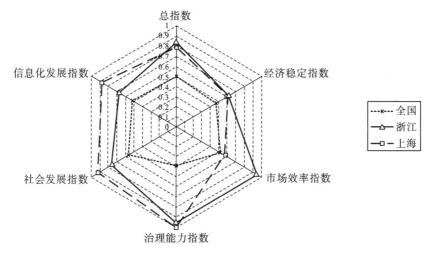

图 5.3　2012 年全国、浙江和上海社会抗逆力结构的雷达图

表 5.6　中国社会抗逆力的区域性分布特征

区域	经济稳定指数	市场效率指数	治理能力指数	社会发展指数	信息化发展指数	社会抗逆力指数
全国	0.4995(9.37)	0.3600(35.70)	0.2635(15.60)	0.3467(22.98)	0.3382(16.35)	0.3428
东部	0.6011(8.60)	0.4449(33.64)	0.3778(17.06)	0.4852(24.52)	0.4390(16.18)	0.4495
中部	0.4851(10.59)	0.3044(35.14)	0.2125(14.65)	0.3023(23.33)	0.2895(16.29)	0.2944
西部	0.3905(9.73)	0.3081(40.58)	0.1721(13.54)	0.2204(19.40)	0.2610(16.76)	0.2581

注：括号中为相应分项指数对社会抗逆力指数的贡献率(%)。

　　根据地理条件划分的区域难以规避区域内部各省域之间社会抗逆力水平的差异性。为了最大限度区分地区间社会抗逆力程度的差异，本书根据社会抗逆力指数的测算结果，基于聚类分析方法将全国 31 个省域划分为四类地区(表 5.7)。第一类地区(社会抗逆力发展高水平地区)主要包括北京、天津、上海、江苏、浙江、福建和广东等 7 个省域。该类地区的社会抗逆力总指数及其各类分项指数均远高于全国平均水平，尤其是治理能力指数、社会发展指数与信息化发展指数更是领先于其他各省域，使其经济系统在面临外部环境的不利冲击时更具灵活性。第二类地区(社会抗逆力发展中高水平地区)主要涵盖辽宁、山东、湖北、重庆与四川等 5 个省域。该类地区的社会抗逆力总指数平均水平为 0.3612，相当于全国平均水平的 1.05 倍和第一类地区的 67.5%。分指数中除了治理能力指数，其他各分项指数均达到或高于全国平均水平，其中，市场效率指数高出幅度最大。第三类地区(社会抗逆力发展中低水平地区)主要包括河北、山西、内蒙古、吉林、黑龙江、安徽、江西、河南、湖南、广西、海南、贵州、云南、陕西、宁夏与新疆等 16 个省域。该类地区社会抗逆力发展程度仅相当于全国平均水平的 82.38%以及第一类地区的 52.78%。在各类分项指数中，经济稳定指数与全国平均水平的差距较小，而治理能力指数与全国平均水平差距最大，成为制约该类地区社会抗逆力建设的主要因素。第四类地区（社会抗逆力发展低水平地区）主要涵盖西藏、甘肃与青海等 3 个省域。该类地区的社会抗逆力总指数及其分指数均远低于其他地区，其中，治理能力指数更是仅为全国平均水平的 47.93% 和第一类地区的 26.3%，是该类地区社会抗逆力提升最主要的钳制因素。

表 5.7　按照聚类方法分组的社会抗逆力分布特征

区域	经济稳定指数	市场效率指数	治理能力指数	社会发展指数	信息化发展指数	社会抗逆力指数
全国	0.4995(9.37)	0.3600(35.70)	0.2635(15.60)	0.3467(22.98)	0.3382(16.35)	0.3428
I	0.6566(7.89)	0.5098(32.38)	0.4803(18.21)	0.5900(25.05)	0.5319(16.47)	0.5351
II	0.5203(9.26)	0.4094(38.52)	0.2584(14.52)	0.3528(22.19)	0.3382(15.51)	0.3612
III	0.4584(10.44)	0.3114(37.48)	0.1959(14.08)	0.2716(21.85)	0.2755(16.16)	0.2824
IV	0.3173(11.06)	0.1868(34.43)	0.1263(13.90)	0.1692(20.84)	0.2201(19.77)	0.1844

注：I、II、III、IV分别代表按照聚类分析方法分组得到的四类地区；括号中为相应分项指数对社会抗逆力指数的贡献率(%)。

5.3.2　社区抗逆力

基于社区抗逆力的理论分析及评价指标体系，本研究使用 2014 年中国家庭追踪调查数据（CFPS）对社区抗逆力水平进行量化。通过计算可知，社区抗逆力总体指数主要由居住环境（19.50%）、公共服务（45.21%）、经济基础（4.63%）、社会治理（25.26%）和人口特征（5.39%）等子系统抗逆力构成（图 5.4）。同时，还看到公共服务在社区抗逆力构成中起到中流砥柱的作用，是影响社区抗逆力的关键性因素。

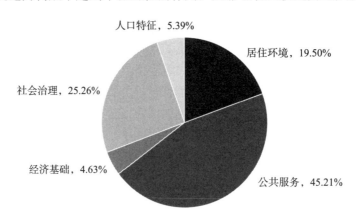

图 5.4　社区抗逆力各子系统得分占比

雄厚的经济基础可以迅速提升社区硬件及软件设施建设、增强灾后重建、恢复能力，这和胡曼等(2016)的研究结论相吻合。有效的社区治理能力可以在灾难中最大限度凝聚系统成员的力量，达成共识，消除成员恐慌，成为社区逆境中恢复的倍增器。良好的居住环境及完善的公共服务可最大限度降低系统在蒙受不幸时的损失，有助于灾民的转移及外部资源的涌入，为社区原状的恢复提供积极能量。人口特征在抗逆力系统中也扮演了积极的角色，在整个抗逆力系统中仅次于经济基础，合理的人口结构有利于灾后救援的施展。

进一步观察抗逆力系统(表 5.8)可看出，不同的要素在各抗逆力子系统中发挥作用的差异。

(1)居住环境：便利的地貌特征(0.6189)有利于各种救灾资源的输入及灾区人群转移效率的提升；良好的社区建筑格局(0.0799)有利于提升社区物理抗逆力；社区丰富的自然灾害经历(0.2799)对提升防灾减灾效果也较为显著；较短的县城距离(0.0222)有利于缩短获得救灾资源的时空距离，但在提升抗逆力方面的作用不是很突出。

(2)公共服务：完善的社会保障制度(0.1618)可以有效减缓受灾群体生活震荡；健全的基础设施(1.7557)可以保证快速恢复各种水、电、气等生活必需设施的畅通；发达的医疗服务(0.4030)可以保证受灾群体快速地获得医疗救助。

(3)经济基础：社区经济状况(0.0533)反映社区拥有用于灾后恢复的经济能力，在一定程度上影响着社区成员消化灾害影响的能力；较高的人均收入(0.1010)可以为居民灾后恢复提供坚实的物质基础；分散的经济依赖度(0.0834)使得社区经济来源多样化。

(4)社会治理：积极的成员参与度(0.0177)可以充分发挥集体行为的力量；较高的政府信任度(0.4160)意味着基层政府政策的公平合理，有利于信息的传播，加快灾后重建及人心的恢复；充分的信息披露(0.7784)制度可以增强成员对政府的信任度，提升在风险灾难中听从政府指挥的可能性，从而提高社区恢复速度；较高的领导素质(0.0842)保证了较高的再组织能力，可以使社区在混乱的危险环境中快速组织进行抗灾。

(5)人口特征：年龄结构(0.0251)的优化有助于提升灾难中的自救能力；较好的健康状况(0.0129)能释放更多的救灾资源，对提升社区抗逆力发挥出积极的溢出效应；较集中的宗族分布(0.2026)提高了社区在灾难中互救的可能性；较少的流动人口(0.0362)意味着社区成员对地理环境拥有较高的熟悉度，可以提升救灾的效率。

表 5.8 社区抗逆力各指标层得分

准则层	指标层	熵权	得分值
居住环境	地貌特征	0.2775	0.6189
	建筑格局	0.0358	0.0799
	自然灾害	0.1255	0.2799
	县城距离	0.0099	0.0222
公共服务	社会保障	0.0725	0.1618
	基础设施	0.7872	1.7557
	医疗服务	0.1807	0.4030
经济基础	经济状况	0.0239	0.0533
	人均收入	0.0453	0.1010
	经济依赖度	0.0374	0.0834
社会治理	成员参与度	0.0080	0.0177
	政府信任度	0.1865	0.4160
	信息披露	0.3490	0.7784
	领导素质	0.0377	0.0842
人口特征	年龄结构	0.0112	0.0251
	健康状况	0.0058	0.0129
	宗族分布	0.0909	0.2026
	流动人口	0.0162	0.0362

5.3.3 家庭抗逆力

基于家庭抗逆力的理论分析及评价指标体系,本研究使用 2014 年中国家庭追踪调查数据(CFPS)对家庭抗逆力水平进行量化。从家庭抗逆力组成来看(图5.5),家庭经济基础(0.2989)影响着家庭抗逆力水平的高低,在所有抗逆力系统中居于重要地位;当然,灾后重建、恢复更离不开金融资源(0.6885)的支持,来自正规金融部门的银行和非正规金融的亲友及民间借款可为居民灾后快速恢复提供资金支持;以亲缘、地缘和血缘为纽带的社会资本(0.1230)在抗击风险灾害方面也表现得较为明显,说明在遇到灾难时,家庭可以快速从他们嵌入的社会关系网络中获得物质、信息、技术等资源及亲情关怀与帮助等,从而可以迅速提升灾难中的抗逆力;居住环境(0.2581)在灾难发生时为家庭个体提供最直接的物理保护,成为重要的缓冲器和保护网;家庭特征(0.1154)也在一定程度上影响到灾后家庭抗逆力的提升。

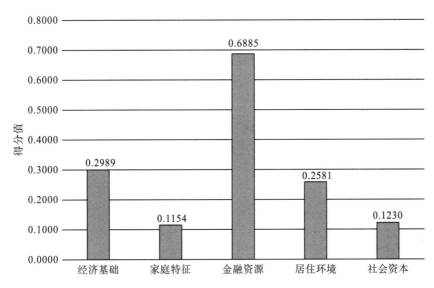

图 5.5　家庭抗逆力各准则层(二级指标)得分值

进一步，从图 5.6 中可观察到各子系统在家庭抗逆力中的作用。

(1)经济基础：家庭收入(0.0586)在经济基础抗逆力中居于重要地位，对加速灾后恢复进程打下了坚实的物质基础；收入结构(0.0810)的多元化有助于降低灾难损失，增加收入的多样性；资产配置(0.1095)的多样性可以有效避免灾难中的损失程度，起到分散风险的作用；较低的收入依赖(0.0499)可以减弱家庭对某一成员的过度经济依赖度，从而保证了灾后恢复所需经济来源的稳定性。

(2)家庭特征：较大的家庭规模(0.0255)可以保证家庭在灾难恢复过程中拥有充足的人力，从而可以快速从灾难中恢复；良好的健康状况(0.0280)既可以提高应对风险的反应能力，又可以提高灾后的恢复速度；较高的文化程度(0.0619)意味着风险知识的健全，可以有效应对各种风险，有利于灾后的快速恢复与最大可能性减少受损。

(3)金融资源：融资渠道(0.4254)的多样性可以为家庭灾后重建提供多种渠道来源；金融融资(0.1439)规模的大小直接决定着灾后恢复重建的速度与质量；健全的社会保险(0.1192)直接减少了因灾导致的受损度。

(4)居住环境：较短的房屋年龄(0.0624)和坚固的房屋类型(0.1712)都有助于增强灾难发生时的缓冲功能，从而减少灾难的损失程度；良好的居住环境(0.0245)有助于在风险灾害中快速脱离危险因素，有助于减少损失的可能性。

(5)社会资本：良好的邻里关系(0.0081)有助于灾后第一时间获得帮助与关怀；与亲戚交往(0.0074)互动可以在灾难恢复过程中获得外部支持；发达的社会网络(0.1075)保证了信息的畅通以及必要的帮助。

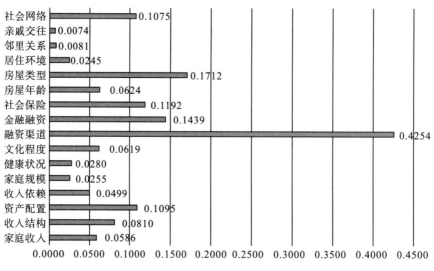

图 5.6　家庭抗逆力各指标层(三级指标)得分值

5.4　社会抗逆力提升路径选择

抗逆力作为在风险灾难面前或逆境中系统主体的反应表现。不同的抗逆力意味着不同程度的财产损失、人员伤亡以及环境破坏等,较高的抗逆力彰显出主体具有较高的抵制风险能力、风险灾难的适应能力以及灾后快速恢复能力。因此,通过积极全意识培养、全资源配置、全主体协同来提升社会抗逆力,力争最大限度降低风险灾难引致的损失程度。

5.4.1　全意识培养

面对风险灾害发生的紧急情况,居民自救和互救行为的有效性决定着在逆境中能否顺利度过灾难。自救过程中,如果居民对风险灾害拥有足够的警觉进而采取有效的防范措施可以在很大程度上对风险进行规避或者使受灾损失最小化;互救过程中,居民对社区(集体)情感的强烈程度决定了周围群体能否在灾难中进行互救。因此,提升社会抗逆力的全意识培养主要包含两层含义:一是自救,有效自救的关键是要具备相关风险意识;二是互救,积极互救的前提是要拥有强烈的集体意识,面对不幸能和大家同舟共济,共同渡过难关。但随着经济社会的剧烈变化,人们的风险意识淡薄,集体意识更是在社会的冲击下变得异常脆弱,这对抗逆力的提升会产生不利影响。因此,从风险意识及集体意识两个维度来提升社会抗逆力显得尤为重要。

第一,加强风险意识培养。一是要对风险因素进行有效识别。风险因素的隐蔽性、多样性特点要求对风险灾害进行系统的认知，这无疑增加了风险识别的困难。通过已有的历史资料、结合所处环境特征，精准识别出隐藏的风险因素；同时要加强对非自然风险的监控，这类风险往往被忽视，力求对自然的和非自然因素等多种类型的风险因素进行识别。二是要加强防灾减灾技能演练。在灾难发生的紧急环境下，居民是否能正确自救直接决定了灾害损失的大小，也直接影响到灾后恢复的进程。一般居民面对突发事件时，惊慌失措下难以找到正确合适的应对措施，因此需要对各类群体尤其是自救能力差的群体加强相关知识的教育与培训。三是要加强风险灾害知识的宣传教育和普及。风险灾害知识的普及有助于居民充分认识风险灾害特征事实，提高应对措施的科学性和准确性。因此，可以从某种程度上说，加强风险灾害知识的宣传教育和普及是提升社会抗逆力的根本路径选择。全社会各职能部门利用专业知识进行风险灾害的防御和避险，加强对风险灾害教育弱势群体的再教育，建立风险灾害知识宣传与教育的长效机制，丰富居民自救和互救知识，增强居民应对风险灾害的信心与能力。

第二，加强集体(社区)意识培养。集体(社区)意识的重构有助于培养居民守望相助的精神。一是增强居民集体(社区)认同感。社区或集体是居民基于一定血缘、地缘、亲缘关系在一定范围内共同生活并产生人际关系的载体，培养居民对社区的认同感可以提升居民应对风险灾害行为的有效性：既充分利用社区内外资源进行自救，又可以接受他人帮助或帮助他人，采取自救与互救相结合共同应对风险灾害。社区认同感越强的居民对社区付出越多的感情，因而在社区遇到风险灾难时会积极投入到互救过程中。二是培育居民集体(社区)归属感。社会归属感是居民将自身归入社区人群的一种心理状态，拥有强烈社会归属感的居民会基于社区共同体意识和共同文化前提下对社区投入大量感情，与社区建设荣辱与共，会积极参与社区活动，当然在所在社区面临风险灾害时，会有义务和责任采取积极措施来避免社区受到损失。因此，培育居民的集体(社区)归属感要创建社区共同文化，建立社区公共服务组织，建立和谐的社区居民关系；同时要保证社区居民利益表达渠道的畅通，培育具有合作、参与、共享、责任等公共意识的现代社区居民。三是增强居民集体(社区)凝聚力。社区内部亲缘、地缘与血缘关系叠加在一起形成了社区成员共同的情感和凝聚力，邻里关系的和谐拉近了彼此之间的地理空间距离，大大提高了风险灾害面前互帮互助的可能性。增强居民的集体凝聚力要尽可能减少经济环境变化带来的异质性，因此，可以通过探寻复杂社会环境下社区居民的共性因素，找到思想感情的共振点、交汇处，放大社区同质性因素的积极影响效应，缩小异质性因素的消极作用空间。

5.4.2 全资源配置

抗逆力的提升过程也是各种资源优化配置的过程，资源主要包括物质经济基础、公共服务以及社会资本等。因此，不同时段下合理配置各种资源，是优化政府防灾减灾投入机制不可缺少的环节（华颖，2011）。资源配置主要体现在以下几个方面。

第一，大力发展经济水平，夯实物质基础和提高人口健康水平。良好的经济基础作为体现抗逆力的重要方面，不仅可以通过购买、建造坚固的房屋进而有效提高居民抗风险的能力，也可以为灾后重建提供坚实的、稳定的、可持续的物质基础，更为重要的是，伴随收入增加带来的生活水平的提高，居民有更强的经济能力提高医疗健康水平。总之，雄厚的经济基础是提升整个系统包括社区和家庭抗逆力的关键因素。因此，应推行稳定的经济增长政策，探索居民增收的长效机制，优化资产配置的财富效应；拓宽居民增收渠道，降低工资性收入比重，提高居民非工资性收入比重；千方百计增加就业，降低家庭信心成员经济依赖性。

第二，加大社会公共物品的供给，提升社会治理水平。不管是从降低脆弱性视角还是增强抗逆力维度看，灾后居民对于水电路等公共基础设施和医疗、气象等公共服务均表现出较强的需求，因为这些公共物品或服务直接影响到社区居民的灾后生活质量和恢复工作的开展。因此，作为风险管理的主体，政府应积极履行社会职责，在加大对灾区的公共服务供给力度的同时，也要积极探索供给方式的创新，针对不同受灾情形综合运用吸纳式供给、合作式供给与单位供给（吕芳，2011），提高公共物品或服务的供给质量，充分发挥公共服务对抗逆力提升的溢出效应；此外，在增加公共物品或服务供给的同时，也要提升政府的社会治理水平。社会治理水平的高低不仅关系到公共服务的功能能否充分释放，同时还关系到灾后秩序的恢复。提高领导管理水平和素质，建设和谐的干群关系；加大政务信息公开力度，建立阳光政府，营造公平的民主环境，取信于民。

第三，优化社会网络，提高危难时的外部支持度。社会网络在灾害治理过程中发挥了重要的支撑和辅助作用，可以说是灾后恢复最可靠的资源之一（赵延东，2011）。作为一种非正式制度安排，在正式制度受到风险灾害冲击而运转失灵时，社会网络可以迅速填补正式制度真空，通过亲缘、邻里关系将受灾居民重新组织起来，从而保证灾后秩序的迅速恢复。实践表明，风险主体若有丰富的自发组织经验，可以对风险灾害快速做出反应（Nakagawa and Shaw，2004；Dynes，2005），并且拥有一个运作良好的社区组织有利于社区向外界发出一个统一的声音，提高社区利益的可见性，以及获得外部支援的可能性（张素娟和卢阳旭，2016）。因此，在社会总体治理框架范围内，应充分重视社会网络等社会资本参与救灾的功能，为社会网络提升社会抗逆力的溢出效应的释放提供空间。

5.4.3　全主体协同

灾难风险面前的受灾主体不仅有政府、社会、企业等宏观主体组织，还有家庭个体等微观主体，主体构成的复杂性、多样性意味着抗灾工作的复杂性。各主体在灾害面前表现出不同的作用：政府在整体救灾体系中居于核心领导地位，拥有强大的政治动员能力、掌握着社会救灾中大部分物质资源，成为救灾抗灾的主力军；社区组织作为联系政府与家庭个体的桥梁，在救灾体系中扮演着重要的辅助作用，主要负责信息的传递、人员的组织、物资的分配等；家庭个体是防灾减灾的第一反应者、承受者，他们在灾难中的恢复及适应能力直接决定了系统抗逆力的强弱。然而长期以来，以政府为中心自上而下的"命令-控制"型垂直管理方式虽然能快速调动资源应对风险，但条块管理导致的管理混乱及资源配置碎片化、信息沟通不畅等弱点影响着整体救灾功能的充分发挥，特别是缺乏多种风险主体的沟通协调机制，已不能适应新形势下的风险管理规律的需要。基于社区的灾害风险治理模式是适应灾害风险治理规律的成功的治理模式(Shaw et al.，2004)。在政府主导的救灾模式下，社区及家庭个体在现代风险管理中的地位与作用还没充分释放出来，严重影响到政府、社区、家庭个体行动的协调性及共同行动效率的提升。

总体来说，政府有资源控制等优势，社会组织有专业技能优势，社区组织有组织动员优势，家庭个体有积极抗灾的本能。系统灾害社会抗逆力的提升，在短时期、特定阶段可以通过政府层面集中力量办大事的方式得以实现，但中长期来看，还是依赖于社区成员的互救、普通民众自救能力的提升。因此，发挥各救灾主体的比较优势，成为提升系统抗逆力的关键所在。故而，加强政府、社区及家庭个体的救灾协同效应着重体现在以下几个方面：

第一、组织层面上，搭建群体决策互动平台。风险灾害不同主体之间的信息不对称严重制约着风险防范与风险决策的效果。在过往的风险管理模式下，风险灾害信息分散于各个职能部门、不同地区或不同社会团体组织中，由这些主体对风险信息进行日常管理，灾害发生时被传递给相关风险灾害管理部门。然而风险灾害的不确定性、突发性和偶然性等特点的存在，使得风险灾害管理工作疲于被动应对，这无疑降低了对风险的响应速度和应对效率。因此，针对这些不足，在风险灾害管理的整个周期内，应创新风险信息管理方式，变风险信息分散管理为集中管理，特别是把那些跨地区、跨部门、跨主体的风险灾害信息管理纳入统一的决策平台，理顺风险信息管理主体间的协调机制，把分散的人、财、物等救灾资源进行整合，应用到政府灾害指挥决策中，从而保障整个灾害管理体系的协调运转。

第二、资源层面上，建立信息资源共享机制。首先，作为救灾的主体，由于职能部门管理部门化的存在，风险管理信息在传递过程中形成了不同形式的碎片化之势，并且叠加政府为主导的风险管理模式下，这种碎片化管理严重钳制着风险灾害信息的整合和共享。其次，风险灾害自身多样性的特点决定了风险灾害信息分散于不同主体之间，政府职能部门之间、政府组织与非政府组织之间、组织与个体之间无法建立起有效的风险信息共享机制。风险信息无法得到有效整合与共享，导致了风险主体尤其是风险灾害管理的政府职能部门无法对风险灾害本身做出准确、及时的决策，降低了风险灾害应急管理效率，影响到风险灾害治理效果。因此，信息化发展是提升社会抗逆力的重要手段，应不断支持并加强各主体间信息交流机制，创新经营体系和管理理念，通过先进的信息技术手段识别、传播风险信息。对风险灾害信息进行一体化管理，是探索风险信息资源有效整合的重要途径选择。

第三、业务层面上，创建应急联动协同制度。灾难发生时，抗灾各主体之间沟通是否通畅直接决定着群体协同效果的高低，进而影响到系统抗逆力的提升。因此，在新型风险灾害管理模式下，积极开展有政府、社区、组织、家庭、个体共同参与的新型救灾模式，明晰各利益攸关主体在风险管理过程中扮演的角色、相互协作关系，探讨应急联动协同机制和风险承担机制，充分发挥各主体在风险管理中的积极能动作用，密切配合发挥资源配置效用最大化，提高应对风险灾害的管理效率，最终形成全社会广泛参与全方位、综合性的风险灾害应急管理协同制度。

5.5　本　章　小　结

随着风险灾害的频发，如何对风险因素进行有效管理成为社会关注的焦点。作为风险管理的两个重要维度，脆弱性和抗逆力成为学术界研究的重要内容，尤其是对抗逆力的研究，学术界倾注了大量的心血。抗逆力，作为风险主体应对外界冲击的抗压能力与稳定能力，以及系统从负向干扰中迅速恢复的能力，按照风险承灾主体的不同，抗逆力可以进一步区分为社会抗逆力、社区抗逆力以及家庭抗逆力。实践表明，不同风险主体在面对风险灾害时除受到自然等共同因素制约外，还受到制度等个体因素的影响。通过对各风险主体抗逆力水平的量化发现：①社会抗逆力不仅具有时间上的上升趋势，同时还具有空间分布的地区差异性。②社区抗逆力主要体现在社区公共服务能力上，但也离不开有效的社会治理等其他能力。③家庭抗逆力中的经济状况在应对风险过程中发挥了关键作用，并且家庭抗逆力在城乡分布具有不平衡性，不论总体上还是组成部分，城市都要高于乡村。基于各风险主体抗逆力水平的真实表现，本研究提出从全意识培养、全资源配置、全主体协同三个方面来提升抗逆力水平。

第6章 巨灾风险认知与行为主体决策分析

行为经济学研究表明,有限理性和认知能力的行为主体将产生系列特殊的认知偏差,并影响行为决策。巨灾情境下风险主体的认知行为具有什么显著特征?家庭、保险公司和政府等多元主体参与的风险管理背景下如何产生风险决策行为的互动?传统预期效用理论和决策理论难以解释这些问题。科学的风险管理机制和制度设计依赖于有效的微观主体的风险偏好和行为分析基础构建。本章基于风险认知理论,运用实验经济学方法设计巨灾场景,验证巨灾风险下行为主体更倾向于采取风险偏好的研究假设,运用演化博弈理论方法研究政府参与和支持背景下家庭与保险公司决策的优化条件。

6.1 巨灾风险认知与行为决策理论分析

6.1.1 风险认知理论与分析方法

危险是客观存在的,而风险是社会建构的(周志刚和陈晗,2013)。学术界对风险认知(risk perception)的研究始于20世纪50年代,属于心理学范畴(谢晓非和徐联仓,1995b)。通常认为,风险认知是指决策者对风险事件和风险特征的主观感受、认识和理解(王锋,2013)。风险认知是一个复杂的心理过程,并受到环境和社会的影响。欧美一些心理学家和社会学家最早对风险认知的理论和方法进行了探究。一个基本的风险认知过程可概括为三部分(图6.1),即感知觉、认知加工以及思维与应用。

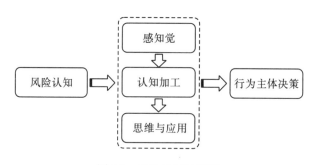

图 6.1 风险认知过程图

基于以上认知过程最终形成人们的风险行为决策。截至目前，风险认知的理论研究已经形成了风险的心理测量和风险的社会文化理论两大流派，国内外学者也提出了多种风险认知方法，极大地丰富和发展了风险认知理论和方法。

1. 基于风险心理测量范式的风险认知

Slovic(1987)是风险心理测量流派的重要代表人物之一，他主要运用心理学方法研究风险问题，侧重对风险根源的主观特征和主观感受的测量(王锋，2013)。由此可知，Slovic 提出的心理测量范式研究风险认知暗含两个前提条件：一是风险认知可以定量化且可以预测；二是"风险"因人而异。风险感知研究的目标之一是了解并预测人们面对普通风险或巨灾风险时的风险偏好和行为决策。心理测量范式正好提供了解决该问题的方案，其运用心理缩放和多元分析等技术定量决策者对待风险的态度和感知。因此，基于心理测量范式，决策者可以将各种不同灾害的当期风险、期望风险等进行定量判定。Slovic 采用心理测量法测度风险认知，奠定了探究个体风险认知的基石。其中，心理测量范式中最具独特性的方法是对多维风险特征的测量，根据风险事件的独特性构建了风险特征评价维度，其对概括和分析风险问题具有不可替代的作用。实际上，Slovic 构建了两级风险特征评价指标，被试在各个风险特征上评价多个风险因素，进而，在此基础上形成了如图 6.2 所示的风险认知地图(孟博等，2010)。基于风险认知地图，各风险因素的位置和性质可以很容易得出，这对于风险认知的评价和个体行为选择提供了很好的依据。

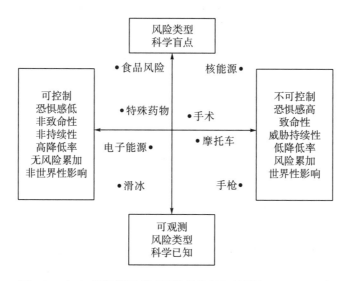

图 6.2　Slovic 风险测量范式下的风险认知地图(Slovic，1987)

　　总体上，风险感知的心理测量范式研究可分为 3 个阶段。①"风险可接受性"的研究。主要关注的是风险的主观属性，即风险的特征维度。人们的风险感知会受到风险特征的影响，可以根据这些风险特征总结出各种危险的"人格画像"。②研究方向发生转变，即从关注风险的特征转向更加关注感知风险并对风险做出反应的群体特征。从普通民众和专家等不同群体视角的差异性探究风险感知结构的复杂性，以及风险感知与群体因素相互关系模式的复杂性，研究发现在个体特征和社会阶层等方面风险感知存在很大差异。③近些年，风险的研究走向综合阶段，把风险特征与社会因素结合起来，涵盖信息来源、渠道、流动以及在强化和放大特定风险"信号"时文化和社会机构的作用，解释为什么特定的威胁被看作是风险，以及探究社会信任、公众参与在风险沟通中发挥影响的作用机制（伍麟和张璇，2012）。

　　2. 基于风险社会文化理论的风险认知

　　以心理测量范式为代表的风险感知的研究多局限于心理学领域，多以心理学工具为重点，依托理性行为理论探寻人们风险认知的各种各样的启发法或构成判断的认知力和理解力的框架，且风险感知的心理测量范式目标指向个体，表现出人是自我利益计算者的功利主义哲学观念（伍麟和张璇，2012），但很少把注意力放在促使启发法发展和运行到更广阔的社会、文化和历史背景中。于是以文化理论为代表的社会学视角的风险感知研究方法成了另一种具有较大影响力的研究模式（刘金平，2011）。实际上，Douglas 和 Wildavsky（1982）首先提出了风险社会文化理论。该理论指出，公众感知到的风险是与其文化和社会背景紧密关联的。具有不同社会属性或是处于不同群体中的人们所着眼的风险是不同的，人们会自己选择所惧怕的风险以及惧怕的程度（周忻等，2012）。

　　从起源上看，风险的文化理论不是源自对技术或自然危险的关注，而是在对礼仪亵渎行为的人类学研究中发展起来的。文化理论认为，风险感知与共享的文化息息相关，并非靠个人的心理。该理论强调个人、组织和社会之间的内在关系，同时也注重人与自然的社会关注，因此，从本质上说，风险的文化理论属于社会学理论的范畴。

　　一般而言，文化理论由两部分组成：一是理论信念，即奉行一种特定的社会关系模式会产生一种独特的看待世界的方式，简称为"文化偏见"。二是对四种可行的文化群体的界定，该分类是基于"群体"和"网格"两个维度。群体是指个体被包含进有边界单位的程度，包含的程度越大，个体选择越受群体决策的影响。网格是指个人生活被外在强加的规则法令所控制的程度，规则法令越广，束缚越多，通往个体协商的空间就越小。网格/群体分类如图 6.3 所示。图中的 A 区（低群体/低网格）是指一种竞争性的个人主义社会环境。随着社会制度对融合和规范的要求增高，社会从 A 区移入 C 区(高群体/高网格)。个人主义和竞争也许不会完全消失，但是人们进入 C 区越深入，受到正式系统的控制就会越多，直到最顶端的右角，此时社会生活的方方面面都受到等级制权威的严格控制。竞争和官僚体制这一连续体的底部右端是集体主义平等框架，即 D 区(高群体/低网格)，如许多宗教组织、革命政治团体和一些反核能和环保组织等。如果没有有力的个人领导或已制定的官僚程序去解决争议，平等主义的团体内部在现实中就会时常发生明显的派系争斗。B 区(低群体/高网格)是分层的，通常是异化的个体。在竞争组织中有些人没有交换的商品或服务就会被逐出市场(王锋，2013)。

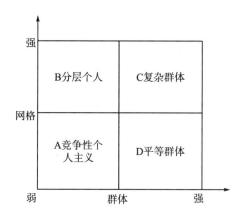

图 6.3　网格/群体分类(王锋，2013)

综上所述，以上研究从心理学和社会学视角对风险认知理论和方法进行了阐述。事实上，对风险认知的探究最终会作用于人们的行为决策。长期以来，行为主体决策一直是心理学、管理学、经济学、社会学等多学科关注的热点问题(杨刘敏，2007)。而心理测量范式和社会文化理论均认为行为主体的决策是建立在"理性人"假设的基础上的，但赫伯特·西蒙(1989)指出行为主体是"有限理性"的，这对前两种理论构成了巨大挑战。Kahneman 和 Tversky(1979)提出了更实际的前景理论，他们采用价值函数和决策权重来刻画风险感知，并基于实验的方式得出人们面对不同的风险情境时，其行为决策会显著不同，即行为决策中存在"框架效应"。具体来说，Tversky 和 Kahneman 于 1981 年首次证实了框架效应的概念，即如果将相同风险事件放入两种框架("获得"或"损失")中阐释，决策者的风险偏好会受到框架的严重影响，甚至结论完全相反。当决策者面临获得框架时，往往更会采取风险规避的行为决策，从而选取确定收益方案；但是，反过来，如果决策者面对的是损失框架，通常会抱着搏一搏的心态选取不确定性方案(张文慧和王晓田，2008)。总结已有研究文献发现，学者对公众面对普通风险时的认知过程和行为决策进行了大量研究。但是当人们面对巨灾风险时，风险认知如何影响其行为决策的研究较为缺乏。因此，本书在总结传统的风险认知理论和方法基础上，假定行为主体是有限理性的，基于 Kahneman 等提出的前景理论对行为主体的风险感知进行刻画，采用实验的方式探究行为主体面对普通风险和巨灾风险时的风险态度以及行为决策。

6.1.2 巨灾风险认知的影响因素

风险认知是一个复杂的体系，研究中会涉及心理学、社会学、经济学、管理学以及信息科学等学科的交叉，因而风险认知的影响因素众多(孟博等，2010)。在针对具体的灾害风险进行风险认知的影响因素分析时，个体特征、风险沟通、风险性质和知识结构一般是主要的影响因素(周忻等，2012)。此外，情绪、灾害发生的时间长短、灾害发生的距离等都会对行为主体的风险认知产生较大影响。

(1) 个体特征与风险认知。个体特征差异导致个体对风险事件的认知不同，通常，年龄、性别和家庭背景等因素会造成个体特征的极大差异，以往对风险事件的经验也会影响个体对风险的认知和反应。由于个体特征的差异，行为主体在自我编辑、加工和表述巨灾信息时往往会形成自我框架。大量研究探讨了自我框架对行为主体决策的影响。有研究表明，行为主体自己在描述方案时，往往会采取不同的框架做出行为决策，该研究得出自我框架对行为主体的风险偏好产生了与传统框架相似的影响(Wang et al.，2001)。同时，McElroy 等(2007)进一步研究表明，行为主体的自尊心也是影响风险认知的重要因素，不同的行为主体对风险事件决策时会形成自我框架，自尊心较低的参与者通常受负性自我框架的影响。此外，张文慧和王晓田(2008)还发现自我框架的其他特性：在面对与生死攸关的风险决策时，行为主体使用积极自我框架的频率要比面对金钱风险时更高。因此，自我框架可能具有对风险严峻性的某种心理缓冲或准备功能。

(2) 风险沟通与风险认知。风险的有效沟通是提高民众风险认知的重要途径。风险沟通是指传播与风险相关的信息，著名风险专家 Slovic 指出公共风险事件具有持续放大效应，如同在一个平静的湖面上投下一块石头后，水面的波纹会一圈一圈地从中心向四周传播。公共风险事件所产生的涟漪的深度与广度，不仅受风险事件本身的危害程度、危害方式和性质等影响，也与涟漪传播的过程中公众获取、感知和解释相关信息的方式有关(李华强等，2009)。如果风险沟通不当或无效，极有可能导致公众风险认知的偏差。但是，灾害风险行为决策必须借助风险沟通这一工具。事实上，风险认知是风险沟通的基础，风险沟通是强化行为主体风险认知的重要途径。灾害风险沟通有四大行为主体，即公众、政府、专家和媒体。在灾害风险沟通中，应该以公众为中心、政府是关键、专家是信源、媒体为桥梁(尚志海，2017)。做到灾前、灾中和灾后的有效风险沟通，有助于避免或尽量减小信息不对称造成的风险感知偏差。

(3)风险性质与风险认知。有研究指出，人们往往会高估小概率高死亡率的风险事件，而对大概率低死亡率风险事件则常常采取忽视态度；Slovic 在一项研究中发现，如果按人们对风险事件的可怕程度和后果严重性进行排序，核能风险是排第一位的，普通民众对其认知程度远高于其他风险，这也表明风险性质与风险认知是密切相关的(Lai and Tao，2003)。谢晓非和徐联仓(1995a)对风险的性质进行探讨，他们认为个体对风险性质的认知，会受到风险产生的外界环境和条件、个体内在因素及其他一些干扰因素的影响(如图 6.4)。正确理解灾害风险的性质，有助于正确认知风险，为灾害风险管理奠定基础。

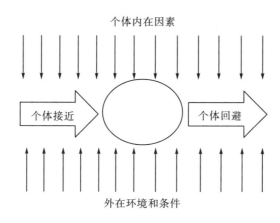

图 6.4　个体风险性质认知图(谢晓非和徐联仓，1995a)

(4)知识结构与风险认知。知识结构可以帮助公众理性地分析风险事件，也正是由于知识结构的差异，普通民众和专家对同一风险的认知会产生偏差。如果民众对某一风险事件(如地震)有足够的知识储备和信息，那么他们能更加客观地认知该风险事件，或者可以通过多方面接收风险事件的信息，并且辩证地看待与评价巨灾风险事件对经济社会产生的影响，因此，这使得个体能更加理性地分析和对待已发生或将来会发生的风险事件。但是，普通民众往往受教育程度不高，对灾害风险不熟悉或了解较少，一旦灾害事件发生，就可能会导致民众出现惊慌失措、盲目从众等过激行为反应，进而做出非理性的行为决策。相较而言，专家由于知识结构更丰富、获取信息的渠道更多以及处理突发事件时更加客观冷静，他们遇到灾害事件时往往采取理性的行为决策。归根结底，造成这种差异决策的原因之一就是知识结构的差异。众所周知，我国是当今世界灾害频发且灾害最为严重的国家之一。然而，在我国广大农村地区，人们的灾害知识匮乏、灾害意识较弱，缺乏必要的应对灾害技能，于是，灾害发生后会严重影响民众的生产生活，给民众财产和人身造成巨大损失和伤害，阻碍农村地区的发展。因此，根据中国国情，加强普通民众的灾害教育，强化其知识结构、提高民众灾害意识和技能等，才能提高公众理性应对灾害事件的能力，最大限度地减少损失，降低灾害风险（王涛，2012）。

（5）情绪与风险认知。有研究指出，不同的情绪会对决策行为产生不同的影响，强烈的情绪如恐惧和愤怒对于感受到的风险有着显著的影响（Lerner et al.，2003）。情绪可分为正面情绪和负面情绪，正面情绪使人们对风险的评估偏向乐观，而负面情绪则使人们更倾向于悲观估计风险（Johnson and Tversky，1983）。Slovic（1997）认为情绪因子是风险认知过程中对整体知识库影响最大的因子之一。因此，公众并非不理性，但对风险的判断受到情绪的影响，而这种影响的方式既简单又复杂。在心理学研究中发现，面临突发的巨灾事件时，人们对此事件的认知往往无法用贝叶斯法则来解释。徐联仓（1998）认为人们在评价风险事件时，将会依据事件发生的频率、严重性等客观指标做出判断。事件发生的次数越多，后果越严重，个体所感到的风险就越大。杨维等（2014）证实了行为主体的情绪状态越焦虑，其地震风险感知水平越高。

（6）时间、距离与风险认知。巨灾风险事件的发生往往是局部的、瞬间的，而巨灾事件带来的冲击却远不局限于巨灾风险的发生地和发生时间（卓志和周志刚，2013）。巨灾事件发生的时间长短会显著影响人们的风险认知，通常发生时间久远，人们可能会遗忘巨灾风险。因此，巨灾风险存在有效时间尺度。有研究表明，灾害风险依赖风险载体某种"价值"的存在而存在，因此，在风险载体该种"价值"尚存的时间范围内，讨论灾害风险才是有意义的，即讨论某风险载体所载荷的灾害风险时，所使用的时间尺度应小于或等于这个时间范围，这个时间范围就称为灾害风险存在的有效时间尺度（苏桂武和高庆华，2003）。同时，距离也是影响人们认知风险的重要因素。距离可以是上一次发生巨灾事件距离现在的时间，也称为心理距离；也可以是发生巨灾事件的地方与公众的地理距离。通常情况下，心理距离和地理距离越远，人们对巨灾事件的感知越小。巨灾冲击引起公众风险认知的变化因距离风险源的不同而有显著区别。Farley（1993）的研究发现，在新马德里地震中，家庭采取的应对措施与其距离地震位置负相关。Peacock 等（2005）认为距离或地理位置是形成风险感知尤其是飓风等自然巨灾风险感知的重要研究的因素，他们通过在佛罗里达州随机抽样电话调查验证了上述观点。时勘等（2003）在 SARS 疫情后根据省市多名市民的调查结果，指出疫情的信息以及患者与本人的空间距离最能影响个人的风险感知水平。此外，距离和情绪的交互作用也会对人们的风险认知产生重要影响。如 Fischhoff 等（2003）在"9·11"恐怖袭击后对美国进行调查发现，情绪与距离负相关、成年人的风险感知与距离袭击中心具有显著的负相关。Rosoff 等（2012）在华盛顿特区和洛杉矶两地模拟生化灾难情景展开的跟踪测试发现，距离灾难爆发地越近的个体具有越高的负面情绪和风险感知，也更愿意采取应对行为。

综上所述，影响人们风险感知的因素有很多，从而导致人们面对普通风险和巨灾风险时的行为决策很复杂。深入剖析巨灾风险认知的影响因素，对建立行为主体巨灾行为决策理论框架具有重要作用。

6.1.3　巨灾风险的决策行为分析

1.　理论分析与研究假设

巨灾风险具有高度不确定性，换句话说，巨灾风险发生的结果和结果分布都是未知的状态。因此，这会对行为主体的巨灾风险决策造成巨大挑战。研究表明，面对普通风险时，普通民众往往凭直觉和经验进行非理性的行为决策，而专家通常根据专业知识进行理性判断和决策(张岩和魏玖长，2011)。因此，普通民众和专家对风险的认知存在着概率认知偏差、直觉启发、乐观偏见、可得性偏差以及锚定效应等。但是，当人们面对巨灾事件时，主体行为决策受到更为复杂的因素影响。巨灾事件一旦发生，通常会造成大量的人身伤亡和巨大的财产损失(如 2008 年汶川大地震)，这将给亲历者带来巨大的心灵创伤甚至引起心理疾病。失去亲人的痛苦、对死亡的恐惧等负面情绪将显著影响他们对巨灾风险的感知水平。即使未亲历巨灾的人们，通过新闻媒体、群体交流甚至是现场感受同样会带来类似的冲击。当风险感知水平受巨灾冲击影响发生改变后，人们的风险态度也将发生变化(周志刚和陈晗，2013)。Pratt(1975)认为，风险态度和风险认知是不确定状态下个体决策的两个主要影响因素。风险态度可分为风险偏好、风险中立和风险规避三类。Kahneman 和 Tversky(1979)提出的前景理论认为，人们在面对收益和损失时的行为决策完全不同。通常，面对收益时人们持风险规避的态度，而面对损失时人们采取风险偏好的行为决策。明显，巨灾情境下行为主体面对的是损失框架。因此，我们认为面对巨灾风险时行为主体也会采取冒险的行为决策。同时，巨灾突发的时间压力、心理压力、信息不畅等使得人们往往急迫地、盲目地采取非理性的、从众的行为决策。基于此，我们提出本研究的第一个假设。

假设 1：相较于普通风险，巨灾风险影响下行为主体更倾向于采取风险偏好的行为决策。

政府作为社会管理和公共服务的主体，肩负着应对灾害事件和维护公共安全的责任。政府对灾害事件的管理，是政府应急能力、行政效能和执政水平的集中反映。但灾害事件管理绝不仅仅是政府单一主体的事情，它需要其他社会多元主体的共同参与和协同应对，其中公众的有效参与是不可或缺的因素，而社会公众能否在突发状态下对风险进行理性认知是有效参与的前提(张岩和魏玖长，2011)。

公众对本国政府的信任水平不仅受到其个体对政府治理绩效的感知以及其文化价值观念的影响，而且也受到一国的经济社会发展水平以及全球化程度等宏观因素的制约(李艳霞和郭夏玫，2018)。有研究表明，政府信任也是影响民众风险行为决策的重要因素(National Research Council，1989)。同时，一直以来，我国奉行"一方有难，八方支援"的互助合作原则。因此，政府和社会的信任很大程度上影响公众对巨灾风险的行为决策。一方面，如果公众对政府和社会信任度高，那么巨灾发生后，民众相信政府和社会将对其进行帮助，从而减轻人们对巨灾的恐惧感；同时，一部分民众会极度依赖政府和社会，他们认为无论什么情形下政府都会对巨灾损失进行"兜底"，因此他们会选择忽略巨灾保险。另一方面，如果公众对政府和社会信任度低，他们就会怀疑政府和社会的能力，增加自身的无助感和恐惧心理，进而影响其行为决策。实际上，因为个体特征和相关知识结构不同，专家和普通民众存在风险认知偏差，相较专家而言，公众的风险认知水平远远偏离于客观风险。在此情况下，有可能导致公众对信息的发布方或者政策制定方(政府或专家)缺乏信任，从而进一步导致公众很难从心理上认同和接受专家关于客观风险的评估，进而调整和改变自身的行为决策(李小敏和胡象明，2015)。基于此，提出本书的第二个研究假设。

假设 2：政府和社会信任度会显著影响巨灾风险行为主体的决策选择：政府和社会信任度越高，风险个体越倾向于风险规避行为。

风险主体的行为决策既受到个体风险认知的影响，也受到周围群体行为的影响。巨灾是一类冲击效应相当显著的特殊风险。在巨灾风险突发情境下，行为主体由于恐惧、信息不畅等原因往往会驱使人们做出非理性的行为抉择。在此情况下，群体的行为决策往往会对个体决策起到示范作用，这也称为"从众效应"。事实上，从众行为最早来源于社会学，究其产生原因，学界采用认知失调理论、社会角色理论和归因理论对其进行了解释(李华强，2011)。目前，分析从众行为影响巨灾行为主体决策的研究较少。李华强(2011)指出从众行为是个体由于真实的或想象的群体压力而导致的行为或态度的变化。突发灾害事件尤其是巨灾事件发生时，往往是始料未及的，而且在瞬间就会造成交通瘫痪、电力通信等中断，造成外界很难在第一时间获取灾区的真实信息，同时，灾区也无法获悉外界的施救援助情况，这就使人们很容易陷入不确定情境中，产生不可控制感、无助感和过高的风险认知。据此，倘若个体的意见和群体出现了分歧，个体会在群体的压力下，改变自己原来持有的意见和方案，不加考虑地接受大多数人的意见，或不由自主地模仿别人的所作所为而不考虑行为的合理性，并且这种改变往往不是因为他人的论据有说服力或科学依据，而只是害怕陷于孤立，即产生了盲目从众行为。当出现大范围的群体盲目从众行为时，就可能在某种诱因下，出现集体精神失常现象，引发群体性的恐慌和风险感知的放大，带给人们巨大的社会心理压力和负面情绪，使灾难的伤害和持续时间更长。因此，深入分析和探讨巨灾等突发性灾难中人们的从众行为及其与风险认知的关系，有助于更深入地理解风险认知对公众行为表现的影响。由于巨灾风险的特殊性，巨灾保险通常被视作转嫁巨灾风险的有效手段。自然地，个体是否投保巨灾保险、保险公司是否经营巨灾保险会受到相应群体策略的影响，即会出现从众行为。相较于一般保险市场，巨灾保险市场很难形成，但是有研究证实了巨灾保险市场均衡的存在。其中，个体、保险公司和政府是巨灾保险市场中重要的行为主体。因此，从众行为是否会显著影响巨灾保险市场均衡的形成？怎样影响？本书拟从演化博弈视角，分析群体间选择策略的相互依赖关系对巨灾保险市场均衡的影响。事实上，博弈主体间存在从众行为，即人们在不确定情况下进行决策时会受到其身边人的行为决策的影响，从而形成群体间行为策略选择的相互依赖。为此，我们将群体策略选择间的相互依赖关系(即从众效应)称为强度系数。例如，巨灾保险市场中，个体采取的策略为不投保和投保巨灾保险两种，如果个体周围的大部分人采取投保策略，那采取不投保策略的个体可能会受到身边人的影响进而修正自己的策略，这时强度系数大于 1，称为正效应；相反，如果个体周围的人不断修正自己的策略为不投保，这时强度系数小于 1，称为负效应。明显，正效应有助于巨灾保险市场达成有效均衡，而负效应不利于巨灾保险市场达成有效均衡。于是，我们提出本书的第三个研究假设。

假设 3：群体策略选择间的相互依赖关系(即强度系数)会显著影响巨灾保险市场均衡：强度系数越大，越有助于巨灾保险市场有效均衡的达成。

2. 巨灾风险行为决策概念模型

基于上述理论分析，由于决策个体的风险偏好、价值观等不同，不同的决策个体对同一巨灾风险采取的行为决策不同。同时，巨灾风险事件本身的特征也会对行为主体的决策产生影响。例如，由于巨灾发生的概率很低，很多民众一生都难以遇见，从而对巨灾的认知严重不足，往往对巨灾的发生存在过度自信或抱着侥幸心理，严重影响民众对巨灾保险或其他化解巨灾风险措施的参与积极性。基于前景理论，巨灾突发后，面对不同的巨灾风险情景参照，民众也会做出不同的行为决策。面对巨灾事件，人们往往基于损失框架进行决策。前景理论研究表明，行为主体自身的损益状态对风险决策起着重要作用。他们将行为主体的现状定义为个人参照点，个人参照点对巨灾风险行为主体的实际损失存在很强的相关性，进而直接影响其行为决策。此外，社会比较理论认为，与他人的比较结果同样对风险决策具有重要的作用。于是，研究者将他人的状态定义为社会参照点。社会参照点与行为主体的实际得失无关，具有间接性、假设性和相对性的特征。社会参照点通过自我概念、情绪、认知等方式作用于风险决策。同时，个人参照点和社会参照点共存于风险决策过程中，决策者对两者的心理感受和行为倾向具有相似性，因此两者将共同影响行为主体的风险选择。因此，谢晓非和陆静怡(2014)将风险决策中的个人参照点和社会参照点定义为双参照点。不同的影响因素会造成人们对巨灾产生认知偏差，从而形成不同的巨灾风险偏好；反过来，不同的巨灾风险偏好又会影响公众的巨灾风险认知，进而做出自身的巨灾风险行为决策。

综上所述，巨灾情境下公众的风险行为决策概念分析框架模型如图 6.5 所示。

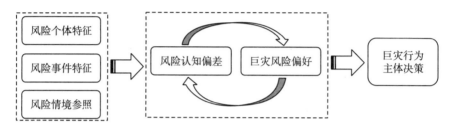

图 6.5 巨灾风险行为决策分析框架图

6.2 巨灾风险认知与行为决策实验验证

6.2.1 实验验证及方法

在经济学实证研究中，最重要的方法与工具是计量经济学与实验经济学。二者从不同的角度为经济学的实证分析提供重要的方法论基础。计量经济学以实际经济数据的建模与分析为主要研究对象。当实际数据不可得，或实际数据过于复杂而导致因果关系不易梳理时，实验经济学则可以通过可控的实验数据代替实际数据，成为实证经济分析的又一个有力工具(洪永淼等，2016)。巨灾风险的低概率发生特性导致人们很难取得有效的信息，进而对人们的决策行为影响很小。但巨灾一旦发生，其毁灭性的打击是人类很难承受或需要很长时间才能恢复的。因此，如何有效地获取巨灾风险数据，如何有效地预防和控制巨灾风险损失，常见的计量经济学方法很难奏效，而需要特定的方法和工具。于是，将实验经济学应用于"巨灾"领域是一种新的尝试。

事实上，实验经济学是 20 世纪七八十年代兴起的一门新的交叉学科，结合认知心理学、神经科学、社会学和人类学的相关研究方法，涵盖了决策论、经济学、博弈论、等多个研究领域。1962 年 Smith 发表《竞争市场行为的实验研究》一文确立了实验经济学成为主流经济学研究方法的地位(高鸿桢，2003)。实验经济学以模拟实体经济决策环境和验证理论模型为目的，通过仿真方法创造与实际经济相似的实验室环境，观察分析受到物质报酬激励的受试对象如何在一定规则下进行决策，从而研究人们的行为决策。实验经济学之所以兴起，是因为其基于可控实验获取的数据较好地避免了内生性问题。我们知道，社会科学和自然科学研究中的一个重要内容是讨论因果关系。相对于现实环境下自然产生的经济决策实际数据而言，实验经济学数据是在事前已经尽可能控制了各种干扰混淆因素条件下产生的，从而数据相对比较整洁，有利于经济学研究人员发现并研究经济因素之间的因果关系。目前，实验研究方法已经成为微观经济学、宏观经济学、金融经济学、劳动经济学、管理科学等领域的核心研究方法(洪永淼等，2016)。虽然实验经济学已经在很多领域得到了较好的应用和发展，但将其运用于巨灾风险领域的文献很少。据我们所知，刘一点和杜帅南(2014)将实验经济学运用于个体巨灾风险投保行为选择中，研究发现人们的投保决策受巨灾风险概率认知的影响较小，而巨灾风险经历对其投保决策影响较大。

因此，本节尝试运用实验经济学的方法模拟巨灾场景，实证研究人们在面临巨灾风险损失时的行为决策。同时，通过测度人们对政府和社会的信任度，揭示政府和社会信任度对人类巨灾风险行为选择的影响。

6.2.2　实验原则与设计

1. 实验的基本原则

为保证实验的科学性和规范性，本研究主要借鉴 Smith 提出的实验基本原则(高鸿桢，2003)并根据以下原则进行实验，具体包括：①匿名性，由于本实验是为做纯学术研究而进行的，因此为了保密，参与实验的个体都是匿名的；②独立性，实验中个体之间不交流，完全独立地完成所有任务；③真实性，本实验是模拟现实中真实的巨灾场景，要求被试者根据自己的真实感受完成所有实验。

2. 实验说明

实验共分为四个部分。第一部分是被试者的个人基本信息，这一部分主要包括个体的性别、民族、家庭收入、家庭地位以及灾害经历和巨灾认知等信息；第二部分是个体风险偏好测试，主要测试个体在现实中面对收益和损失时的行为选择，这一部分要在主试(实验设计者)的解释下让个体选择答案；第三部分是测试个体对政府和社会的信任程度，这一部分在个体做完第二部分后即可进行；第四部分是巨灾风险偏好与行为选择测试，这一部分是本实验最重要的一部分，根据主试的提醒，被试者完成本部分的选择。

3. 被试选择

有研究表明，个体的专业背景与知识结构对实验行为具有显著影响（刘一点和杜帅南，2014）。如 Smith（1993）对竞争性市场的实验研究发现了经济学理论专业研究生与经济学、工程学等专业的本科生在实验中表现出显著差异。同时，迄今为止，大部分的实验经济学都是选择在校本科生和研究生进行测试。因此，我们将设计好的问卷在西南大学经管大楼 10-4 室、32 教学楼 413 室、33 教学楼 102 室、经管大楼 B201 室等场所对不同专业的本科生和研究生进行测试，具体实验场次、实验时间和实验人数等见表 6.1。

表 6.1　实验情况表

实验场次	实验时间	实验地点	实验人数	被试者
第一场	2018 年 1 月 2 日 10：20～10：50	经管大楼 10-4 室	50 人	金融本科
第二场	2018 年 1 月 3 日 17：30～18：00	32 教学楼 413 室	40 人	经济学
第三场	2018 年 1 月 6 日 16：30～17：00	经管大楼 A401 室	15 人	金融专硕
第四场	2018 年 1 月 6 日 17：00～17：30	33 教学楼 102 室	26 人	植物保护
第五场	2018 年 1 月 7 日 17：00～17：30	经管大楼 B201 室	45 人	MBA

本实验的所有 176 个被试者均来自西南大学，其中大部分专业与经济学相关（85%），少部分来自植物保护专业。

4. 风险态度测试设计

这里的风险态度分为两种：一种是个体面临普通风险时的风险态度，另一种是当个体面临巨灾风险时的风险态度。因此，我们设计了两种情景来测试个体的风险态度。

1）个体普通风险态度测试

Kahneman 和 Tversky 1979 年提出的前景理论指出，当人们面对收益和损失时的行为决策截然不同。风险是一种不确定性状态，而风险偏好，则是决策者面对风险时必然产生的权衡利害的心理反应，它反映决策者对风险的态度。明显，由于不同决策者所处的环境不同、自身的性格不同，导致其具有不同的风险偏好（孙慧荣，2007）。事实上，von Neumann 和 Morgenstern（1953）将风险态度从期望效用角度分为三种：风险规避（risk aversion）、风险中性（risk neutral）与风险偏好（risk lover）。其中，对投资者而言，若满足

$U[E(W)] > E[U(W)]$，则称为风险规避者；

$U[E(W)] = E[U(W)]$，则称为风险中性者；

$U[E(W)] < E[U(W)]$，则称为风险偏好者。

这里，$U(\cdot)$ 表示效用函数，$E(\cdot)$ 表示期望算子，W 表示不确定性收益。$U[E(W)]$ 表示不确定收益期望值的效用，这是确定的；$E[U(W)]$ 表示期望效用，这是不确定的。也就是说，区分风险态度是将确定的收益或损失与不确定的收益或损失进行比较。一般地，上述三种风险函数的图形如图 6.6～图 6.8 所示。

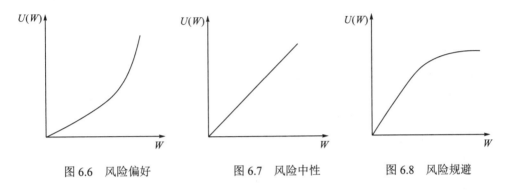

图 6.6　风险偏好　　　　　　图 6.7　风险中性　　　　　　图 6.8　风险规避

基于此，我们采取问卷的形式对被试个体的风险态度进行测试，其中问卷是根据 Kahneman 和 Tversky 的收益和损失实验改变得到的，且每道题目中个体面对的损失和收益的期望是相同的。此外，孙慧荣（2007）在测定投资者风险态度时也采用了相似的问卷。于是，本书也借鉴这一成果对人们面对普通风险时的风险态度进行区分。设计的场景为：如果您正进行一项投资，请根据以下列出的两种方案，选择出您的真实感受。请注意，题目之间是相互独立的。具体地，问卷设计为：

B1：请从下列两项中选择（　　）。

a、100%可以赚 800 元；b、80%可能赚 1000 元，20%可能分文不赚。

B2：请从下列两项中选择（　　）。

a、100%可能赔 800 元；b、80%可能赔 1000 元，20%可能分文不赔。

B3：请从下列两项中选择（　　）。

a、80%可能赚 20 万元，20%可能赔 10 万元；

b、50%可能赚 40 万元，40%可能赔 15 万元，10%不赔不赚。

B4：请从下列两项中选择（　　）。

a、80%可能赚 200 万元，20%可能赔 100 万元；

b、50%可能赚 400 万元，40%可能赔 150 万元，10%不赔不赚。

于是，根据被试个体对上述问题的回答，从选择 b 选项的个数就可以判断出该个体的风险偏好类型。明显，B1～B4 中 b 选项相较于 a 选项而言更冒险，因此根据选择 b 选项的个数，我们将个体的风险态度判别列于表 6.2。

表 6.2　个体风险态度判断表

选择 b 选项的个数	风险类型
0~1	风险规避
2	风险中性
3~4	风险偏好

2）个体巨灾风险态度测试

当人们面对巨灾风险的时候，其风险态度如何，其行为决策如何，是本研究测试的主要工作之一。众所周知，巨灾发生时，人们面临的是巨额损失。但是，由于巨灾发生的概率极小，很多人一生都难以遇见，导致人们对巨灾的认知往往不足。因此，我们设计的场景是：当遇到巨灾（如地震、恐怖袭击）时，请从下列两种方案中做出您的真实抉择。问卷设计为：

D1：请从以下两个选项中做出您的选择（　　）。

a、高确定性损失：100%的概率损失 1 万元；

b、高不确定损失：0.1%的概率损失 50 万元。

D2：您是否会购买巨灾保险？（　　）。

a、会；b、不会

对于问题 D1，a 选项是确定性损失方案，若个体选择该项，我们称其属于巨灾风险规避型；b 选项是不确定巨额损失，其低概率高损失的特性正好与巨灾的特征相吻合，若个体选择该选项，我们称其属于巨灾风险偏好型。对于问题 D2，主要是探究个体面临巨灾时的行为决策，是否愿意以投保的方式将巨灾风险转嫁给保险公司等第三方机构。

6.2.3　实验结果与分析

1．个体普通风险态度分布

据统计，被试个体根据问题 B1~B4 的选择情况展示于表 6.3。我们知道，B1 是从收益的角度选择，B2 是从损失的角度选择，而 B3 和 B4 既从收益也从损失的角度选择。从表 6.3 可知，当人们面对收益时，大多数个体是风险规避的（占比 60%）；当人们面对损失时，大多数个体是风险偏好的（占比 81%）；而当人们同时面对收益和损失时，选择规避风险和偏好风险的个体基本相同（占比 50%左右）。这表明参照点不一样，人们面对风险时的行为选择存在显著差异，而且人们对损失的敏感性高于收益的获得感（81%>60%），这正好与 Kahneman 和 Tversky 提出的前景理论相吻合。

表 6.3　个体对问题 B1～B4 各选项的选择情况表

B1		B2		B3		B4	
选 a 人数	选 b 人数	选 a 人数	选 b 人数	选 a 人数	选 b 人数	选 a 人数	选 b 人数
105	71	33	143	93	83	96	80

　　基于表 6.2，我们统计出被试者的风险态度分布，见表 6.4。从表中可以看出，当个体面对普通风险时，风险规避型个体为 48 人（占比 27%）、风险中性者为 63 人（占比 36%）、风险偏好型个体为 65 人（占比 37%），即当个体面对普通风险时表现出的风险态度分布较为均匀。同时，从性别来看，三种风险态度类型的分布比例也较为均匀；对于男性而言，风险规避者占 26%、风险中性者占 46%、风险偏好者占 28%；对女性而言，风险规避者占 28%、风险中性者占 31%、风险偏好者占 41%。

表 6.4　被试者风险态度分布表

风险态度	频数（人）			占比		
	男性	女性	总样本	男性	女性	总样本
风险规避	15	33	48	26%	28%	27%
风险中性	26	37	63	46%	31%	36%
风险偏好	16	49	65	28%	41%	37%
样本量	57	119	176	32%	68%	100%

　　为直观展现实验结果，我们将表 6.4 绘制成图 6.9。从图中明显可以看出，无论是从总样本还是从性别来看，普通风险中人们的风险态度分布均较为均匀。

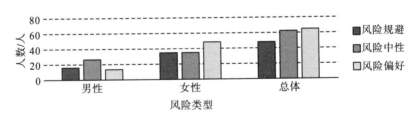

图 6.9　不同风险类型人数

　　此外，我们还从班级和个体来自城乡的情况对其风险态度进行了统计（表 6.5）。从表 6.5 中可知，除经济学班级外，其余班级的风险态度分布较为均匀，经济学班级的学生面对普通风险时更偏好风险（选择风险偏好的个体占 53%，而风险规避者仅占 15%），这也表明不同专业对人们的风险行为选择具有差异性。从城乡来看，来自农村的个体风险态度分布较为均匀（其中风险规避者占 30%，风险偏好者占

37%，风险中性者占 33%）；而来自城市的个体更倾向于风险偏好型（风险规避者占 25%，风险偏好者占 39%，风险中性者占 36%）。

表 6.5 按班级和城乡分类的个体风险态度分布表（人）

风险态度	班级					城乡	
	金融本科	经济学班	金融专硕	植物保护	MBA	城市	农村
风险规避	15	6	6	8	12	30	17
风险中性	16	13	5	7	21	43	19
风险偏好	19	21	4	11	12	46	21

2. 个体巨灾风险态度分布

当个体面临巨灾风险情境时，其风险态度如表 6.6 所示。从表 6.6 中可知，无论怎样分类（按性别、班级、城乡），巨灾情形下巨灾风险偏好型个体均远远大于巨灾风险规避型个体。总体上，巨灾风险规避型个体为 63 人（占比 36%），巨灾风险偏好型个体为 113 人（占比 64%）。

表 6.6 个体巨灾风险态度分布表（人）

巨灾风险态度	性别		班级					城乡	
	男	女	金融本科	经济学	金融专硕	植物保护	MBA	城市	农村
巨灾风险规避	20	43	18	11	4	11	19	35	18
巨灾风险偏好	37	76	32	29	11	15	26	84	39

此外，按不同分类后巨灾风险规避型个体和巨灾风险偏好型个体所占的比例如图 6.10 所示。从图中可直观地看出巨灾风险偏好型个体占比均远远大于巨灾风险规避型个体占比。

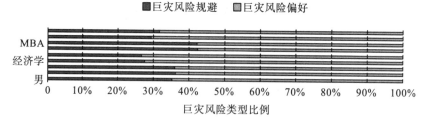

图 6.10 按不同分类的巨灾风险态度类型图

3. 个体普通风险态度和巨灾风险态度比较分析

从上面的统计分析可知，当人们面临普通风险和巨灾风险时所表现出的行为决策呈现显著差异。那么，在巨灾情境下，个体本身的风险态度是否会发生变化？我们将个体普通风险态度和巨灾风险态度展示于表 6.7 中。从表 6.7 中可知，当人们面临巨灾时，不管个体本身是风险规避者、风险中性者还是风险偏好者，巨灾风险偏好的个体数均高于巨灾风险规避个体数，尤其是在巨灾情形下风险偏好的个体数 45 人（占比 69%）远高于巨灾风险规避下的风险偏好个体数 20 人（占比 31%）。这表明相较于普通风险，人们更倾向于风险偏好的行为决策，故假设 1 得以验证。

表 6.7　普通风险态度和巨灾风险态度比较表

风险态度	巨灾风险偏好		巨灾风险规避	
	人数	占比/%	人数	占比/%
风险规避	30	63	18	37
风险中性	38	60	25	40
风险偏好	45	69	20	31

4. 政府和社会信任度测度

本节中，我们对政府和社会信任度进行测度。根据问卷设计（附录），个体对政府和社会信任度的测试属于第三部分，我们首先将每个问题进行量化，然后采用人工神经网络法赋予每个问题权重，最后将所有问题加总成综合指数，该指数就表示个体对政府和社会的信任度。具体地，根据问题 C11～C23 的选项设置，我们将 a 赋值为 1，b 赋值为 2，c 赋值为 3，d 赋值为 4，e 赋值为 5；由于问题的选项从左至右是逆向表达，所以最后各问题的加总得分越高，表示个体对政府和社会信任度越低。同时，对每个问题赋权重也是至关重要的。现有赋权法主要分为主观法（如层次分析法、专家打分法等）和客观法（如主成分分析法、变异系数法、神经网络法等），依据各赋权法的优缺点，本章主要采用神经网络法赋权（谢家智和车四方，2017）。于是，我们根据神经网络法测度出各问题的权重如表 6.8 所示。

表 6.8　政府和社会信任度各问题的权重表

问题	C11	C12	C13	C14	C21	C22	C23
权重	0.1270	0.1521	0.1438	0.1293	0.0972	0.1549	0.1960

最后，采用公式（6.1）对各问题进行加总得出个体对政府和社会的信任度。

$$T_i = \sum_{j=1}^{7} w_j x_{ij} \left(i = 1, 2, \cdots, n \right) \tag{6.1}$$

其中，T_i 表示被试者 i 对政府和社会的信任度；w_j 表示问题 j 的权重；x_{ij} 表示被试者 i 在问题 j 上的得分。加总后，我们将得分按升序排列，取前 50% 为高政府和社会信任度（$T_i \leqslant 2.6080$），取后 50% 为低政府和社会信任度（$T_i > 2.6080$）。

为了检验假设 2，我们分别对个体面对普通风险和巨灾风险时的行为决策进行计量检验。由于被解释变量（巨灾风险态度和普通风险态度）都是离散变量，我们选用混合 Logit 计量模型进行回归分析。事实上，混合 Logit 模型综合了多项 Logit 模型和条件 Logit 模型的优点，它不要求随机项服从正态分布，也可以让自变量的系数在观测对象不同时存在差异，因而能够分析任何情形下的离散选择决策（邓曲恒，2013）。因此，本章拟选取混合 Logit 模型对政府和社会信任度如何影响不同风险情形下人们的风险态度进行计量分析。

假定个体 i 面临不同风险时的风险态度 k 的效用为

$$U_{ik} = x'_{ik}\beta_i + \varepsilon_{ik} \ (i = 1, 2, \cdots, n; k = 1, 2, \cdots, K) \quad (6.2)$$

其中，x_{ik} 表示政府和社会信任度、巨灾认知水平、性别、民族等可观测自变量（各变量统计描述详见表 6.9）；β_i 为各变量对应系数；ε_{ik} 为扰动项且满足独立同分布条件。于是，基于公式（6.2）可以得出个体 i 选择风险态度 k 的概率为

$$P_{ik}(\beta_i) = \frac{\exp(x'_{ik}\beta_i)}{\sum_{k=1}^{K}(x'_{ik}\beta_i)} \quad (6.3)$$

与多项 Logit 模型不同的是，混合 Logit 模型放宽了其隐含的无关方案的独立性（IIA）等条件，这些隐含条件往往存在片面性。放宽的方法是假设 β_i 服从某种分布，于是个体 i 选择风险态度 k 的概率为

$$P_{ik} = \int \left(\frac{\exp(x'_{ik}\beta_i)}{\sum_{k=1}^{K}(x'_{ik}\beta_i)} \right) f(\beta|\theta)\mathrm{d}\beta \quad (6.4)$$

其中，$f(\beta|\theta)$ 是 β_i 的概率密度函数，θ 为待估参数。特别地，当 β_i 取常数分布时，式（6.4）就退化为多项 Logit 模型（鲜文铎和向锐，2007）。

接下来，需要对公式（6.4）进行估计。通常，可以采用数值模拟的方式对其进行求解，具体步骤为：①给定 θ，从 $f(\beta|\theta)$ 中抽取一个随机变量 β_t（$t = 1, 2, \cdots, T$）；②根据 β_t 计算出概率 $P_{ik}(\beta_t)$；③将步骤①和②重复进行 T 次，计算 $P_{ik}(\beta_t)$ 的均值，作为选择概率 P_{ik} 的模拟值 $\tilde{P}_{ik} = \frac{1}{T}\sum_{t=1}^{T}P_{ik}(\beta_t)$。④基于模拟值 $\tilde{P}_{ik}$ 模拟似然函数 $\mathrm{SL}(\theta) = \sum_{i=1}^{n}\sum_{k=1}^{K}d_{ik}\tilde{P}_{ik}$；当个体 i 选择风险态度 k 时，$d_{ik} = 1$，否则 $d_{ik} = 0$。进一步可以取其似然对数形式 $\mathrm{SLL}(\theta) = \sum_{i=1}^{n}\sum_{k=1}^{K}d_{ik}\log(\tilde{P}_{ik})$。⑤最后采用极大似然估计法求解出参数 θ。

表 6.9　变量定义及描述

变量	符号	变量赋值	平均值	标准差	最小值	最大值
巨灾风险态度	CRA	巨灾风险规避=0，巨灾风险偏好=1	0.6420	0.4808	0	1
普通风险态度	GRA	风险规避=1，风险中性=2，风险偏好=3	2.0966	0.7977	1	3
政府和社会信任度	Trust	高信任度=1，低信任度=2	1.5000	0.5014	1	2
巨灾认知水平	Cognitive	非常了解=1，…，完全不了解=5	3.0625	0.7419	1	5
灾害经历	Experience	有=1，无=0	0.2557	0.4375	0	1
遭遇灾害大小	Size	小灾=1，巨灾=0，无=3	2.2386	1.1661	0	3
性别	Gender	男=1，女=0	0.3239	0.4693	0	1
民族	Nation	汉族=1，少数民族=0	0.9148	0.2800	0	1
家庭收入水平	Income	很好=1，…，很差=5	2.9886	0.6233	1	5
家庭地位	Position	很高=1，…，很低=5	3.0455	0.4384	1	5
城乡	City	农村=1，城市=0	0.3239	0.4693	0	1
专业	Major	与经济学相关=0，其他=1	0.7386	0.4406	0	1

　　根据混合 Logit 计量模型，我们得出了政府和社会信任度对人们面对不同风险时的行为选择影响的估计结果，见表 6.10。从表 6.10 中可知，当人们面临巨灾风险时，政府和社会信任度在 1%水平上显著影响个体的巨灾风险态度；而当人们面临普通风险时，政府和社会信任度在 5%水平上显著影响个体的巨灾风险态度。具体地，当个体面对普通风险时，政府和社会信任度与风险规避、风险中性决策呈显著负相关关系，即政府和社会信任度越高，风险规避型与风险中性型个体占比越低；而政府和社会信任度与风险偏好决策呈显著正相关关系，即政府和社会信任度越高，风险偏好个体占比越高。但是，当人们面对巨灾风险时，政府和社会信任度与巨灾风险规避决策呈显著正相关关系，即政府和社会信任度越高，巨灾风险规避个体占比越高；而政府和社会信任度与巨灾风险偏好决策呈显著负相关关系，即政府和社会信任度越高，巨灾风险偏好型个体占比越低。因此，通过上述分析可知假设 2 成立。

　　此外，我们还检验了人们的巨灾认知水平、是否经历灾害、个体信息特征(性别、民族、专业、是否来自城市、家庭收入水平、家庭地位)等对个体风险态度的影响。总体上，除极个别变量外，各变量都显著影响个体的风险行为决策。

表 6.10　混合 Logit 模型估计结果

变量	巨灾风险态度		普通风险态度		
	CRA=1	CRA=0	GRA=1	GRA=2	GRA=3
Trust	-0.0952***	0.0952***	-0.3556**	-0.3327**	0.3556**
	(0.0021)	(0.0021)	(0.036)	(0.038)	(0.036)
Cognitive	0.2598**	-0.2598**	0.0583*	0.5430**	-0.0583*
	(0.0268)	(0.0268)	(0.0843)	(0.0450)	(0.0843)
Experience	-0.9910***	0.9910***	-0.4716*	0.0646	0.4716*
	(0.0004)	(0.0004)	(0.0619)	(0.942)	(0.0619)
Size	-0.3257**	0.3257**	-0.0185*	0.0999*	0.0185*
	(0.0284)	(0.0284)	(0.0961)	(0.0776)	(0.0961)
Gender	0.0228*	-0.0228*	-0.02414*	-0.7631*	0.02414*
	(0.0600)	(0.0949)	(0.0957)	(0.0590)	(0.0957)
Nation	-0.2244**	0.2244*	-0.2163*	-0.3612*	0.2163*
	(0.0390)	(0.0699)	(0.0759)	(0.0596)	(0.0759)
Income	-0.0454*	0.0454*	0.1310*	0.4372**	-0.1310*
	(-0.0889)	(0.0889)	(0.0728)	(0.0246)	(0.0728)
Position	0.7496*	-0.7496*	0.6833	-0.1017	-0.6833
	(0.0950)	(0.0950)	(0.1890)	(0.1084)	(0.1890)
City	-0.3350**	0.3350**	-0.2619	-0.0822	0.2619
	(0.0364)	(0.0364)	(0.5480)	(0.8450)	(0.5480)
Major	-0.3714**	0.3714**	-0.1812	-0.9368**	0.1812
	(0.0341)	(0.0341)	(0.6940)	(0.0480)	(0.6940)
Cons	-1.8482***	1.8482***	-1.2282***	-1.0388***	1.2282***
	(0.0031)	(0.0031)	(0.0058)	(0.0062)	(0.0058)
Pseudo R^2	0.3762		0.5482		

注：括号内为 p 值，***、**、*分别表示在 1%、5%和 10%水平上显著。

6.3　巨灾风险行为决策优化分析

上一节采用实验经济学方法证实了巨灾情形下行为主体更倾向于采取风险偏好的决策，政府和社会信任度也会显著影响巨灾主体行为决策。这一节主要基于演化博弈理论，从数理视角演绎风险认知、政府和社会信任度等因素对公众行为决策的影响。众所周知，理性人的假设有力地促进了经济学的发展。但是，经济学家和心理学家均发现，现实经济活动中通常有不遵循理性假设的情况发生（Committee，2017）。现实中，人们往往是有限理性的。演化博弈论能更好地分析有限理性参与方学习和调整的动态机制。因此，本节采用动态演化博弈的方式来分析巨灾风险主体的行为决策。

6.3.1 巨灾损失情境下风险主体价值函数构造

Kahneman 和 Tversky(1979)提出了前景理论，其属于心理学和行为科学的研究成果。事实上，前景理论的核心观点是 Kahneman 和 Tversky 通过实验的方式发现当人们面对收益和损失时的风险行为决策是不同的(在 6.2 节实验中也得到验证)，而这一观点与经典的期望效用最大化理论截然不同。因此，为了更加准确地描述该行为，他们提出了前景理论。该理论假设决策过程分为编辑和评价两个阶段，编辑阶段是基于某参照点处理信息，评价阶段是依据价值函数($v(\cdot)$)和决策权重($w(\cdot)$)做出行为决策。下面着重介绍价值函数和决策权重函数的形式和特征。

1. 价值函数

当人们面临巨灾风险时，个体形成的前景价值为(郝晶晶等，2015)：

$$V = \sum_i w(p_i)v(\Delta x_i) \tag{6.5}$$

其中，V 为前景价值；p_i 为巨灾风险事件发生的概率；$w(p_i)$ 是个体对巨灾事件 i 发生概率的主观认知；$v(\Delta x_i)$ 是个体主观认知形成的价值函数；Δx_i 表示巨灾事件发生后，个体的实际收益 x_i 与参照点 x_0 的差值。后来，Tversky 和 Kahneman(1992)进一步给出了价值函数的具体形式：

$$v(\Delta x) = \begin{cases} (\Delta x)^\alpha, & \Delta x \geqslant 0 \\ -\theta(\Delta x)^\beta, & \Delta x < 0 \end{cases} \tag{6.6}$$

特别地，价值函数具有如下特征：①当个体收益超过参照点($\Delta x \geqslant 0$)时，称 Δx 为收益；当个体收益低于参照点($\Delta x < 0$)时，称 Δx 为损失；②根据前景理论，个体面对收益时是风险规避的($\Delta x \geqslant 0$ 时，$v''(\Delta x) < 0$)，个体面对损失时是风险偏好的($\Delta x < 0$ 时，$v''(\Delta x) > 0$)；③个体对损失的敏感性高于对收益的敏感性，即当 $\Delta x < 0$ 时 $v(\Delta x)$ 的曲线更为陡峭。于是，价值函数的形式如图 6.11 所示。

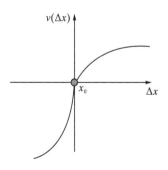

图 6.11 价值函数示意图

在公式 (6.6) 中，α 和 β 分别代表收益和损失区域曲线的凹凸程度，且当 $0<\alpha<1$ 和 $0<\beta<1$ 时表示个体的敏感性递减；θ 表示损失区域曲线比收益区域曲线更陡峭的参数，且 $\theta>1$ 时表示损失厌恶。

2. 决策权重函数

事实上，Tversky 等也给出了权重函数的具体形式 [式 (6.7)]，他们将决策权重定义为个体基于某种主观判断风险事件发生的概率，认为它是概率的单调增函数。

$$w(p)=\begin{cases} p^{\gamma}\big/\big[p^{\gamma}+(1-p)^{\gamma}\big]^{1/\gamma},\Delta x \geqslant 0 \\ p^{\delta}\big/\big[p^{\delta}+(1-p)^{\delta}\big]^{1/\delta},\Delta x<0 \end{cases} \tag{6.7}$$

其中，γ 为风险收益系数；δ 为风险损失系数，表示个体对客观概率的感知扭曲程度，通常，γ 和 δ 越大表示个体的概率感知偏差越小。决策权重函数的形式如图 6.12 所示。

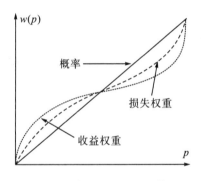

图 6.12　个体决策权重函数图

基于上述描述可知，个体面对风险损失和收益时的行为决策存在很大不同。

6.3.2　巨灾风险主体行为决策演化博弈与优化

本节将巨灾主体行为决策具体化为巨灾投保，即面对巨灾风险，个体是否会购买巨灾保险、保险公司是否会经营巨灾保险。显然，相较于一般的市场，巨灾保险市场更难形成。但是，卓志和邝启宇 (2014) 证实了我国巨灾保险市场均衡的存在，并且基于演化博弈理论分析了影响巨灾保险市场的影响因素。在此基础上，我们主要考量政府和社会信任度怎样影响巨灾保险市场均衡；同时，考虑群体内部成员间选择不同策略的相互依赖关系是否对巨灾保险均衡产生影响。于是，下面通过建立演化博弈模型进行分析。

1. 模型假定

假定 1：巨灾风险行为主体基于前景理论的价值函数(6.3.1 节)进行决策。相较于期望效用理论，前景理论更能解释行为主体的巨灾风险认知偏差。

假定 2：政府主要在灾前给消费者提供巨灾保费补贴，并在灾后救助行为主体的巨灾损失。由于巨灾发生的"低概率"特性，使得消费者对巨灾风险的认识不足或者心存侥幸，导致人们对巨灾投保积极性不高；同时，巨灾发生的"高损失"特性，使得经营巨灾保险的公司收取相对较高的保险费率，导致普通消费者无力承担。因此，中国的巨灾保险市场发展相对滞后，政府有必要对巨灾保险市场进行合理的干预。

假定 3：政府和社会信任度会极大影响消费者投保巨灾，并极大影响保险公司经营巨灾保险。本书的政府和社会信任度主要从行为主体之间的风险沟通是否良好来体现，若各主体风险沟通较好，则节约沟通成本；否则会额外增加沟通成本。

假定 4：存在溢出效应。这里的溢出效应分为两部分，其一是巨灾发生后政府会无差别地对投保和未投保的个体进行救助，其二是巨灾发生后政府对未经营巨灾保险的公司进行无差别补贴。

2. 博弈模型构建与分析

1) 静态博弈

基于模型假设，我们将巨灾保险市场中的博弈主体分为显式参与方(个体和保险公司)和隐式参与方(政府)。假定所有个体的特征相同，在面对巨灾保险业务时，每个个体都面临两种策略选择，即"投保"或"不投保"；保险公司可以选择"经营"和"不经营"巨灾保险业务两种策略；而政府通过灾前对投保巨灾保险的个体进行保费补贴、灾后对发生损失的个体进行救助以及分担保险赔偿责任等方式影响保险公司与个体的收益函数。于是，可以构造一个随机配对的博弈模型，即巨灾保险市场中个体和保险公司的策略组合的收益情况如表 6.11 所示。

表 6.11　博弈方的收益矩阵

		保险公司	
		经营 y	不经营 $1-y$
个体	投保 x	$V_1+tg-I-r$; $I+(1-t)g-kL$	V_2-c-e; $d-h$
	不投保 $1-x$	V_2-c+sL; $sa-sL$	V_2-c+r; d

表 6.11 中各参数及其含义见表 6.12。

表 6.12　博弈各方参数及含义

参数	参数含义
x	投保巨灾保险的消费者占全体消费者的比例，$x \in [0,1]$
y	经营巨灾保险的保险公司占全体保险公司的比例，$y \in [0,1]$
I	个体投保巨灾保险所需缴纳的实际保费，$I > 0$
g	灾前政府对个体和保险公司的保费补贴；若对个体保费补贴比例为 t，$t \in [0,1]$，则对保险公司的保费补贴比例为 $1-t$
a	灾后政府的救助金额，且 a 为非负数；对个体的救助比例为 q
k	保险公司对巨灾损失的赔偿比例，$k \in (0,1)$
L	巨灾发生后将造成的经济损失，$L \in [0,\infty]$
p	经营巨灾保险的公司将收取的保费进行再保险的比例，$p \in [0,1)$
c	个体自行投入的巨灾成本，c 为非负数
e	个体想投保巨灾保险但无法投保时的额外成本，如搜寻成本等，$e > 0$
d	未经营巨灾保险的公司所得到的溢出效应，如灾后政府的补助、政府的无区别补贴，相对于其他经营巨灾保险的公司的溢出效应
s	未投保巨灾保险的个体在巨灾发生后从经营巨灾保险的公司得到的溢出效应系数，$s \in (0,1)$
h	保险公司由于未经营巨灾保险，失去潜在投保个体的机会成本，h 为非负数
r	行为主体间的风险沟通成本，$r \geqslant 0$
V_1	投保巨灾保险的个体的价值函数，若以没有发生巨灾的情形为参考点，则 $V_1 = w(p)v(-L+kL+qa) + w(1-p)v(0) = w(p)v(-L+kL+qa)$
V_2	个体无法选择投保巨灾保险时的价值函数，易知其表达式如下：$V_2 = w(p)v(-L+qa) + w(1-p)v(0) = w(p)v(-L+qa)$

由表 6.11 知，$d > d-h$ 且 $V_2-c+r > V_2-c-e$ 对于 $h \geqslant 0$、$c \geqslant 0$、$r \geqslant 0$、$e \geqslant 0$ 恒成立，故个体和保险公司采取策略(不投保，不经营)是一个 Nash 均衡策略。明显，这是一种低效的均衡，但是通过演化博弈分析，可以让行为主体间达到更有效率的均衡。于是，下面进一步分析行为主体间的动态演化博弈情况。

2) 动态演化博弈

事实上，演化博弈是建立在主体有限理性基础上的一种动态均衡理论，其将动态演化和博弈理论有效地结合。基于演化博弈的假设，各参与主体会根据上一阶段的博弈结果不断调整自身的策略，直到达到更有效率的均衡。在演化博弈过程中，通常采用的是复制动态(replicator dynamics)决策机制，其核心是选取某一特定策略频率的变化等于该策略的收益值与群体平均收益值的差值。然而，复制动态并未考虑同一群体下策略间的相互依赖关系。事实上，博弈主体间存在从众行为，即人们在不确定情况下进行决策时会受到其身边人的行为决策的影响，从而形成群体间行为策略选择的相互依赖。于是，为更加精准描述同一群体策略选择间的相互依赖关系，我们首先通过引入强度系数改进现有复制动态方程，然后构建各参与主体间的动态演化博弈模型并求解。

第一、行为主体演化博弈模型。

巨灾保险行为主体的演化博弈模型可以用四元集合(G,S,P,U)表示。其中，$G=(G_A,G_C)$表示博弈参与主体集合，G_A代表个体，G_C代表保险公司；$S=(SA,SC)$表示博弈策略集合，$SA=\{SA_1,\cdots,SA_i,\cdots,SA_n\}$代表个体可选择的博弈策略集（$i=1,2,\cdots,n$），$SC=\{SC_1,\cdots,SC_j,\cdots,SC_m\}$表示保险公司可选择的博弈策略集（$j=1,2,\cdots,m$）；$P=(x,y)$代表博弈信念集合，$x=\{x_i\}_{i=1}^n$表示个体选取不同策略的概率集合，$y=\{y_j\}_{j=1}^m$表示保险公司选取不同策略的概率集合；$U=(U_A,U_C)$代表博弈主体的收益集合，$U_A$代表个体在博弈过程中的收益，$U_C$代表保险公司在博弈过程中的收益，其由巨灾行为主体选取的策略一起决定。在巨灾行为主体演化过程中，通常，决策主体在理性驱使下不断模仿并调整自己的策略，使得自己选取的策略达到最优，随着时间的推移，个体和保险公司的策略选取呈现出动态均衡的特点。此外，巨灾行为主体演化博弈过程中形成的博弈树如图6.13所示。

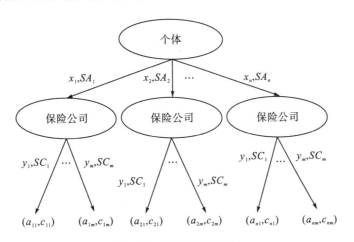

图6.13 行为主体博弈树

图6.13中，a_{ij}代表策略对(SA_i,SC_j)在博弈中保险个体所得收益，c_{ij}代表策略对(SA_i,SC_j)在博弈中保险公司所得收益。基于此，可以分别计算出个体和保险公司在博弈过程中选取不同策略时的期望收益和平均收益。

个体期望收益：

$$U_i(A) = \sum_{j=1}^{m} y_j a_{ij} \tag{6.8}$$

个体平均收益：

$$\overline{U(A)} = \sum_{i=1}^{n} x_i U_i(A) \tag{6.9}$$

保险公司期望收益：

$$U_j(C) = \sum_{i=1}^{n} x_i c_{ij} \tag{6.10}$$

保险公司平均收益：

$$\overline{U(C)} = \sum_{j=1}^{m} y_j U_j(C) \tag{6.11}$$

第二、改进的复制动态方程构造。

假设 t 时刻选择策略 SA_i（$i=1,2,\cdots,n$）的巨灾风险个体 G_A 的数量为 $m_i(t)$，其所占总个体的比例为 $x_i(t)$；相应地，假设个体的期望收益为 $U_i^t(A)$，平均期望收益为 $\overline{U^t(A)}$。于是以下方程成立：

$$\sum_{i=1}^{n} x_i(t) = 1 , \quad x_i(t) = \frac{m_i(t)}{\sum_{i=1}^{n} m_i(t)} , \quad \overline{U^t(A)} = \sum_{i=1}^{n} x_i(t) U_i^t(A) \tag{6.12}$$

随着演化博弈过程的进行，选取策略 SA_i 的个体数量不断变化，其复制动态速率既正相关于选取 SA_i 的个体数量，又与策略 SA_i 的期望收益正相关，即

$$\frac{\mathrm{d}m_i(t)}{\mathrm{d}t} = \lambda_i m_i(t) U_i^t(A) \tag{6.13}$$

其中，系数 $\lambda_i > 0$，称为个体 G_A 的策略影响因子，表示个体选取策略 SA_i 的影响力大小，其由个体策略 SA_i 自身的性质决定，不同的个体策略影响因子不同。实践中，由于从众行为的普遍存在，不同策略间存在一定的影响关系。λ_i 越大，个体选取 SA_i 策略对选取其他策略的影响力越大；反之，λ_i 越小，个体策略 SA_i 对其他策略的影响力越小。

进而，对 $x_i(t)$ 求导可得个体选取策略 SA_i 时的复制动态方程：

$$\frac{\mathrm{d}x_i(t)}{\mathrm{d}t} = \frac{m_i'(t) \sum_{i=1}^{n} m_i(t) - m_i(t) \sum_{i=1}^{n} m_i'(t)}{\left(\sum_{i=1}^{n} m_i(t) \right)^2} = \frac{m_i(t)}{\sum_{i=1}^{n} m_i(t)} \left[\frac{m_i'(t)}{m_i(t)} - \frac{\sum_{i=1}^{n} m_i'(t)}{\sum_{i=1}^{n} m_i(t)} \right]$$

$$= \lambda_i x_i(t) \left[U_i^t(A) - \overline{U^t(A)} + \sum_{\alpha=1}^{n} \left(1 - \frac{\lambda_\alpha}{\lambda_i} \right) x_\alpha(t) U_\alpha^t(A) \right] \quad (6.14)$$

同理,假设保险公司 G_C 在 t 时刻选择策略 SC_j($j = 1, 2, \cdots, m$)的数量为 $n_j(t)$,其所占总个体的比例为 $y_j(t)$;相应地,假设 t 时刻选保险公司的期望收益为 $U_j^t(C)$,平均期望收益为 $\overline{U^t(C)}$。于是以下方程成立:

$$\sum_{j=1}^{m} y_j(t) = 1, \quad y_j(t) = \frac{n_j(t)}{\sum\limits_{j=1}^{m} n_j(t)}, \quad \overline{U^t(C)} = \sum_{j=1}^{m} y_j(t) U_j^t(C) \quad (6.15)$$

随着演化博弈过程的进行,选取策略 SC_j 的保险公司数量不断变化,其复制动态速率既正相关于选取 SC_j 的数量,又与策略 SC_j 的期望收益正相关,即

$$\frac{\mathrm{d}n_j(t)}{\mathrm{d}t} = \sigma_j n_j(t) U_j^t(C) \quad (6.16)$$

其中,系数 $\sigma_j > 0$,称为保险公司 G_C 的策略影响因子,表示保险公司 G_C 选取策略 SC_j 的影响力大小,其由保险公司策略 SC_j 自身的性质决定,不同的保险公司策略影响因子不同。σ_j 越大,表示保险公司策略 SC_j 对其他策略的影响力越大;σ_j 越小,表示保险公司策略 SC_j 对其他策略的影响力越小。

通过对 $y_j(t)$ 求导可得保险公司选取策略 SC_j 时的复制动态方程:

$$\frac{\mathrm{d}y_j(t)}{\mathrm{d}t} = \frac{n_i^t(t) \sum\limits_{j=1}^{m} n_j(t) - n_j(t) \sum\limits_{j=1}^{m} n_j'(t)}{\left(\sum\limits_{j=1}^{m} n_j(t) \right)^2} = \frac{n_j(t)}{\sum\limits_{j=1}^{m} n_j(t)} \left[\frac{n_j'(t)}{n_j(t)} - \frac{\sum\limits_{j=1}^{m} n_i'(t)}{\sum\limits_{j=1}^{m} n_j(t)} \right]$$

$$= \sigma_j y_j(t) \left[U_j^t(C) - \overline{U^t(C)} + \sum_{\beta=1}^{m} \left(1 - \frac{\sigma_\beta}{\sigma_j} \right) y_\beta(t) U_\beta^t(C) \right] \quad (6.17)$$

于是,联立方程(6.14)和方程(6.17)可以得到改进的复制动态方程组:

$$\begin{cases} \dfrac{\mathrm{d}x_i(t)}{\mathrm{d}t} = \lambda_i x_i(t) \left[U_i^t(A) - \overline{U^t(A)} + \sum\limits_{\alpha=1}^{n} \left(1 - \dfrac{\lambda_\alpha}{\lambda_i} \right) x_\alpha(t) U_\alpha^t(A) \right] \\ \dfrac{\mathrm{d}y_j(t)}{\mathrm{d}t} = \sigma_j y_j(t) \left[U_j^t(C) - \overline{U^t(C)} + \sum\limits_{\beta=1}^{m} \left(1 - \dfrac{\sigma_\beta}{\sigma_j} \right) y_\beta(t) U_\beta^t(C) \right] \end{cases} \quad (6.18)$$

在式(6.18)中,令 $\varsigma_{\alpha i} = \dfrac{\lambda_\alpha}{\lambda_i}$,将其称为强度系数,表示博弈过程中个体所选策略 SA_i 与 SA_α 间的影响效应,既包含正效应,也包含负效应。当 $\varsigma_{\alpha i} > 1$ 时,表明策略 SA_α 对策略 SA_i 有正向影响;当 $\varsigma_{\alpha i} < 1$ 时,表明策略 SA_α 对策略 SA_i 有负向影响。

相应地，令 $\xi_{\beta j} = \dfrac{\sigma_{\beta}}{\sigma_j}$，也称其为强度系数，表示博弈过程中保险公司所选策略 SC_j 与 SC_{β} 间的影响效应。于是，复制动态方程组 (6.18) 可变为

$$
\begin{cases}
\dfrac{\mathrm{d}x_i(t)}{\mathrm{d}t} = \lambda_i x_i(t)\left[U_i^t(A) - \overline{U^t(A)} + \sum_{\alpha=1}^{n}\left(1 - \varsigma_{\alpha i}\right)x_{\alpha}(t)U_{\alpha}^t(A)\right] \\[4mm]
\dfrac{\mathrm{d}y_j(t)}{\mathrm{d}t} = \sigma_j y_j(t)\left[U_j^t(C) - \overline{U^t(C)} + \sum_{\beta=1}^{m}\left(1 - \xi_{\beta j}\right)y_{\beta}(t)U_{\beta}^t(C)\right]
\end{cases}
\tag{6.19}
$$

进而，令 $\dfrac{\mathrm{d}x_i(t)}{\mathrm{d}t} = 0$，$\dfrac{\mathrm{d}y_j(t)}{\mathrm{d}t} = 0$ 就可以计算出改进复制动态方程的均衡点，从而可以分析出个体和保险公司的巨灾保险策略选择情况。

第三、巨灾保险主体演化博弈模型。

由表 6.11 知，我们假设个体的策略选择集为（不投保，投保），保险公司的策略选择集为（不经营，经营）。为方便，假定个体的策略选择集用数学符号描述为 $SA = (SA_1, SA_2)$，保险公司的策略选择集描述为 $SC = (SC_1, SC_2)$①。在博弈过程中，巨灾行为主体选取策略的概率不同，同时，随着时间的变化，该概率在学习机制的作用下不断变化，使行为主体的策略选取形成一个动态变化过程。个体和保险公司形成的博弈树如图 6.14 所示。

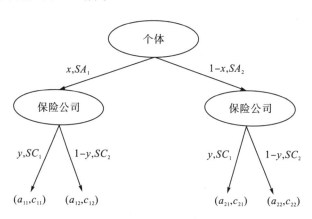

图 6.14　个体和保险公司的博弈树

其中，图 6.14 中个体和保险公司选取不同策略的收益值 a_{ij} 和 c_{ij} 分别如表 6.11 所示。于是，基于以上条件和式 (6.8) ~ 式 (6.11)，个体和保险公司的动态演化博弈模型分别如下：

---

① 符号 SA_1 表示个体策略"不投保"，SA_2 表示个体策略"投保"。同理，符号 SC_1 表示保险公司策略"不经营"巨灾保险，SC_2 表示保险公司策略"经营"巨灾保险。

个体：

$$U_{11}^t(A) = y(t)\left[V_1 + tg - I - r\right] + (1 - y(t))(V_2 - c - e) \tag{6.20}$$

$$U_{12}^t(A) = y(t)(V_2 - c + sL) + (1 - y(t))(V_2 - c + r) \tag{6.21}$$

$$\overline{U^t(A)} = x(t)U_{11}^t(A) + (1 - x(t))U_{12}^t(A) \tag{6.22}$$

保险公司：

$$U_{21}^t(C) = x(t)\left[I + (1 - t)g - kL\right] + (1 - x(t))(sa - sL) \tag{6.23}$$

$$U_{22}^t(C) = x(t)(d - h) + (1 - x(t))d \tag{6.24}$$

$$\overline{U^t(C)} = y(t)U_{21}^t(C) + (1 - y(t))U_{22}^t(C) \tag{6.25}$$

进而，将式(6.20)~(6.25)代入方程组(6.18)可以得出个体和保险公司的动态演化情况，其复制动态方程分别为[①]：

$$F(x) = \frac{dx(t)}{dt} = \lambda_1 x(t)\left(1 - x(t)\right)\left[(V_2 - c)(1 + \varsigma_{21}) - e + \varsigma_{21} r \right.$$
$$\left. + (V_1 - V_2 - I + tg + c + e - r - \varsigma_{21}(sL - r))y(t)\right] \tag{6.26}$$

$$G(y) = \frac{dy(t)}{dt} = \sigma_1 y(t)\left(1 - y(t)\right)\left\{-\xi_{21} d + \left[I + (1 - t)g + (s - k)L - sa + \xi_{21} h\right]x(t)\right\} \tag{6.27}$$

令 $F(x) = 0$，$G(y) = 0$ 可以求解得到个体和保险公司博弈的平衡点：$P_1(0,0)$，$P_2(0,1)$，$P_3(1,0)$，$P_4(1,1)$，$P_5(x^*, y^*)$，其中 $x^* = \dfrac{\xi_{21} d}{I + (1 - t)g + (s - k)L - sa + \xi_{21} h}$，

$y^* = \dfrac{e - (V_2 - c)(\varsigma_{21} + 1) - \varsigma_{21} r}{V_1 - V_2 - I + tg + c + e - r - \varsigma_{21}(sL - r)}$。

3) 动态演化博弈的稳定性分析

本节通过对各平衡点的稳定性分析，探寻巨灾风险行为主体博弈互动对巨灾保险均衡的影响。根据微分方程平衡点局部稳定性定理(郭军华等，2013)可以判断上述平衡点的稳定性。其核心是通过计算该微分方程系统在各平衡点处雅可比矩阵的行列式($\det \boldsymbol{J}$)和迹($\text{tr}\boldsymbol{J}$)的符号来进行稳定性分析，若 $\det \boldsymbol{J} > 0$，$\text{tr}\boldsymbol{J} < 0$，则在平衡点稳定；若 $\det \boldsymbol{J} > 0$，$\text{tr}\boldsymbol{J} > 0$，则在平衡点不稳定；若 $\det \boldsymbol{J} < 0$，$\text{tr}\boldsymbol{J}$ 为任意值，则此平衡点都为鞍点。为简便，令 $u = V_1 - V_2 - I + tg + c + e - r$，

[①] 在公式(6.26)中，$\varsigma_{21} = \lambda_2/\lambda_1$，我们将其称为个体策略间的强度系数，表示个体选择巨灾保险投保策略 SA_2 与不投保策略 SA_1 间的影响效应。当 $\varsigma_{21} > 1$ 时，表示采取投保策略的个体对不投保个体有正向影响效应；反之，当 $\varsigma_{21} < 1$ 时，表示采取投保策略的个体对不投保个体有负向影响效应。同理，公式(6.27)中，$\xi_{21} = \sigma_2/\sigma_1$，我们将其称为保险公司策略间的强度系数，表示保险公司经营巨灾保险策略 SC_2 和不经营策略 SC_1 间的影响效应。当 $\xi_{21} > 1$ 时，表示采取经营巨灾保险策略的保险公司对不经营巨灾保险的公司有正向影响效应；反之，当 $\xi_{21} < 1$ 时，表示采取经营巨灾保险策略的保险公司对不经营巨灾保险的公司有负向影响效应。

$v = I + (1-t)g + (s-k)L - sa$，于是方程 (6.26) 和方程 (6.27) 简化为

$$F(x) = \frac{\mathrm{d}x(t)}{\mathrm{d}t} = \lambda_1 x(t)(1-x(t))\left\{(V_2 - c)(1 + \varsigma_{21}) - e + \varsigma_{21}r + [u - \varsigma_{21}(sL - r)]y(t)\right\} \quad (6.28)$$

$$G(y) = \frac{\mathrm{d}y(t)}{\mathrm{d}t} = \sigma_1 y(t)(1-y(t))[-\xi_{21}d + (v + \xi_{21}h)x(t)] \quad (6.29)$$

于是，由方程式 (6.28) 和 (6.29) 可以得到雅可比矩阵 $\boldsymbol{J}$ 为

$$\boldsymbol{J} = \begin{pmatrix} \lambda_1(2x-1)[e-\varsigma_{21}r-y(u+\varsigma_{21}(r-sL))+(V_2-c)(\varsigma_{21}-1)] & \lambda_1 x(1-x)(u+\varsigma_{21}(r-sL)) \\ \sigma_1 y(1-y)(v+h\xi_{21}) & \sigma_1(2y-1)[d\xi_{21}-x(v+h\xi_{21})] \end{pmatrix}$$

$$(6.30)$$

进而，行为决策主体在各平衡点处雅可比矩阵的行列式（$\det\boldsymbol{J}$）和迹（$\mathrm{tr}\boldsymbol{J}$）的表达式见表 6.13。

表 6.13　个体和保险公司各平衡点对应的雅克比矩阵行列式和迹的表达式

平衡点	$\det\boldsymbol{J}$ 和 $\mathrm{tr}\boldsymbol{J}$ 的表达式
$P_1(0,0)$	$\det\boldsymbol{J} = \lambda_1\sigma_1\xi_{21}d[e-\varsigma_{21}r+(V_2-c)(\varsigma_{21}-1)]$
	$\mathrm{tr}\boldsymbol{J} = -\lambda_1[e-\varsigma_{21}r+(V_2-c)(\varsigma_{21}-1)]-\sigma_1\xi_{21}d$
$P_2(0,1)$	$\det\boldsymbol{J} = \lambda_1\sigma_1\xi_{21}d[u-e+\varsigma_{21}r-(V_2-c)(\varsigma_{21}-1)+\varsigma_{21}(r-sL)]$
	$\mathrm{tr}\boldsymbol{J} = \lambda_1[u-e+\varsigma_{21}r-(V_2-c)(\varsigma_{21}-1)+\varsigma_{21}(r-sL)]+\sigma_1\xi_{21}d$
$P_3(1,0)$	$\det\boldsymbol{J} = \lambda_1\sigma_1[e-\varsigma_{21}r+(V_2-c)(\varsigma_{21}-1)][v-\xi_{21}(d-h)]$
	$\mathrm{tr}\boldsymbol{J} = \lambda_1[e-\varsigma_{21}r+(V_2-c)(\varsigma_{21}-1)]+\sigma_1[v-\xi_{21}(d-h)]$
$P_4(1,1)$	$\det\boldsymbol{J} = \lambda_1\sigma_1[v-\xi_{21}(d-h)][u-e+\varsigma_{21}r-(V_2-c)(\varsigma_{21}-1)+\varsigma_{21}(r-sL)]$
	$\mathrm{tr}\boldsymbol{J} = -\sigma_1[v-\xi_{21}(d-h)]-\lambda_1[u-e+\varsigma_{21}r-(V_2-c)(\varsigma_{21}-1)+\varsigma_{21}(r-sL)]$
$P_5(x^*,y^*)$	$\det\boldsymbol{J} = \lambda_1\sigma_1(2x^*-1)(2y^*-1)[d\xi_{21}-x^*(v+h\xi_{21})]\left\{e-\varsigma_{21}r-y^*[u+\varsigma_{21}(r-sL)]\right\}$
	$\mathrm{tr}\boldsymbol{J} = \lambda_1(2x^*-1)\left\{e-\varsigma_{21}r-y^*[u+\varsigma_{21}(r-sL)]\right\}+\sigma_1(2y^*-1)[d\xi_{21}-x^*(v+h\xi_{21})]$

下面进一步通过计算 $\det\boldsymbol{J}$ 和 $\mathrm{tr}\boldsymbol{J}$ 的符号来分析个体和保险公司在巨灾保险博弈过程中所得平衡点的稳定性。由保险原理和上述模型假设知：$u > 0$ 成立，这表示个体投保巨灾保险时的风险感知高于不投保巨灾时的风险感知，且这一感知差异超过个体所需承担的保费和自行投入的巨灾保险成本（搜寻成本、风险沟通成本等）时个体才会选择投保巨灾保险；$v > 0$ 也成立，这表明保险公司实际收取的保费和从政府得到的补贴应超过保险公司对巨灾的损失赔偿和产生的溢出效应，保险公司才会经营保险。此外，溢出效应 sL 和 a 的规模较小。根据以上假定，可以推断出各平衡点的稳定性，结果如表 6.14 所示。

表 6.14 平衡点的稳定性分析结果

平衡点	det 符号	tr 符号	稳定性
$P_1(0,0)$	+	−	稳定点
$P_2(0,1)$	+	+	不稳定点
$P_3(1,0)$	+	+	不稳定点
$P_4(1,1)$	+	−	稳定点
$P_5(x^*,y^*)$	−	任意	鞍点

从表 6.14 可见，$P_1(0,0)$ 和 $P_4(1,1)$ 为个体和保险公司演化博弈的稳定均衡点，即 (不投保，不经营) 策略和 (投保，经营) 策略为均衡点。明显，(投保，经营) 策略为个体和保险公司演化博弈的最优均衡点。

4) 均衡结果分析

由上一节行为主体演化博弈的稳定性知，系统的动态博弈演化图如图 6.15 所示。

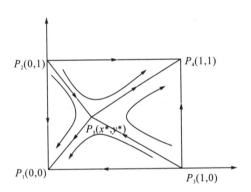

图 6.15 决策行为主体动态博弈演化图

从图 6.15 可知，区域 $S_{P_2P_4P_3P_5}$ 内的点最终都会演化收敛于均衡点 $P_4(1,1)$，这是个体和保险公司可以达成合作的区域。而区域 $S_{P_1P_2P_3P_5}$ 内的点最终都会演化收敛于均衡点 $P_1(0,0)$，由于该均衡点是无效的，所以 $S_{P_1P_2P_3P_5}$ 是各方无法达成合作的区域。于是，我们可以得到演化博弈中各方趋于合作的区域为 $S_{P_2P_4P_3P_5}$，其面积越大，系统收敛于有效均衡点的概率也就越大，个体与保险公司选择合作的可能性也越高。[①]

---

① 现实中各参与方的有限理性，导致其在决策过程中部分凭借直观判断进行决策，其行为可能产生系统性偏差，包括代表性直观推断、过度自信、自我归因偏差等。这些系统性偏差、政策环境等因素可能导致博弈进入区域 $S_{P_1P_2P_3P_5}$，使得系统难以达到最优均衡点。

根据几何图形知识，区域 $S_{P_2P_4P_3P_5}$ 的面积 M 为

$$\begin{aligned} M &= \frac{1}{2}\Big[(1-x^*)+(1-y^*)\Big] \\ &= \frac{1}{2}\left[2-\frac{e-(V_2-c)(\varsigma_{21}+1)-\varsigma_{21}r}{u-\varsigma_{21}(sL-r)}-\frac{\xi_{21}d}{v+\xi_{21}h}\right] \end{aligned} \tag{6.31}$$

由式 (6.31) 知，区域 $S_{P_1P_2P_3P_5}$ 的面积大小依赖于平衡点 $P_5(x^*,y^*)$ 的位置，而 $P_5(x^*,y^*)$ 又与强度系数 $\varsigma_{\alpha i}$ 和 $\xi_{\beta j}$ 等参数有关。于是，下面采用比较静态分析法来分析各个参数对合作区域面积大小的影响，进而判断各参数对决策行为主体达成最优均衡的影响。

第一、强度系数。

根据式 (6.31) 对强度系数 ς_{21} 求导有

$$\frac{\partial M}{\partial \varsigma_{21}} = \frac{u(c+V_2-r)+(sL-r)(e+c-V_2)}{2\big[u-\varsigma_{21}(sL-r)\big]^2} > 0 \tag{6.32}$$

上式表示随着强度系数 ς_{21} 的增大，个体和保险公司合作的区域面积逐渐增大。这表明随着个体的巨灾投保策略比例的不断增大，个体越容易采取有效的合作策略，即强度系数越大越会促进个体采取积极的投保巨灾保险策略。同理，将 M 关于强度系数 ξ_{21} 求导得

$$\frac{\partial M}{\partial \xi_{21}} = \frac{1}{2}\frac{vd}{\left(v+\xi_{21}h\right)^2} > 0 \tag{6.33}$$

所以随着 $\xi_{\beta j}$ 的增加，个体和保险公司合作的区域面积也逐渐增大。这表明随着保险公司经营巨灾保险的比例增大，保险公司也越容易采取有效的合作策略，即强度系数越大越会促进保险公司积极地经营巨灾保险。于是，研究假设 3 得以验证。

第二、风险沟通成本 (r)。

本书中政府和社会信任度通过风险沟通 (r) 成本来体现，为揭示其对决策行为主体演化博弈均衡的影响，将 M 关于 r 求导得

$$\frac{\partial M}{\partial r} = \frac{-\varsigma_{21}}{2}\frac{u-sL\varsigma_{21}-e+(V_2-c)(\varsigma_{21}+1)}{\big[u-\varsigma_{21}(sL-r)\big]^2} < 0 \tag{6.34}$$

因此，风险沟通成本越高，个体和保险公司合作的区域面积越小。这表明政府和社会信任度越低，越不利于决策行为主体采取有效的合作策略。反之，政府和社会信任度越高，越会促进演化博弈主体间最优均衡的达成。

第三、政府补贴 (g)。

政府的保费补贴对"低概率、高损失"的巨灾风险影响较大，于是将 M 关于 g 求导得

$$\frac{\partial M}{\partial g} = \frac{1}{2}\left[\frac{t\left[e-(V_2-c)(\varsigma_{21}+1)-\varsigma_{21}r\right]}{\left(u-\varsigma_{21}(sL-r)\right)^2} + \frac{(1-t)d\xi_{21}}{(v+h\xi_{21})^2}\right] > 0 \tag{6.35}$$

式 (6.35) 表明政府的巨灾保险补贴越大，越有利于决策行为主体达成最优合作策略，个体越会投保巨灾保险。

第四、个体风险感知。

由上文知，个体的巨灾保险决策是基于价值函数进行的，投保巨灾保险时的价值函数为 V_1，未投保巨灾保险时的价值函数为 V_2。风险感知通过价值函数的差进行衡量，即 $\Delta V = V_1 - V_2$，ΔV 越大，表示风险感知程度越高，个体越倾向于购买巨灾保险。由式 (6.31) 知，

$$\frac{\partial M}{\partial \Delta V} = \frac{1}{2}\left[\frac{e-(V_2-c)(\varsigma_{21}+1)-\varsigma_{21}r}{\left[u-\varsigma_{21}(sL-r)\right]^2} + \frac{d\xi_{21}}{(v+h\xi_{21})^2}\right] > 0 \tag{6.36}$$

式 (6.36) 表明风险感知越高，决策行为主体达成最优均衡的概率越大，个体越会投保巨灾保险。

综上所述，通过引入强度系数刻画了群体间策略选取的相互依赖关系，研究表明无论是个体还是保险公司，随着强度系数的增大，越有利于各参与方达成最优均衡。政府的补助以及个体对政府和社会的信任度、风险感知等因素均是影响巨灾保险均衡的重要因素。通过演化博弈分析知，风险感知越高，各参与方达成合作的概率越高；政府的补助越大，越有利于决策行为主体形成最优均衡，但是也应该注意实践中的"慈善"危害；政府和社会信任度越高，越会促进演化博弈主体间最优均衡的达成。

6.4　本章小结

本章主要对巨灾情境下人们的行为决策进行分析。首先，对巨灾风险认知的概念、影响因素进行介绍，构建巨灾风险主体行为决策理论分析框架并提出研究假设；其次，运用实验经济学方法设计巨灾场景，实证检验了巨灾风险下行为主体更倾向于采取风险偏好的行为决策以及政府和社会信任度会显著影响行为主体的巨灾风险决策；最后，基于演化博弈理论，构建个体、保险公司和政府三方博弈模型，同时，通过引入强度系数衡量群体内部采取不同行为决策的比例变化，从数理视角得出影响行为主体巨灾行为决策的主要因素包括风险感知、政府和社会信任度、政府补贴、强度系数等。

第7章 巨灾风险社会协同治理机制设计

巨灾风险管理的复杂性常常导致各种理论和实践出现"失灵"现象，究其根本，是对巨灾风险系统复杂性认识不足，巨灾风险管理缺乏复杂系统科学理论支撑。本章在巨灾复杂系统分析研究基础上，运用系统理论和系统科学的分析方法，研究巨灾复杂系统的网络结构特征，分析巨灾系统脆弱性及系统危机演进的根源，研究巨灾社会系统的行为特征，并运用协同治理的理论研究巨灾风险协同治理机制设计，寻求巨灾管理理论和思路的创新。

7.1 复杂系统结构与复杂系统管理

7.1.1 复杂网络与复杂系统

系统通常是指有若干相互作用和相互依赖的网络构成的具有某种特定功能的整体。基于信息论、控制论、混沌论、协同学、耗散结构等理论支撑的系统理论和系统科学的发展，复杂系统成为最重要的研究对象，系统分析方法也成为越来越重要的分析方法[①]，广泛运用于各个学科，近年来，在社会系统的分析中得到高度重视。

复杂系统(complex system)是元素数目很多，基于局部信息做出行动的智能性、自适应性主体的系统。复杂系统内部有很多子系统(subsystem)，而且子系统之间相互依赖程度较强，子系统之间有许多协同作用和耦合作用。网络是系统的基础结构，复杂系统具有复杂的网络结构，每个复杂系统都可以看成是相互作用的网络构成。因此，对复杂系统的研究必须研究复杂网络结构，同时，复杂网络也是研究系统的重要技术和方法。

传统系统论的研究分析多侧重于系统的构成要素上，忽略了构成要素之间的有机交互。复杂系统理论将研究重点深入到"组件"之间相互关联的拓扑结构，发现系统展现出复杂性质的基础是系统结构发生了复杂变化,具备了网络化结构。复杂网络是研究复杂系统的一种视角与方法，就是将复杂系统具有的统计特征做抽象化处理，有助于加深对复杂系统的认识。在复杂网络结构中，把构成复杂系

---

① 2012 年 1 月 20 日，美国 *Science* 期刊写道："如果对当前流行的、时髦的关键词进行一番分析，那么人们会发现，'系统'高居排行榜上"。

统的个体抽象成"顶点",把个体之间的关系抽象成"边",个体之间存在某种联系时连边,反之不连边。通常,复杂系统就由大量的"边"和"顶点"组成。例如,交通网络、电力网络、银行网络等等。复杂系统的结构具有网络化特征,即复杂网络是构成复杂系统的基本结构,这符合"结构决定功能"的一般物理原理。复杂网络在结构上的"复杂",决定了复杂系统在功能与性质上的"复杂"。

复杂网络的"复杂"性表现为以下四个方面:①结构复杂性。网络结构中的连接错综复杂、混乱无序,随着时间推移还会有连接消失或新连接生成。②节点复杂性。每个节点都具有独立性,会有自身内在的性质特点。同时,节点之间庞杂的相互关联也会产生复杂性。③相互间影响复杂性。复杂网络会受到来自内部和外部多种因素的影响,例如人体神经系统的运转关联着循环系统、呼吸系统、运动系统等;电力网络的故障会干扰到因特网的运行。④网络分层结构的复杂性。多数网络节点都具有分层结构,对应整体系统中的子系统、事件、因子等。分层结构是造成网络复杂性的重要原因。

复杂系统通常具有以下特征:

(1)开放性(opening)。与孤立系统和封闭系统不同的是,开放系统可以与环境进行物质、能量的交换。比如,从系统输出高熵低能的物质以保持稳定。在物理学领域,用熵来表示热力系统的无序度。在孤立系统中,熵值的变化大于零,熵增代表系统无序度增加,因此孤立系统会一直达到无序度最高,系统产生不可逆的破坏。而开放系统可以从外界引入负熵流,降低系统内部的熵值,自发达到有序状态(这种自发达到有序状态叫作自组织性)。可见,开放性使系统具备了自组织性,这也是系统具备开放性的价值所在。

(2)自组织性(self-organizing)。系统可以自发达到有序状态,这种自发性是指由内部力量主导,不是完全排除外界力量。相反,开放系统需要与环境进行物质、能量交流。系统内部组成要素之间通过自我学习,调整系统结构,促使系统达到有序状态,是复杂系统演化的内在动力。但是系统自组织性的作用有一定的界限,超过特定界限就无法单纯依靠自组织达到有序,必须有外界力量的介入。

(3)不确定性(uncertainty)。复杂系统因为结构的多重叠加和功能的高度关联,以及由此造成的子系统间的高度依存关系,极易造成"蝴蝶效应",即任何微小的初始随机因素干扰都将对复杂系统产生巨大冲击,由此导致系统容易出现高度的不确定性。

(4)非线性(non-linear)。由于外部冲击或者系统自身演化的内部因素驱动,导致系统结构的重构,并影响系统的稳定性。复杂系统的演化进程常常因为"蝴蝶效应"(butterfly effect)、多值响应(multiple response)、自组织临界(self-organized critical)等特征,表现出非线性特征(范如国,2014)。

(5)涌现性(whole emergence)。构成系统的内部组成要素之间通过不断地交互、协作，逐渐在系统整体的层次上演化出不同于任何子系统的特征、性质，称为涌现性。涌现性本质上是复杂系统的结构效应。涌现性是在微观层面单个主体之间发生的反应，最终体现在宏观系统层面上的变化，体现了宏微观主体的有机联系。由涌现性产生的新的、独特的、不同于以往的模式与结构，也是一种质变。

7.1.2 复杂网络结构及特征

复杂网络结构相比一般网络结构具有多样的特性，其中最重要的是"小世界特征(small-world effect)"和"无标度特性(scale-free property)"。1998年Watts和Strogatz提出"小世界网络模型(图7.1)"：从$P=0$代表的规则(regnlar)网络到$P=1$代表的随机(random)网络，网络中节点相互连接的随机性不断增加(increasing randomness)。规则网络中节点仅与相邻节点相连，且每条边较短，具备较小的平均最短路径性质；随机网络打乱了原有的边，以P的概率在网络中随机重连。即每条边保留一个原先的节点，并在网络中随机连接另一个节点。随机网络具备较大的节点集聚度。小世界(small-word)网络介于规则网络与随机网络之间，节点既有按规则与邻近节点的连接，也有随机与其他距离较远节点的连接。因而小世界网络同时具有较小的平均最短路径性质和较大的节点集聚度性质。

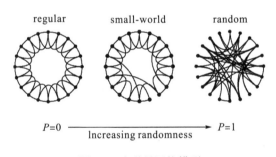

图 7.1 小世界网络模型

1999年Barabási等提出"无标度网络模型"，在某种程度上，无标度特性是小世界特性的一种。除此之外，复杂网络结构也拥有鲁棒性、脆弱性和社团结构等复杂性特征。

(1)小世界特征(small-world effect)。系统中大多数节点之间都没有直接联系，但通过有限少量节点即可到达，这种平均路径长度较短而节点集聚度较高的结构化网络，就被称为小世界网络。平均路径长度和集聚度是衡量小世界网络的两大重要特征。小世界网络中，数量少又集聚度高的节点在社会网络中发挥中心角色作用，这种联系被称为"长程联系"；网络体系中网络的局部结构上具有较明显的集团化特征。网络中存在大量节点因某一主题而聚集，比如社会生活中的朋友圈、校友会、球迷协会等，是"局域联系"。"长程联系"与"局域联系"相互叠加构成了小世界网络结构。相关研究表明，复杂网络结构的小世界现象具有普遍性，图 7.2 中关于名人微博转发的网络化结构就具有典型的小世界网络特征。通过所关注的少数几个名人对微博的转发，公众就可以了解到社会网络中任一节点任意角落里发生的事，符合较短平均最短路径的性质。同时，因对名人的喜爱而共同关注其微博的粉丝们形成了较强的集聚度，也对应小世界网络中节点集聚度高的特征。

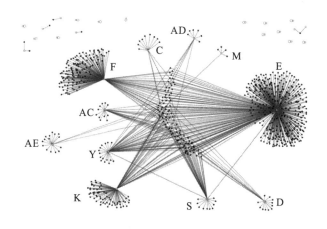

图 7.2 名人微博转发中的小世界特征(艾民伟和张楠，2014)

(2)无标度特性(scale-free property)。复杂网络中个别节点拥有大量连接，而大多数节点只拥有少数连接的不平衡分布特征。各个节点之间的连接严重不均匀，具有异质性。无标度特性出现的根本原因在于系统整体分布的不均匀。

(3)鲁棒性(robust property)。系统中大量存在的一般节点，其中某个或某些节点随机消失对系统的结构和功能变化作用不大，复杂网络表现出较强的抗风险能力。系统无标度特性表明，系统中的节点分为中心节点和一般节点。一般节点消失后并不会对其他节点和连接产生较大影响，仍能维持整个系统的结构功能稳定，此时系统表现出鲁棒性。

(4)脆弱性(brittleness property)。系统中的网络结构并非完全对称和均衡，因为小世界特征导致少量中心节点在网络中起支配作用，当中心节点出现问题时，复杂网络不堪一击。不同于一般节点，中心节点在系统中与其他节点有大量连接且发挥传递物质能量中转站的重要作用，形成对其高度依赖的关系。不难发现，鲁棒性和脆弱性都是复杂系统的固有特性，是在无标度特性基础上对复杂系统进一步的总结与发现。

(5)社团结构(community structure)。"网络中的顶点可以分成组,组内顶点间的连接比较稠密,组间顶点的连接比较稀疏"。复杂网络中的社团结构具有重要意义,每一个社团结构实际上都代表一个利益集团,不同社团之间的连接也是利益集团的有机互动。比如在图 7.3 中,实线代表个体之间的联系;虚线代表联系微弱;1、2、3、4 组成一个小型社团;5、6、7、8、9、10 组成一个中型社团;11、12、13、14、15、16、17、18、19、20 组成一个大型复杂的社团。但不论在何种规模社团中,都符合社团内部联系紧密而社团之间联系微弱的社团结构特征。社团结构特征的本质是小世界特征的强化。

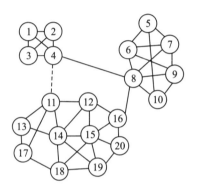

图 7.3 复杂网络中的社团结构特征

复杂网络是复杂系统的结构基础,复杂网络的结构特征分析是认识和研究复杂系统的基本工具和方法。复杂系统具有特殊的结构特征,对于巨灾复杂系统的管理必须借助于复杂科学管理手段的运用。

7.1.3 复杂系统的科学管理

兴起于 20 世纪 80 年代的复杂性科学(complexity science),是系统科学发展的新阶段,著名物理学家霍金称"21 世纪将是复杂性科学的世纪",复杂性科学的最大贡献是在研究方法论或者思维方式上的突破和创新。不仅引发了自然科学研究和发展的变革,而且也日益渗透到人文社会科学领域,受到高度关注和重视。复杂系统的复杂性和不确定性决定了巨灾治理不能再采取传统的政府主导的线性管理模式和线性思维看待问题,有效的巨灾治理需要引入复杂科学管理的新型管理范式。复杂系统理论与社会治理要以整体观、互动观、系统观的视角审视。用复杂科学理论研究复杂系统,将复杂科学研究范式与管理学理论相结合成为研究热点。由此也诞生了新时期的管理学理论——复杂科学管理

(CSM)(范如国，2014)。

复杂科学管理研究的是社会上有人的智能思维介入的组织，由此提出复杂科学管理的一个前提假设：组织是一个有"大脑"的系统结构。并由此提出复杂科学管理的思维方式是系统思维。复杂科学管理还提出了对于个体、组织、环境之间联系以及各自特征的基本认识，这是对复杂科学管理进行研究的基础：①复杂系统有人的思维介入，加剧了复杂程度；②复杂系统中的个体具有随机性、非线性。个体之间会产生相互影响，系统也会受到环境的影响出现涨落、分岔和混沌等局面，促使个体不断进化。反过来，系统和个体也会影响环境；③多数复杂系统具有分层结构，各个层次间的交互过程中存在利益博弈，需要协调；④复杂系统中通常有代表智能的专家，带来经验、思维、智慧、建议；⑤复杂系统具有自适应性、自组织性。复杂系统的研究方法首先是定性分析提出概念模型，再用定量方法求得问题的解决方案，最后再用定性方法归纳总结，即定性分析与定量分析相结合。定性分析的工具有探索图、循环图、结构图(徐绪松和吴强，2005)。

复杂科学管理有如下基本理论，包括：CSM 整体观论、CSM 整合论、CSM 新资源观论、CSM 互动论、CSM 无序-有序论(徐绪松，2003)。①CSM 整体观论。在时间和空间上以整体的、系统的视角考虑组成要素及环境，尤其是时间序列上的过去、现在和未来都作为一个不可分割的整体。复杂系统具有的涌现性使得在宏观层面整体研究系统成为必然，否则无法观察到始终在发生调整的微观结构。②CSM 整合论。将系统中散布四处的资源要素整合在一起，形成一个有机的整体，实现系统结构和功能的优化，即"整体大于部分之和"。③CSM 新资源观论。人的思维介入与参考专家智能会对系统产生极大的影响，因此在传统管理有形资源的基础上，着重强调对知识、技能、人才等无形资源的充分利用，实现系统创新发展。④CSM 互动论。复杂系统的非线性特征使得割裂个体、系统与环境的思维方式不再适用，必须综合考虑个人与组织的关系，增强个人与组织的互动联系，激发个人潜能、组织活力，使系统整体效率最大化。⑤CSM 无序-有序论。系统在演化过程中从有序状态经历分岔、涨落、巨涨落走向无序状态，又在无序状态中发现导致混沌的必然联系，从而重新走向有序。CSM 无序-有序论的关键点在于创新，在系统有序结构的基础上进行创新，出现新的思想、新的结构、新的功能则系统进入无序状态，最终系统又重回有序状态，在新的规则、新的框架下继续运转。5 种基本理论的关系如图 7.4 所示。

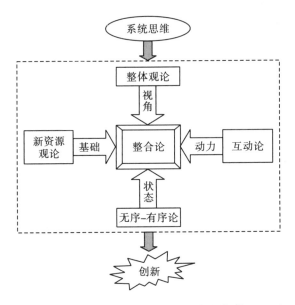

图 7.4　复杂科学五种基本理论的关系图(赵伟，2010)

7.2　巨灾复杂系统脆弱性与行为特征

复杂系统结构与特征分析表明，复杂系统具有脆弱性的典型特征。巨灾系统涉及自然系统、生态系统、经济系统、社会系统等诸多子系统。而且，每个子系统内又包含若干系统，系统结构异常复杂。此外，巨灾风险因素对系统的冲击和影响具有高度不确定性。更为重要的是，巨灾风险因素因其严重性对系统结构破坏往往较为剧烈，系统内部网络结构因为网络的小世界特征、社团结构特征等导致系统崩溃的可能性加大，系统自我修复的能力较为有限。因此，巨灾复杂系统具有显著的脆弱性。

7.2.1　巨灾系统的灾变形成机理

系统科学理论为复杂系统的演进提供了科学的理论和分析方法，特别是作为系统科学理论基础的混沌理论、突变理论和耗散结构理论，能够较好地解释巨灾风险冲击及系统危机的形成过程，为巨灾风险管理提供科学的分析手段。

1. 巨灾复杂系统的混沌特性(chaotic property)

混沌是指系统处于高度不稳定、杂乱无章的状态，也是可能导致不确定性风险的随机事件。近年来，混沌理论被广泛应用到自然科学、经济学、社会学等诸多领域，成为一门发展迅速且影响深远的前沿学科。诺贝尔化学奖得主 Llya Prigogine

也曾指出，复杂的结构往往起源于一些较为简单的结构，比如混乱是有序之源。

混沌理论认为，在一定条件下的非线性开放系统中，系统初始条件的细微差别在最后都可能产生截然不同的结果，这种混沌现象也即事物的发展结果对初始条件极具敏感性，即蝴蝶效应。

从巨灾复杂系统的结构和特征来看，巨灾复杂系统是一个非线性的开放系统，巨灾灾变也是一个不可逆的熵增过程，且巨灾灾变的形成具有随机性、突发性、扩散性和隐蔽性等特点，这些特点可以说明巨灾灾变的形成与演化具有明显的混沌特性。在巨灾复杂系统中，初始的一个随机干扰事件都可能引起整个系统处于混沌状态甚至崩溃形成危机。在巨灾复杂系统中，系统难免会受到外界的干扰，比如一些不确定性风险的随机事件突然发生，由于没有及时的防范和正确的处理，导致一些不确定风险从一个子系统向另一个子系统传播，从而使一个小的不确定性风险在传播的过程中以几何指数的方式迅速被放大，最终就会导致整个巨灾复杂系统爆发危机以致瘫痪，如图 7.5 所示。

2. 巨灾复杂系统的突变特性（catastrophe theory）

巨灾复杂系统灾变的形成主要经历三个阶段：第一个阶段是系统在受到外界强烈冲击时，从有序进入混沌状态；第二个阶段是系统在混沌状态下因适应性和分形机构等，即进入混沌中的有序状态；第三个阶段是系统灾变形成的最后一个阶段，当系统控制不当，就会导致危机的发生，也就是系统的突变，即系统会处于完全崩溃之中。

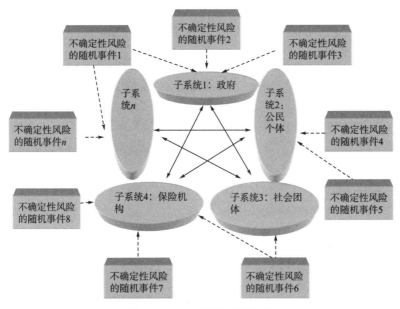

图 7.5　巨灾系统的混沌特性

1972年法国数学家托姆提出突变理论，随后由许多学者在实践与理论上做了更深一步的研究和完善。"突变"指的是变化过程的突然转换或者间断，其特点是过程连续但是结果却不连续。突变理论研究的是从一种稳定组态跃迁到另一种稳定组态的现象和规律（徐飞，2009）。凡是被认为属于复杂性的事物，都具有突变的特征。

由前述已知，巨灾复杂系统是一个非线性的开放的耗散结构的动态系统，其运行状态具有高度的动态性和显著的非线性。当系统受到外部微小的偶然扰动因素作用时，在"涨落"和"耦合"的作用下，巨灾复杂系统的运行很可能会发生剧烈的动荡，以至于从一个稳定状态向另一个稳定状态发生跳跃，即发生突变，所以我们可以从突变理论去研究巨灾灾变的突发性。

突变理论是通过研究对象的势函数来研究突变现象的（丁庆华，2008）。由突变理论可知，在一个复杂系统中，$F(X, Z)$ 是系统势函数，$X = \{x_1, x_2, \cdots, x_n\}$ 是系统状态变量，$Z = \{a, b, \cdots, n\}$ 是系统外部控制参量。设 $f(x) = F(X, Z)$，令 $f(x)' = 0$ 和 $f(x)'' = 0$，通过联立这两个方程求解得到分歧方程，即可得到系统平衡状态的临界点，分歧方程用系统状态变量 $X = \{x_1, x_2, \cdots, x_n\}$ 表示，可反映系统状态变量和系统控制变量之间的关系，当系统控制变量满足该分歧方程时，系统处于拐点位置，整个系统也就会发生突变。最常见的四种突变模型如表7.1所示。

表7.1 系统最常见的四种突变模型

突变类型	控制变量	状态变量	势函数
折叠突变	1	1	$f(x) = x^3 + ax$
尖点突变	1	2	$f(x) = x^4 + ax^2 + bx$
燕尾突变	1	3	$f(x) = x^5 + ax^3 + bx^2 + cx$
蝴蝶突变	1	4	$f(x) = x^6 + ax^4 + bx^3 + cx + dx$

巨灾复杂系统突变的主要特性有：①巨灾系统突变的突发性。当巨灾发生时，系统突变的产生无法预知，且当突变一旦发生，系统就会形成新的结构。②巨灾系统突变的随机性。系统的突变可以发生在系统的任何一个子系统中，而任何一个不确定性风险随机事件都可能导致子系统发生突变。③巨灾系统突变的多向性。当巨灾发生时，系统可能会朝着对自己有利的方向进行突变，也有可能朝着对自己不利的方向进行突变。

3. 巨灾复杂系统的耗散特性（dissipative structure）

巨灾系统是一个具有耗散结构的复杂系统。普利高津指出，所谓耗散结构，就是指一个系统是开放的且远离平衡态的，在巨灾复杂系统处于稳定态时，当系统受到外界环境的干扰，系统状态就可能会从一种稳定状态进入不稳定状态，随着参数的进一步变化，当参数达到某一临界值时，系统就会发生飞跃和突变的过程，由涨落到突变发生结构性的改变，从不稳定状态进入另一种稳定的状态，即形成新的有序耗散结构，从而维持系统的有序。

正如前文所述，巨灾复杂系统是由许多个子系统共同组成的大系统，作为巨灾系统的组成成分，每个子系统都在不断地与其他子系统和外界环境在物质、信息和能量上进行着交换，由于系统本身是开放的，所以在交换的过程中，当系统受到外界干扰时，系统无法阻止外界不利因素的进入，所以也可能会受到外界环境的负面干扰因子的影响，且当外界干扰时，各个子系统之间也会产生一种非合作的竞争博弈，在各种内外的负力作用下系统最后发生灾变。

上述过程可以用熵值的原理来解释。熵是一个热力学概念，用来度量系统混乱程度。熵大于零称为正熵；熵小于零称为负熵。一个系统越有序，其负熵越多。反之，一个系统越无序，则其正熵越多；负熵可以用来抵消正熵，从而保证系统从无序走向有序。当受到外界干扰时，外界的不良因子会进入系统产生正熵，且此时子系统之间可能会因为抢夺外界的物质与能量也产生正熵，当系统内的正熵大于负熵时，整个系统就会发生崩溃。

7.2.2　巨灾复杂系统脆弱性分析

巨灾系统由众多子系统构成，具有复杂的拓扑结构和动力学行为特征，连接各子系统的复杂网络结构中一些关键核心节点或链路，即脆弱点一旦失效、发生故障或被攻击，整个系统可能瘫痪（张旺勋等，2016）。因此，巨灾复杂系统表现出脆弱性。主要基于以下原因：

1. 巨灾发生时子系统之间的非合作博弈

巨灾复杂系统的崩溃是由于系统内部的正熵大于负熵所引起的。当整个巨灾系统受到外界干扰力冲击时就会使系统内的各个子系统之间发生非线性作用力和能量上的交换，从而系统的熵只能向着熵增加的方向运动，即正熵的值会一直增加（图 7.6）。当正熵值大于负熵，且正熵值增加到一定临界点时，系统就处于杂乱无序的混沌状态。而一个子系统的崩溃很可能引起与之紧密联系的其他子系统发生崩溃，并导致整个系统也会被瓦解。

2. 系统稳定性对中心节点的过度依赖

从系统的网络结构特征角度，脆弱性是指中心节点在社会网络中起支配作用，其他节点与这些节点同向匹配，形成对中心节点的高度依赖。当中心节点出现问题时，社会网络会不堪一击（范如国，2014）。网络节点重要性用度中心性来判断。

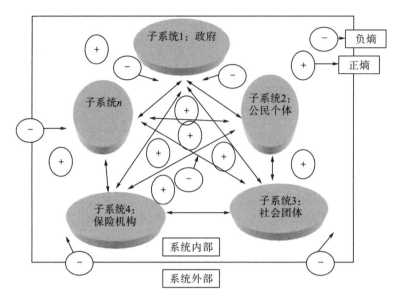

图 7.6　系统间合作关系

　　度中心性(degree centrality)是在网络分析中刻画节点中心性(centrality)的最直接度量指标。一个节点的节点度越大就意味着这个节点的度中心性越高,该节点在网络中就越重要(汪小帆等,2012)。在无向图中,度中心性测量网络中一个节点与所有其他节点相联系的程度。对于一个拥有 g 个节点的无向图,节点 i 的度中心性是 i 与其他 $g-1$ 个节点直接联系的总数,表示如下:

$$C_D(N_i) = \sum_{j=1}^{g} x_{ij}(i \neq j)$$

其中, $C_D(N_i)$ 为节点 i 的度中心性,表示节点 i 与其他 $g-1$ 个 j 节点($i \neq j$,排除 i 与自身的联系)之间直接联系的数量。也就是说,度中心性的值越大,其中心位置也越重要。如图 7.7 所示,当某个中心节点遭到破坏时,与其相邻的非中心节点和其他中心节点都会相继遭到破坏,整个系统就会发生崩溃(范如国,2014)。

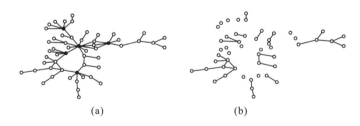

图 7.7　系统网络结构与系统脆弱性

3. 巨灾发生时系统的无序度难以测量

巨灾复杂系统是一个耗散结构体系，通常用信息熵来测量和分析系统的有序程度。信息熵主要通过随机变量取值的不确定性程度来刻画信息含量的多少，其大小表示系统的混沌无序程度。信息熵越大，表明系统越混乱、越无序，反之则系统越有序。因此，信息熵可以有效地描述系统的不确定性程度，可以用来刻画复杂系统内部的变动趋势。对于一个复杂系统，其信息熵的值为

$$H(X) = -\sum p(x) \lg p(x)$$

式中：X 为任意一个随机变量，p 为状态特征的随机变量 X 取值为 x 的概率，即 $p = P\{X = x\}$，X 为 x 包含的事件。

随机变量 X，可以看作是系统的一个任意子系统发生了危机。当巨灾发生时，只要我们知道每个子系统发生危机的概率，就能根据信息熵的公式求出系统在巨灾发生时的无序程度。但是在现实生活中，当巨灾发生时，每个子系统发生危机都具有不确定性和突发性，其概率往往不能精算出来，就无法计算出系统在灾害发生时的信息熵，也就无法知道此时系统的无序程度，当我们无法知道巨灾发生时系统的无序程度时，各子系统可能就无法审时度势，无法意识到危机的严重性，不能及时采取相应的补救措施，导致系统发生崩溃。

4. 系统面对巨灾发生时的信息滞后性

当危机发生时，一个系统面对危机的敏感度越低，信息传递的时间过长，则其被破坏的可能性就越大。由前述已知，巨灾系统是一个包含许多个子系统的复杂系统，每个子系统又是通过一个或者少数几个中心节点相联系。当一个子系统感知到危机时，通过该子系统的非中心节点向中心节点传递危机信息，该子系统的中心节点再向其他子系统的中心节点传递危机信息，由此类推，由最开始的第一个子系统最先感应到危机再到整个系统都感应到危机的时间会存在严重滞后性，即当整个系统都感应到危机时也许已经来不及做出反应和协同作用，或许此时就算采取补救措施也已经为时晚矣，即整个系统已经处于崩溃状态。信息在系统内的具体传导机制如图 7.8 所示。

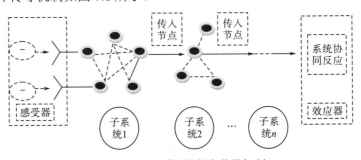

图 7.8　复杂系统的信息传导机制

5. 系统的有序取决于对外界环境物质、能量和信息的交换

巨灾复杂系统是一个耗散体系，要从无序状态达到有序状态或者维持系统的稳定，巨灾系统中的政府、保险机构、社会团体、公民等各个子系统必须通过不断地与外界交换物质、能量和信息，依靠不断地从周围环境系统中进行能量流动和物质交换获取负熵，从而来降低系统内部的正熵。正因为这种对外界环境的物质、能量和信息的绝对依赖，加剧了巨灾系统脆弱性。

根据热力学第二定律：一个跟外界没有任何交流的孤立系统的熵值不可能减少，其熵值只能向着熵增加的方向运动，正熵最后必然要达到最大值。所以，当外界环境停止交换物质、信息和能量时，系统本身就不能降低自身的正熵值。当正熵值达到一定量时，系统就不能维持这种有序结构而处于混沌状态，最后导致系统发生崩溃，即系统的有序取决于对外界环境物质、能量和信息的交换。

7.2.3　巨灾复杂系统的行为特征

巨灾复杂系统是一个有思维能力的人参与到其中的远离平衡态的复杂系统，它具有协同性、适应性和动态性。对巨灾复杂系统的行为特征的科学认识有助于全方面了解巨灾复杂系统和为创新巨灾治理的方式提供重要的理论基础。

1. 巨灾复杂系统的协同性

任何复杂系统，当在外来能量的作用下或物质的聚集态达到某种临界值时，子系统之间就会产生协同作用（白列湖，2007）。巨灾复杂系统协同机制主要是指系统内各个子系统之间通过目标协同、资源整合、相互协调产生出整体的协同效应，从而实现巨灾系统的稳定性和可恢复性，其中最主要的特征为依靠机体内部自发组织起来进行调节，通过内部的团结力量和外界供给能量来维持有序结构，系统的这一特征也称为系统的自组织性。哈肯认为，自组织系统演化是其内部的竞争和协同两种作用的结果。竞争使得系统处于非平衡态，协同作用使得系统中的一些活动呈现非线性作用的放大，使之占据优势从而支配系统的发展，使系统得到质变，从而进行演化。

2. 巨灾复杂系统的适应性

社会系统是一个开放耗散、具有适应性和自组织能力的复杂适应性系统（范如国，2014）。系统的适应性，就是指系统与外界环境之间、系统内部各子系统之间的主动的、反复的相互作用增强相互学习和相互适应的能力。不同于单纯的自然系统，巨灾系统主要由具有目的性与主动性的适应性主体自然人和法人组织构成，表现出更强的主动适应性特征（图7.9）。

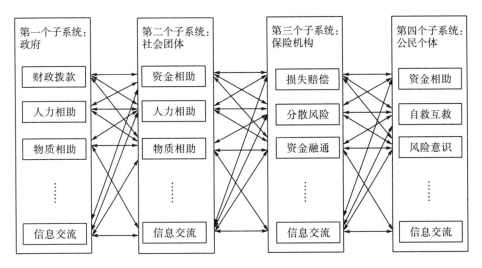

图 7.9　巨灾复杂系统中各子系统之间的交互耦合

当社会复杂系统受到巨灾风险事件冲击时，现行系统远离平衡态，处于不断的裂变、冲突、协调、重构之中，社会系统形成耗散结构，自组织地产生出社会结构的分岔（bifurcation）、社会行为的混沌（chaos）与分形（fractal）等复杂性特征。

复杂适应性系统理论的提出者霍兰（John H . Holland）甚至认为，适应性产生复杂性。巨灾复杂系统还可以对变化的环境进行自我调整，包括系统的正反馈、耦合作用等（约翰·H. 霍兰，2011）。在自我调节中，是积极地试图将所发生的一切都转化为对自身有利的东西，而不是被动地对所发生的事件做出反应。总之，复杂系统通过自身的学习效应、系统的协同机制以增强环境的适应性和系统演化复杂能力。

3. 巨灾复杂系统的动态性

巨灾复杂系统是一个远离平衡态的动态系统，它并不是一成不变的"死系统"。巨灾系统的动态性表现在：系统包含关联性，以及互动模式。系统总是处在发生、发展、老化的过程中（徐绪松和吴强，2005）。系统在受到外界强力冲击时突然发生整体性和结构性的改变，整个复杂系统是随着"涨落—耦合—分叉—突变"的一个动态过程进行演变。不但有系统内部中部分与部分、部分与整体的作用，也有外力的作用，是两种作用力之和共同改变系统本身，且系统中存在"蝴蝶效应"，即初始条件下微小的变化都可以带动整个复杂系统长期的根本性的巨大连锁反应。

7.3 巨灾风险社会协同治理及困境

复杂系统科学理论及巨灾风险管理的实践都表明，单一主体或单一手段难以解决巨灾管理问题。个体失败转向集体行动，以增强风险管理能力，协同治理已经成为解决公共社会问题最推崇的管理方法。但是，集体行动困境和协同惰性问题的普遍存在，又成为巨灾风险协同治理的重大理论和现实问题。

7.3.1 协同治理的一般逻辑

1. 协同理论与巨灾系统演进

巨灾的突发性、破坏性等特征，任何单一的子系统都难以承受，社会系统可能陷入无序甚至崩溃状态。但是，协同理论表明，与任何系统一样，巨灾复杂系统是一个具有较强的适应环境和自我修复能力的自组织系统，系统可以通过协同效应的发挥，促使灾害系统的演进。巨灾复杂系统是由若干有机的、复杂的子系统构成的自组织系统。在这个复杂系统运动和演进过程中，客观存在各个子系统相对独立于整体系统的独立运动，同时，各子系统又受到其他系统的影响和制约，系统内部各个子系统之间的竞争和协同，巨灾系统能否协同发展，关键在于核心主体(序参量)的力量以及各社会主体间的协同能力。带领整个系统从无序走向有序。

协同理论通过引进控制参量来分析系统演进的宏观行为。控制参量是协同理论分析的主要工具变量。控制参量有质和量的区分。协同理论认为，控制参量的质和量决定和影响了系统演进的结构和方向，以及有序程度。从控制参量"质"的方面，分为"快变量"和"慢变量"。系统的快变量发生变化较快，对系统演进影响较小，而慢变量①也称为序参量，是对系统起支配作用的变量。与快变量不同，序参量虽然变化较慢，但对系统持续产生作用，形成方向一致的整体运动，促使系统脱离旧秩序，走向新结构，最终决定系统演进方向。因此，它是系统相变前后所发生的质的飞跃的最突出标志，是所有子系统对协同运动的贡献总和，是子系统介入协同运动程度的集中体现。从控制参量"量"的方面，虽然序参量成为系统状态演进的决定力量，但它发挥作用还受到"量"的影响。一方面，复杂系统的序参量不止一个，每个子系统都可能产生自己的序参量，多个序参量间相互竞争，最后形成主导整个系统的序参量，子系统的独立运动向协同运动演进。

---

① 所谓慢变量，是指始终朝着一个方向持续不断地缓慢变化的变量。因此，在短期内看不出系统有什么明显变化，但当积累到一定程度时，就会导致系统发生质的跃迁甚至突变。慢变量强调的是积累效应。

因此，系统内各序参量之间的竞争和协同作用是系统产生新结构的直接根源。另一方面，序参量的大小影响系统状态。序参量是代表子系统集体运动和合作效应的度量工具。当系统完全无序时，序参量为零。随着系统有序状况的提高序参量也增大，当到达临界点时，序参量增长到最大，此时系统产生了一种新的宏观组织的结构代替原有无序结构。

系统从无序到有序的演进过程中，表现出强烈的非线性特征，通过涨落、分叉，而实现结构演进。涨落是指子系统因自身的独立运动或受到外部环境干扰，系统的实际状态值偏离了平均值，这种偏离波动幅度称为涨落。当系统处在由一种状态向另一种状态转变，系统要素间的独立运动和协同运动进入均势阶段时，任一微小的涨落都会迅速被放大为波及整个系统的巨涨落，当系统靠近临界点即系统的分叉点时，系统演变为一种新的结构和状态。

社会治理通过整体性协调，各子系统功能之间产生耦合(coupling)，使得系统整体功能成倍增强的作用称为社会治理的协同效应。实践证明，越是复杂的系统，协调后产生的协同效应越明显。巨灾系统能否协同，就取决于核心主体(序参量)的力量以及各社会主体间的协同能力(范如国，2014)。

2. 从风险管理到协同治理

巨灾风险管理实践表明，无论是政府、市场还是公民社会，都无法单独承担应对风险的重任(杨雪冬，2004)。特别是，传统政府主导的线性风险管理模式弊端越来越明显。构建协同包括政府、非政府组织、企业、家庭、个人在内的风险主体，相互协作、共同抵御和分担风险的新型风险治理模式受到高度关注。协同论和治理理论是协同治理理论这一门新兴交叉理论的两个理论基础(李汉卿，2014)。协同治理理论在西方已被广泛应用于诸多研究领域。从风险管理到风险治理，虽只有一字之差，但是，其内涵差异较大。

治理理论在20世纪90年代以后风靡全球，特别是在公共社会治理领域得到积极响应。从理论演绎进程看，治理理论源于管理理论，但又不同于传统管理。传统意义上，治理(governance)主要指政府对社会的控制、操纵或者引导，政府(government)作为治理的一个同根词，可以看出治理天生就与政府有着不可分割的联系。因此，传统的治理本质上是以政府为中心的社会控制和管理。随着社会化进程的复杂化，利益的多元化、市场的复杂化，治理的内涵发生了深刻变化。

罗伯特·罗茨(R. Rhodes)认为治理是一种新的管理过程，或者一种改变了的有序统治状态，或者一种新的管理社会的方式。简·库伊曼(J. Kooiman)和范·弗利埃特(M. van Vliet)认为，"治理可以被看作一种在社会政治体系中出现的模式或结构，它是所有被涉及的行为者互动式参与努力的'共同'结果或者后果。这种模式不能被简化为一个行为者或者一个特殊的行为者团体。"而且"它所要创造的结构或秩序不能由外部强加；它要发挥作用，需要依靠多种进行统治的以及互相发生影响的行为者的互动。"(Kooiman and van Vliet，1993)可以说，库伊曼和弗利埃特是从系统的角度看待治理概念的，他们所强调的一种新的结构或秩序的形成不是来自外力，而是系统内部的多种行为者的互动(协同)，也正说明了治理过程中自组织的特性。格里·斯托克和华夏风(1999)认为治理的本质虽然一直偏重统治机构，但并不是依靠政府的权威和制裁手段。治理的作用并不是通过外力强加执行的，治理之所以能够发挥作用，是要在执行过程中依靠多种统治以外的主体互相发生作用。正如英国学者格里·斯托克(Gerry Stoker)所说，"说到底，治理所求的终归是创造条件以保证社会秩序和集体行动"，并提出了治理理论的"五论点"。

全球治理委员会(Commission on Global Governance，CGG)将治理定义为：治理是各种公共的或私人的个人和机构管理其共同事务的诸多方式的总和。它是使相互冲突的或不同的利益得以调和并且采取联合行动的持续过程。这既包括有权迫使人们服从的正式制度和规则，也包括各种人们同意或以为符合其利益的非正式的制度安排(全球治理委员会，1995)。它有四个特征：治理不是一整套规则，也不是一种活动，而是一个过程；治理过程的基础不是控制，而是协调；治理既涉及公共部门，也包括私人部门；治理不是一种正式的制度，而是持续互动(俞可平，2000)。

从上述定义可以得出，治理有以下共同特征：一是广泛参与性。治理强调多主体的社会参与。治理的主体不限于单一的政府，还包括其他公共机构、私人部门以及社会。二是协同性。治理本身就包含协同，治理是一个互动的过程，需要参与主体的持续互动。三是系统性。治理本质上是一种以系统科学等复杂科学范式为基础的复杂性管理(张连国，2006)。四是制度性。集体在共同行动的过程中，需要治理持续对行动过程加以约束。它既可是正式的制度规则，也可是非正式的制度安排。

我国学者对治理问题也给出了较为清晰的定义。协同社会治理是指社会治理主体之间、社会各子系统之间，通过既竞争又协作、自组织非线性作用，把社会系统中彼此无秩序、混沌的各种要素在统一目标、内在动力和相对规范的结构形式中整合起来，形成社会系统的宏观时空结构或有序功能结构的自组织状态，产生单一社会主体无法实现的社会治理整体效应(范如国，2014)。

刘辉(2012)将"治理"定义为：包括政治机构在内的社会互动各方通过相互合作寻求规则之序的过程。治理的主题在于规则之序，治理的基础在于社会的分化程度、组织化程度及其地位的平等化程度，治理的实现在于社会各个组织之间的合作意愿、合作能力及合作行动。

由于治理理论的深入发展和广泛影响，在风险管理领域开启了从"风险管

理”向“风险治理”的转变。特别是，在国际上得到广泛认同。在 1997～1999
年度由欧盟委员会支持的“TRUSTNET——风险治理协同行动”项目最早引入
了“风险治理”概念①。这一理念很快被风险研究专家传承。2003 年，由瑞士政
府发起正式成立了国际风险治理理事会(International Risk Governance Council，
IRGC)的国际性风险研究机构，将“风险治理”理念提升到一个新高度，构建了
风险治理框架体系、程序和标准等研究范畴。风险治理在更广泛语境中处理风险
识别、风险评估、风险管理和风险沟通议题，并将“风险沟通”置于分析框架的
核心。国际风险分析协会(Society for Risk Analysis，SRA)在 2003 年和 2008 年召
开两届主题均为“风险与治理”的世界风险大会(World Congress on Risk)，进一
步拓展了风险治理理论在国际上的传播和影响力。联合国开发计划署 2004 年发布
的《减少灾害风险：发展面临的挑战》报告也首次采纳了“风险治理”理念。不
难看出，面对风险，特别是面对巨灾风险的威胁，风险治理理论和理念已经得到
全世界的高度认同，在风险管理实践中已普遍达成共识。

3. 巨灾协同治理的逻辑构建

虽然风险治理理论，特别是风险社会协同治理理论正处在发展过程中，风险
治理的实践尚处在探索中。但是，该理论为何受到全球的高度关注，并可能成为
巨灾风险管理的共识模式？究其根本原因，是人们得到了一个逻辑的启示：巨灾
风险的特殊性导致传统风险管理失灵，故寻求合作式集体行动共同应对，但是集
体行动因为缺乏动力和约束力，合作治理也出现失灵。由此，寻求社会协同治理
模式。社会协同治理模式旨在协同多元主体，整合多种资源、聚焦风险管理全过
程、建立有效机制和制度，采用多种风险管理工具，实现对风险的有效管理。更
为重要的是，通过系统整合，实现任何单一模式无法实现的管理效果。国际上之
所以对巨灾风险协同治理越来越重视，还因为以下几个方面的因素：

一是巨灾风险的特殊性和复杂性。传统的巨灾风险特性的研究主要聚焦于风
险发生的概率和损失程度。人类进入现代社会以来，巨灾风险的风险源、成灾机
理、传播与扩散特征等发生了深刻变化。正如德国社会学者贝克所提出，人类进
入风险社会。人类既是风险的承受者，更是风险的制造者，而且，“人造风险”
越来越普遍。客观地，科技活动极大地扩大了人类活动的空间和范围，人类社会
在不断影响“自然风险”，也确实在积极制造“社会风险”。“自然风险”和“社
会风险”相互叠加，大大超过了传统巨灾风险的特征和属性，也大大超越了传统
的“工程法”和“非工程法”的风险识别与管理手段。因此，巨灾风险的不确定
性程度越来越高，任何单一管理模式都会显得“力不从心”。从风险主体角度，

---

① 其项目报告(*The TRUSTNET Framework*：*A New Perspective on Risk Governance*)认为这一框架的视野与“风险
管理”相比，并不仅仅局限于风险本身，同样包含了引发风险活动的正当性。

风险制造者、风险承担者、风险管理者的角色越来越模糊。因此，巨灾风险的特殊性和复杂性以及由此而产生的高度不确定性，迫使人们在风险管理中"被协同"。

二是巨灾风险系统的复杂性和自组织性。巨灾风险系统连接自然系统、生态系统、经济系统、科技系统、社会系统等，并通过复杂的网络结构，建立相互竞争、相互依存的复杂体系。现代社会的发展，更是加剧了巨灾系统的复杂性程度。复杂系统极大地影响和改变了风险对人类的影响方式和进程。同时，复杂系统对风险影响的适应性及应对能力也发生了显著改变。系统从无序到有序的规律发生改变。例如，有别于传统的巨灾风险因子诱发的巨灾事件（地震），复杂系统的失序可能因为细微的初始条件，系统的变化对初始条件具有强烈的敏感性。此外，巨灾复杂系统具有整体性、关联性、结构性、动态平衡性、时序性等特征，各子系统自身具有协同性，协同是自组织系统演进的动力和方向。越是复杂的系统协同动力和协同效应越明显（范如国，2014）。巨灾风险系统的复杂性和自组织性产生风险管理的"要协同"需求。

三是巨灾风险影响的社会性和扩散性。传统的风险致灾情境下，致灾因子主要为自然灾害因子，人类生产和生活系统相对单一，风险的影响往往是区域的和局部的，风险损失的"外溢性"很小。这种情景被现代社会颠覆性改变。风险的社会性和扩散性因为"地球村"现象而不断强化。例如，日益加剧的气象巨灾风险，背后的助推因素是气候变暖。而气候变暖因素的背后是人类活动和生活方式变化因素。但人类活动和生活方式变化是人类的"集体行动"所致，没有单一个体或者单一团体有这个能力去改变。2015年《联合国气候变化框架公约》各缔约方在巴黎气候变化大会上达成《巴黎协定》①就是国际社会共同努力的结果。此外，诸如核泄漏风险、病毒扩散、转基因风险等对人类的影响早就超出传统风险管理的边界。传统的风险责任、风险成本无法进行有效识别和控制。巨灾风险影响的社会性和扩散性迫使人类的风险管理"想协同"。

胡克斯汉姆（Huxham，1993）提出了协同优势的概念。当协同各方达成某种创造性的结果时，便可以说是达成了"协同优势"。这种创造性的结果可以是某种目标的实现，而这一目标是各参与方凭借一己之力所无法实现的。在有些时候，协同实现的目标已经超出了各参与方组织目标的层面，达到了更高的社会层面。当然，与协同优势对应的是协同惰性（collaborative inertia）。协同惰性指的是协同行为并未取得任何比较显著的成果、取得成果的效率过于低下或者为取得成功所付出的代价过大（Huxham，2005）。协同优势的基本要点概括为如表7.2所示。

---

① 为减少温室气体排放量，人类共同应对气候变暖的影响，经过长时间艰苦谈判，2015年《联合国气候变化框架公约》各缔约方在巴黎气候变化大会上达成《巴黎协定》。这是继《京都议定书》后第二份有法律约束力的国际气候协议。

表 7.2　协同优势的一般内容

协同优势要点	协同要点作用	协同要点的缺陷
多主体的参与	不同的声音可以被听到，信息、知识、能力的共享	主体责任不清，难以问责
更有效率的相应机制	避难所、政府救助服务等资源的分配更均匀	造成相对的不公平
更快的信息传播	灾民、公众更快了解情况	谣言也传播更快
目标的统一	协同目标，利益整合	促成最终的集体行动
权力的分配	对协商行为产生影响，是一种力量的表现形式	形成"权力点"，决定参与者的进入与退出机制
信任	协同产生的前提条件	不信任增加风险，动态的协同过程中保持信任度是行动的基石
成员结构	成员具有模糊性、复杂性、动态性的特征	明确相关参与者，避免角色冲突
领导力	协同的重要条件	从媒介和领导活动进行考量

7.3.2　协同失灵及治理困境

正如上文分析，现代巨灾系统具有复杂性和巨灾风险的特殊性，巨灾风险的社会协同治理有逻辑的必然性和合理性。但是，有效的协同治理模式也必须满足系列要求。协同治理并不保证巨灾治理的集体行动成功。相反，在巨灾风险管理的实践中常常出现协同失灵的困境。正如贝克（Beck，1988）指出的"有组织的不负责任"（organized irresponsibility）。协同治理是一种理想的巨灾风险治理目标和模式，但是，协同治理本身面临需要解决的诸多主体，Huxham（2003）对此做了大量专门研究，他通过图 7.10 列出了需要解决的问题。

图 7.10　协同实践的主题

协同治理模式面临的主要困境表现在以下两个方面。

1. 协同治理理论滞后

协同治理理论源于协同理论和治理理论的有机结合。虽然，治理理论本身就包含协同因素，协同理论也必然接纳治理内涵。但是，协同治理理论不是二者的简单结合，更不能必然得出逻辑推论：协同以后必然有效治理，治理过程中自然协同。巨灾风险管理引入协同治理理论较晚，目前，更多贡献是在灾害管理理念方面的创新，还未真正建立有效的理论体系。学术界回答了什么是协同治理，协同治理有什么优势等问题。而且，回答这些问题大多是因为传统灾害危机管理理论的失灵所致。对科学的协同治理的内涵需要进一步研究，灾害情境下的协同治理和公共服务领域的协同治理有什么区别，以及巨灾协同治理的环境和条件保障是什么等等重大理论问题需要持续研究。否则，理论创新也会出现从理论失灵到理论失灵的发展陷阱。

第一、协同主体之间关系的研究。协同治理研究大多集中在协同主体的多元化和多中心化问题。诚然，多主体和多中心的确是协同治理的前提，社会化参与治理程度的高低是衡量治理绩效的重要指标。对巨灾风险的治理来说，多主体的广泛参与，提高巨灾风险管理社会程度，特别是，建立社会化的巨灾损失分担体系，是实现巨灾风险管理的重要手段。但是，协同主体背后的主体关系才是重点和关键。虽然，"同舟共济，共渡难关"是面对风险的最理性选择。但巨灾现实中为什么屡屡出现"政府失灵""市场失灵""志愿者失灵"问题？因为，理论上没有回答多元主体为什么选择协同问题，影响这些主体参与协同的关系是什么。巨灾复杂系统是一个具有高度智能的社会系统，主要是因为这个系统的关键要素是"人"（包括自然人和法人）。人具有复杂的意识、思想、目标和行为，人在复杂环境中具有理性程度的差异与变化，而且，个体的理性并不代表集体的理性。正因为如此，现有研究虽然也分别阐述了协同和治理的含义，但往往难以突破"治理"概念的框架，容易陷入"协同"等于"治理"的理解困境，从而忽视"协同"的真正意蕴。

第二、风险损失情景下的行为主体协同差异。风险的存在往往容易导致人们紧张、焦虑，特别是在巨灾情景下，因为受到时间压力、空间压力，更容易导致绝望、愤怒等心理行为。而且，这些情绪还会相互传递并迅速蔓延。此外，参与主体的心理和行为还受到社会舆论等多种因素的影响。前景理论的代表人物卡尼曼的研究成果表明，人的风险偏好受到风险框架效应的影响。风险框架效应是指风险能带来损失效应或获利效应。对相同的预期损益，如果用风险损失表达方式，人们的行为更多具有风险偏好型(或称为冒险型)；如果以获利的表达方式，大多数人的选择是风险厌恶型。协同治理理论起源于公共服务领域，目前大多数研究成果还是集中在该领域。显然，在参与公共服务治理领域，参与者面临的风险表达情景和灾害情景有巨大差异。因此，简单将普通公共服务的协同治理研究理论和成果直接运用到风险管理，具有理论上的兼容问题。

第三、协同治理的内容研究缺失。治理理论源于政府主导型的社会管理与控制理论。虽然现有的许多研究成果开始关注协同治理过程中的机制设计、制度建设等核心问题。但是，与传统的风险管理注重灾害的危机管理一样，大多将治理的研究内容聚焦于灾害危机的治理。这违背了协同治理理论的宗旨，至少没有全面反映协同治理的研究内容，既影响该理论的发展，也严重制约了风险协同治理实践的有效开展。风险治理的内容涵盖全过程风险治理（灾前、灾中、灾后）、全口径风险治理（自然风险、社会风险）、全社会风险治理（所有风险主体），采用科学有效的风险识别、风险评估、风险管理和风险沟通等方法和手段，通过机制构建，综合运用法律、规则、惯例，以保证系统有序。

2. 协同治理的机制发展困境

协同失灵的主要表现是协同惰性，造成集体行动困境。关于集体行动困境的理论分析，经济学家奥斯特罗姆和奥尔森做出了代表性研究。奥尔森基于集体成员理性经济人假设，发现感情、权威、意识形态等因素对个体行为的影响无足轻重，人的行为本质上是追逐经济利益，人们是否参与集体行动是出于经济利益考虑。因为参与任何集体行动都将产生成本，集体成员在集体行动中通常表现为消极被动，不愿意承担集体责任，除非在集体行动中得到的收益大于付出的成本。因此，集体成员"搭便车"行为普遍存在，易于导致集体行动的困境。解决集体行动困境的动力机制是强制参与和选择性激励。

与奥尔森在集体行动中较为悲观的观点不同，奥斯特罗姆对组织成员参与集体行动表示乐观。奥斯特罗姆更看重人的社会行为和属性，社会成员往往重视与集体内其他成员的关系，并通过遵守集体行为准则，以保证他在集体内的荣誉和社会地位。在不确定性和极其复杂的环境变量作用下，个体行为表现出的不是完全理性，而是有限理性。影响个体行为的因素不仅有预期成本和预期收益，还有内部规范和对未来的贴现率等因素。奥斯特罗姆将制度分析融入集体行动研究之中，并认为只要通过合理的制度和机制设计，社会成员完全可能自己组织起来进行自主治理，从而超越集体行动的困境（胡兴球等，2014）。

无论是奥斯特罗姆的乐观论还是和奥尔森的悲观论，两位学者都提到了集体行动困境的客观现实，并都开出了机制和制度设计的药方——虽然二者的机制内容和实施方式有显著差异。

事实上，机制或者制度设计历来都是治理领域研究的核心问题，也是难点问题。正如格里·斯托克（Gerry Stoker）所说，"说到底，治理所求的终归是创造条件以保证社会秩序和集体行动"。而这里的条件与奥兰·扬（Young，1994）表达的："一个治理体系是一个不同集团的成员就共同关心的问题制定集体选择的特别机制"实质是同一个问题。协同治理需要构建什么样的机制，以及如何保证这些机制的良好运行，是风险协同治理尚未回答清楚的重大问题。正如协同学理论研究结论表明，协同并非参与集体行动的各主体、各要素和各环节的简单合作，它是一种交互与协作的顶级模式。这一过程至少包含以下行动：共同参与、相互沟通、共同学习、信息联通、资源共享、相互协作、有效竞争。从灾害复杂系统的角度，才有利于形成系统演进的序参量，引导系统的复杂和演进。而保证这些协同行动的机制至少包括参与的激励机制、约束机制，系统的控制机制、竞争机制。构建这些机制需要满足协同治理的关键环境、要素。

7.3.3 协同治理的主要问题

党的十八大和十九大报告中明确提出了"国家治理体系和治理能力现代化"的发展目标，加速了社会协同治理研究。风险协同治理已经形成全球新型风险管理理念和模式。作为面临巨灾风险威胁严重但是巨灾管理理论和实践较为落后的发展中国家，应该加快风险协同治理的理论研究与实践探索。我国社会管理经历了"管控型"到"管理型"，向"治理型"的转变(刘卫平，2015)。协同治理的有效推进是一个十分复杂的系统工程，我国在发展该模式过程中面临系列问题和矛盾。

1. 协同治理理念缺失

为应对日益严峻的巨灾风险威胁，我国的灾害管理体制和机制也在不断调整和创新，特别是汶川大地震后，我国在减灾防灾、应急管理方面更为重视，取得了积极成就。但是，与现代风险协同治理理论相比，协同治理理念还严重缺乏，具体表现在：

一是局限于以"风险"为中心。风险是治理的对象和关键要素，也是治理的最终目标。有效的风险治理手段需要实现减少风险和增强风险的应对能力。实现这一目标的关键是风险背后的"风险主体(人)"的关系和"风险社会关系"。治理的核心和关键是要解决参与治理的各主体间的关系。"治理应该将关系放到制度设计的中心位置"(学者皮埃尔·卡蓝默2005年提出的观点)。如果不能有效治理这些问题，传统风险管理总是陷入从"风险到风险""灾害管理到灾害管理"的风险管理迷思的管理陷阱。人的风险认知、行为方式，以及人类社会活动模式，都是造成风险的社会脆弱性的根本原因，传统风险管理理念过分聚焦于风险管理的显性问题和现象问题，缺乏揭示风险管理的核心和本质问题。

二是以"维稳"为中心。巨灾风险的发生将会在瞬间颠覆原有序的社会秩序，斯托林斯(Stallings)将巨灾比喻为"混沌状态的触媒"(agents of chaos)或"社会(变迁)的催化剂"(social catalyst)。灾害不仅会造成个人创伤，也会造成集体创伤(collective trauma)；不仅会使个人的基本生活受到冲击，而且社区共同体意识也会受到极大影响，造成社区心灵的"集体创伤"。灾害不仅会对灾民心灵造成极大伤害，而且还会使灾民生活在失序和充满谣言的不确定性环境中，生活在"常规状态的例外情境"中(Stallings，1998)。不但自然灾害如此，诸如 2003 年的"非典"类非自然灾害事件，一旦发生都会造成严重的社会恐慌，波及社会的稳定。我国传统社会管理的思维模式把"维护社会稳定"（简称为"维稳"）作为唯一目标，把"社会管控"作为主要手段，一些地方陷入"越维越不稳""越治越不安"的怪圈(龚维斌，2016)。我国的巨灾管理长期坚持稳定为中心，"维稳"成为许多风险管理机构，特别是政府官员的中心工作。以"维稳"为中心的管理理念强化了巨灾管理中的应急反应和管理理念。这类应急式管理已将额外的责任分配给专门的应急管理组织，国家采用的治理安排已变得不适合目的。换句话说，虽然专门的、独立自主的灾难风险治理安排可能适合于紧急和灾难管理，但灾难风险管理的其他方面却严重依赖于治理的总体质量来实现其目标(UNISDR，2015)。

三是以政府管理为中心。经过多年的努力，中国已经建成中国特色的政府主导的自然灾害管理系统，包括自然灾害管理组织指挥系统、国家灾情会商机制和预警系统、国家自然灾害救助应急预案系统、国家自然灾害救助应急响应系统、国家减灾组织指导系统、救灾与减灾的科技应用推广系统等(王振耀，2010)。其中，隶属国务院直接领导，办公室设在民政部并由 34 个中央部(委)成员单位组成的国家减灾委员会为全国灾害管理综合协调机构，负责组织统筹全国灾害风险管理。此外，国务院还设立了国家防汛抗旱总指挥部(水利部)、国家抗震救灾总指挥部(地震局)、国家森林防火指挥部(林业和草原局)和全国抗灾救灾综合协调办公室等诸多专业灾害管理部门。无论是在机构(组织)设置、资源配置、管理指挥等方面，还是在灾前的预防、灾中的救灾，以及灾后的救助和重建等环节[①]，都充分体现了政府的中心作用和主导地位，私人和社会参与程度不高，这样大大影响了防灾减灾的效率(乔刚和程啸，2012)。

2. 多元性协同治理主体未形成

任何单一的风险主体都无法具备单独承担应对巨灾风险的能力和重任。包括政府、非政府组织、企业、家庭、个人作为风险社会的治理主体，应该相互协作、共同抵御和分担风险(岳经纶和李甜妹，2009)。克罗克(Kollock)认为巨灾危机属于"共识性危机"。因此在巨灾发生的时候，灾区以外的人群会产生相同的想法，志愿者团队会在很短的时间内迅速集结。在实际灾害发生后，动员速度最

---

① 例如，汶川地震后颁布的《汶川地震灾后恢复重建方案》，要求全国各省市对待灾区进行对口支援。其中山东、广东、浙江等地分别支援北川、汶川、青川等灾区的灾后重建工作。利用政府的力量实行跨区对口支援是汶川地震灾后重建的主要手段。

快的组织往往不是政府或正式组织,而是由各种非政府组织组成的团队。这种"利他性"救援的特性在巨灾救助中发挥着重要的作用。中川翔子在研究中发现,灾害救助中的政府能力其实相当有限,而且灾害救助体系越发达的地区,非政府组织(NGO)团队在救助中所起到的作用就越明显。因此,多元主体参与巨灾风险治理具有必要性和可行性。

多元治理是社会发展和演进的基本趋势。国家治理模式大体经历了从单元国家治理结构到国家、市场二元治理结构再到国家、市场、公民社会三元治理结构的演进(景维民等,2013)。由此可见,协同治理便是一种多元主体合作共治的治理模式。党的十八届三中全会提出"完善和发展中国特色社会主义制度,推进国家治理体系和治理能力现代化"的总目标。要求构建"党委领导、政府主导、社会协同、公众参与、法治保障"的多元化社会治理格局。可见,我国也将社会协同治理作为重要的发展战略。协同治理的基本前提就是要形成分工明确、相互协同、保障有序的多元社会主体。由于长期集中计划经济体制的影响,我国"强政府弱社会"的格局没有真正改变,特别是非政府的社会组织发展的环境、基础和条件保障没有真正落实,发展缓慢,在巨灾风险治理中难以有效发挥作用。社会主体发展过程中的主要问题有:

一是社会组织的数量不足。社会组织是非政府组织、非营利组织、第三部门、民间组织的总称,包括在民政部门依法登记管理的社会组织(社团、基金会、民办非企业等三类)。另一类是实际存在但是没有在民政部门正式登记备案的社会组织。截至 2015 年底,全国依法登记的社会组织共有 60 多万家,但每万人拥有社会组织仅为 5.8 个,远远落后于发达国家发展水平,如法国每万人拥有社会组织数为 110.45 个、日本每万人拥有社会组织数为 97 个、美国每万人拥有社会组织数为 51.79 个。也大大低于其他发展中国家的水平,如阿根廷每万人拥有社会组织数为 25 个、巴西每万人拥有社会组织数为 13 个。而且,中国的社会组织分布还存在区域和城乡的失衡。特别是农村地区社会组织发展尤为薄弱。

二是社会组织的专业化程度不高。参与风险管理的社会组织通常要求具有专业化的市场服务能力。例如,风险知识教育、灾害救援、医疗服务、心理咨询、法律服务、物资运输等。目前我国参与过相关风险管理行动的 NGO 团体超过 200 家。总体说来,大多数团队成员稳定性不强,专业训练程度不够。例如,汶川大地震后,灾区居民受到极大的心理创伤,急需专业的心理咨询团队,但我国在这方面的社会组织专业人员严重缺乏。

三是市场化和社会化程度较低。在社会治理主体培育和建设中,近几年来虽然我国各类社会主体数量呈倍数增长,但市场化和社会化程度较低,社会主体公信力和自治能力建设方面严重滞后。以慈善组织为例,西方国家的慈善机构数量庞大,市场化专业化和社会程度很高,在灾害救助方面发挥相当重要的作用。2013

年美国慈善组织的数量已经超过 100 万：公共慈善机构的数量为 943436 个，是 2003 年的 1.2 倍；基金会的数量为 96765 个（戴长征和黄金铮，2015）。我国的慈善事业的发展过程具有明显的政府主导色彩。绝大部分的慈善机构或者由政府部门转变过来，官办色彩浓厚，在运作过程中严重依赖"行政力"。这些官办非政府组织的领导层大多由政府官员担任，在人事管理、资源筹集、组织运作方面带有很深的"行政化"烙印（贾西津，2008）。普遍面临专业化程度低、劝募和运作能力不足、公信力不高等诸多问题（窦玉沛，2008；许琳和何晔，2005）。

3. 协同治理社会网络结构不合理

巨灾风险具有突发性、连续性、非线性等特征，要求构建一个多层次、多中心，并相互连接、相互依赖的协作网络结构体系。现行风险治理的网络结构远远未能满足这一要求。存在的主要问题表现为：

一是垂直纵向式网络结构。协同治理结构需要构建扁平化组织结构。扁平化组织结构构建在"自我实现"假设理论基础上。该理论认为，无论是人还是组织都有充分表现自己能力、发挥自己潜力的欲望。基于这样的假设，应该建立较为分权的扁平化组织结构。扁平式组织结构理论和实践在企业管理中得到大力推广和运用，产生了良好的组织治理效果。产生于西方的协同治理结构也是基于扁平式组织结构为基础。我国的政府主导型风险管理构建了从中央政府、地方政府、基层政府的垂直纵向式网络结构。而且，在专业减灾机构的设置上也是遵循多层次、多环节的结构体系。例如，设立在水利部的国家防洪抗旱总指挥部，地方设立防洪抗旱总指挥中心，基层政府设立防洪抗旱办公室。其余的专业风险管理机构包括国家抗震救灾总指挥部、国家森林防火指挥部等也都按照中央到地方布局垂直体系。

二是单中心式网络结构。协同治理需要基于各系统的职能、优势、利益等构建多中心的网络结构，即为"去中心化"特征。中国的风险管理是典型的政府为中心的，而且是唯一中心的风险治理网络。政府在灾害治理中的垄断地位对其他社会组织产生挤出效应，难以形成多中心的网络结构。政府虽然具有独特的资源优势和控制能力，但缺乏其他专业的社会机构的组织和协同，往往难以实现有效治理的目标。非但如此，还可能造成不良后果。日本的大量研究结论表明，重大灾害发生后，第一时间参与救灾的一般不是政府组织，而是家庭的"自救"，社区的"共救"和政府的"公救"相继发挥作用。其中，社区的"共救"是减少人员伤亡的最有效手段之一，因为社区可以在第一时间参与，而且社区成员对灾区和灾民情况熟悉。Shaw（2014）在对日本的地震灾害研究中发现，大约 60%的公民是通过自救逃生，约 30%的公民是由邻居营救的。由此看来，真正第一时间启动应急响应的不是政府组织。汶川大地震中，中国人民解放军、武警部队在抢险救灾中表现出的严密的组织性和顽强的战斗力都是毋庸置疑的，但是，解放军和武警部队官兵大多缺乏专业的医疗知识和专业的救援技能，容易造成救援过程中的再次伤害。而且，巨灾发生后，受灾群众更需要及时的心理疏导和情绪安慰，需要得到专业的心理救援。

三是网络结构的协同性较差。现行风险网络结构不但没有实现扁平化、去中心化的要求。而且，网络的"社团结构"特征明显，严重制约协同治理。中国风险管理网络的社团结构主要表现为两个方面：一方面宏观的政府网络和微观的家庭网络各自分布联系紧密。但是政府和家庭联系较为松散，如图 7.11 所示。中国的社区组织较为薄弱；另一方面，政府的纵向网络较为紧密，但横向联系相对松散，政府间也存在职能交叉、职能重复，容易出现相互推诿问题。

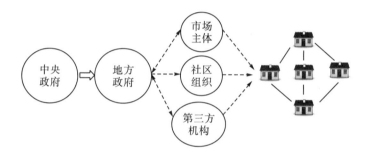

图 7.11　灾害风险管理中的社会主体网络结构特征

协同性网络结构存在的突出矛盾之一是基层治理结构的弱化。城乡社区则是基层社会治理的主要载体，是连接基层政府和家庭企业的桥梁和纽带。2015 年中央召开党的群团工作会议提出群团工作要以群众为中心，让群众当主角，要大力健全组织特别是健全城乡居民自治组织，同时，中央出台《关于加强和改进党的群团工作的意见》。

4. 协同治理机制不健全

协同治理涉及多元化的社会主体参与，多目标的社会诉求，多环节的社会配合，多种资源的社会整合，实现协同有序的重要条件是构建强大的协同治理机制。正如李培林指出"社会运行的三大支点是政府、企业和非营利组织。政府是靠科层权力体系的机制运行，企业是靠市场机制运行，而非营利组织是靠社会参与和利益协调的机制运行"（李培林，2013）。更为重要的是多种机制的有机协同。复杂系统理论和协同治理理论表明，系统内部秩序的形成依赖于竞争和合作关系，涉及系统目标的确立、权利的分配、资源的整合、制度的重构等。因此，社会主体的动员机制、参与机制、激励机制、约束机制是协调治理运行的关键。在巨灾风险管理实践中，最为突出的问题有以下三个方面。

一是社会化和市场化机制严重滞后。正如上文提及，大量合法备案管理的社会主体，大多数属于准官方机构，自身的市场化程度不足，社会公信力也较为缺乏。例如，"郭美美事件"引发的中国红十字基金会的社会信任危机。另一方面，大量未进行法定备案管理的民间组织，组织较为松散，缺乏规范的管理，具有较强的自发性。这些社会组织缺乏法律和制度保障，在灾害管理中也很难得到政府组织的充分信任。例如，由国务院民政部颁布并实施的《自然灾害救助条例》指出："村民委员会、居民委员会以及红十字会、慈善会和公募基金会等社会组织，依法协助人民政府开展自然灾害救助工作。国家鼓励和引导单位和个人参与自然灾害救助捐赠、志愿服务等活动。"但是，居（村）委会、红十字会、公募基金会等都是带着浓厚的政府色彩的社会组织，本质上这些组织仍属于政府主导型社会主体。而对于纯粹的民间社会组织的参与，仅仅提到"国家鼓励和引导单位和个人参与自然灾害救助捐赠、志愿服务等活动"，至于参与的渠道、职责、机制没有明确规定。在社会动员方面，现行管理模式还主要依靠政治和行政手段，造成突发性灾害发生后有时出现法律不如文件，文件不如领导批示的现象。

二是缺乏社会主体之间沟通管理机制。在政府主导的灾害管理情景下，民间组织的自发参与还会造成管理的无序状态。大量的志愿者组织各自按照自己的计划，在对灾区情况缺乏整体了解的背景下，盲目走进灾区现场，这些组织没有建立与政府机构沟通的通道，也缺乏和其他民间团体协调的机制，自发盲目地走进灾区，可能产生比"需求过载"更可怕的"供给过载"。汶川地震后，大量社会组织和车辆涌入灾区现场，造成了严重的交通堵塞和对救援的妨碍，就是最明显的案例（岳经纶和李甜妹，2009）。其根本原因是，政府设计的整个救灾应急预案没有与志愿者进行衔接，没有设计引入志愿者的参与。政府没有将志愿服务纳入应急工作的全局中，当然也没有设立协调志愿组织的机构（丁元竹，2008）。

三是制度和规则的约束机制滞后。无论是正式的法律、制度，还是非正式的传统习俗，都是规范和约束治理主体行为规范的重要保证。我国的自然灾害防治法律体系和管理机制存在诸多问题。一方面，近年来虽然重视风险管理的立法工作，也取得了积极进展。但是，法律体系庞杂，各部门法律的协调性差。基于"部门应对"的制度设计，使得应急管理难以做到综合协调，只能"头痛医头，脚痛医脚"（王志香，2011）。另一方面，虽然法律框架构建完整，但许多法律规定抽象和笼统，缺乏针对性、实用性和可操作性。导致在灾害管理中往往运用行政手段代替法律应用的现象。例如，在汶川地震中捐赠的资金和物资，由于在分配环节缺乏相应的法律来规范，导致救灾物资分配出现问题。党的十八届四中全会提出推进法治社会建设的重大任务，要求把社会治理纳入法治化轨道，提高社会治理法治化水平。巨灾风险的社会协同治理急需加快法制和规则建设进程。

7.4　巨灾风险社会协同治理的框架与路径

7.4.1　协同治理的关键要素

协同治理是一种风险治理机制，是多元化社会主体参与的集体行动过程，治理绩效的提升需要构建科学合理的治理框架，并探索符合中国国情的治理路径。

1. 网络构建与组织治理

网络是指以不同的形式表现的行为主体间的联系。越是复杂的系统，其网络体系和网络节点之间的关系越复杂。协同治理强调子系统之间的竞争与合作、支配与服从、平衡与涨落等多元、多维的网络关系结构（吴春梅和庄永琪，2013）。因此，社会网络构建与组织治理是协同治理的关键要素之一。主要包括三个方面的任务：

一是加快社会化主体培育。正如提出"风险社会"概念的社会学学者贝克所言："风险社会没有人是主体，而同时所有人都是主体"。没有真正独立的、专业的并且社会化和市场化的大量多元社会主体，协同治理就失去发展的基础，风险治理就会永远停留在传统治理模式。实践表明，大量非政府组织的形成和发展过程，是一个国家和社会的公民精神和公民意识的不断培养和提高的过程，同时，也是一个国家相关法律和制度供给，保障公民社会的建构过程。社会化主体形成和发展具有自发性、自觉性、自律性。灾害属于"共识型危机"（consensus crisis），容易激发其他群体的利他主义情感，包括志愿者协会在内的社会组织会在非常短的时间内进入受灾地区开展救援行动和灾害服务（Kollock，1998）。这种利他性的民间力量具有自我组织和自我救助的功能，能充分发挥人性的自助与助人精神，使灾民从附属到自主转变，发展出"藏于正式结构之下的结构"（Smith，1993）。美国学者费雪（Julie Fisher）研究指出：最近 30 年来，本地 NGO 发展有力地推动了公民社会的建立，而公民社会本身又可以促进政府回应性和责任性的提高，也有助于推进政治可持续发展和民主化的进程（费勒尔·海迪，2006）。大量非政府组织的培育和成长，将逐渐打破政府垄断治理局面，成为治理体系由单中心向多中心模式转变的载体。现代国家治理体系和能力建设，要求逐步实现国家权力向社会转移和回归。从制度供给、法律保障、政策支持、资源配给等方面，营造良好的社会基础和环境，支持社会主体发展。现行的一些非政府组织实质上是在政府主导下发展的，难以摆脱其对政府的附属性和依赖性，还不是真正的市场化社会主体。加快中国风险社会治理主体的培育进程，一方面，需要加快对这些政府背景的社会主体进行市场化改革与转型；另一方面，积极培育新型市场主体，并促进大量非政府组织之间的协同发展。众多非政府组织通过要素互嵌的方式，以其高度的灵活性来认知与应对社会的复杂性与不确定性，并与核心位置的政府组织共同实现社会管理的价值创新（杨雪冬，2006）。

二是强化网络体系的建设。协同治理是在一个多主体、多目标、多任务、多环节的复杂系统背景下展开的，社会网络体系是一个相互分工、相互依存、相互竞争的有机复杂网络体系。这个网络体系的建设一方面要求强化网络组织或节点建设，特别是强化关键的、薄弱节点建设，有效管理社会网络的脆弱性问题。正如前文分析结论表明，巨灾社会系统的网络结构具有小世界特征（small-world effect）。系统中大多数节点之间都没有直接联系，但通过有限少量节点即可到达，这种平均路径长度较短而节点集聚度较高的结构化网络，就被称为小世界网络，包括：①政府网络节点建设。中央政府和地方政府之间、地方政府与地方政府之间、综合性减灾部门与专业性减灾部门之间等连接的薄弱环节。②非政府组织网络节点建设。非政府组织专业团队的沟通合作，特别是在灾害救助情境下的专业协同联络机制。③政府与非政府组织网络节点建设。建立二者的资源整合、信息分享、责任分工等连接和协调。④多元社会主体与社区组织的网络节点建设。在灾害风险管理中，社区是一个特殊的主体与组织，该组织连接家庭和其他各个社会主体，这个节点直接关系到各个主体的协同效率和协同成本。需要特别强调的是，协同治理的社会网络体系区别于传统的政府主导型的单中心体系，协同治理要求建构的是一个多中心体系。多中心网络体系强调的是多节点、多中心，而不是简单的去中心，更不是去政府。突出的是网络多元节点之间的平等协作关系。

三是加强网络组织治理。网络结构以及协同效应已经得到理论界行业实务部门的高度关注。但是，网络组织与协同效应之间并不是一种简单的线性关系，网络组织并非天然具备产生协同效应的能力，仅仅形成网络就自然地产生显著的绩效是没有道理的。因此，还必须加强对网络组织进行治理。有研究表明，多重联结的网络组织治理并非一种简单的委托代理关系，网络组织治理的研究意义在于：一是增进信任、提高网络组织的运行质量、促进结点协同互动。正如协同理论表明，系统的演进主要受到序参量的影响，在复杂网络结构中，系统有多个序参量共同竞争，最后形成关键的序参量决定系统的秩序。因此，特别需要通过规制和机制的约束与激励，减少系统冲突，提高系统的恢复进程。在过去发生的一些重大灾害现场，会发现大量有组织的和非组织性的民间团体涌进灾区，这些组织也缺乏和政府组织的分工与沟通，甚至还会发生争夺救助对象或服务区域重叠而引起冲突，导致救灾资源重复浪费以及区域分配不公等消极现象（周利敏，2012a）。

2. 社会信任和组织认同

风险的威胁特别是巨灾的发生，不但冲击现有社会秩序，极大影响社会成员的信心和信任关系，而且成为制约协同治理的重要因素。灾害不仅会对灾民心灵造成极大伤害，而且还会使灾民生活在失序和充满谣言的不确定性环境中，生活在"常规状态的例外情境"中。风险危及的不仅仅是财产、生命、制度和秩序，而且，也会严重影响和破坏社会信任体系。埃德斯蒂恩（M.R. Edelstein）指出，信任很容易被摧毁但重建很难，因为消极事物的影响要比积极事物的影响明显得多（Stallings，1998）。协同行为中的信任缺失，已然成为协同惰性产生的重要来源（金太军和鹿斌，2016）。因此，加强社会信任关系，提高组织认同程度，是增强协同治理能力的关键因素。正所谓"风险（危机）来临时，信心（信任）比黄金还重要"。

（1）目标协同。由于掺杂着组织的和个人的因素，就目标达成共识并不是一件容易的事情（Huxham，2003）。对任何一个协同治理过程来说，目标冲突和目标协同始终是多元主体治理的前提，正如罗斯金（Michael G. Roskin）的观点：合法性的基础就是同意（拉塞尔·哈丁，2013）。目标冲突和混乱不但会浪费资源，更为重要的是贻误治理良机，造成风险损失的扩大和灾害的加剧。与传统的政府线性治理模式不同的是，复杂社会网络体系构建的是多中心的治理结构，与之相适应的必然是多目标局面。重大灾难现场普遍具有急迫性（urgency）、高度张力（stress）、冲突性（conflict）、连锁不确定性（uncertainty）、连锁反应性（link）等特点（周利敏，2012a），表现出目标多元性、多变性等复杂性特征。一致性目标的形成和确立需要借助于不同机构和组织之间的信息交换、协商沟通、竞争合作，中国情景的风险管理更多体现为政府与大量非政府组织的目标协商与协同过程。

（2）价值认同。组织心理学、组织行为学和组织社会学的大量研究结论表明，组织目标确立以及组织行为都受到组织价值的决定和影响。无论是一个组织内部成员之间还是组织与组织之间，组织社会价值的形成和认同，是组织凝聚力的重要支撑。20世纪80年代以社会认同理论、自我分类理论为理论基础，构建和发展了组织认同理论。Ashforth 和 Mael（1989）认为组织认同是指个体以组织成员的身份定义自己，个体与组织在心理上是统一体，并对组织产生归属和共命运的感知。组织认同的产生主要基于减少不确定性和自我提升两种基本心理动机（Hogg and Terry，2000）。其中，减少不确定性动机反映了个体对社会秩序的需求。大量研究表明，人既具有利己心理也有利他心理。人们的价值观念、社会规范和个人信仰等等，都会影响人们的利他行为。在风险治理活动中，政府、专家、社会成员等主体具有各自的价值标准和价值取向，甚至会产生价值冲突，特别是在风险规制、风险工具选择、风险治理方案确立等活动过程中，价值取向的严重分歧将产生治理障碍。

（3）社会信任。社会化和市场化程度的不断提升，对社会信任提出越来越高的要求，信任是社会合作、协同并产生凝聚力的基础。在复杂网络的治理过程中，不信任应是网络结构的常态，社会信任难以建立（金太军和鹿斌，2016）。"塔西佗陷阱"将严重威胁社会协同。"塔西佗陷阱"得名于古罗马时代历史学家塔西佗，是指当公权力遇上公信力危机时，无论说真话还是假话、做好事还是做坏事，都被公众认为是说假话、做坏事。大量的风险管理危机和社会公共治理冲突都直接或者间接起因于社会信任的缺失。近年来国内外发生的一些典型重大风险事件在一定程度上摧毁了公众对传统的基于权威专家、科学界和政府构建的社会信任体系。Nye（1997）认为："当前最大的治理危机在于民众对于政府的信任度有江河日下的趋势"。导致政府主导的风险信任度下降的主要原因可能因为政府的低效率；也可能因为公众的参与能力提升和学习能力的增强；更可能因为人类已经进入到贝克所言的"风险社会"。正如贝克所言，"在风险的界定中，科学对理性的垄断被打破了。总是存在各种现代性主体和受影响群体的竞争和冲突的要求、利益和观点，它们共同被推动，以原因和结果、策动者和受害者的方式去界定风险。关于风险，不存在什么专家"（乌尔里希·贝克，2004）。英国学者朗纳·卢夫斯迪特（Lofstedt，2010）提出了"后信任社会"概念，认为我们正处在一个原有社会信任的团结机制正在发生重新配置的社会。在"后信任社会"背景下，风险的理解、风险的治理与传统现代社会产生了很大差异，特别是由专家解释风险转向风险感知构建的公众参与的转变。在此理论背景引导下，风险沟通受到越来越多的关注，寄望有效的风险沟通能重塑风险社会的信任。

3. 制度供给和要素保障

如果说理念解决治理的认识问题，信任解决治理的凝聚力问题，制度和要素则是解决治理的条件问题。协同治理需要完善的制度供给和要素保障。

一是制度供给。现代化进程表明，社会发展的不确定性与不可预期性带来了社会的复杂性，而复杂性又加剧了社会的不确定性（杨华锋和郑洪灵，2010）。制度的最主要功能就是对各类不确定性的行为和过程进行规制，减少不确定性的冲击和影响。制度通过对行为体预期的引导和保护，向行为体提供了应对不确定性的社会建制（马骏，2011）。人类大量风险损失的发生既可能因为缺少合理的制度规范——激发人类冒险行为；也可能因为缺乏必要的制度约束——风险成本的外溢效应；还可能因为必要的制度协调——风险行为冲突。制度是社会秩序的基本保障，更是集体行动协调发展的密钥。在促进集体行动和减少协同惰性方面，奥尔森提出的"选择性的激励"，奥斯特罗姆（Eleanor Ostrom）提出的自主性制度，布东（Raymond Boudon）、贝茨（Robert H. Bates）、奈特（Jack Knight）等学者指出的制度建构，都表明了协同治理对制度供给的依赖性（金太军和鹿斌，2016）。风险管理的制度供给主要体现在制度的包容性、制度全面性、制度弹性三个方面。制度的包容性是指风险管理制度建设既包括正式制度也包括各类非正式制度；制度全面性是指包括涵盖风险管理全程的风险制度；制度弹性是制度建设需要保留充分的兼容性和灵活性,以适应复杂的风险管理活动。阿尔蒙德(Gabriel A. Almond)在研究政治科学中提出,协同治理符合强调机动余地、自由范围和冒险空间的政治科学理念(Almond and Mundt,1973)。

二是权利分配。权利能够决定参与治理的结构、进程和效率。协同中的权力配置应当能够对协商行为和实施方式产生一定影响的力量。与传统管理模式更多地体现权威与权力区别的是,治理表现出权力的回归,更多地体现自组织式的自我做主的自然法则(孙国强,2004)。有效治理必须解决权利的分配和动态调整问题。治理理论提出了在协同活动及关系中处于支配、决定位置的"权力点"(points of power)的概念。在协同过程中,"权力点"应该基于协商合作并动态调整,如果一方垄断"权力点",从而挤压其他参与者的权力点位,就容易产生协同惰性。

协同活动必须合理配置权利并保证强大领导力的形成:领导主要媒介能力(media)和领导活动能力(leadership activities)。中国的现实国情需要解决政府对治理权利的逐步社会回归,另一方面,还需解决如何实现权利社会化进程中权利的协调、责任的协调等诸多现实问题。

三是资源整合。对风险管理,特别是应急管理,资源永远具有稀缺性:既具有规模性缺口也具有流动性缺口。规模性缺口是指总量不足;流动性缺口是供应的结构和速度难以满足灾区管理的需要。在资源缺口背景下的风险管理,资源整合就成为协同治理的重要保障。资源整合主要包括三个方面:①提高全社会资源整合能力,提高社会资源动员能力;②各类资源的协调配合,解决资源结构失衡问题;③资源的分配问题,提高资源的配置效率。资源整合既涉及宏观维度,例如国家和全社会在减灾投入的结构和比例,特别是增加预防性风险管理的投入水平;也包括中观维度的资源整合,例如资源在各级政府之间、机构和部门之间的协调;还包括微观层面的资源协调,例如,救灾物资的发放、对弱势群体的关照等。

四是信息交换。协同并不等于简单的合作,它是一种交互与协作的顶级模式。信息在风险管理中具有特殊作用。风险信息本身就是风险管理的重要组成部分。例如,灾害预警管理;另一方面,信息在社会中的传播和交换,是风险放大的重要前提,也是风险沟通的重要资源。尤其是巨灾发生以后,信息交换就成为协同治理的关键要素。哈丁(Hardin.R)认为信息的有效传递在巨灾发生时起着非常重要的作用。当信息不足时或对信息产生误解时,集体行动就会失效,甚至产生反社会的行为。克雷普斯则认为巨灾会让社会体系处于一种"混沌的触媒状态",让巨灾成为一种引起社会动荡或强烈变化的催化剂。在此情境下,95%的受灾群众都会感到身心受到了极大的伤害(Kreps,1984)。环境和生活的突然失序,给灾民往往造成极度的焦虑和恐慌,集体行动的混乱还会产生怨言,导致相当长时间的集体行动迷茫状态。范如国(2014)认为当今社会链接呈现出复杂网络化模式,巨灾发生时，突如其来的灾祸会摧毁各个链接节点，导致信息不通。因此，单一主体在面临信息节点被摧毁的时候，会面临信息传递失败，无法进行有效协同的问题。面对这种情况，克雷普斯提出此时不同的社会单元需要采取一整套的应变措施，以便能够化解掉巨灾对整个社会的冲击。此时，仅仅依靠灾民通过搜寻信息、交换信息、从而重新达到正确的行动状态是非常困难的。

7.4.2　协同治理的机制设计

正如前文分析得出，风险协调治理的重点是研究和处理多元社会主体之间的关系，而处理这些关系的重点则是建立治理机制，当然，这也是难点问题。奥兰·扬（Young，1994）认为，一个治理体系是不同集团的成员就共同关心的问题制定集体选择的特别机制。机制是指做事的制度以及方法或者是制度化了的方法。协同社会治理强调社会多主体之间协调互动的机制和体系，关注的是社会政治、利益和治理系统的复杂协同机制（范如国，2014）。

1. 沟通机制

为协调和沟通风险治理中产生的诸多矛盾和冲突，风险沟通在风险治理中就扮演着非常重要的角色。国际风险管理理事会（International Risk Governance Council，IRGC）构建的风险治理研究已将"风险沟通"置于分析框架的核心（Renn，2007）。英国学者库伊曼（J. Kooiman）和范·弗利埃特（M. van Vliet）也指出："治理的概念是，它所要创造的社会结构或秩序不能由外部强加；它发挥作用，是要依靠多种进行统治的以及互相发生影响的行为者的互动"（Kooiman and van Vliet，1993）。当不同的风险主体从不同的角度认识和应对风险，就会产生风险冲突。

贝克将风险冲突产生的原因界定为对风险的理解，主要包括：①确定什么是风险、什么不是风险，以及特定现象是否具有危害性；②确定风险会对谁造成损害；③确定谁制造了风险，谁应为风险损害负责；④是否真正追究风险责任；⑤当同时存在多种风险时，如何对其排序等（薛晓源和刘国良，2005）。事实上，除了传统风险和现代风险定义的原因产生风险冲突意外，专家基于科学和技术的预测与公众基于心理和社会认知差异；风险的价值取向和目标差异；风险利益差异；风险信息差异等等，都是风险冲突产生的原因。

近年来，聚焦群体情感和集体行动之间关系的群体情感理论研究受到高度关注。群体情感理论的研究结论表明，有效的风险沟通能正向促进社会舆论支持，引导群体情感，减少风险冲突，提高集体行动的有效性（石晶和崔丽娟，2016）。风险冲突无法形成社会共识和协同目标，难以有效调动社会参与，甚至会激化社会矛盾，加剧风险危机和社会危机的爆发。因此，有效的风险沟通是化解风险冲突矛盾，增强协调治理绩效的重要手段。20 世纪 80 年代以来，风险沟通无论是在理论还是在实践中均受到全球风险治理的高度关注。按照风险沟通的方式，划分为单向风险多元沟通和双向沟通方式。单向风险沟通是基于风险的技术取向假设，并预设了公众的风险知识赤字和非理性，指专家单向传递风险知识给社会大众，强调了风险沟通的告知、说服、引导和教育公众等功能。双向风险沟通基于风险的社会建构假设，强调各社会主体间风险沟通的互动性和沟通内容的多样性。公众不再被视为被动的、非理性的、无知的信息接收者，而是赋予民众主动思考、提问、建议甚至做出决策的权利，强调的是授权（高旭等，2011）。显然，单向风险沟通突出的是风险沟通"告知"功能，凸显了技术专家和政治权威对风险沟通的管理和控制。双向风险沟通突出的是"授权"功能，则重构了风险沟通的价值与目标。虽然，风险沟通有助于风险治理达成共识，缓解风险冲突矛盾。但是，单向风险沟通更多的是给公民知情权，在风险管理中社会大众缺乏话语权和参与权，一旦专家和政府的公信力被质疑，将产生沟通危机。Douglas 和Wildavsky（1982）认为，把风险冲突问题简单描述为客观估算了的物质风险与主观偏见的个人认知是不合适的；Heath 和 Nathan（1990）指出单向风险沟通模式脆弱性所在，是因为"对于事实知识的占有量并无法决定他们会忍受多大的风险"。因此，现代社会风险治理普遍要求构建由单向风险沟通机制转向多元互动的风险沟通的机制。

2. 参与机制

包括政府、企业、社区、社会组织乃至公民，各风险主体单位的积极参与，既是特殊的需求表达机制，也是一种特殊的需求满足机制，既是风险冲击秩序的"乱源"，也是风险系统秩序恢复的根基。忽略了风险治理中的社会参与机制，往往容易造成风险治理价值和目标的冲突，并造成机体行动的困境。

贝克（Beck，1988）在《解毒剂》（Gegengifte）一书中提出了另一个重要概念，即"有组织的无责任感"（organized irresponsibility）。贝克指出，企业、政策制定者和专家结成的联盟制造了当代社会中的风险，然后又建立一套话语来推卸责任。"有组织的无责任感"实际上反映了现代治理形态在风险社会中面临的困境，即国家中心治理模式的失效（杨雪冬，2006）。国家中心治理模式的主要问题是未能建立适应巨灾风险协同治理的多元参与体系和参与机制。参与机制包括：一是多元参与的制度化。多元主体参与灾害性危机治理的权利和途径以法律的形式加以确定，能使多元化参与作为政府危机管理过程一个必不可少的步骤得到保证，而不是成为一种可有可无的随意性安排（汪玉凯，2007）。二是参与风险治理的激励机制和约束机制建设。灾害协同治理集体行动困境主要防止"搭便车"和"道德风险"。因此，建立多元风险主体的协同治理参与机制必须着力激励机制和约束机制建设。三是构建参与平台。有效的参与机制应该实现扩大参与范围、提高参与质量，达到"全过程参与""全方位参与""全效果参与"的目标。当前的参与平台建设中应该抓住社区平台和互联网网络平台建设，满足公民参与灾害风险的便利和降低参与成本，提高参与效率。

3. 学习机制

风险管理具有相当的专业性和知识性，这也正所谓"无知者无畏"。即使是专业性的风险管理专家和风险管理机构，面对常见的风险(例如地震)和日益复杂的风险管理网络结构(体系)，也存在严重的风险知识和信息短缺的约束。只有建立良好的学习机制，不断增强风险知识，完善风险信息及风险沟通体系，形成良好的风险文化和风险意识，才能形成理性的风险行为，提高风险主体单位积极参与风险治理的能力。教育、培训、公众意识是社区应对灾害可持续发展的基石，防灾减灾政策的实施依赖于受过训练、拥有良好知识个体的积极拥护与主动参与(Tramonte，2001)。许多国家长期坚持风险学习机制的建立和完善，取得了较好的效果。印度、日本和美国等国家还构建起专业的风险知识数据库，供专业机构和国民对风险知识进行学习。大多数欧美国家，非常重视社区的风险知识传播与扩散，定期在社区组织专门的专业风险知识学习。更为重要的，发达国家相当重视对学校学生的风险知识和教育植入，强化学生的风险意识(图 7.12)。正式和非正式教育在学校和社区的不断推广最终可以形成一种安全文化，保证未来社会在面对巨灾时能够从容应对(Petal，2008)。

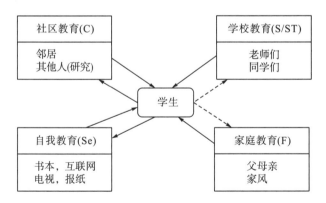

图 7.12　风险知识学习与风险教育体系(Shaw et al.，2004)
注：虽然社区教育和自我教育是双向的，但学校教育和家庭教育是相对的

大量的研究表明，专家的风险知识更具有专业性、技术性，并且风险态度更为理性；而普通公民的风险知识具有传统性、经验性，但是，对当地风险的认知

更为准确。此外,相对普通专家,公民的风险知识及风险行为的目标更为明确(专家风险行为的独立性相对不强)。事实上,政府、专家、风险机构和公民的风险知识需要相互沟通和学习,才能形成一致性的风险价值与目标,才有助于整合风险行动。

7.4.3 协同治理的路径依赖

巨灾风险的协同治理是治理理念、治理体制的根本改变,着力实现全口径风险管理、全过程风险管理、全社会风险管理,以提高风险治理的社会性、主动性、预防性。当然,正如上文所述,巨灾风险的协同治理作为一个理想的社会自理模式,需要满足系列复杂的环境与条件。目前,中国情景下的巨灾协同治理还面临自身的诸多困境和矛盾。实现从政府主导型向社会协同治理的转变,可以设计一些可行的路径,加快风险治理模式的转变。

1. 从政府治理向社会治理

治理改革的核心和难点在于治理主体、治理结构的构建。传统的政府线性式的单中心治理模式的治理主体单一、治理结构单一。这种模式的行政效率较高,但是,由于受到资源约束、反应缓慢,以及治理的目标冲突等问题,常常导致政府更多充当"消防队"的应急角色,风险管理处于较低水平。从风险治理的演变路径,可以简单归结为从政府治理,向社会治理转变,最终走向协同治理模式(图7.13)。

图 7.13　风险治理模式的演进

从传统的巨灾风险管理的政府主导型的危机管理到现代风险社会协同治理的转变,具有理论上的现实性,更有风险管理的必要性和可能性。从协同治理理论的发展过程看,该理论经过多中心治理、多元治理、合作治理等三个阶段,为协同治理的诞生奠定了理论基础。为简化起见,将风险治理的主体简单划分为政府和社会主体(包括政府以外的其他风险管理主体),根据政府和社会在巨灾风险中的能力和作用,可以划分为四种类型:小政府小社会、小政府大社会、大政府小社会和大政府大社会。显然,有效抵御巨灾冲击,协同治理模式需要充分整合灾害管理的资源和要素。因此，大政府大社会是一个理想的模式，如图 7.14 所示。

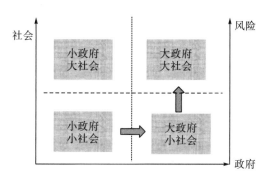

图 7.14　巨灾风险主体的协同模式

这里的"大政府"是指在灾害风险管理中政府的实力雄厚，具有强大的经济实力，领导管理、组织协调能力；"大社会"是指参与风险管理的社会网络健全，社会资源聚集能力强大，社会主体参与积极，并具有强大的专业能力。此外，政府和社会的风险管理专业分工、职责定位、组织协调等方面形成良好互动。中国属于社会主义体制的国家，公共资源、政府的领导力和社会凝聚力大大超过私有制国家。因此，大政府在中国具有现实性。在长期的巨灾实践中，政府一直扮演着强大的角色，全社会对政府具有相对强大的依赖性。从"大政府"向"大社会"的过渡转型符合中国的国情。在此背景下，政府的充分放权，积极培育和发展市场主体，引导和培育公民社会，增强专业市场组织参与治理，给公民团体更多机会参与到风险治理活动中。这种模式的转换必须解决治理权利的放权问题。斯托克认为作为一种互动过程的治理涉及三类主要的伙伴关系，按协同程度由低到高依次为"主导者/职能单位模式"、"谈判协商模式"和"系统的协作（即协同）"模式（Stoker，1995）。三种模式是以主导要素、实践方式以及保障机制的层级递进的。非政府组织的介入和发展，是治理体系主体间治理关系的有益尝试，能够在合作治理理论的延展过程中积极地推动社会资本的研究，来探究政治互信的关系，从而实现政治信任和社会资本建设的双向促进（杨华锋和郑洪灵，2010）。

2. 从危机管理向风险治理

巨灾风险具有高度的不确定性，绝大多数时候人类是被动面对，由此造成巨灾风险的管理常常变为危机管理。但是，由于危机管理的消极性和被动性，往往给社会造成难以承受的损失。人类系统在面对巨灾风险时的脆弱性正在不断增加，目前已把减灾的重心转移到脆弱性分析和综合风险管理方面（Perrow，2011），这已经成为西方社会科学视角下灾害研究的共识。

严格意义上，危机管理是风险管理的一个环节，属于风险管理的范畴。风险是危机的诱因，并非所有的风险都会引发危机，只有当风险所造成的危害达到一定的程度时，才会演变为危机。灾害危机管理具有事后性和应急性，而风险管理具有主动性、预防性。风险管理是指采用科学、系统、规范的办法对风险进行识别、处理的过程，以最低的成本实现最大的安全保障或最大可能地减少损失的科学管理方法(张继权等，2006)。对于灾害管理，预防与控制是成本最低、最简便的方法。任何巨灾风险的发生都将经过潜伏期、爆发期、持续期等几个阶段，风险管理强调灾前的预测、预警、防范等管理手段，控制灾害的发生；灾中的控制和抑制等手段，控制灾害损失的扩大；灾后突出恢复和重建，减少灾害损失的影响。风险管理与危机管理的比较见表2.3。总之，从"危机管理"到"风险管理"是现代风险管理发展的重要转变(图7.15)。

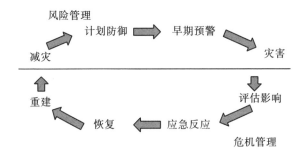

图 7.15　风险管理与危机管理的关系

正如联合国国际减灾战略署(UNISDR)发布的《全球减灾风险评估报告(2015)》指出，许多国家采用的治理安排，严重依赖于专门的应急管理组织。虽然专门的、独立自主的灾难风险治理安排可能适合于紧急和灾难管理，但灾难风险管理的其他方面却严重依赖于治理的总体质量来实现其目标。基于灾难管理周期的治理方法，以及专门的灾难风险管理部门常用的治理方法，可能已经达到了极限，而与此同时，新的治理范式还没有出现(UNISDR，2015)。因此，从危机管理向风险治理的路径演进，符合巨灾风险协同治理的发展目标。

7.5 本 章 小 结

本章主要对巨灾风险社会协同治理机制进行了设计。在第一节翔实地阐述了巨灾系统的复杂性，主要从复杂网络与复杂系统的关系、复杂网络的结构与特征以及复杂系统的科学管理三个方面做了理论阐述和分析。由于巨灾风险管理的复杂性常常导致各种理论和实践出现"失灵"现象，所以对复杂系统的研究是十分必要的，并且复杂系统通常具有开放性、自组织性、不确定性、非线性以及涌现性。同时复杂网络因具有小世界特征、无标度特征、鲁棒性、脆弱性以及社团结构等特征而显得十分繁杂，因而复杂系统的管理必须借助于复杂科学管理手段的运用。目前所使用的管理学理论是复杂科学管理（CSM）。

第二节进一步延伸到巨灾系统脆弱性分析以及其行为特征的阐述，巨灾系统的脆弱性的原因主要有以下五点：①巨灾发生时子系统之间的非合作博弈；②系统稳定性对中心节点的过度依赖；③巨灾发生时系统的无序度难以测量；④系统面对巨灾发生时的信息滞后性；⑤系统的有序取决于对外界环境物质、能量和信息的交换。而巨灾系统的行为特征主要有协同性、适应性、动态性三大特征。

第三节分别从协同理论与巨灾系统演进、风险管理到协同治理以及巨灾协同治理的逻辑构建三个层次逐步阐述了巨灾协同治理的构建必要性以及构建的方式和最终样式。最后一节首先指出了协同治理三大关键要素：①加快社会化主体培育；②强化网络体系的建设；③加强网络组织治理。在此基础上随即衍生出三大协同治理机制：①沟通机制；②参与机制；③学习机制。最终设计出了两条协同治理的路径：①从政府治理向社会治理；②从危机管理向风险治理。

第8章 巨灾风险反脆弱性管理路径选择

承灾系统脆弱性高低是决定灾害后果的关键因素，降低系统脆弱性是降低灾害风险、减轻灾害损失的有效手段，也是防灾减灾的根本手段(Thomalla et al.，2006；贺帅等，2014)。因此，反脆弱性管理的理论与实践就成为巨灾风险管理的重点和难点问题。正如在前文研究结论表明，灾害风险的脆弱性管理也是一个复杂系统，影响脆弱性管理的因素和环节相当复杂。全社会视角下的巨灾风险反脆弱性管理，关键是需要构建反脆弱性管理的机制和制度，并强化巨灾风险管理的几个薄弱环节，包括巨灾损失分散与融资、巨灾风险教育与风险沟通制度，以及应急管理等。

8.1 构建现代巨灾风险管理制度

建立规范有效的巨灾风险管理制度体系，是提高巨灾风险防范能力和风险管理效率的重要前提。巨灾风险管理制度、法规和组织体系的缺失或不完善，成为制约巨灾风险管理建设的重要因素，在巨灾风险管理中显现为制度的脆弱性。加快为巨灾风险管理提供制度建设、法规保障和组织支持，是建设巨灾风险反脆弱性制度的重要途径。

8.1.1 确立综合巨灾风险管理制度

巨灾风险的成灾机理及风险扩散与放大机制的研究结论表明，巨灾损失的形成及影响是由致灾因子、脆弱性、抗逆力等多种因素造成的。因此，任何单一的风险管理手段都会导致"管理失灵"的问题。经过巨灾风险的大量实践探索，构建全面的(comprehensive)、统一的(holistic)和整合的(integrated)综合巨灾风险管理模式和制度是现代巨灾制度的目标与方向。2000年以来，综合灾害风险管理理论探索得到极大重视。美欧日等地区积极推广综合自然灾害风险管理模式，并取得了较好成效。

所谓综合风险管理是针对各种灾害风险的全风险管理，是贯穿于灾害管理全过程，通过整合的组织和社会协作，集中于灾害风险和承灾体脆弱性分析并强调多层面、多元化和多学科参与合作的全面整合的灾害管理模式。实现全过程、全风险和全周期的管理，能提升灾害管理和防灾减灾的能力。综合风险管理实现的有效路径是实现全面整合的风险模式。包括：灾害管理的组织整合、灾害管理的信息整合、灾害管理的资源整合。其核心是要优化综合灾害管理系统中的内在联系，并创造可协调的运作模式(张继权等，2006)。

整合式综合风险管理制度是多种风险管理模式的集合(如图 8.1)，包括多主体、多层次、多部门共同参与的全社会管理模式，将自然、人为和病源众多风险威胁进行共同响应的全风险管理模式，贯穿巨灾事件灾前、灾中、灾后连续循环管理的全周期管理模式，以及管理巨灾自然属性和社会属性的全属性管理模式。

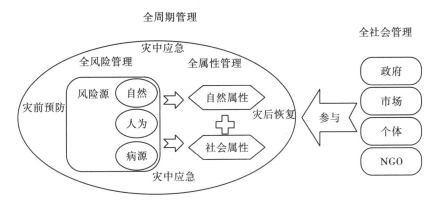

图 8.1 整合式综合风险管理制度

综合风险管理制度特点及内容主要包括：全社会管理、全风险管理、全周期管理和全属性管理四个方面。

1. 全社会管理

现代巨灾风险呈现出多维度复杂化的趋势。在风险管理的复杂系统中，各个风险主体既是风险威胁的承担者，也可能是风险的制造者，更有可能充当风险损失扩散放大者。因此，巨灾风险管理表现出强烈的社会性和脆弱性特征。有效的脆弱性管理迫切需要激发不同利益主体的协同配合，整合全社会的有限资源用于防灾减灾。传统的巨灾管理过多依赖于政府，巨灾风险管理主体单一，社会参与严重不足，导致巨灾管理的社会性程度较低，巨灾风险的脆弱性较高。采取全社会管理模式，动员全社会共同参与，通过多主体、多层次、多部门的沟通与合作，能确保不同公众利益主体的协调与配合，提高巨灾防灾救灾的效率，避免巨灾风险管理的低效。

全社会不仅包括政府与市场主体，还包括个人、家庭和社会组织。社会组织既有国际组织，也有国内各非政府组织(NGO)，如社区组织、非营利组织、宗教团体、学校和学术界、媒体等(如图 8.2)。通过不同相关利益主体与非相关主体的组织整合、资源整合，形成一个分工协作、资源共享的风险管理机制。

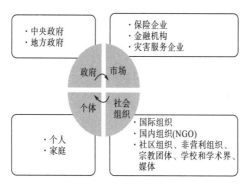

图 8.2　全社会管理主体

国内外的防灾减灾实践使人们逐步认识到，各主体在风险管理中角色的担当与职能的协调也至关重要。政府是巨灾管理中的核心主体，主要承担巨灾管理制度供给、规划协调、资源保障等职能。其中，中央制度与地方政府的职责划分与协同也相当重要；企业是灾害管理的资源与服务的提供者；非政府组织是政府灾害管理的辅助者，社区公众是防灾减灾管理某种程度的主体(陈容和崔鹏，2013)。我国过去在巨灾风险管理实践中，主要实行自上而下的巨灾管理模式，长期忽视了社区组织、学校等基层组织在巨灾防灾救灾中的作用，其能动性功能发挥不足。1999 年联合国在日内瓦召开"国际减灾十年国际活动论坛"的核心结论之一：以社区为基础单元，强调自下而上地加强灾害风险管理，提高社区的减灾意识和能力。构建面向社区的风险管理体系，定位于最基层社区，培训社区公众的风险意识、灾害防御知识和应急救援基本技能(毛小苓等，2006)。联合国将地方社区参与风险救灾作为减灾战略的 10 项原则之一，"国际减轻自然灾害十年"也将加强社区的备灾能力作为国际行动纲领之一。2005 年神户国际减灾大会《兵库行动框架》(*Hyogo Framework for Action 2005—2015*)提出能够且必须加强国家和社区的抗灾能力，在其兵库行动框架的战略目标中，提出建立反脆弱性的韧性社区，在各级社区发展并加强系统的抗灾体制、机制和能力，设计和落实应急准备、恢复方案。联合国减灾战略中指出，一个安全的韧性社区应具有六大特质(图 8.3)：一是拥有健康知识，能评估、管理风险，并能学习新技能；二是有组织、有能力发现问题并付诸行动；三是有基础设施和服务：具备保持、维护和修复气候变化系统的能力；四是有经济机会：能提供多种多样的就业机会和服务；五是拥有灵活丰富的自然资源，重视并有效管理；六是与能提供更广阔的支持性环境、物资和服务的外界人士、组织保持联系。

图 8.3　安全韧性社区六大特质 (IFRC，2010)

我国政府已逐渐开始重视社区防灾救灾建设。自 2009 年设立每年的 5 月 12 日为"全国防灾减灾日"以来，依托社区开展了形式多样的防灾减灾宣传教育活动，连续鼓励创建全国综合减灾示范社区。截至 2015 年底，全国共创建了 6723 个示范社区，2016 年和 2017 年又分别创建了 1455 个、1480 个示范社区，通过示范社区建设进一步增强了全民减灾意识。建立国家和基层社区共同参与的全社会巨灾风险管理，仍然是未来国家重点推进的方向之一。

2. 全风险管理

气候变化、科技创新、社会演进等多种因素，导致现代社会的风险生成与发展趋势日益复杂。巨灾风险既有自然原因引起的气象巨灾、地质巨灾、水文巨灾等，也有人为因素导致的巨灾，如各种特大交通事故、危化品泄漏、爆炸、火灾、恐怖事件；还有病源引起的疫病巨灾，如人群流行疫病、动物传染疫病、植物病虫害等。而且，各种因素相互影响甚至叠加，并通过复杂的社会环境扩散与放大，加剧了巨灾风险的社会脆弱性。因此，强化全风险管理的巨灾风险管理理念和制度具有相当的紧迫性和现实性。

全风险管理制度 (all-hazard management)，是指构建同一套制度对自然巨灾、人为巨灾等灾害事件的所有威胁进行共同响应。《卡特里娜应急管理改革法》(*Katrina Emergency Management Reform Act*) 指出，全风险管理的目标在于建立防止、保护、减缓、应对自然灾害和恐怖活动等重大风险的灾害并从中恢复的共同能力。全风险管理制度，是从单一风险应对方式转化为全风险管理模式，由统一的管理机构制定统一的风险管理战略、预案和资源调配系统，预案管理中注重各种自然灾害之间相互的关联性和共性。采取综合自然灾害风险管理，在实际管理中要深入研究区域详细的历史灾害资料，进行区域综合风险评价和管理，识别各类风险因素和风险环节，力求涵盖更多的风险类型(张继权等，2006)。全风险管理不是一个方案应对所有类型的风险，其核心是优化巨灾管理系统中各类风险的内在联系，将众多风险管理中如风险信息采集与分析，风险预警、风险准备和风险应对等共性的东西，作为巨灾风险管理的基础，根据基础性和共性工作创造可协调的风险管理运作模式。我国过去长期采用分散割裂的灾害风险管理模式(图8.4)。职能式的风险管理模式强化风险管理的专业性，但是，忽视了风险的复合性、共生性。而且，职能部门之间难以有效整合。虽然我国民政部设立了由相关灾害管理职能部门参与的国家层面的减灾委员会，但是，本质上还是专业性的单一风险管理模式，难以满足现代风险管理背景下的全风险管理要求。

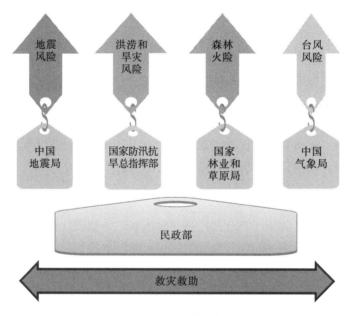

图8.4 灾害风险管理机构图

3. 全周期管理

尽管巨灾风险常常表现为突发巨灾害事件，但巨灾引致的损失规模和破坏程度却并非纯粹的突发。巨灾事件是巨灾风险转化为巨灾危机的导火索，巨灾最大的危害不是短期的应急管理，而是不能主动围绕巨灾发生的原因、演变轨迹进行长期管理。如果长期处于被动应付的巨灾风险管理，容易误入破碎的巨灾应急管理模式，被偶发的巨灾风险事件牵着鼻子走，此时的风险管理不是系统的全周期全过程管理，而是单纯的巨灾风险点的被动应急应付。单纯的巨灾风险应急管理，无法有效地防控隐性的巨灾风险，也无法有效降低显性巨灾风险破坏程度。

美国的公共危机管理发展取得了共识，即要对公共危机进行全周期管理。从罗伯特·希斯的"4R 模式"①，到米特罗夫的"五阶段模式"②，以及奥古斯丁的"六阶段模式"③，均体现了预防、减除、响应和恢复的全周期风险管理理念。综合自然灾害风险管理模式倡导灾害管理要纳入准备、疏缓、回应、恢复四大循环进程。全程风险管理不仅管理引致灾害的社会环境，还要管理灾害引致的社会后果（童星，2013）。

巨灾风险的全周期管理（all lifecycle management），是根据巨灾事件的风险周期，形成巨灾事件的灾前、灾中、灾后的连续循环管理。事前做好巨灾风险的日常风险管理准备和预防，在巨灾发生前避免和降低社会脆弱性；事中做好巨灾风险的应急响应和处理，展开高效的防灾抗灾；事后做好巨灾风险的疏缓与减除，有效进行风险化解与救助；后危机时期做好巨灾的恢复与救济，科学规划与灾后重建结合。全周期巨灾风险管理是一个整体动态的全过程复合管理管理，通过早期发现危机前的信号和警示减缓冲击，灾中高效响应和处理巨灾风险，灾后快速处理危机后的延伸风险，缩短巨灾风险冲击的"尾巴"，可以有效防止或减缓下一次危机。全周期巨灾风险管理强调巨灾风险管理的实施是一个循环往复的动态治理过程（如图 8.5）。

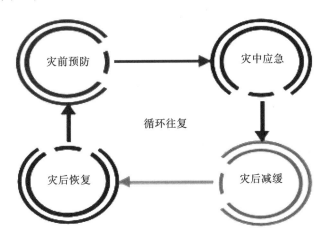

图 8.5 全周期巨灾风险管理

在全周期管理中，最重要但是最容易忽略的是灾前预防管理环节。但是，由于风险发生，特别是巨灾风险，具有低概率特征，往往容易滋生侥幸心理。而且，容易被错误理解为预防风险管理的投入是额外成本，甚至被理解为是社会投资的浪费。对灾害进行有效预防，包括预防减轻灾害、提高灾害反应力和恢复力是社

---

① "4R 模式"包括：缩减（reduction）、预备（readiness）、反应（response）和恢复（recovery）。
② "五阶段模式"包括：信号侦测、准备预防、损失控制、恢复阶段和学习阶段。
③ "六阶段模式"包括：危机的避免、危机管理的准备、危机的确认、危机的控制、危机的解决和危机中获利。

会危机管理的重要组成部分(阿诺德·M. 霍伊特等，2011)。预防管理被认为是最有效、最低成本的管理手段之一。目前巨灾风险管理中的危险源包括：一是硬件方面，巨灾的防灾设施建设缺失；二是软件方面，基础设施建设规划、标准化不规范，公众的防救灾意识、能力培养缺失等，甚至巨灾的防救灾体系本身也蕴含着危险。而在巨灾的演变中，部分巨灾特别是人为巨灾，灾难开始时并不显著，初始的微小危险经过逐步累积演化成巨大灾难。根据突变理论，原来处于稳定态的系统在微小的偶然因素扰动下迅速转向非稳定态，系统内部状态的整体性突变正是外部诱因所致而内部逐渐加强的结果。

哈佛大学的霍伊特指出：风险管理主要侧重于事件发生前作出响应准备和紧急时期作出积极响应，社会通过以下途径进行减灾：一是建设基础设施改变灾害发生；二是通过预防减少灾害发生频率；三是通过日常管理降低灾害后果和发生概率。而通过提前预防投资，可使灾后恢复重建效率更高，速度更快，也更经济可靠，特别有助于减少社会灾害总投资成本。因此，建立预防性风险管理制度，一是从硬件方面，加大预防性投资建设，提高基础设施的防灾应对能力；二是从软件方面，加大巨灾风险的预防性公共教育、防灾支持等。预防性的巨灾制度安排，不仅提高了灾后恢复重建的效率，更降低了防灾总成本，从而提高社会总福利(如图 8.6)。

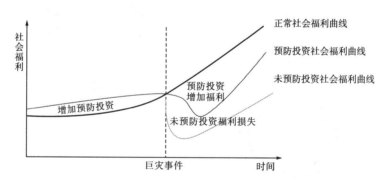

图 8.6　预防投资的社会福利

巨灾风险事件的发生会造成正常的社会福利大幅减少，但如果增加预防投资则巨灾事件发生造成的社会福利减少的幅度明显降低，因增加预防投资带来的社会福利增加额比未增加预防投资带来的社会福利损失额要多，尽管预防投资社会福利曲线在巨灾事件发生后比正常的社会福利曲线要低，但也位于未预防投资社会福利曲线的上方。因预防投资增加社会福利减去增加预防投资的差额，就是增加预防投资的社会福利净增加额：

巨灾预防投资的社会福利净增加额=预防投资的社会福利增加额-增加的预防投资额。

4. 全属性管理

巨灾风险具有自然和社会双重属性。随着科技与经济的快速发展，巨灾风险的社会属性已超越自然属性。灾害是自然与社会相互作用的结果，其社会属性超越自然属性并占据主导地位，因此灾害管理不仅要管理灾害的自然属性，还要管理其社会属性。巨灾风险来源于自然灾害、病虫害、流行疫病、人为导致的火灾等多重风险的挑战，由于巨灾风险不仅具有共生性、伴生性和群发性等自然属性，也具有公共风险的准公共性、社会经济性等社会属性。表现在不管是单一巨灾风险还是各类巨灾风险组合导致的灾害，都不仅仅是自然环境的破坏，还会引发重大的社会经济损失。为提高巨灾风险管理的有效性，要加强与巨灾相关的自然环境、社会环境的反脆弱性建设，特别是要加强减灾救灾而采取的社会风险管理行为的社会属性管理（如图 8.7）。

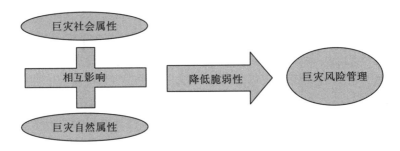

图 8.7　巨灾全属性管理

8.1.2　构建有效巨灾管理准备制度

准备制度是人类应对不确定性情景的有效管理制度，在日常的生产经营和生活管理中广泛使用。例如，银行的存款准备金制度、企业的坏账准备制度、国家的石油储备制度等。美国社会学家查尔斯·佩罗（Perrow，2011）在他的著作《下一次灾难：减少我们在自然、工业和恐怖主义灾害面前的脆弱性》中提出了巨灾的冲击和影响取决于灾害有备程度（preparedness）、社会脆弱性（social vulnerability）和组织失效（organizational failure）三个关键因素。其中，灾害有备程度是具有能动性的人在自然灾害到来时避险、应对和重建的能力。社会脆弱性和灾害有备程度共同决定着自然灾害对社会带来的影响（Dizard，2008）。大量的巨灾风险实践也表明，有效的巨灾管理准备制度是降低社会脆弱性和减少巨灾损失的重要前提。从反脆弱性视角，巨灾管理准备制度应该包括物资准备、财务准备和制度准备（图 8.8）。

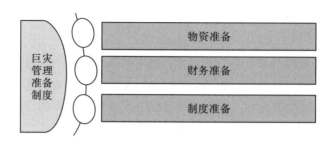

图 8.8　巨灾准备制度体系

1. 物资准备

应急物资是巨灾应急救援的物质基础，为降低各类巨灾风险、减少巨灾损失、加快巨灾恢复重建和维护社会稳定提供物资保障。保持最优的物资存货储备，不仅可以实现灾害救灾时间效益最优化，也可实现巨灾损失最小化。建立灾害物资储备管理制度体系是巨灾风险管理的重要组成部分，而灾害物资保障是实现快速灾害救援救助的核心。建立灾害物资储备管理制度体系，包括灾害物资储备规划、物资储备仓库选址、储备物资科学分类、救灾物资物流运输规划与安排。

一是做好救灾应急物资的储备规划。各级政府部门要按照救灾的管理要求与职责分工，做好统筹规划。在救灾物资储备规划中，要加强民政、财政、国土、发改委、地震、气象、交通等部门的协调，做好资金需求规划、储备物质种类与规模规划、采购规划、调拨规划、运输物流规划、仓库选址规划、救灾线路规划等。

二是做好应急物资储备的仓库选址。科学规划救灾应急物资储备库选址与规模建设，按照《国家综合防灾减灾规划(2016—2020 年)》和各地区减灾规划安排，遵循布局合理、规模适度、保障有力的原则，同时根据地区灾害特性和实际防灾救灾工作需要，因地制宜地选址新建，采用共用或租借代储等方式规划建设救灾应急物资储备场所。储备库的建设中既要根据地区灾害历史数据和灾情预判规划物资储备库规模，也要根据地区覆盖范围建成救灾应急物资储备网络体系。美国应急仓库的选址建设紧靠机场、海港，一旦某个地区发生重大灾害，联邦应急管理署(Federal Emergency Management Agency，FEMA)就会选择从距离最近的应急仓库调拨救援物资送至灾区。日本的救灾物资储备管理依据救灾物资性质分设不同的仓库，具体分为必需物资、非必需物资和超过灾区需要的物资进行仓库储备。

三是做好应急物资储备的分类管理。按照应急救灾物资的用途可详细分为 13 类，包括生命救助类、生命支持类、临时食宿类、救援运载类、交通运输类、防护用品类、污染清理类、动力燃料类、照明设备类、通信广播类、器材工具类、工程设备类、工程材料类(刘宗熹和章竟，2009)。而更简便的应急物资可分为 4

类：一是救生类，包括地震救灾中需要的挖掘机、起重器、千斤顶、生命探测仪、手电筒，洪灾救灾需要的救生艇、救生衣等；二是生活类，保障受灾群众和抢险队员的基本生活必需品，如水、各种食物等；三是居住御寒类，包括棉被、衣物、毛毯、帐篷、睡袋、防寒毡等；四是医药类，包括生命救援的专用药物和统一医药，以及防止各类疾病蔓延与传播的药物(陈超，2011)。

美国应急物资储备中的基本急需物资包括水箱、帐篷、毯子、塑料薄膜、防尘面具、手套、钢盔、尸体袋等。日本将应急物资分为食品、生活用品和自救工具 3 大类，日本的应急救灾物品设计与配备管理值得借鉴，非常适合救灾应急使用，如防灾腰包有 ID 卡和反光带，防灾蜡烛能持续燃烧 100 个小时，防灾净水器能将雨水、河水和洗澡水等净化为饮用水，此外配备家庭防灾急救医药箱、小型便携灭火器、小型发电机、防水作业灯、梯子、简易担架、简易消防管架等自救应急工具。俄罗斯的各联邦都建立了灾害储备制度，储备管理财政资金、救灾食品、日用品和机械等物资，如雪灾救灾中专门储备牵引车辆、电力设备、取暖设备、融雪剂和防滑沙子等。

四是做好应急物资储备的采购调拨。应急物资的储备是一个系统管理工程，优质高效的采购调拨是做好救灾物资保障的重要环节。具体的节点要求：①采购环节公开公平执行。救灾应急储备物资采购中应严格执行国家有关采购的法律法规，实行公正公开招标采购。②验收环节严格质量把关。制定应急物资入库验收制度，执行中严把质量关，完全杜绝假冒伪劣物资流入储备仓库。③调拨配送环节经济有效。建立应急储备物资的调拨制度，按照预先做好的巨灾物资规划和预警方案，做好巨灾应急物资的运输线路规划与调拨，安排经济有效的运输，综合协调物资的配送和分发(李仰哲，2008)。④回收统计环节准确完整。建立救灾储备物资的统计报告制度，准确完整地记录救灾应急物资派发使用情况，确保各个物资管理环节的程序规范，严格防止物资储备中的流失、变质和不当损耗，做到账物相符。

2. 财务准备

建立充分的灾害准备制度，不仅要在物质上做好物资的充分准备，还要在货币资金上做好充足的财务准备。不仅国家在财政上做好筹划准备，企业、家庭也需要做好灾害的财务风险转移和分散。如灾害发生不仅会导致企业直接经济损失和财务系统瘫痪，还会导致营业中断、停工停产、物流中断、人力资源、生产设施破坏、企业违约责任赔偿损失等间接经济损失(唐曼萍和王海兵，2010)。美国政府的财务准备体现在其每年都会拨出巨额预算来应对自然灾害的救助(邢慧茹和陶建平，2009)。由于巨灾发生改变了政府、企业和家庭的外部环境，拓宽了外部风险边界，加大了国家的财政风险，提升了企业经营风险和财务风险。因此，建立财务风险准备制度，筹划财务风险准备无疑对国家、企业和家庭都至关重要。财务准备具体包括财务资金筹集与准备、财务风险识别与管理、财务信息的积累与交换、财务资金的分配与配置管理。

一是做好灾前的财务基金储备管理。国家灾前的财务准备主要是做好巨灾应急基金的储备与管理，包括巨灾基金来源、巨灾基金规模、巨灾基金使用规则等等。企业的灾前财务准备需要构建企业灾害财务风险预警体系，从理念、组织和内部控制等方面做好财务风险预警预案，采取购买财产险、货运险等方式将预判风险降到最低程度。家庭的财务准备需要预留一定比例资金作为预防动机准备，灾前预留资金进行风险预防，选择购买财产保险、人身伤害险等方式转移分散风险。

二是做好巨灾发生时的财务分配管理。巨灾发生后，政府与企业都需要做好巨灾财务损失分析，巨灾基金应急应用和配置。巨灾资金的使用与配置中，要不断辨识巨灾财务风险威胁与弱点，积累巨灾财务信息、数据统计及经验分析。资金筹备运用方面，做好灾中紧急危机管理的资金分配与调拨支持。

三是做好灾后的财务审计与绩效评价。加强巨灾财务的周期性审计，积极开展国家或区域层级检视监督，审计巨灾资金的执行方案、管理工具及执行效果。针对改善巨灾损害、巨灾补偿、巨灾恢复与重建方案，提出巨灾财务风险的发展政策分析、选择策略、方向建议等。加大巨灾风险管理实务中财务管理工具的主要变化，加大巨灾风险移转分担的财务机制、财务风险认知与防范教育，加大巨灾财务工具创新，增强巨灾的财务系统风险分担管理能力，特别是顶端巨灾风险与资本市场的连接。企业灾后的财务准备体现在灾前做好灾后恢复重建的筹资、投资和监管等预案，一旦巨灾发生则按预案立即展开多渠道筹资，同时在投资中做好项目投资选址、极端损失等财务预控。

3. 制度准备

灾前先行进行巨灾风险准备的制度建设，提前做好制度设计与安排，从制度上提高巨灾风险防范的有备程度。除了上文提出的巨灾物资准备制度、巨灾财务准备制度外，还需要建立巨灾风险预警制度、巨灾法律保障制度、巨灾教育准备制度等制度体系。

一是建立巨灾风险预警相关制度。建立巨灾基础数据库的数据收集、整理的标准和规范制度，包括巨灾风险类型、巨灾风险地理分布、巨灾风险等级、巨灾风险预警、预测和预报制度。

二是建立巨灾人力资源保障制度。建立巨灾准备、紧急救援和灾后恢复重建的人力资源制度，包括每个阶段的人力资源组织、分派、协调等制度。

三是建立巨灾法律法规保障制度。法律法规是制度和秩序维系的重要保障。

政府主导、行政动员为主的巨灾管理模式，对法律法规要求不高。社会协同的巨灾治理模式对法律制度提出越来越高的要求。建立完整的、可实施的并符合中国国情的巨灾法律保障和制度体系具有紧迫的需求。

四是建立巨灾教育准备制度。风险认知和风险行为的理性程度、社会成员的风险管理参与的积极性和参与风险治理的能力，以及风险主体单位的风险威胁自我应对能力，都很大程度上取决于巨灾教育准备制度。良好的风险教育准备制度将有效克服"无知者无畏"的现象，增强全社会风险治理的协同能力。

风险教育有助于获得风险知识，传递风险文化，沟通风险信息，促进风险理性行为。因此，强化风险教育制度，可以大大提高风险主体的风险认知和行为能力，是实现反脆弱性管理的重要路径。但是，教育脆弱性问题是巨灾防灾减灾体系中的短板，提高全社会巨灾风险防范意识是补足短板的首要环节，而教育是提高全社会灾害风险意识的重要途径。国家将巨灾风险教育纳入学校教育和社会教育体制中，进行巨灾风险意识、巨灾基本知识、巨灾防灾救灾技能等教育培训。进行巨灾教育规划，做好巨灾教育准备，包括巨灾风险教育教材编写、教育内容组织、教育形式设计等等。

一是学校风险教育准备制度。在学校教育中，可从中小学教育和大中专等院校教育两个方面进行教育准备。学校是进行风险教育和风险文化传播的重要场所，而且，对学生将来的风险意识和行为产生终身的影响。正因为如此，许多国家将风险教育作为学校教育的重要组成部分，开设专门的课程和讲座，普及基础风险知识，传授风险情景下的逃生、救生技能，并开展专门的课堂训练和实践演习。在高等学校，在相关专业课程的学习中强化风险知识、风险技能的培训，将《风险管理》《保险学》作为选修课程开设，丰富学生的风险管理理念和拓展风险管理技能。国外的相关方面研究表明，家庭教育和社区教育是学生形成巨灾意识的最重要方面；正式和非正式教育在学校和社区的不断推广最终可以形成一种安全文化，保证未来社会在面对巨灾时能够从容应对（Petal and Izadkhah，2008）。

二是社区教育准备制度。社区是主要的风险管理主体单位之一。同时，社区也是风险知识和风险教育传播的重要平台。社区成员彼此熟悉，交流密切，风险文化和信息交流彼此影响。而且，社区成员具有相近的风险管理目标和利益。因此，社区风险教育将发挥重要作用。传统风险教育制度容易忽视社区作用，导致社区在灾害脆弱性管理中作用发挥不足。社区组织、公共健康组织以及科学教育的普及能够促进巨灾风险意识的提高（Petal，2008）。为促进社区教育制度的建立和完善，应该构建政府与社区、企业与社区，以及学校与社区的教育制度，能够将国家和地方政府的风险管理政策、灾害信息传到社区；将专家的风险理论、风险知识扩散到社区；将企业的风险管理产品引入社区；将社区的风险管理诉求和意愿反馈到外部。通过报刊、广播、网络、电视、手机等大众传媒实时提供权威准确的灾害信息，实现全社会巨灾风险知识普及与提高。

美国非常重视灾害准备制度建设与管理，不仅设立专门的防救灾事务管理机构——联邦应急管理署（FEMA），而且在 FEMA 下设物资管理专业部门，负责救灾物资的管理储备、各类救灾物资需求预测、救灾物资调配路线规划等工作。灾害一旦发生，物资管理部门便会迅速转入灾害紧急反应状态，根据灾害的需求接收配发救灾物资。日本建立了完整的三级物资管理体系，人员机构健全、责任与工作程序明确，灾前编制物资运输的陆海空运输路径、物资管理与运输工作流程，此外还充分利用社会第三方物流支持救灾，提高救灾物资配送效率。德国成立了隶属于联邦内政部的公民保护与灾害救治办公室，德国联邦技术救援署（Technisches Hilfswerk，THW）作为全国性的灾害救援机构，在物资管理中建立标准化管理制度，实行模块化、程序化和规范化管理模式，通过提高有备物资储备和特色物流实现专业救援（李严锋，2013）。

2004 年 8 月古巴遭受了"伊万"飓风的袭击，与美国"卡特琳娜"飓风同为五级，古巴尽管物质技术条件远远落后于美国，但得益于其充分的有备程度，在飓风来临之前进行安全疏散，虽然飓风摧毁了大量房屋却没有造成任何生命损失。不难看出，建立充分的灾害准备制度，提高社会的有备程度将会显著降低巨灾带给社会的灾害损失。有关研究进一步发现，在巨灾事件中，大多数发展中国家财产和人身伤亡损失严重，除了这些国家和地区的基础设施落后外，更主要的还是因为巨灾准备缺失。通过提高社会有备程度则能在一定范围内克服经济水平低下的不利条件，降低社会脆弱性，减少灾害损失。

8.1.3　健全巨灾风险法律保障制度

1. 构建减灾规划风险管理制度

美国在灾害风险管理中制定有完备的应急规划预案，运用先进的高新技术进行各种灾害的预防模拟演练，而且分别针对人口稠密的大都市和人口稀少的地区规划不同的预案，采取不同救灾方式。此外，美国的救灾规划中还建立相应的治安组织体系，日常配合警方承担各种治安任务，在重大灾害发生时转为紧急救灾。美国于 2011 年就发布了美国国家备灾框架，包括预防、保护、减灾、救灾响应和灾后恢复五个领域（运迎霞和马超，2019）。我国的巨灾风险管理需要与各地区的减灾规划协调起来，二者不能互相脱节。在国家总体防灾减灾规划的指导下，既要编制各个行政级别（国家、地区、地方、社区）的减灾发展规划，也要建立与规划匹配的风险管理软硬件平台和体系。

一是因地制宜编制地区巨灾减灾规划。编制适合本地区实际情况的巨灾防灾减灾规划，并根据巨灾演化形势实时进行更新，与地区可持续发展一致，包括巨灾减灾规划、投入机制和应急预案。

二是根据地区特性规划编制地区风险图。规划编制地区巨灾风险区划图、参数图、分布图。运用高质量的巨灾风险数据信息，聘请专业人员的参与，采用大数据分析方法，采用现代风险评估方法进行风险分析，结合风险管理目标制定巨灾风险防救灾举措。

三是规划建立巨灾风险的监测网络平台。建立巨灾基础设施监测和台网，对巨灾监测的硬件布局和软件建设统一规划、统一分级分类管理。

四是加强建筑工程的巨灾风险规划监测。对地区新建、改建和扩建的重大工程等进行巨灾风险评估、巨灾安全性评价，并进行抗灾设防建设指导。

五是城乡规划中预设灾难逃生避难通道。城乡规划中要科学确立巨灾防救灾的转移避难路线、场所，合理确定应急疏散通道、应急避难场所等等。

六是规划灾难预防与重建财政资金预算。安排各级财政的巨灾财务预算，从预算规模、比例和结构方面进行筹划。要求政府将巨灾防灾准备、灾害恢复与重建等财政支出纳入财务战略预算框架。

2. 构建和完善巨灾法规保障体系

1）国际巨灾立法与保障计划借鉴

一是联合国和国际组织的巨灾法规与保障计划。1977 年联合国经济社会理事会与国际红十字联合通过《加快国际救济措施》，要求所有国家为国际公认的救援机构救助人员履职出入境或过境给予豁免签证。1990 年联合国提出国际减灾10 年计划（IDNDR）。1994 年第 1 次联合国世界减灾会通过《减灾行动计划》，规定所有国家承担保护公民免受自然灾害的主权责任，并加强国际减灾合作。2001年国际红十字与红新月联合会启动《国际灾害应对法》计划，调查和审视国际灾害应对机制及其有效性，2007 年二者又联合通过《国际灾害应对和恢复救助的国内便利和规范指导原则》，规定受灾国在实施灾害救助期间和领域免予或加快签证等工作许可程序。2005 年第 2 次世界减灾大会《兵库行动框架》（HFA）确定了2005～2015 年的国际减灾战略目标，作为世界 10 年防灾行动方针。2013 年国际最高审计机关为巨灾审计活动提供行动指南，发布了审计准则《灾害风险降低审计》（ISSAI5510 号）。2015 第 3 次世界减灾大会通过《2015—2030 年仙台减少灾害风险框架》（简称《仙台框架》），提出全球减灾的当务之急是尽最大努力预测、规划和减少灾害风险。

二是国外部分国家的巨灾法规与保障计划。美国高度重视巨灾风险管理的立法。1950 年美国制定《灾害救助和紧急援助法》，随后于 1950～1970 年进行了多次修改，该方案规定重大自然灾害的救灾原则、联邦政府对州政府和地方政府的支持。美国最早尝试商业保险对巨灾风险的分担管理，制定出台的《国家洪灾保险法》(1968)和《洪水灾害防御法》(1973)两部法律规定与洪水有关的地震、海啸、地陷、塌方等都属保险范围，为巨灾保险提供保障。1976 年颁布《全国紧急状态法》规定了紧急状态期限、权力等。围绕地震巨灾，美国相继出台多项法规。1977 年颁布《国家地震灾害减轻法》，建立国家地震灾害减轻计划(NEHRP)，对国家减灾机构的职责、计划目标做出详尽规定，开始集中国家力量减轻地震造成的损失。此后，1980 年《地震灾害减轻和火灾预防监督计划》、1987 年《联邦政府灾害性地震反应计划》、1990 年《重新审定国家地震灾害减轻计划法》和《联邦政府所属和联邦政府资助或管理的新建筑物的地震安全》等系列法规相继出台。1992 年完善出台《美国联邦紧急救援法案》，规定各种灾害事故应急救援的原则、范围和形式，以及政府部门、军队、社会组织、公民等在灾害管理中的权力和职责义务，明确规定救援资金和物资保障。2004 年制定《国家紧急响应计划》，进一步完善了美国联邦救灾体系。针对人为灾害，美国政府于 1984 年出台《反对国际恐怖主义法》、1996 年出台《有效反恐法》、2002 年出台《公共卫生安全和生物恐怖主义准备与响应法》。日本不仅较早地制定了灾害管理法规，而且相关法规也比较健全。1947 年制定的《灾害救助法》规定了各级政府灾害应急救援的任务和权限、救灾资金的来源、使用管理和违规的法律责任等。1950 年制定《建筑基本法》。1961 年制定的《灾害对策基本法》成为日本防灾减灾法律体系的基本法和总宪章，具体规定了防灾组织、防灾计划、应急对策和灾害恢复的财政金融措施等。以基本法为核心，日本建立健全了庞大的防救灾法律体系，多达近 40 部灾害相关法规。作为地震多发国家，日本对地震防御特别关注，与地震灾害相关法规有 10 多部，其中针对大规模地震灾害于 1978 年制定了《大规模地震对策特别措施法》，对地震巨灾预防、应对举措、灾后重建和地震的财政金融支持等予以规定，通过巨灾风险管理减少地震巨灾损失。日本也较早探索商业巨灾保险，早在 1966 年颁布《地震保险法》规定住宅必须投保地震、火山爆发、海啸等自然风险，并建立政府和商业保险共同合作的地震巨灾保险制度。日本的灾害管理立法涉及财政特别援助、财政特别债券、税制特别政策、市镇建筑规定与应急特别标准、保险金豁免和住宅房租优惠等灾害保障内容。

　　2)中国巨灾法律的现状与完善

　　中国防灾减灾相关的立法工作一直在完善。早在 1950 年制定《火灾保险条款》，1951 年制定《财产强制保险条例》，将地震列为财产险的基本范围，保险公司负责限度内地震、火灾、洪水、雷电等造成的损失。1979 年制定《企业财产保险条款》,沿用 1951 年一揽子责任险的办法将洪水、地震等巨灾列入责任范围。1995 年新颁布的《保险法》则又将地震、洪水等剔除于责任范围外。1998 年制定两部法律和一个减灾规划,其中《防震减灾法》鼓励参加地震灾害保险,《防洪法》鼓励和扶持开展洪水保险,同年的《中华人民共和国减灾规划(1998—2010年)》提倡建立灾害保险机制进行防灾减灾,增强社会的灾害承受力。2003 年颁布《放射性污染防治法》建立核事故应急制度,提出加强核设施事故的场内外应急管理和应急准备。2004 年制定《传染病防治法》要求县级以上政府制定传染病防治规划并建立健全传染病预防控制和监督管理体系。2007 年制定《突发事件应对法》和"十一五"减灾规划,其中《国家综合减灾"十一五"规划》提出建立国家统一领导、综合协调、分类管理和分级负责的应急管理体制。2008 年新修订颁布的《防震减灾法》提出建立健全全国综合减灾管理体制和运行机制。2010 年颁布《自然灾害救助条例》,确立"政府主导、分级管理、社会互助、生产自救"的救灾方针,建立国务院统一领导的抗灾救灾综合协调体制。2016 年《国务院关于推进防灾减灾救灾体制机制改革的意见》提出鼓励各地结合灾害风险特点探索巨灾风险的有效保障模式。不难看出,这些法规总体上较为宏观,缺乏统一性和操作性。目前我国仍未建立形成一套完善的巨灾法律体系,需要不断建立健全巨灾风险管理与保障制度,加快制定出台如《建筑物标准法》《巨灾风险监测制度》《巨灾灾害减轻法》《巨灾保险制度》等,为巨灾风险的防范与管理创造良好的制度环境。

8.1.4　强化巨灾风险管理组织制度

国内最初的自然灾害研究主要侧重于其自然属性,以认识灾害的形成机制、变化规律和时空危险性,为"灾变"研究。20 世纪 80 年代以来,灾害的社会属性逐渐引起普遍关注,灾害具有自然与社会双重属性,人们更明确地认识到灾害是自然灾变与脆弱的承灾体相互作用的产物。20 世纪 90 年代以来,防灾备灾、灾害脆弱性研究等不断兴起,巨灾风险的社会属性研究范畴和边界得到了扩展。巨灾风险属性的界定和理论内涵的讨论,对巨灾风险管理理念的转变和管理方式、手段的选择起到重要的引导作用。特别是巨灾风险的综合管理等理念的提出和发展,对推动巨灾风险管理实际工作的探索影响深远。我国的灾害风险理念从单纯重视灾害的自然属性,到逐渐重视灾害的社会属性并实现二者的统一,成为灾害研究和管理的巨大进步。健全风险管理的组织体系正是基于巨灾风险的社会属性,提高风险管理主体的反脆弱性。巨灾风险管理组织体系的反脆弱性建设是系统建设工程,各组织间进行科学分工与协同合作是组织体系建设的关键,需要对各组织的权责边界进行合理划分与界定。

1. 构建权责分明的政府组织体系

1) 中央政府

在巨灾风险管理的组织架构中，政府组织在防救灾中居于主导地位，尤其是中央政府的主导地位非常突出。中国目前的减灾基本上实行中央统一决策，分部门、分地区的防灾减灾管理模式。具体的减灾工作中，各部门负责具体分工，同时又协调配合。2005年我国组建国家减灾委员会，在国务院统一领导下研究制定国家减灾相关的方针、政策和规划，综合协调开展重大减灾活动。民政部具体承担国家减灾委的工作，国家减灾委负责指导各地方和各部门分工实施减灾，同时负责推进减灾的国际交流与合作。全国人大财经委负责协调减灾立法；地震局承担《防震减灾法》赋予的职责，包括拟定国家防震减灾的发展战略、减灾规划、方针政策、法律法规、地震参数区划图、地震行业标准，组织实施防震减灾的监督检查等；自然资源部负责检测防止次生灾害；卫生健康委负责灾害医疗救援和防疫；交通运输部负责救灾物资运输；公安部负责灾区社会治安维护；电力通信部门负责保障应急电力和通信；军队武警负责抢险救灾与伤员救助；保监会负责保险赔付与监督；发展改革委负责灾后重建规划；财政部负责中央和地方财政预算与支出；民政部负责救灾救济；住房和城乡建设部负责房屋的抗震设防指导与监督。

目前，中国的灾害风险管理逐步从被动应对到主动治理过渡，但对巨灾的综合风险管理没有相应组织机构。尽管国家成立了减灾委，但具体工作由民政部承担，民政部与其他部门的职责相互分工，不具备统一指挥协调的权力。探索建立国务院授权的国家减灾委巨灾风险管理特别权力，在国家减灾委下设巨灾风险管理局，由中央国家领导人专门负责，赋予巨灾风险管理局法定的责任和地位，统筹协调巨灾的预防、应急管理与灾后恢复等工作，同时做好部门间的协调、巨灾危机准备和应急管理。巨灾风险一旦发生，发挥其权威进行统一指挥，根据搜集的灾情信息进行全方位的领导和管理，协调各部门开展巨灾应急工作。美国政府的巨灾风险管理组织架构与运行值得借鉴，在其洪水和飓风风险管理计划中，将政府管理体系分为联邦政府层(federal)、州政府(state)和地方政府层(local)。联邦政府层成立联邦紧急事务管理局(FEMA)负责协调处理联邦层的巨灾救援和资金分配，州政府层主要负责防范巨灾风险损失的扩大，地方政府层主要负责组织当地的社区加强居民风险意识培训(卓志和段胜，2010)。

2) 地方政府

地方政府在巨灾风险管理中的优势比较明显，当巨灾发生时，当地政府对地方的巨灾类型、巨灾分布、巨灾损失、巨灾救援通道等情况最为熟悉，能够在最短的时间内迅速收集到尽可能多的动态巨灾信息。同时，地方政府能根据当地实际情况做出科学分析和判断，给出具体的风险应急管理方案，并组织相关部门和人员快速实施救助。高效的巨灾风险管理是对地方政府危机管理能力的巨大考验，包括地方政府对巨灾的形势预判、战略把握、方案制定、资源调配、关系协调等方面的能力。目前由于政府的救灾意识不足、重救灾轻防灾、科层结构与运行机制的制约、权力与利益冲突、体制障碍以及缺乏专业机构与人员等，造成本应发挥重要作用的地方政府，救灾效果不理想。

构建地方专门的灾害风险管理部门，从组织架构角度弥补地方政府巨灾风险管理的"短板"。美国 1979 年就成立了联邦紧急事务管理局负责处理自然灾害、社会动乱和战争等一切紧急事务，全国分设十个地方事务机构，直接向总统负责并与国防部、运输部、卫生部、司法部等政府部门和红十字会等社会机构等共同合作。美国联邦紧急事务管理局成为美国危机管理机制中的核心机构，一旦危机发生，管理局将运用各种计划、资源展开医疗、运输、救援等灾害救助。过去面对突发巨灾事件，中国采用的模式多为增设临时机构进行应急管理。虽然临时机构具有灵活性，但缺少常设机构责任明确、反应迅速、应急专业的功能。设置常设机构对突发巨灾事件进行预防与管理，可以在巨灾突发的第一时间启动应急预案，组织救灾资源进行组织协调，配合中央风险管理局进行综合的巨灾危机管理。按照中央风险管理局的统一指示，结合地方巨灾实际状况监控和收集巨灾动态信息，发挥熟悉当地地形地貌、灾情人情等优势，进行快速的救灾响应，指挥机构部门间的协调配合，高效地实施防灾救灾。

2. 构建保障有力的市场组织体系

现代市场组织体系不断丰富和发展完善，强有力的市场组织体系为巨灾风险管理提供保障基础。巨灾风险管理的市场组织体系是为巨灾风险提供损失分担、风险分散、资金融通的组织机构和要素市场，包括巨灾保险市场、巨灾再保险市场和巨灾金融资本市场。巨灾风险管理目标的实现只有借助于完善的市场组织体系，才能有效地保障资源配置。

1)巨灾保险和再保险市场

巨灾保险作为分散转移巨灾风险的有效方式，是面对巨灾进行风险管理的必要选择。保险由于本身是一种金融工具，巨灾保险要发挥其分散转移风险的完全功能，就需要充分发挥巨灾保险市场的作用。保险的运作原理是运用精算分析，取得保费的投资增值与理赔支出的平衡，通过精算精确地进行保费定价，不仅可以提高参保人的抗风险能力，而且能让保险公司获取合理收益。一是通过巨灾保险立法完善巨灾保险的市场制度环境。制度框架和环境是巨灾保险诞生的前提条件，美国、英国、日本等都在保险法规中以法律契约的形式明确巨灾保险的发展模式、各方的权利义务，为巨灾保险市场的培育提供完善的制度环境。2014 年《国务院关于加快发展现代保险服务业的若干意见》（国发〔2014〕29 号）正式发布，确立建立《巨灾保险制度》的指导意见。2016 年制定《建立城乡居民住宅地震巨灾保险制度实施方案》，为推动地震巨灾保险实施提供了法律保障。二是要鼓励保险公司研发推出巨灾险种丰富市场供给。美国和英国的巨灾保险市场中巨灾保险产品主要由商业保险公司提供，并通过再保险等形式将巨灾风险分散出去。2014 年深圳开始我国第一个多灾种巨灾保险试点，将地震、台风、海啸等 14 种灾害列入保障范围，随后宁波也推出保障范围与深圳类似的损失补偿型巨灾保险。2015 年云南、四川进行地震巨灾保险试点；2016 年广东、黑龙江进行巨灾指数保险试点，将台风、暴雨和地震列入保险责任范围，将气象、地震等部门发布的台风等级、连续降雨量和地震震级等参数作为触发机制进行分层赔付。三是鉴于巨灾保险承担了部分社会公共责任，政府在融资、财税等方面给予政策优惠扶持。美国对巨灾保险的多层次风险分担与资产证券化给予收入免税等优惠政策，佛罗里达州巨灾保险中，政府以强制性保险降低保费、提供补偿等低成本方式搭建一套市场机制，将州内保险市场变得非常稳健。

2）巨灾金融资本市场

国外通过资本市场分散巨灾风险拥有比较丰富的经验，巨灾保险对接资本市场，在中国的巨灾风险管理制度设计与市场建设中值得借鉴。巨灾保险连接资本市场，核心是借助于设计证券化巨灾产品，通过巨灾债券、巨灾期货、巨灾期权等金融手段，实现巨灾风险在资本市场更大范围的分散，实现风险责任的转移与分担。目前，中国巨灾保险对接资本市场尚处于起步阶段，对巨灾金融衍生品类型及功能的认识不足，尚未建立起巨灾金融衍生品市场。由于中国幅员辽阔，巨灾种类较多，随着资本市场的不断发展和完善，同时国家养老金、对冲基金等大量资本进入资本市场，资本市场成为转移巨灾风险的重要渠道，中国的巨灾金融衍生品市场具有广阔的发展前景。

国外巨灾金融市场发展中其巨灾金融衍生品有场外交易市场（over the counter，OTC）交易和交易所交易。OTC 主要以巨灾互换和巨灾期权等方式，针对自然灾害的天气等指数开展交易，形式比较灵活，因此对合约的标准化要求不高。交易所交易属于场内交易，制度比较完备，对合约的标准化程度要求较高，具有较高的流动性和信用保障。中再集团 2015 年率先试点巨灾保险证券化发行巨灾债券，开启巨灾保险对接国际资本市场。该次巨灾债券发行由中再集团旗下的中再产险发起，由百慕大的 Panda Re（SPV）通过境外资本市场发行，融资规模5000 万美元，以融资本金提供全额抵押保障。巨灾风险证券化产品的创新有利于发展和完善中国国内金融市场，但如何培育国内巨灾金融市场去实现巨灾风险产品与国内资本市场的有效衔接，是当前面临的现实问题。一是通过制度建设和立法为巨灾风险证券化产品的创新提供外部环境，为构建多渠道的巨灾风险分散机制创造条件，政府引导推动巨灾风险管理的发展。二是在能源、建筑、交通运输和旅游等行业中，强化借助金融市场规避转移巨灾风险的意识，培育巨灾金融衍生品市场主体。三是建立健全巨灾金融衍生品交易制度和交易场所，为巨灾金融衍生品奠定良好的市场基础。

3. 社会协同组织

1) 社区组织

社区组织是指一定区域内人群的生活共同体。城市街道居委会、农村的村社、住宅小区和学校、医院、工厂、矿山等大型企事业单位都是广义上的社区。任何风险管理模式能够最终发挥作用，都必须从基层社区公众的参与和支持开始。在行政管理层次上，社区作为巨灾风险管理组织架构中最基层的组织，因此巨灾的组织管理最终必须着眼于社区组织。风险管理过程中要建立各级减灾网络，其中一级是提高社区组织抗御灾害的能力，鼓励社区公众积极参与，培养风险意识和灾害防御知识，提高应急救援的基本技能(毛小苓等，2006)。社区是社会基本单元，在防灾救灾中扮演着特殊角色，以社区为中心的灾害管理已成为世界各国减灾的重点。中国的防灾减灾已进入新的转型期，根本出路在于提高社区的综合减灾能力(殷本杰，2017)。树立社区减灾理念，将社区从被动救灾发展为主动防灾救灾。将过去政府为主的自上而下减灾模式，改为以社区为第一救灾载体的自下而上减灾模式。建设参与式社区巨灾风险管理模式，使社区成为巨灾防灾减灾的重要决策主体、主力军和执行单元。

2) 慈善公益组织

慈善公益组织是指在法律允许的领域内，以公众利益和利他为核心向社会提供无偿或者较优惠条件的服务，参与者主要为志愿者组成的民间公益组织，其服务范围非常广泛。与其他组织参与灾害防救灾相比较，慈善公益组织更能折射出公众参与的自主意识。美国在总统政策指令对公益组织参加减灾救灾予以动员，提出集举包括政府、个人和家庭、基于信仰的组织和社区组织、非营利群体等全社会之力(all-of-nation)对紧急事件做贡献。巨灾风险的防减灾管理中，志愿人员、慈善组织等能以不同形式不同程度地参与减灾规划、应对和恢复等工作，协助开展灾害风险教育，提高公众风险认识和风险文化。我国慈善公益类社会组织在汶川地震后迅速发展，2008 年底在民政部注册的慈善组织达 2.1 万家，2012 年底达到 3.6 万家。据不完全统计，有近 500 家慈善公益组织参与到 2013 年芦山地震的抗震救灾中，在灾民安置、维持秩序、物资筹集和心理抚慰等方面发挥了重要作用，成为政府救灾助手和生力军(程虹娟，2015)。为了更好地发挥慈善公益组织在巨灾防灾救灾中的作用，一是要适当放开慈善公益组织管理体制的限制，资金和人员是约束慈善公益组织发展的两大门槛，适当降低准入门槛，有利于激发慈善公益组织参与巨灾减灾的积极性和热情；二是提高慈善公益组织自身的能力建设，提高防救灾的服务质量和服务效率。

3) 国际救灾组织

国际上有较多的国际和区域防救灾组织，包括中美洲概率风险评估平台(CAPRA)、中美洲预防自然灾害协调中心(CEPREDENAC)、世界银行(GFDRR)、亚洲备灾中心(ADPC)等，这些国际和区域救灾组织，具有较丰富的防救灾技术和经验。可通过以下方面进行学习：一是展开与国际救灾组织的积极交流，以获得更多的教育培训支持。通过参与国际救灾组织的防救灾教育培训，学习先进的巨灾风险预测、防灾减灾知识、全球减灾风险管理机制等。二是引进并获得国际救灾组织的先进防灾救灾技术、资金、人才等支持，从物质和技术层面做好更广范畴的防灾备灾。

4) 国内 NGO

非政府组织(NGO)是民间的社会公共组织，组织成员秉承志愿精神自愿组成，组织活动经费来自志愿捐赠，因此非政府组织具有组织性、志愿性、民间性、公益性和自治性。在巨灾风险的防灾救灾中，非政府组织能够自主决策和自主活动，在一定程度上成为政府组织、市场组织之外的有益补充。随着世界灾害风险管理实践中全社会风险管理理念的运用，强调提高个人和非政府组织在巨灾风险危机管理的地位、作用和责任。因此，当前为更好发挥非政府组织的防灾救灾功能要做到：一是不断加强非政府组织的组织结构建设和自主治理能力建设，提高组织自身的整体素质和水平；二是建立政府与非政府组织之间的协调与对接机制，搭建政府与非政府组织对接的平台，通过平台实现信息共享、资源对接、统筹调配，有序参与灾害救助的各个环节，实现有效防灾救灾；三是加强对非政府组织的管理，引导、监督公益组织依法开展活动，避免滥用社会爱心；四是协调和平衡非政府组织之间的关系，依法扶持和引导有影响、有资源的非政府组织健康持续发展。

8.2　加快巨灾损失分散与融资机制创新

为有效提高巨灾风险的反脆弱性水平，需要加快巨灾风险损失的分散与转移，而加大巨灾风险防控与恢复重建的资金融通则是实现巨灾风险快速转移分散的重要保障。巨灾发生会导致集中性的巨额损失，形成巨灾恢复重建融资的规模性缺口和流动性缺口。巨灾融资不仅需要解决融资缺口问题，还需要在促进减灾防损的同时兼顾效率与公平。在巨灾的融资选择中，既要选择好融资工具的组合，也要合理进行融资结构和比例安排。由于巨灾融资的缺口巨大，单纯依靠政府或市场都难以解决巨灾融资缺口过大的问题，而政府与市场伙伴合作的巨灾风险管理机制已成为共识，通过塑造政府巨灾风险融资的引导机制，可有效发挥政府的引导作用和市场配置资源的效率。

8.2.1　巨灾融资缺口与融资目标

1. 有效缓解融资缺口

从资金管理角度，巨灾风险损失的转移分散需要从融资出发去分担风险，有效缓解融资缺口自然成为巨灾融资的首要目标(图 8.9)。巨灾融资的缺口分为规模性缺口和流动性缺口。

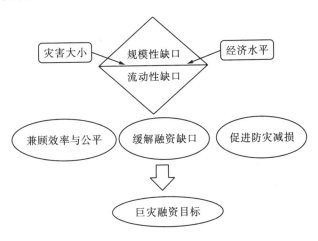

图 8.9　巨灾融资目标

1) 规模性缺口

巨灾损失具有集中性和巨大性，巨灾的风险应对与恢复重建需要提供大规模的流动性资金，庞大的资金需求成为巨灾融资规模的严峻考验。巨灾融资规模是指因巨灾损失导致巨灾恢复重建需要的资金总量。由于巨灾损失巨大导致恢复重建的资金需求总量非常庞大，其资金需求规模与实际资金供给存在较大缺口，形成巨灾融资的规模性缺口。巨灾的融资规模缺口不仅与灾害大小相关，而且与经济水平紧密联系。

　　一是灾害大小。决定巨灾风险融资规模缺口水平的主要因素是巨灾本身，即巨灾风险大小与巨灾损失一般成正相关，巨灾致灾的损失越大，则融资规模的缺口也就越大。根据国家三部委提出以灾变强度和灾度两个参数界定自然灾害的等级，通过刻画灾害的极端运动强度和破坏程度来核定灾害的影响程度和破坏程度，从不同角度描述自然灾害等级程度与损失破坏程度的正向关系。中国近 20年来自然灾害直接经济损失常年占 GDP 的 1%，异态巨灾占 GDP 比重超过 3%，如 2008 年汶川地震一个异态巨灾造成的直接经济损失占全国 GDP 达 2.81%（杨文明等，2017）。巨灾损失程度越大，用于恢复与重建的巨灾资金需求规模也越大，因此巨灾风险融资规模缺口与巨灾风险大小也呈正相关。

　　二是经济水平。研究表明世界多数国家的巨灾损失与经济发展水平呈负相关。灾害与经济增长的水平效应在发达国家和欠发达国家之间明显不同（Albala-Bertrand，1993），经济发展水平高的国家对巨灾风险的管理水平更高，在巨灾风险防范和应对方面做得更好，因此巨灾在经济发展水平越高的国家和地区造成的经济损失越小（Hunter and Smith，2002）。巨灾融资规模与缺口不仅取决于巨灾本身，还取决于国家的经济发展水平。根据不同的经济发展水平、市场发达程度与政府政策权力，不同国家会选择不同的巨灾融资水平（Michel-Kerjan et al.，2011）（如图 8.10）。水平 1 的国家多数是经济发展水平属于低收入的国家，缺乏国家灾害风险融资管理体系与策略，灾害风险管理处于灾后被动应对，由于政府的灾害救援资金非常有限，因此不得不主要依靠捐赠。水平 2 的国家属于经济发展后国家税收等收入有所提高的国家，巨灾发生后不完全依赖于捐赠，救援资金主要来源于政府的灾后巨灾救济。但受限于巨灾风险管理技术、水平等，巨灾的风险融资管理仍然比较落后。水平 3 的国家属于风险管理体系逐步建立的国家，灾害风险管理构成中以政府巨灾救助为主，市场部分商业巨灾保险为辅。市场商业巨灾保险的渗透力度较小，也不具备丰富的巨灾风险分散产品和管理机制。水平 4 的

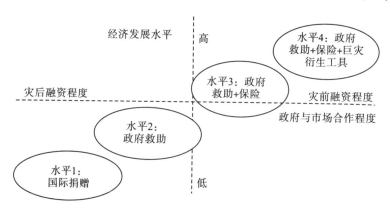

图 8.10　巨灾风险融资组合与经济发展水平

国家属于经济发展水平较高的国家，保险与资本市场比较发达，风险管理中政府与市场的通力合作，特别是市场在巨灾风险管理中发挥重要作用，保险、再保险高度渗透，巨灾风险衍生产品和工具也比较发达。

2) 流动性缺口

巨灾融资的流动性缺口被界定为巨灾风险管理中灾后不同阶段的短期、中期和长期的实际融资水平和融资需求之间的差额。Ghesquiere 和 Mahul(2007)首次提出巨灾资金动态流动性缺口，具体指巨灾救灾和灾后重建的资金总量。巨灾的融资实际需求中，尽管巨灾发生后灾后恢复与重建的资金需求规模很大，但巨灾的恢复与建设需要时间与周期，因此巨灾发生后并不需要全部巨灾救灾资金立即到位。随着巨灾融资管理水平与方式的不断发展，实际的巨灾融资风险管理中，人们不仅重视巨灾风险总量规模资金的筹集，也逐渐注重巨灾风险资金的动态流动性缺口管理。巨灾救助管理中，防灾救灾、灾后恢复、灾后建设的不同阶段有不同的融资需求，需要根据不同阶段的救灾重点和预期，利用精算模型估算总预算和不同阶段的资金规模与缺口，确立不同的筹资手段与方式。同时，根据保险和资本市场的发达程度、政府财政资金能力进行融资制度设计与安排。

2. 兼顾效率与公平

不管是经济发展水平较低的欠发达国家，还是经济发展水平较高的发达国家，都需要平衡兼顾巨灾融资的效率与公平问题。由于巨灾风险具有显著的外溢性，巨灾风险管理则是准公共风险管理。巨灾风险融资的效率与公平，不仅涉及巨灾资金的配置效率与公平，也涉及公共风险管理与私人风险管理的效率与公平。巨灾风险融资主体中，政府自然应是社会公平要求的代表，也是最有可能不计成本提供融资的主体。而投资者、保险人、承灾体则是巨灾风险融资效率的代表(王琪，2009)。巨灾融资要兼顾效率与公平，体现在整合巨灾资金的筹集和配置效率，兼顾社会与私人的巨灾风险补偿效应。一方面，巨灾风险保险市场、资本市场融资的实践中，不同的融资工具体现了各自的融资效率优势与弊端，各自在独立状态下均难以充分发挥个体的融资效率。探索完备的巨灾风险融资机制，将不同的融资渠道、融资方式、融资规模、融资节奏整合形成不同的融资组合，再进行融资组合成本与效益的核算，选择更有效率的融资组合。以巨灾融资规模与动态流动性缺口管理观念为指导，扩大融资供给和融资需求，改善融资的市场结构、资本结构和技术效率等提高巨灾风险融资效率。另一方面，巨灾资金的风险补偿与配置中，不同的巨灾风险水平有不同毁损等级，不同的投资者、承灾体与保险人的承灾能力存在较大差异，政府应发挥公共风险管理的责任，提高风险融资管理专业水平，设计有效的巨灾风险融资政策、手段和机制，发挥市场融资效率的同时平衡融资配置的公平性，兼顾巨灾补偿的公共性与私人性。

3. 促进防灾减损

促进防灾减损是巨灾风险融资的又一目标，表现在建设整个巨灾风险管理体系中，高度重视防灾减损的融资制度安排与融资工具选择。推广实施防灾减损的融资计划，为巨灾的防灾减损提供资金保障。融资计划工作包括：一是为建立防灾减灾机构提供财政预算与融资安排；二是为建立防灾减损的基础性和技术工作融资，建设防灾减损部门牵头的专业基础数据，利用高等院校、科研院所的专业技术，建立防灾减损的损失评估模型、巨灾风险预测模型；三是加大保险机构提高防灾防损力度方面的融资支持，如建立巨灾风险基础费率为基础的保险、再保险防灾减损模型，发展相关保险技术；四是应加大防灾减损知识宣传的融资与资金安排，通过防灾减损教育使公众了解、熟悉和掌握巨灾风险防范的基本知识；五是对特定防灾减损项目的融资进行政策支持与优惠，包括特别的融资优惠、低息贷款等。

8.2.2 巨灾融资结构安排与优化

1. 巨灾融资工具选择

由于巨灾风险具有损失巨大的特征，巨灾风险融资缺口的弥补无法通过单一工具实现已经成为共识。创新开发怎样的巨灾风险管理衍生产品，如何整合巨灾风险工具，形成兼顾融资效率与公平的巨灾风险融资组合，成为当前巨灾风险管理领域的讨论焦点。国内外进行巨灾风险融资的渠道来源于政府、市场与社会。政府与市场是主要融资渠道，政府的融资工具主要是财政，市场的融资工具是各种巨灾风险转移分散工具，而社会的巨灾融资主要是受灾体的风险自担补给和社会的慈善组织捐赠(表8.1)。

表 8.1 巨灾融资工具的类型与特征

融资来源	融资工具类型	融资工具特征	融资工具优缺点
政府	财政融资	应急性 兜底性	融资成本低、效率高，但受财政预算和政府信用约束
社会	慈善组织捐赠	响应性 自愿性	融资成本极低、效率低，自愿性捐赠规模不确定
市场	巨灾债券 巨灾期权 巨灾期货 巨灾互换 巨灾彩票	产品标准化 类型多样化 主体分散化 范围全球化	融资成本低、流动性好，但融资规模和风险不确定

目前国际上比较成熟的市场巨灾融资工具有巨灾保险、巨灾再保险、巨灾风险证券化产品、巨灾风险基金等。由于中国巨灾保险产品设计和巨灾保险市场的建设尚处于探索发展的初期阶段，巨灾保险产品的供给和市场的有效需求严重不足，财政资金仍是中国巨灾融资的主力。2014年国务院确立建立巨灾保险制度的指导意见，当年深圳首先试点多灾种巨灾保险，随后宁波、云南、四川、黑龙江、广东等地相继推行巨灾保险。中国的巨灾风险基金发展中，农业巨灾保险基金先行发展，其他类型的巨灾风险基金则起步较晚。江苏省最早于2008年成立农业保险政府巨灾准备金，2009年财政部和国家税务总局联合发布《关于保险公司提取农业巨灾风险准备金企业所得税税前扣除问题的通知》鼓励保险公司提取农业巨灾风险准备金，浙江省2011年建立政策性农业保险巨灾风险准备金制度，2013年财政部印发《农业保险大灾风险准备金管理办法》。其他类型的巨灾风险基金发展中，深圳2013年率先建立巨灾基金，其资金来源于财政安排的专项资金。

巨灾风险的不确定性和巨灾损失的巨大性，使得传统的巨灾融资工具面临风险承担与转移的困境，而单纯依赖保险市场分担巨灾风险显然不足。资本市场具有分散巨额巨灾风险损失的功能，吸收商业资本参与分担转移巨灾风险，成为国际巨灾风险管理的新趋势。利用资本市场培育新兴的巨灾风险损失分担工具，核心在于让不同风险主体在巨灾风险分担中有机配合与互补，而巨灾风险证券化成为传统巨灾保险以外转移巨灾风险的创新技术，能有效连接巨灾保险市场与资本市场。巨灾风险证券化的创新工具主要包括：巨灾债券、巨灾期权、巨灾期货、巨灾互换、巨灾彩票等巨灾衍生品。由于巨灾衍生品是标准化合约，具有流动性好、融资成本低、类型多样等特征，为巨灾市场融资提供了更多的投资选择(表8.1)。但是，也应该看到，这些新型巨灾风险损失融资工具的推广和使用需要满足系列复杂的制度环境、政策条件和市场支撑。

2.　巨灾融资结构优化

正如表8.1表明，不同的融资工具具有不同的融资特征和融资效率，巨灾融资结构及优化是一个动态过程，将充分考虑风险管理的阶段和风险损失的规模，以及各类融资工具的可得性等多种因素。

从风险管理的阶段角度，灾前和灾后的融资工具与结构安排如图8.11所示。

巨灾事件处于不同阶段具有不同的融资规模需求，融资工具的融资效率在融资成本、运行效率中得以体现。根据对巨灾风险融资计划的判别模型进行比较，最优的巨灾融资策略应根据巨灾储备基金、巨灾保险、巨灾债券的最小边际成本确定。当巨灾储备基金规模比较大时，储备基金的边际成本高于巨灾保险和巨灾债券，同时比较三者的预期损失大小，其融资策略依次为储备基金、巨灾保险、巨灾债券；当巨灾储备基金为中等规模时，其融资策略依次为储备基金、巨灾债券、巨灾保险；而当巨灾储备基金为低储备规模时，其融资策略为储备基金、巨灾债券，而储备基金是任何巨灾损失下巨灾融资工具的最优选择(高俊和陈秉正，2014)。通过巨灾融资流动性缺口分析，可充分利用所有的融资方式满足巨灾不同阶段的融资缺口，改变过去融资效率低下的静态融资框架，采用考虑时间变量的动态融资框架去选择巨灾风险的融资策略(王琪，2009)。根据融资工具特性和巨灾发生阶段的融资需求差异，优化巨灾风险的融资结构，进行融资工具、融资主体与时间差异的组合(如图 8.12)。

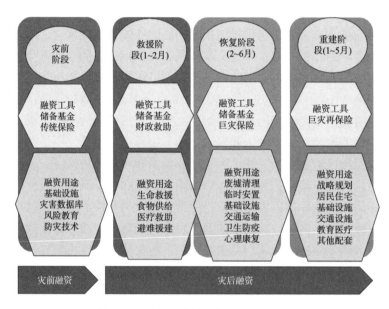

图 8.11　动态融资缺口与融资工具组合

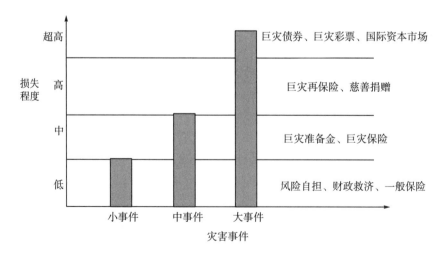

图 8.12　巨灾事件损失程度与融资工具组合

8.2.3　巨灾融资机制选择与塑造

政府与市场合作建立伙伴合作(public-private-partnership，PPP)的巨灾风险管理机制已成为共识，国外 Crossi 和 Kunreuther(卓志和段胜，2010)和国内学者谢家智和蒲林昌(2003)、谢世清(2009)和张宗军(2013)等为代表主张建立政府与市场有效结合共同分担巨灾风险的管理模式。市场的风险承担主体作为参与者和实施者，政府作为引导者和管理者，有效控制政府与市场的权力边界和风险责任，平衡市场效率与社会公平。而在巨灾风险融资中，政府与市场如何合作，各自的边界在哪里，寻找并塑造有效的融资合作机制是关键。政府与市场的伙伴合作融资，政府必须要进行干预，政府干预的边界则以不挤出私人市场为原则。Stiglitz 和 Eimicke 等认为，通过政府干预行为，可以发挥政府的权力优势矫正融资中的市场失灵，包括采用征税权、禁止权、政策控制、法规制定、税收优惠等手段处理巨灾风险的公共性问题。Daniels 和 Trebilcock 等认为，政府为追求社会公平发展必须要对巨灾风险市场进行强制性干预，从追求公平角度在巨灾风险的融资、巨灾防灾救灾、巨灾恢复与重建等方面进行引导。市场增进论的 Lewis 和 Murdock 等认为，政府干预不仅可以弥补巨灾市场自身的不足，还可以增进市场效率，包括通过宣传教育提高公众巨灾风险防范意识、刺激巨灾风险投融资需求、发展完善基础设施降低脆弱性、政策优惠扶持巨灾投资主体提高资本回报率等。

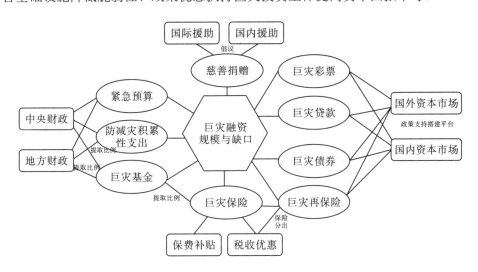

图 8.13　政府引导型融资体系形成机制

政府与市场的伙伴合作中既需要发挥市场的金融资源配置效率，也需要发挥政府的引导作用，塑造政府巨灾风险融资的引导机制。政府引导巨灾风险融资，既非完全商业化的巨灾风险融资，也非政策性和商业性的简单混合融资。引导型的伙伴合作融资机制是指政府从巨灾投融资主体中逐渐退出部分空间，引导并让位于私人和商业化的市场供给与服务，以建立市场化巨灾风险融资机制为主，最终引导巨灾风险融资走上市场化发展模式。政府科学合理的引导机制的建立，有助于私人机构克服市场化经营的障碍，通过发挥政府引导机制的直接和间接作用，以撬动巨灾保险市场、资本市场为巨灾风险融资提供资金保障（如图8.13）。

8.3　强化巨灾风险教育与风险沟通制度

风险知识缺失、风险感知偏差、风险意识薄弱等因素都会导致风险冲突加剧，多因素叠加的风险冲突更是成为巨灾风险脆弱性的集中体现。风险冲突是巨灾风险管理的重要障碍，加大风险教育和风险沟通是降低或消除风险冲突的重要途径，也是进行巨灾风险反脆弱性管理的重要选择。强化巨灾风险教育大力普及巨灾风险知识，建立多元化风险沟通制度降低风险冲突，也是建立整合式综合风险管理制度的重要基础。

8.3.1　风险知识与风险感知

1. 风险知识

风险及风险知识的复杂性使不同个体对风险认识的广度和深度存在差异，对风险的认识深度除了受现实条件制约以外，还受个人接受的风险知识教育与学习等风险知识掌握程度的影响。最典型的差距体现在专家与公众由于风险知识存在差距，对风险的认识与判断差别非常大。Slovic（1997）、Sandman（1989）和 Sandman 等（2006）发展的风险知识落差模式指出，专家与民众缺乏一致的共识基础导致风险判断出现差异，而并非民众对风险不了解。专家与公众存在风险知识差距，表现在民众对风险的判断基于个人对风险复杂且情境式的价值观表达，仅仅关注与个人生活息息相关的伤害，风险评估标准局限在个人控制能力、风险熟悉度、恐惧程度、个人伤害范围、公平道德等层面。而专家眼中的风险是以科学统计的损失额、死亡率等，并根据统计的客观数据估算出的风险概率、风险危害，关注的是风险对群体造成的伤害（吴宜蓁，2007）。由于风险知识的差距，导致公众的风险认知是具有倾向性与情感性的社会建构过程，而专家的风险认知是客观理性的概率风险统计与估算。不同个体由于专业知识的欠缺与否、专业知识掌握程度等知识背景的不同形成风险知识差距，导致人们的风险认知偏差不一，进而构成风险沟通障碍普遍存在。

2. 风险感知

灾害风险管理中认清风险源非常关键，虽然风险源即风险客体客观存在，但经人们风险感知后会形成不同的风险产出，风险产出表现为风险被正确认知和风险扭曲（风险放大、风险过滤）（童星和陶鹏，2011）。据相关研究表明，风险感知主要受三个方面影响，一是受巨灾风险事件本身的特征限制，人们缺乏对相关巨灾风险的认识。二是受人们政治意愿、经济情况、社会文化、利益团体等社会背景因素的影响，个体既有的认知背景与认知策略极大地影响其认知结果。有限理性制约了个体的风险认知，表现为个体进行认知判断时有三种策略参与认知过程：①易获得策略，个体主要借助记忆中易于提取的信息对当前事件进行认知判断，新近信息容易产生干扰。②代表性策略，源于人们对事物的象征性信息比基础信息更敏感，因而个体总是倾向依据某些主要特征知觉事件。③锚定效应策略，人们在认知过程中任何先入为主的信息都可能成为其下一步认知与判断的基础。三是受与风险相关的心理和情感等因素影响，人们对风险的感知和评估存在较大差异，当人们面对小概率且后果严重的巨灾事件时，其风险感知的差异尤其明显（Kahneman and Tversky，1979）。最近科学和工程学界越来越重视研究心理因素对人们面对自然或技术危害带来的风险对风险管理决策的影响，开始在传统风险评估模型的基础上结合个体情感因素决策分析并采取行动。人们产生风险感知偏差和风险产出存在差距的形成过程可用下图予以描述（如图8.14）。

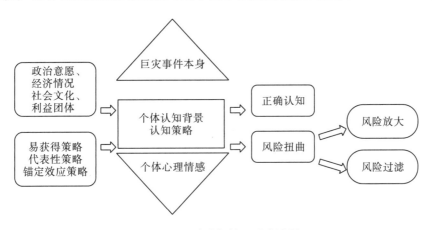

图 8.14　风险感知差距形成过程

8.3.2　风险意识与风险教育

根据"黑天鹅"理论，不管是自然灾害，还是技术事故和社会事件，特别是巨灾的发生概率与动力源都很难预测和控制，唯一的可控要素是应对灾变的脆弱性。灾害的破坏性不仅取决于灾害的源发强度，还取决于人类社会自身应对各类灾害的准备能力和脆弱性。脆弱性既可能来源于地理环境和基础设施等物理因素，也可能来源于政治体制、经济状况、社会文化和风险管理等软性因素，相对风险管理的薄弱，灾害风险的脆弱性无处不在，所有影响因素、所有受灾体和所有阶段都存在不同程度的脆弱性(温宁和刘铁民，2011)。许多灾难调查报告和科学研究都曾一致指出，无论是自然灾害，还是技术灾难、人为事故都与社会学存在难以忽略的紧密联系。目前社会科学已深入风险管理的各个环节，包括突发事件的社会动力学、公众风险意识的提升、防范风险教育和灾害抗逆力培育等正成为风险管理的重要议题。

加强公众的风险意识培育和风险管理教育，成为世界各国灾害风险管理的重要环节，不仅重视学校的正规教育，还与社区、家庭等非正规教育结合。2000 年联合国提出的国际减灾战略中依据人们意识到灾害是自然致灾因子与人类社会的脆弱性共同导致的结果，放弃了灾害前面的"自然"定语，将"采用侧重目标群体的发展设计和格局，对整个社区进行适当教育和培训降低脆弱度"作为联合国减灾战略的十项原则之一。Jerry(2009)对美国东南部地区巨灾教育现状调查发现，过去的巨灾教育过多集中在探究巨灾成因的地质学研究，极少将科学与社会研究结合以减少巨灾损失，据此提出要将科学和社会研究同时教授给学生，使学生不仅懂得地震等巨灾的原理，还能根据社会经验总结和研究应对巨灾风险。日本认为公民自身的能动性是减灾的重要力量，在全民互助的教育战略中开展灾害情感教育。印度教育战略中开展风险教育，注重风险管理的策略与实践操作。伊朗地震安全教育战略包括公共政策与公众意识，公共政策是使用先进的防震减灾技术和方法改进灾害管理质量，公众意识是通过长期系统的安全教育，提高公众地震知识和准备水平。借鉴国际风险教育经验，从社会学角度降低社会的脆弱性，在中国开展长期的巨灾风险教育，共同推广正规教育与非正规教育形成巨灾安全文化。地震经历只是让学生认识地震，学校教育让学生获得地震巨灾的知识和树立意识，而社区教育和家庭教育是学生形成巨灾意识的最重要方面(Adshead et al.，1995)。

1. 学校教育

学校在巨灾教育中扮演着非常重要的角色，在巨灾准备、反应以及恢复中也发挥着不可替代的作用。首先，学校操场、球场等场地由于空旷宽阔，适宜作为巨灾救灾的紧急避难所。其次，学校领导和老师对救灾工作更能给予大局上的理解、支持与配合，老师更能重新组织学生和家庭团结起来共同抗灾救灾，能迅速地稳定局势，避免灾后混乱等次生灾害发生。再次，教师的信息传递与知识传授具有一定的权威性，更容易获得学生和家长的认可。最后，教师在巨灾的情感恢复中扮演着治疗师的角色，更能给予受灾者在精神和情感上的寄托，有利于加快巨灾恢复与重建。

学校的巨灾风险教育，可从以下几方面进行探索与应用：一是课程内容增加风险教育的教学内容。中小学的风险教育内容为灾害基础知识和风险防范与应对措施，重点是风险预防与紧急应对知识。大中专院校的风险教育内容为灾害基本原理、灾变系统研究、巨灾风险预防与防范等知识，重点是巨灾减灾科研人才培养和技术知识发展，巨灾来临时能在救灾救助中示范引领。二是注重灾害风险议题的内容选择和课堂教学应用。科学的灾害风险议题应结合当前中国科技最新进展情况和风险实践发生的问题，注重科学技术在风险管理的实际应用，补充实践性的指导应用案例，不断完善和改进现有课程教材中的风险内容编写。三是风险教学模式的探索和教学效果评估。学校开展风险教育要探索教师讲授的教学形式、组织模式。处理好风险知识的专业程度与教师熟悉程度、学生接受能力和教学形式的实际应用，探索课堂教育与课外教育、理论知识教育与操练训练结合。

2. 社区教育

以社区为基础进行的灾害风险防范正日益成为减少脆弱性和灾难管理战略的重要组成部分。自 1989 年联合国大会的国际减灾十年计划行动纲领中提出，要采取适当措施使公众认识减灾的重要性，并通过教育、训练和其他办法来加强社区的备灾能力以来，推进社区的发展和公众参与减灾就一直成为联合国的国际减灾战略理念。只有社区公众具有风险意识、灾害预防知识和应急救援技能，才能在灾害事件来临时及时报告信息、服从统一指挥、科学自救互救，减少灾害损失（毛小苓等，2006）。提升社区减灾能力是防灾救灾的一项重要而基础性的工作，将创建全国综合减灾示范社区作为开展社区减灾工作的重要抓手。国家减灾委和民政部自 2008 年以来开展了全国综合减灾示范社区创建工作，截至 2016 年底全国共有 9568 个综合减灾示范社区（殷本杰，2017）。

为提高社区公众的综合防灾减灾能力，依托最基层的社区组织，给予社区必要的权力，方向性地选择风险教育内容，面向普通民众开展形式多样的教育是实现可持续减灾的重要途径。一是赋予社区权力。为建设抗灾社区首先需要赋予社区组织和成员必要的权力，使社区成员能够应对自然灾害的不利影响。通过教育提高社区参与风险管理全过程的能力，让处于风险中的社区参与灾害风险管理的预防、缓解、准备、响应和恢复的所有阶段，是处理自然灾害风险以实现可持续发展的最有效方法。二是公众参与社区规划和灾害管理(Pandey and Okazaki，2005)。Pearce 研究总结美国和澳大利亚成功的社区灾害管理，提出只有当公众参与融入灾害管理规划和社区规划决策时，才可实现灾害管理从应对恢复转向可持续减灾。显然要提高公众参与决策的深度，就需要提升公众灾害规划方面的风险教育。三是用信息技术加强和提升社区的备灾工作(Pearce，2003)。基于社区的备灾建设可提供物理、信息和人力资源的当地应对灾害的资源数据库，维护数据库的责任由社区的公共组织、私人组织和非政府组织(NGO)的共同承担，维护数据库的过程包括调动资源、提高社区认识、帮助评估当地的知识和资源，访问数据库的方式比较广泛，既可以通过互联网访问，也可以通过笔记本电脑、掌上个人数字助理访问(Troy et al.，2010)。

8.3.3 风险冲突与风险沟通

1. 风险冲突

乌尔里希·贝克的风险社会理论认为风险冲突的根源在于科学对理性的垄断被风险社会打破，科技理性不再具有绝对权威，参与风险定义的主体不是唯一的风险专家，而是包括科学家、政治家、公众及传媒在内的多元主体。即便风险专家是唯一风险主体，其对风险的界定和预测与公众的风险感知之间始终存在一定的差距，差距存在就会形成风险冲突。按照风险社会理论的最新研究进展表明，风险通过风险建构逐渐形成，而风险冲突总是伴随着风险建构的过程。由于多元主体在风险建构过程中为保护自身利益和规避不利因素，不同的利益主体的风险建构会随着利益与价值而变化不定。风险感知理论表明，由于风险暴露的自愿性、可控性和风险威胁等认知因素影响了公众对风险的反应，导致公众的风险感知与风险管理者和专家的警示存在极大差异。进一步"政策窗口期"理论研究表明，风险的建构会形成风险扭曲，由于不同主体的风险感知始终存在差距，风险感知的知识依赖性、易得性和信息代表性等特性加剧了风险感知差距，进而造成风险管理中管理越位与缺位的政策失灵(童星和陶鹏，2011)。学者们归纳认为以下因素和行为容易造成风险冲突：不一致、不完全、令人困惑的复杂风险资讯；信息源缺乏公信力和公正性；媒体的不恰当性传播报道；风险专家互不认同；风险管理组织缺乏协作；风险管理者不重视公众的倾听与对话、不愿意承认风险、不愿意及时发布和分享信息、履行职责时不负责任等。

2. 风险沟通

1) 由单向沟通转为双向互动沟通

为什么公众对风险的反应与风险专家的预测不同？公众为何不遵从风险管理者和风险专家的建议？为何风险冲突愈演愈烈？风险沟通成为解决风险冲突最好的方式，是实现专家意见和公众风险感知之间的桥梁。风险沟通的实质是风险的信息传递与交换，但信息的传递与交换并不等于风险沟通，因为风险沟通不局限于风险信息的传递与反馈。

早期风险沟通遵循由精英向普通公众传递信息的单向线性模式，强调信息由专家向非专家的单向输送，按照风险评估专家传向风险管理者再传向公众的路径进行信息传输。单向模式下的风险沟通只是发挥告知、说服和教育公众的功能，结果是使公众按照专家提出的方式理解或接受风险。而单向的以教育公众为目的的风险沟通模式，容易演化为民众对风险管理者及社会的不信任。单向沟通源于早期的风险管理者不愿意与公众交流，认为公众是非理性的和歇斯底里的，风险管理者的控制权力冲动、拒绝分享权力企图、工作满意度和自尊心满足偏好等加剧了风险冲突，单向风险沟通模式不利于避免或解决风险冲突，也不利于达成风险共识。

美国国家研究院在《改善风险沟通》中指出风险沟通并非从专家到非专家的单向信息传递，而是在个人、团体以及机构之间交换信息和意见的互动过程。近年来风险沟通模式从单向沟通向双向沟通模式演化转变，沟通功能由"告知"到"授权"的功能演进，注重与公众对话，强调授权与公众的意见反馈，赋予公众主动思考、质疑、建议和参与决策的权利。风险治理不能依靠风险管理者单向度的努力解决问题，必须要关注风险主体的反应并建立与利益相关者的实质性对话。公众并非完全无知和非理性，其反应往往体现在公众对自身利益的维护和民主参与权利的要求上。将公众反应纳入巨灾风险管理，需采取双向对称的风险沟通互动模式，建立风险管理者与公众实现互相信任、共同协商和互动协作的风险治理模式(如图 8.15)。

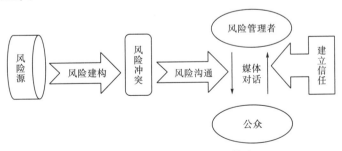

图 8.15　双向互动风险沟通模式

2) 构建信任为基础的多元过程沟通

一是建立伙伴合作的信任关系。风险沟通理论在风险感知的基础上提出风险沟通的核心命题: "风险=危害+愤怒", 风险影响不完全取决于风险的实际危害, 情绪等特定的风险因子不同程度地影响着公众的风险感知, 愤怒、焦虑、敌意、悲观等负面情绪会进一步改变公众的态度和行为(王东, 2011)。风险沟通的关键因素是信任, 吉登斯研究信任与风险的相关性指出, 信任有利于将特殊行动方式遭遇的危险降到最低程度(王震, 2014)。风险沟通的最终目的是增进对风险的理解并构建风险当事者之间的信任, 而风险沟通双方信任关系的质量决定了风险沟通的效果, 因此风险沟通的核心任务是就公众关心的核心问题与之对话, 并建立共同的风险认知与信任。有关研究显示, 风险管理的信任很大程度建立在感知到的共享价值观念上, 而价值观念会影响风险和受益的判断。斯洛维奇基于社会制度建设角度提出, 重建信任需要一定程度的公开性和公众参与, 信任构建应充分考虑信息、社会政治氛围、机构表现与感知、管理者个人吸引力。

二是建立主体多元化的风险沟通。按照贝克的风险社会理论, 参与风险定义的主体是由政治家、科学家、法学家、传媒和公众在内的多元化构成。风险冲突反映出不同主体之间关于利益的建构与博弈, 而风险沟通强调主体之间的交流与协商。风险沟通除具有启蒙、知情和改变态度等功能外, 还应发挥公共涉入和公共参与功能(Covello et al., 1986)。而多元化的风险沟通致力于调和政府、科学界和公众之间因风险问题日益激化的矛盾, 通过开放交互的沟通方式增进相互了解、相互信任, 促进形成新的伙伴合作对话关系。

三是建立动态的全过程风险沟通。风险沟通是风险相关主体之间相互交换信息和意见的过程, 而沟通过程会受到风险事件、社会、制度、文化和心理等因素影响, 这些因素在风险建构中会强化或削弱公众的风险感知与行为。由于风险沟通贯穿灾害风险事件的灾前、灾中和灾后三个阶段, 因而需要建立动态的全过程风险沟通机制, 围绕灾害事件做好灾害风险预防与控制的风险沟通, 包括灾前做好风险教育和资讯提供; 灾中做到灾难警告、发布紧急讯息、引导行为改变和救灾保护; 灾后有效解决冲突与问题。

3) 充分利用认知差异和媒介桥梁

面对复杂多变的巨灾风险, 专家、风险管理者和公众都要勇于承认自己并非全知全能, 存在认知缺陷。风险是一种动态的社会建构, 风险信息有时复杂多变、不连续、不完整、易混淆都会导致风险认知差异, 加剧风险冲突, 导致互不信任。风险沟通者只有基于承认认知差异的认识前提, 准确理解专家、风险管理者与公众的认知差异才能在沟通实践中提高风险的可信度, 有效建立起利益相关者的共享价值观和互信合作。媒体在风险沟通中具有无法替代的作用，它既可能推进风险沟通解决风险冲突，也可能扰乱破坏的公众正确认知(谢晓非和郑蕊，2003)。在利用媒介桥梁时要处理好两个方面：一是确保风险沟通中的公正，包括风险信息的公正、沟通过程的公正、信息参与者的心理公正。风险信息公正是要公开正面和负面信息，沟通过程的公正要给予信息参与者发言权和评估权；二是要求媒体正确处理信息选择、报道方式等误差源。从客观公正的角度报道风险事件、传达专家的意见和看法，以科学的标准评价描述事件，杜绝媒体自身风险知识缺乏而任意渲染。

8.4　加强应急管理与巨灾危机应对

风险是潜在的危机，一旦转化为突发事件，就需要采取措施进行应急管理。否则，巨灾突发事件将触发社会危机。加强应急管理与巨灾危机应对，将极大降低巨灾风险的冲击。

8.4.1　社会脆弱性与灾害危机

风险突发事件的发生具有不确定性，对社会的冲击和影响也具有高度不确定性。但是，灾害突发事件并不同于灾害危机。突发事件酿成危机的根源在于社会脆弱性。正如脆弱性理论分析表明，脆弱性是承灾体在灾害面前的"易损性"，表现出社会对风险冲击的"抵抗力"脆弱。脆弱性是将风险可能转化为危机现实的"催化剂"(童星，2012)。因此，社会脆弱性是风险向灾害危机转化的重要原因。同时，也应该看到，危机的发生，以及危机的程度对社会脆弱性也会产生严重影响。巨灾危机的发生，将产生严重的人员伤亡和财产损失，诱发经济危机；造成社会秩序失序，引起社会动荡，诱发社会危机；造成心理焦虑和恐慌，诱发信任危机。因此，频繁的灾害危机将极大影响社会脆弱性(图 8.16)。

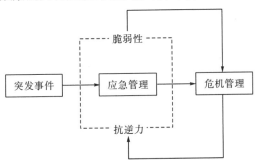

图 8.16　社会脆弱性与灾害危机的关系

综上，社会脆弱性与灾害危机之间具有双向因果关系。这种关系在风险实践中得到验证。大多数社会脆弱性较高的欠发达国家和地区往往容易发生"小灾大害"的巨灾风险事件。而且，在全球的巨灾风险事件中，造成重大人员伤亡的灾害事件大多发生在发展中国家。这与这些国家的脆弱性较高有很大关系。2010 年在海地发生了 7.3 级地震和智利发生了 8.8 级地震。从地震风险程度比较，智利地震远高于海地地震。但海地地震造成了 22.25 万人死亡、19.6 万人受伤，诱发了严重的社会危机。与之区别的是智利地震仅遇难 400 余人，而且智利灾后经济社会秩序快速恢复。我国在 2008 年先后遭受南方冰雪灾害和汶川大地震。从灾害事件角度，汶川地震属于典型的极端巨灾事件。但南方冰雪灾害发生后带来了严重的管理危机，而汶川地震由于快速的社会动员与应急反应，这场大地震非但没有诱发严重的社会危机，相反，中国政府的高效管理还赢得了全球的广泛赞誉，充分展示了中国强大的应急管理能力和危机处置水平。

8.4.2　应急管理与危机管理

1. 应急管理

应急管理是针对突发事件展开的管理。应急管理、危机管理和风险管理存在一定的区别，应急管理和危机管理主要立足于非常态风险的管理，风险管理立足于处于常态和非常态中间地带的管理。因此，风险管理主要针对风险的防范应对，避免演化为突发事件和危机，一旦风险演化为突发事件和危机就分化为应急管理和危机管理(孔繁琦，2013)。同时，危机管理和应急管理是风险管理的组成部分，是特殊的风险管理阶段。

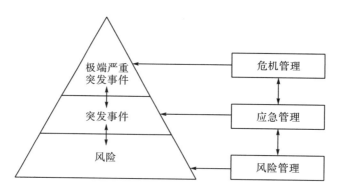

图 8.17　应急管理、危机管理和风险管理的关系与转化

我国 2007 年颁布并执行《突发事件应对法》，界定"突发事件"为突然发生造成或可能造成严重危害，需采取应急措施应对的自然灾害、事故灾难、社会安

全和公共卫生事件，并将事件分为特别重大、重大、较大和一般四级。由于危机管理是针对极端或者特别重大的突发事件展开的管理，显然危机管理包含于应急管理之中。

　　在应对和预防突发事件中，世界各国政府都非常重视并采取行动。美国较完备的应急管理机制对中国有不少启示，包括有序高效的指挥系统、协调一致的快速救援机制、全社会共同参与等。美国应急管理机制概括起来，体现出以下特点：应急反应标准化、应急预案精细化、联动机制效率化、参与大众化、应急处理透明化和信息共享化(赵华，2010)。中国目前灾害事件的应急管理仍处于起步阶段，按照《突发事件应对法》建立起富有特色的应急管理体制，即以统一领导、综合协调、分类管理、分级负责、属地管理为主。中国应急管理体系的发展是围绕"一案三制"进行建设，"一案"即应急预案，"三制"即应急管理的体制、机制和法制，从中央到地方都非常重视"一案三制"的应急管理体系建设。应急预案包括总体、专项和地方等应急预案，应急管理体制包括集中统一的指挥机构、社会动员体系、事发地党委政府为主、有关部门和地区协调配合等，应急机制包括监测预警、应急信息报告、应急决策协调、应急资源征用与配置、公众沟通与动员等机制(佘廉和雷丽萍，2008)。当前，中国巨灾的应急管理重点在于发展巨灾风险应急的科学方法和技术，完善应急管理的动态机制。科学刻画突发事件发生状态、演变过程，发展突发事件的动态信息获取、大数据应急处理方法，动态编制生成应急管理的预案与决策。此外，在应急管理系统建设方面，国际上建立的灾害应急管理系统也值得我国借鉴，美国的 EMS 系统、欧洲的 MEMbrain 系统与日本的 DRS 系统，三大应急管理系统采用先进的 GIS、RS、GPS 和通信网络系统等，实现应急管理的技术集成与辅助决策支持，效果非常好。加快建设中国自己的操作性强、综合性能突出的灾害管理系统，有助于提高减灾应急管理决策速度与系统管理的有效性。

2. 危机管理

　　许多学者研究一致认为，风险作为危机的前兆是潜在的危机，当风险进入公共空间和视野，并被社会感知，风险就转化为危机。风险转化为突发事件，为避免损失发生就需要采取应急管理。如果风险被成功控制，则重新进入常态风险管理(图 8.17)。如果风险事态扩大发展成极端事件，就需要采取危机管理。按照危机传播与管理的最新研究进展，危机传播策略的趋向从"消极应对"转向"积极管理"。国外发达国家的灾害危机管理经验丰富，给我国危机管理提供了很好的借鉴。美国建立了公共危机能力评估程序并进行全国性的培训，制定了《灾难救援法》《公共卫生安全与生物恐怖主义应急准备法》等法规，建立了从联邦到社区的 5 级危机管理响应机构。日本制定了《灾害对策基本法》《灾害救助法》等法规，建立内阁首相为最高指挥官的灾害危机管理决策与协调机制，并构建中央到村的 3 级危机管理组织体系，建设强救灾能力的社区共同参与危机管理。德国制定《公民保护法》指导公共危机事件为公民提供保护和保障的措施，建立民防专业队伍等多层次的救灾组织模式、灾害预防及控制体系和灾害危机管理技术救援机制(唐立红和高帆，2010)。危机管理是针对极端严重的突发事件管理，因此需要动员一切组织参与，采取非常规的战略、决策和行动，围绕危机的整个生命周期展开的减缓、应急、恢复与重建工作(孔繁琦，2013)。因此，为实现有效的灾害危机管理，当前需要探索建立有效的危机信息沟通机制、全部门组织协作机制，组织架构上要建立从中央到社区的危机管理机构，加强社区为基础的危机管理强应对能力建设，动员全社会广泛参与。

从应急管理、危机管理到风险管理的转变是现代灾害管理发展的必然趋势。传统巨灾管理强调应急管理和危机管理，缺乏整合的灾害风险管理对策、缺乏综合灾害风险管理机制和机构。灾害的应急管理、危机管理是非常态管理，从非常态转为常态的灾害风险管理，是将风险管理贯穿于灾害全过程，包括灾前准备与预测预警、灾中减轻与控制、灾后应急响应与恢复等各个环节。应急管理、危机管理与风险管理的对比与逻辑关系见图 8.18。

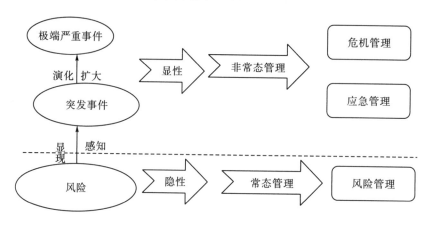

图 8.18　风险管理与应急管理、危机管理的逻辑关系

8.4.3　复合式危机与协同治理

灾害复杂系统表明，现代巨灾风险系统呈现出日益复杂性和脆弱性特征。而且，巨灾危机因为自然系统、生态系统、经济系统、生命系统和社会系统等的高度耦合，灾害危机越来越以复合式危机形式表现出来。唐钧(2012)将灾害危机划分为三类危机：死伤和经济损失为主的危机、社会恐慌的危机和信任危机。并认为三大类危机相互融合、相互叠加，单个风险事件往往酿成三重类型的复合危机。

应对主体获取的信息不全面不精确、社会对危机解决的高需求和高预期、媒体急切关注打破原有的习惯程序和部署节奏,以上因素形成的"社会倒逼"压力显著加剧,亟待强化政府主导型的复合风险管理。构建理性的预防与应对灾害公共行动体系,需要一个能动员社会广泛参与、灾害面前具有强大的权威和战斗力的负责任政府(唐贤兴,2010)。

围绕三大类危机可制定"技术-心理-社会"的复合危机应对策略,具体采用突发事件的现场应对管理等技术手段处理人员死伤等生理危机,以媒体、舆论、心理干预等心理手段处理社会恐慌等心理危机,以信任应对管理的社会手段处理社会秩序混乱等社会问题(唐钧,2012)。对比应急管理、危机管理和风险管理的实践,可得出中国的应急管理能力最强、绩效最好,危机管理居中,而风险管理才起步(童星,2013)。城市逢雨就淹、食品安全事故导致群体上访等突发事件不断发生表明,应急管理的绩效虽然最好,但风险管理极为有限,只停留于控制事态而不能根本解决问题。

实践表明,政府主导的应急管理和危机管理,应该积极融合风险治理理念,强化多元主体参与、资源整合、社会协同,才能取得积极的治理效应,有效降低社会脆弱性水平,增强巨灾的应对能力。

8.5　本 章 小 结

本章主要目的是从全社会视角,寻求反脆弱性的管理之道。研究结论有:

(1)现代巨灾系统具有较强的脆弱性。系统科学理论基础的混沌理论、突变理论和耗散结构理论,能够较好解释巨灾风险冲击及系统危机的形成过程。巨灾脆弱性是一个多元和多维度的综合变量,具有开放性、自组织性、不确定性、非线性以及涌现性等复杂系统特征,系统内部将产生复杂的系统运行规律。因此,常常导致风险管理理论和风险管理手段实践出现"失灵"现象。现代系统越复杂,系统对关键网络的依赖越强,表现为系统的脆弱性越强。

(2)巨灾复杂性属性呼吁协同治理机制。复杂系统科学理论及巨灾风险管理的实践都表明,单一主体或单一手段难以解决巨灾管理问题,有效的巨灾风险管理必须增强参与的"社会性"、提高管理的"主动性"、增大损失分散的"稀释性";实现脆弱性管理目标需要建立与完善巨灾风险管理制度、创新与发展巨灾损失融资制度、构建有效巨灾风险教育与风险沟通制度、夯实巨灾准备与应急管理制度等制度建设,并建立巨灾风险社会协同治理机制。

第9章　研究结论与政策建议

现代社会因为人与自然、人与社会、人与人之间的关系发展快速变化，风险生成、传播与扩散机理，都发生前所未有的变化。巨灾系统的复杂性、脆弱性呈现新的特征。传统的风险管理制度和模式受到极大挑战。本研究引入多学科的理论和工具，创新研究视角和方法，研究脆弱性视角下的巨灾成灾机理、反脆弱性的路径、巨灾风险社会协同治理的机制等核心内容。

9.1　研究结论

9.1.1　巨灾风险呈现新的发展趋势，巨灾风险管理面临新的挑战

1. 现代社会面临日益严峻的巨灾风险

虽然人类的风险认知水平与能力得到极大提升，特别是各类灾害管理和控制的工程技术和装备得到快速发展。但是，并未从理论和现实中得到逻辑性的结论：人类面临的巨灾威胁减少和人类系统管理风险水平能力的显著提升。相反，因为气候变化导致自然灾害风险增多、科技革命导致的社会风险扩大、灾害风险的复合型强化、风险的扩散和传播加快等原因，人类事实上面临日益严峻的风险威胁。特殊的地形地貌，以及经济社会发展阶段等诸多因素，导致中国是全世界自然灾害威胁最严重的国家之一，巨灾已经成为危及国家安全的重要因素。

2. 巨灾风险管理面临新的困惑

20世纪50年代以来，巨灾理论经历了从自然灾害理论到风险社会理论的发展；巨灾风险的管理实践经历了从危机管理到风险管理的演进，再到近年来国际上兴起了风险治理的实践创新。风险管理理念也经历了工程法减灾向非工程法管理的转变；灾害危机管理向综合风险管理转变；从"与灾害抗争"向"与灾害共存"转变。但是，巨灾风险管理普遍存在政府失灵、市场失灵现象；灾害管理中大量出现"小灾大害"。巨灾管理总是在经历"从灾害到灾害"的被动局面。巨灾风险管理面临新的困惑。

9.1.2 巨灾是自然和社会因素共同作用，脆弱性和抗逆力创新成灾机理

1. 多视角的风险认知，明晰了风险的来源和本质

风险自然属性与社会属性的二重属性回答了"什么是风险""风险来自哪里""风险为什么导致灾害"等问题。自然灾害事件起因于自然风险，但是自然风险不一定导致灾害。自然灾害的发生，以及损失的扩散和放大往往因为社会的因素。不利的社会系统是人类社会在自然灾害面前具有"脆弱性"的原因(O'Keefe，1976)。风险客观实体学派和主观建构学派的争论与融合进一步丰富了风险认知理论与管理方法。风险的客观实体派将物理世界环境作为解释风险的出发点，认为风险是一种与主观价值相分离的客观事实，坚持风险存在的客观性、科学性；风险主观建构认为风险是一种与主观价值(道德、世界观、行为模式等)紧密相连的社会建构过程，风险是一种集体的建构物，是具有文化属性的社会过程。两个流派的融合更能全面回答风险的来源和本质。

2. 灾害是自然致灾因子和社会脆弱性共同作用的结果，巨灾风险的成灾更取决于风险的"社会属性"

传统自然灾害理论将风险因子，以及风险损失的形成归结为"自然因素"；灾害社会理论则将风险的产生与扩大归结为"社会因素"。本研究将脆弱性与抗逆力引入巨灾风险模型中，研究巨灾风险的成灾机理。社会脆弱性表现为"易损性"和"抵抗力"，脆弱性与灾害损失呈正相关的关系；抗逆力则表现的是对灾害冲击的"恢复力"，抗逆力与灾害损失呈负相关的关系。因此，害损失既取决于灾害因子自身，更取决于人类自身的脆弱性和抗逆力。理论上解释了"小灾大害"和"大灾小害"的成灾机理；同时，该模型也表明了灾害损失既取决于灾前的风险因素影响，更取决于灾中脆弱性和灾后表现出的抗逆力。因此，纳入脆弱性和抗逆力的巨灾风险模型能够更为全面、客观和科学地诠释了巨灾风险的成灾机理，认识到人类自身活动会对灾害造成"放大"或者"减缓"的作用。

9.1.3 影响脆弱性与抗逆力因素复杂，科学评价有助于增强巨灾应对能力

1. 脆弱性与抗逆力是两个不同范畴，反映巨灾风险的两种不同应对能力

社会脆弱性和抗逆力是巨灾"社会属性"的两个重要属性。社会脆弱性着重反映巨灾风险的"易损性"，既与风险暴露度水平有关，更与社会的易损性有关。包括经济易损性、社会易损性、组织易损性、教育易损性和文化易损性等。脆弱性水平是灾害发生前的客观水平，反映社会对巨灾风险冲击的"抵抗力"；抗逆

力反映的是社会对巨灾风险冲击的"恢复力"是灾后的应对能力。因此，这是两个不同范畴，体现在灾害应对的不同阶段，反映不同的灾害应对能力，并发挥不同的灾害管理作用。传统研究不区分社会脆弱性与抗逆力，或者将抗逆力简单归结为脆弱性的组成部分，不利于灾害管理理论与实践的发展。

2. 多维度脆弱性分析评价表明，社会脆弱性程度呈下降趋势

基于影响脆弱性的因素，构建反映脆弱性水平的量纲，并通过科学评价方法进行评价，是脆弱性研究的难点。本研究分别对综合社会脆弱性和区域性特定风险的脆弱性进行评价。在综合性脆弱性评价体系的构建中，通过经济脆弱性、人口脆弱性、组织脆弱性、文化脆弱性、科技脆弱性五个维度，分别构建了若干相关指标，建立脆弱性的评价体系。基于统计数据，利用主成分分析法和非参数DEA方法，计算脆弱性指数。实证研究结论表明，自1990年以来我国的社会脆弱性指数虽然经历了多次震荡，但总体上呈现出下降的趋势。其中，经济脆弱性、人口脆弱性、组织脆弱性、文化脆弱性和科技脆弱性程度都出现了明显的下降。但是，人口脆弱性和文化脆弱性指数下降幅度更为平缓。

选择重庆地区的旱灾风险脆弱性作为区域特定风险脆弱性评价的代表。构建了包括了自然脆弱性、经济脆弱性、社会脆弱性和科技脆弱性四个维度，并设计相应指标体系，基于相关统计数据，利用BP (back propagation)为代表的ANN方法进行实证研究。结论表明，总体上重庆的农业旱灾脆弱性呈下降趋势，但是自然脆弱性程度呈动态增强的趋势，社会脆弱性更是呈持续增强的趋势且其脆弱值维持在一个较高的水平；而经济脆弱性和科技脆弱性呈持续快速减弱的趋势。研究结论表明，经济发展水平和科技发展能力是驱动重庆旱灾脆弱性下降的主要因素，对降低农业旱灾风险脆弱性起到积极作用。但是，重庆地区农业的自然脆弱性和社会脆弱性水平较高，严重影响了脆弱性总水平的下降。因此，旱灾风险脆弱性管理需要在继续强化经济脆弱性和科技脆弱性管理的同时，重点做好农业旱灾风险的社会脆弱性管理。

3. 多维度抗逆力分析评价表明，社会抗逆力水平呈现上升趋势

抗逆力主要反映社会应对巨灾风险的抗冲击力、稳定能力和恢复力等三方面的灾害应对能力。本研究分别构建了包括宏观层面的社会抗逆力、中观层面的社区抗逆力，以及微观层面的家庭抗逆力的评价体系，评价和分析巨灾风险的抗逆力水平。

在社会抗逆力的评价体系构建中，本研究构建包含经济稳定、市场效率、治理能力、社会发展与信息化发展的五个维度，构建社会抗逆力评价体系，并设立了若干相应的二级指标体系。在社区抗逆力的评价体系中，设立居住环境、公共

服务、经济基础、社会治理、人口特征等五个维度，设立相应的二级指标体系。家庭抗逆力评价体系通过设立经济基础、家庭特征、金融资源、居住环境、社会资本等几个维度和相应指标体系。在抗逆力指数的计算中，运用熵权信息法来处理。

社会抗逆力的测算结果表明，2000 年以来，中国社会抗逆力指数基本处于上升趋势。同时，各类分项指数大多呈现上扬趋势。表明依托市场机制的培育、治理能力的提升、社会民生的改善以及信息技术的推广等，中国经济系统应对外部冲击的能力得到逐步提升。但是，经济稳定指数呈现出波动性下降的趋势，表明经济不稳定因素的增加日益成为中国社会抗逆力提升的重要制约变量。此外，中国区域间的抗逆力发展不平衡。

区抗逆力评价表明，社区抗逆力总体指数主要由居住环境（19.50%）、公共服务（45.21%）、经济基础（4.63%）、社会治理（25.26%）和人口特征（5.39%）等子系统抗逆力构成。公共服务在社区抗逆力构成中起到中流砥柱的作用，是影响社区抗逆力的关键性因素。有效的社区治理能力可以在灾难中最大程度上凝聚系统成员的力量，达成共识，消除成员恐慌，成为社区逆境中恢复的倍增器。

家庭抗逆力组成来看，家庭经济基础在很大程度上决定着家庭抗逆力水平的高低，在所有抗逆力系统中居于重要地位；来自正规金融部门的银行和非正规金融的亲友及民间借款机构可为居民灾后快速恢复提供资金支持；以亲缘、地缘和血缘为纽带的社会资本在抗击风险灾害方面也表现得较为明显，说明在遇到灾难时，家庭可以快速地从他们嵌入的社会关系网络中获得物质、信息、技术等资源及亲情关怀与帮助等，从而可以迅速提升灾难中的抗逆力。

9.1.4　巨灾风险扩散与放大具有复杂机制，脆弱性与抗逆力是最主要影响因素

1. 巨灾风险扩散与放大具有复杂机理

巨灾风险扩散与社会放大是现代风险社会的显著特征。虽然自然灾害理论和灾害社会学理论都关注到这一现象。但是，自然灾害理论将其扩散机制的研究限定在致灾因子和致灾环境的研究机制中，主要分析基于灾害链和灾害群的扩散机理；灾害社会学理论局限在灾害信息的媒介和传播领域，主要通过风险社会放大框架（Kasperson et al.，1988）来研究传播机制。本研究以社会脆弱性理论、风险社会理论、风险感知理论、风险沟通理论为理论基础，综合运用灾害学、物理学、社会学、心理学、传播学等科学理论，构建一个集风险扩散与放大路径、载体、维度、影响因素及其作用于一体的机制。研究表明，致灾因子的破坏力、承灾系

统的脆弱性、承灾系统的抗逆力、风险沟通的有效度、放大效应的动力转换等因素影响巨灾风险扩散与放大。致灾因子破坏力、承灾系统脆弱性与风险放大呈正比，而承灾系统抗逆力与风险沟通有效度则与风险放大呈反向关系。

2. 风险扩散与放大主要取决于社会因素

风险的扩散和传播涉及自然脆弱性、社会脆弱性、社会抗逆力、信息传播、风险沟通等多种自然和社会因素。通过构建评价指标体系，实证研究扩散机制及影响因素。本研究中，以地震灾害为例进行风险扩散与放大影响因素分析评价。研究结论表明，地震灾害风险放大取决于致灾因子破坏力、承灾系统脆弱性、承灾系统抗逆力和风险沟通有效度四大因素的共同作用。且地震灾害的破坏作用越来越取决于社会性因素（权重高达 80.8%），而致灾因子破坏力已经成为损失影响最小的因素（权重占比 19.2%）。

9.1.5 巨灾风险主体风险认知及行为决策具有特殊性，提高政府和社会信任度有助于优化风险理性决策行为

1. 巨灾风险影响下行为主体更倾向于采取风险偏好的行为决策

风险认知是一个复杂的心理过程，并受到环境和社会的影响。风险认知影响风险行为和风险决策。不确定状态下个体决策的两个主要影响因素是风险态度和风险认知。风险决策还受到框架效应的影响（收益和损失情景），而且，巨灾突发的时间压力、心理压力、信息不畅等使得人们往往急迫地、盲目地采取非理性的、从众的行为决策。通过实验经济学的方法测试，验证了巨灾情景下的风险主体表现出较强的侥幸心理，更倾向于采取风险偏好的行为决策（具有冒险性特征），具体表现为缺乏购买商业保险进行主动风险管理的意识。

2. 政府和社会信任度会显著影响巨灾风险行为主体的决策

巨灾风险事件影响和波及范围广，信息传播速度快，很容易形成社会性焦点事件。同时，巨灾风险的管理必然牵涉所有风险主体，风险主体间既存在依存关系、合作关系，也存在矛盾关系和竞争关系。因此，如果社会成员对政府及社会的信任度高，将有利于信息的传输和资源的整合，减轻人们对巨灾的恐惧感，促进人们的理性行为和社会的有序。反之，将加剧社会成员的风险冒险行为。实验经济学的研究验证了这个结论。

3. 群体策略选择间的相互依赖关系会显著影响巨灾保险市场均衡

风险主体的行为决策既受到个体风险认知的影响，也会受到周围群体行为的

影响。在巨灾风险情境下，行为主体由于恐惧、信息不畅等原因更容易促使人们产生"从众效应"的行为抉择。即人们在不确定情况下进行决策时会受到其身边人的行为决策的影响，从而形成群体间行为策略选择的相互依赖。为此，我们将群体策略选择间的相互依赖关系(即从众效应)称为强度系数。研究结论表明，强度系数越大，越有助于巨灾保险市场有效均衡的达成。基于演化博弈理论，构建个体、保险公司和政府三方博弈模型，同时，通过引入强度系数衡量群体内部采取不同行为决策的比例变化，从数理视角得出影响行为主体巨灾行为决策的主要因素包括风险感知、政府和社会信任度、政府补贴、强度系数等。

9.1.6　巨灾具有典型的复杂系统特征，巨灾风险协同治理机制设计是巨灾有效治理的关键

1. 巨灾复杂系统具有脆弱性，巨灾治理需要社会协同

巨灾风险系统是由复杂网络构成的复杂系统。这些复杂网络具有小世界特征、无标度特性、社团结构等特征。即少网络节点成为系统连接的关键节点，表现为对关键节点的严重依赖性。由此产生系统的脆弱性。系统科学理论基础的混沌理论、突变理论和耗散结构理论，能够较好解释巨灾风险冲击及系统危机的形成过程，为巨灾风险管理提供科学的分析手段。复杂系统科学理论及巨灾风险管理的实践都表明，单一主体或单一手段难以解决巨灾管理问题。巨灾复杂系统需要社会协同治理，协同治理已经成为巨灾风险管理的目标模式。

2. 巨灾协同治理面临诸多困境，需要构建协同治理机制

协同治理并不必然导致巨灾治理的社会行动成功。在巨灾风险管理的实践中常常出现协同失灵的困境。协同治理的困境与问题主要表现在局限于以"风险"为中心、以"维稳"为中心、以政府管理为中心的协同治理理念缺失；社会组织的数量不足、社会组织的专业化程度不高、市场化和社会化程度较低导致的多元性协同治理主体未形成；垂直纵向式网络结构、单中心式网络结构、协同性较差的网络结构的协同治理社会网络结构不合理。协同治理涉及多元化的社会主体参与，多目标的社会诉求，多环节的社会配合，多种资源的社会整合，实现协同有序的重要条件是构建强大的协同治理机制，包括沟通机制、参与机制、学习机制等机制的构建。

3. 确立中国国情的协同治理路径，实现风险治理的社会协同

构建协同包括政府、非政府组织、企业、家庭、个人在内的风险主体，相互协作、共同抵御和分担风险的新型风险治理模式被国际上确立为目标模式，受到

高度关注。中国国情的协同治理需要沿着两条路径演进。一是从危机管理到风险管理，从风险管理到风险治理的发展；二是从政府治理，向社会治理转变，最终走向协同治理模式。我国传统的"大政府小社会"治理模式，未能充分发挥市场作用。因此，"大政府和大社会"是一个理想的模式。政府的充分放权，积极培育和发展市场主体，引导和培育公民社会，增强专业市场组织参与治理，给公民团体更多机会参与到风险治理获得中。树立现代风险管理理念，实现从危机管理向风险治理路径的转变。

9.1.7　反脆弱性是系统工程，构建现代风险管理制度和机制是关键

1. 构建现代巨灾风险管理制度是前提

巨灾风险管理制度、法规和组织体系的缺失或不完善，成为制约巨灾风险管理重要因素，在巨灾风险管理中显现为制度的脆弱性。加快为巨灾风险管理提供制度建设、法规保障和组织支持，是从制度层面建设巨灾风险反脆弱性的重要途径。确立综合巨灾风险管理制度，实现全社会管理、全风险管理、全属性管理和全周期管理；构建有效巨灾管理准备制度，包括巨灾物资准备、巨灾财务准备和制度准备；建立健全巨灾风险法律保障制度，包括减灾规划风险管理制度、巨灾法规保障体系；健全巨灾风险管理组织制度。

2. 加快巨灾损失分散与融资机制创新是关键

集中性的巨灾损失往往造成巨灾融资的规模性缺口和流动性缺口。巨灾损失分散与融资机制不仅需要解决融资缺口问题，还需要有利于促进减灾防损和兼顾效率与公平。不同的融资工具具有不同的融资特征和融资效率；在风险管理的不同阶段和风险损失的不同程度，具有不同的融资需求。因此，在巨灾的融资选择中，既要选择好融资工具的组合，也要合理进行融资结构和比例安排。积极发展巨灾保险、巨灾再保险、巨灾风险证券化产品，以及巨灾风险基金等。通过塑造政府巨灾风险融资的引导机制，可有效发挥政府的引导作用和市场配置资源的效率。

3. 强化巨灾风险教育与风险沟通制度是条件

风险知识缺失、风险认知偏差、风险意识薄弱等因素都会导致风险冲突加剧，多因素叠加的风险冲突更是成为巨灾风险脆弱性的集中体现。加大风险教育和风险沟通是减低消除风险冲突的重要途径，也是进行巨灾风险反脆弱性管理的重要路径。因此，通过学校教育、家庭教育和社区教育，以正规教育与非正规教育形势开展巨灾风险教育，共同推广形成巨灾安全文化。建立多元化风险沟通制度减

低风险冲突，也是建立整合式综合风险管理制度的重要基础。

4. 加强应急管理与巨灾危机应对

风险突发事件的发生具有不确定性。但是，突发事件并不同于灾害危机。脆弱性是将风险可能转化为危机现实的"催化剂"，突发事件酿成危机的根源在于社会脆弱性。而危及的发生及程度的扩大反过来又会放大社会脆弱性。因此，社会脆弱性与灾害危机之间具有双向因果关系。巨灾应急管理与危机管理是风险治理中的一个环节，有效的应急管理与巨灾危机应对，将极大减少风险威胁和损失，同时，增强反脆弱性的管理能力。政府主导的应急管理和危机管理，应该积极融合风险治理理念，强化多元主体参与、资源整合、社会协同，才能取得积极的治理效应，有效降低社会脆弱性水平，增强巨灾的应对能力。

9.2　政　策　建　议

有效的巨灾风险管理必须保障治理的"制度性"、参与的"社会性"、管理的"主动性"、增大损失分散的"稀释性"。实现脆弱性管理目标需要建立与完善巨灾风险管理制度、创新与发展巨灾损失融资制度、构建有效巨灾风险教育与风险沟通制度、夯实巨灾准备与应急管理制度等制度建设，并建立巨灾风险社会协同治理机制。

1. 加快巨灾法律制度建设，提高制度保障能力

巨灾风险导致系统的失序，制度是秩序的保障。因此，法律法规制度建设尤为重要。我国近年来虽然重视风险管理的立法工作，也取得了积极进展。但是，法律体系庞杂，各部门法律的协调性差。另一方面，虽然法律框架构建完整，但许多法律规定抽象和笼统，缺乏针对性、实用性和可操作性。导致在灾害管理中往往运用行政手段代替法律应用的现象。在巨灾风险管理的社会动员与组织方面，现行管理模式还主要依靠政治和行政手段，造成突发性灾害发生后有时出现法律不如文件，文件不如领导批示的现象。巨灾风险的社会协同治理急需加快法制和规则建设进程。需要不断建立健全巨灾风险管理与保障制度，加快制定出台《建筑物标准法》《巨灾风险监测法》《巨灾灾害减轻法》《巨灾保险法》等，为巨灾风险的防范与管理创造良好的制度环境。

2. 积极发展公民社会组织，促进多元协同治理

党的十八届三中全会提出"完善和发展中国特色社会主义制度，推进国家治理体系和治理能力现代化"的总目标。党的十九大报告进一步明确"推进国家治

理体系和治理能力现代化"要求。实现"党委领导、政府主导、社会协同、公众参与、法治保障"的多元化社会协同治理格局。可见，社会转型、国家治理现代化目标背景下的巨灾风险治理需要积极发展和引导公民社会组织参与风险管理，改变我国在风险管理中的"强政府弱社会"和"单中心"的管理格局。一方面，通过建立社区平台、公众网络平台、专业的风险管理系统，给公民充分的风险管理的知情权、参与权和决策权，表达公民的意愿与诉求，赋予公民风险管理的机会和权利；另一方面，积极落实和保障各类非政府组织、非营利组织、第三部门、民间组织发展的环境、基础和条件保障，实现公民社会组织发展的制度化、规范化、民主化、法治化，提高社会组织的专业化、市场化和社会化程度，充分发挥社会组织在巨灾风险治理中的特殊作用。

3. 强化巨灾教育与沟通，增强公众参与能力

风险知识和信息影响风险认知并影响风险行为。因此，构建良好的风险教育与沟通，有利于增强公众参与能力。正式和非正式教育在学校和社区的不断推广最终可以形成一种安全文化，保证未来社会在面对巨灾时能够从容应对(Petal，2008)。学校和社会应该将风险教育纳入正式制度安排，并给予专项经费投入，开发多功能的风险教育材料。通过情景教育(灾难现场体验)、灾害经历者讲述、影视传播、灾害数据库等多种方式进行风险教育，并定期和不定期开展灾害演习。

有效的风险沟通正向促进社会舆论支持，引导群体情感，减少风险冲突，提高社会协同的有效性。我国虽然已开始重视风险沟通的发挥。但是，主要体现在"告知"功能的单向沟通。在风险管理中社会大众缺乏话语权和参与权，一旦专家和政府的公信力被质疑，将产生沟通危机。因此，政府应该拓展沟通平台、创新沟通机制与方式，积极开展双向沟通机制与渠道。除了政府现行的灾害信息平台及正式媒体外，应该特别重视微博、微信、QQ 等互联网时代社交媒体的作用。这些社交媒体平台具有交互性、迅速性、便捷性和开放性等特点，具有自发的信息沟通渠道、沟通方式及应急功能，对社会产生巨大的影响力。因此，政府应该充分利用、积极引导和规范发展这些平台，展开多元风险沟通。

4. 提高政府和社会公信力，减少风险管理冲突

巨灾风险主体的风险行为和偏好具有特殊性：风险发生前大多表现为冒险型的风险偏好；风险发生后，易于产生焦虑和恐慌的心理，甚至会产生怨恨和躁动等过激行为，加剧社会失序矛盾。正如前文的研究结论表明，公民对政府和社会公信力的提高，将有利于提高风险偏好的理性程度，减少灾前的风险冒险行为，增加风险活动中的协同性。公信力是政府治理和服务社会的客观能力，最终表现为政府对社会的影响力与号召力，体现了政府的权威性、民主程度、服务程度和

法制建设程度，反映了社会对政府的满意度和信任度。政府社会公信力的提升要求政府成为一个负责任的政府、服务型政府、法治政府和透明的政府。近年来为切实转变政府职能、加快法制建设进程，国务院 2017 年开启的"深化简政放权、放管结合、优化服务改革"、中共中央 2018 年启动的《深化党和国家机构改革方案》等重大改革工程，已经加速了政府机构、机制改革，加之十八届三中全会、四中全会的重要决定，都为政府的职能、法制建设提出了明确的目标与要求。为提高政府和社会公信力，这些改革工程必须深化和细化。

5. 保障灾害预防投资，提高灾害主动管理水平

积极预防是风险管理最有效和最低成本的管理手段。但是全社会（特别是政府）更愿意在应急管理和危机管理中巨额投入，而忽视了在灾前的预防管理资金投入。与美日等发达国家相比，我国的预防风险管理投入规模和水平有较大差距。也正因为预防风险管理投入不足，面对同样的灾害，我们的经济损失和人员伤亡是这些国家的数倍。建立政府稳定的预算制度，保证灾害预防投入的制度化，逐渐提高灾害预防投入占 GDP 的比例；构建多层次多元化的预防投入体系，保障预防投入的社会化。通过国家引导、政策支持建立全社会的预防投入，增强全社会预防投入规模；强化灾害预防在规划和投资的过程管理，将灾害预防纳入城市规划布局、产业发展规划、工程建设与施工之中，提高规划和发展的灾害预防能力；加快风险检测技术和装备开发，提高科技防灾水平；大力发展灾害信息系统，提高灾害信息管理能力。通过构建灾备数据系统、灾害信息系统和开发灾害模拟模型等手段，提高灾害的预测能力、应急的反应速度。

6. 积极发挥社区作用，完善风险治理网络结构

有效的风险治理要求构建一个多层次、多中心，并相互连接、相互依赖的协作网络结构体系。我国现存的政府主导的线性模式和单中心治理模式的风险治理网络存在较为严重的缺陷，基层治理结构弱化，风险治理社会性的基础薄弱，加剧了巨灾事件中家庭和社区产生灾害发生后的"孤岛"效应。社区在风险知识的分享、风险信息的交流、风险政策的传递等方面都会发挥特殊的作用，特别是社区将承担连接政府、企业和家庭的纽带，极大提高社区与外部的协同。此外，在诸多重大灾害发生后，真正第一时间启动应急响应的不是政府组织，而是社区！因此，强化社区建设，充分发挥社区作用，是社会协同网络治理的重点和薄弱环节。

7. 加快巨灾保障工具创新，扩大风险分散能力

有效的巨灾管理需要建立高效的巨灾损失分担体系和丰富的巨灾融资工具。

传统的以政府为主体,以财政为主渠道的救灾模式远远不能满足巨灾管理的需要;商业保险大多将巨灾风险作为除外责任。因此加快巨灾保障的工具创新具有强大的需求和市场潜力。从我国的现实情况看,应该积极学习借鉴国外较为成熟的巨灾保障工具,包括巨灾保险和巨灾再保险、巨灾债券、气象指数保险、巨灾基金等保障产品。巨灾作为一类特殊风险,巨灾保险作为特殊的保险业务,需要借助政府与市场机制的融合和相关制度的供给。我国应该加快巨灾保险的立法工作,积极营造巨灾保险的发展环境。巨灾债券、气象指数保险类型的巨灾风险证券化产品具有相当高的市场环境与制度条件要求。由于该类产品能有效克服传统保险的缺陷,并具有强大的市场发展潜力,政府应该积极引导和政策激励,加快该类产品的创新发展。巨灾基金通过连接政府、保险公司,以及市场其他资源,建立全社会性的风险保障基金,分散巨灾保险风险,我国可以鼓励建立全国性和区域性综合巨灾基金,也可以建立地震巨灾基金、洪水巨灾基金等专项巨灾风险基金。

参 考 文 献

阿诺德·M. 霍伊特，赫曼·B. 达奇·莱奥纳多，郑寰，2011. 整合型风险管理：预防性的灾难恢复[J]. 国家行政学院学报，(4)：122.

艾民伟，张楠，2014. 名人圈里的小世界：人民微博的网络结构分析[EB/OL]. (2014-03-28)[2021-06-15]. http://media.people.com.cn/BIG5/n/2014/0328/c40606-24763457.html.

安东尼·吉登斯，2001. 失控的世界[M]. 周红云，译. 南昌：江西人民出版社.

安东尼·吉登斯，2011. 现代性的后果[M]. 田禾，译. 南京：译林出版社.

白列湖，2007. 协同论与管理协同理论[J]. 甘肃社会科学，(5)：228-230.

彼得·哈里斯-琼斯，周战超，2005. "风险社会"传统、生态秩序与时空加速[J]. 马克思主义与现实，(6)：31-38.

卜玉梅，2009. 风险的社会放大：框架与经验研究及启示[J]. 学习与实践，(2)：120-125.

常硕峰，伍麟，2013. 风险的社会放大：特征、危害及规避措施[J]. 学术交流，(12)：141-145.

陈超，2011. 自然灾害应急物资需求分类及需求量研究[D]. 北京：北京交通大学.

陈春生，1986. "测不准原理"的认识论思想初探[J]. 哲学研究，(11)：40-47.

陈磊，徐伟，周忻，等，2012. 自然灾害社会脆弱性评估研究——以上海市为例[J]. 灾害学，27(1)：98-100，110.

陈启亮，2017. 农业自然灾害社会脆弱性评价与管理[D]. 重庆：西南大学.

陈启亮，谢家智，张明，2016. 农业自然灾害社会脆弱性及其测度[J]. 农业技术经济，(8)：94-105.

陈容，崔鹏，2013. 社区灾害风险管理现状与展望[J]. 灾害学，28(1)：133-138.

陈征，2012. 组织面对灾难的抗逆力研究[D]. 南京：南京大学.

程虹娟，2015. 慈善公益类社会组织参与社会救助的实效调研——以"4·20"芦山地震为例[J]. 成都理工大学学报(社会科学版)，(6)：73-77.

程静，彭必源，2010. 干旱灾害安全网的构建：从危机管理到风险管理的战略性变迁[J]. 湖北工程学院学报，30(4)：79-82.

戴长征，黄金铮，2015. 比较视野下中美慈善组织治理研究[J]. 中国行政管理，(2)：141-148.

邓伽，胡俊超，2011. 能源报道如何兼具专业性与大众性——以新华社部分报道为例[J]. 中国记者，(S1)：73-75

邓曲恒，2013. 农村居民举家迁移的影响因素：基于混合Logit模型的经验分析[J]. 中国农村经济，(10)：17-29.

丁庆华，2008. 突变理论及其应用[J]. 黑龙江科技信息，(35)：11，23.

丁元竹，2008. 志愿精神是公民社会的精髓[J]. 人民论坛，(15)：34-35.

董幼鸿，2014. 基于脆弱性理论范式分析公共危机事件生成的机理[J]. 上海行政学院学报，(5)：75-83.

窦玉沛，2008. 中国慈善事业发展——前景光明挑战严峻[J]. 社会福利，(12)：11-13.

恩格斯，1971. 自然辩证法[M]. 于光远，等译. 北京：人民出版社.

樊博，聂爽，2017. 应急管理中的"脆弱性"与"抗逆力"：从隐喻到功能实现[J]. 公共管理学报，(4)：129-140.

樊纲，王小鲁，马光荣，2011. 中国市场化进程对经济增长的贡献[J]. 经济研究，(9)：4-16.

范如国，2014. 复杂网络结构范型下的社会治理协同创新[J]. 中国社会科学，（4）：98-120，206.

范如国，2017. "全球风险社会"治理：复杂性范式与中国参与[J]. 中国社会科学，（2）：65-83.

方修琦，殷培红，2007. 弹性、脆弱性和适应——IHDP 三个核心概念综述[J]. 地理科学进展，26（5）：11-22.

费勒尔·海迪，2006. 比较公共行政[M]. 6 版. 刘俊生，译. 北京：中国人民大学出版社.

高鸿桢，2003. 实验经济学的理论与方法[J]. 厦门大学学报（哲学社会科学版），（1）：5-14.

高鸿桢，2003. 实验经济学导论[M]. 北京：中国统计出版社.

高俊，陈秉正，2014. 我国巨灾风险融资的最优结构研究——基于三种融资工具边际成本的对比分析[J]. 保险研究，（8）：28-35.

高旭，张圣柱，杨国梁，等，2011. 风险沟通研究进展综述[J]. 中国安全生产科学技术，7（5）：148.

格里·斯托克，1999. 作为理论的治理：五个论点[J]. 华夏风，译. 国际社会科学杂志（中文版），（1）：19-30.

葛怡，史培军，刘婧，等，2005. 中国水灾社会脆弱性评估方法的改进与应用——以长沙地区为例[J]. 自然灾害学报，14（6）：54-58.

龚维斌. 2016. 改革开放以来社会治理体制改革的基本特点[J]. 中国特色社会主义研究，（3）：70-75.

郭军华，李帮义，倪明. 2013. 双寡头再制造进入决策的演化博弈分析[J]. 系统工程理论与实践，33（2）：370-377.

郭治安，1988. 协同学入门[M]. 成都：四川人民出版社.

郝晶晶，朱建军，刘思峰，2015. 基于前景理论的多阶段随机多准则决策方法[J]. 中国管理科学，23（1）：73-81.

何爱平，赵仁杰，张志敏，2014. 灾害的社会经济影响及其应对机制研究进展[J]. 经济学动态，（11）：130-141.

何德功，2011. 六问日本大地震的经济影响[J]. 中小企业管理与科技，（8）：24-25.

贺帅，杨赛霓，李双双，等，2014. 自然灾害社会脆弱性研究进展[J]. 灾害学，29（2）：168-173.

赫伯特·西蒙，1989. 现代决策理论的基石：有限理性说[M]. 杨烁，徐立，译. 北京：北京经济学院出版社.

赫伯特·西蒙，2007. 管理行为[M]. 詹正茂，译. 北京：机械工业出版社.

洪永淼，方颖，陈海强，等，2016. 计量经济学与实验经济学的若干新近发展及展望[J]. 中国经济问题，（2）：126-136.

胡曼，郝艳华，宁宁，等，2016. 应急管理新动向：社区抗逆力的测评工具比较分析[J]. 中国公共卫生管理，（1）：27-29.

胡兴球，张哲，张艳，2014. 集体行动的逻辑——奥尔森与奥斯特罗姆之比较[J]. 商业时代，（34）：49-51.

华颖，2011. 中国政府防灾减灾投入的优化机制[J]. 甘肃社会科学，（6）：9-13.

黄晓军，黄馨，崔彩兰，等，2014. 社会脆弱性概念、分析框架与评价方法[J]. 地理科学进展，33（11）：1512-1525.

纪莺莺，2013. 当代中国的社会组织：理论视角与经验研究[J]. 社会学研究（5）：219-241.

佳林·库普曼斯，2010. 关于经济科学现状的三篇论文[M]. 王中华，刘玉霞，译. 北京：首都经济贸易大学出版社.

贾西津，2008. 中国社团发展问题与展望[J]. 探索与争鸣，（6）：28-29.

金太军，鹿斌，2016. 协同治理生成逻辑的反思与调整[J]. 行政论坛，23（5）：1-7.

景维民，张慧君，黄秋菊，2013. 经济转型深化中的国家治理模式重构[M]. 北京：经济管理出版社.

孔繁琦，2013. 明概念、晓区别、知联系——风险管理、应急管理和危机管理的概念辨析[J]. 现代职业安全，（9）：77-79.

拉塞尔·哈丁，2013. 群体冲突的逻辑[M]. 刘春荣，汤艳文，译. 上海：上海世纪出版集团.

李翠，2014. 近年来国内外风险社会研究综述[J]. 黑河学刊，(1)：25-29.

李汉卿，2014. 协同治理理论探析[J]. 理论月刊，(1)：138-142.

李鹤，张平宇，程叶青，2008. 脆弱性的概念及其评价方法[J]. 地理科学进展，27(2)：18-25.

李宏伟，屈锡华，严敏，2009. 纪念汶川大地震一周年社会再适应、参与式重建与反脆弱性发展——汶川地震灾后重建启示录[J]. 社会科学研究，(3)：1-7.

李华强，2011. 突发性灾害中的公众风险感知与应急管理[D]. 成都：西南交通大学.

李华强，范春梅，贾建民，等，2009. 突发性灾害中的公众风险感知与应急管理——以 5·12 汶川地震为例[J]. 管理世界，(6)：52-60.

李丽娜，2010. 城市化影响下自然-人工复合生态系统脆弱性评估模型构建与应用研究[D]. 上海：华东师范大学.

李培林，2013. 我国社会组织体制的改革和未来[J]. 社会，33(3)：1-10.

李小敏，胡象明，2015. 邻避现象原因新析：风险认知与公众信任的视角[J]. 中国行政管理，(3)：131-135.

李严锋，2013. 国外救灾物资应急物流经验分享[J]. 中国减灾，(19)：24-25.

李艳霞，郭夏玫，2018. 全球化、经济社会发展与公众的政府信任——以 48 个国家为样本的实证分析[J]. 厦门大学学报(哲学社会科学版)，(2)：128-139.

李仰哲，2008. 巨灾风险的政策应对和制度建设[J]. 中国减灾，(10)：19.

李勇杰，2005. 建立巨灾风险的保障机制[J]. 改革与战略，(6)：108-110.

李远远，2009. 基于粗糙集的指标体系构建及综合评价方法研究[D]. 武汉：武汉大学.

李竹明，汤鸿，2009. 从科学管理到复杂科学管理——管理理论的三维架构与研究范式的演进[J]. 科协论坛，(3)：144-145.

梁留科，刘朝晖，1994. 论人与灾害关系的历史演变[J]. 灾害学，9(1)：89-93.

林爱理，吴转转，2011. 风险沟通研究述评[J]. 现代传播(中国传媒大学学报)，(3)：36-41.

林闽钢，战建华，2010. 灾害救助中的 NGO 参与及其管理——以汶川地震和台湾 9·21 大地震为例[J]. 中国行政管理，(3)：98-103.

刘辉，2012. 管治、无政府与合作：治理理论的三种图式[J]. 上海行政学院学报，13(3)：52-58.

刘金平，2011. 理解·沟通·控制：公众的风险认知[M]. 北京：科学出版社.

刘景东，2016. 农村民间金融组织的稳定性和脆弱性研究——基于社会网络的研究视角[J]. 金融经济学研究，(4)：118-128.

刘婧，方伟华，葛怡，等，2006. 区域水灾恢复力及水灾风险管理研究[J]. 自然灾害学报，15(6)：56-61.

刘兰芳，刘盛和，刘沛林，等，2002. 湖南省农业旱灾脆弱性综合分析与定量评价[J]. 自然灾害学报，11(4)：78-83.

刘铁民，2010. 事故灾难成因再认识——脆弱性研究[J]. 中国安全生产科学技术，6(5)：5-10.

刘铁民，朱慧，张程林，2015. 略论事故灾难中的系统脆弱性——基于近年来几起重特大事故灾难的分析[J]. 社会治理(4)：65-70.

刘卫平，2015. 论社会治理主体培育：价值、困境与策略[J]. 邵阳学院学报(社会科学版)，14(5)：69-77.

刘一点，杜帅南，2014. 巨灾风险下的投保行为——基于实验理论的研究[J]. 经济理论与经济管理，(4)：88-99.

刘毅，柴化敏，2007. 建立我国巨灾保险体制的思考[J]. 上海保险，(5)：16-18.

刘玉兰，2011. 西方抗逆力理论：转型，演进，争辩和发展[J]. 国外社会科学，(6)：68-74.

刘宗熹, 章竟, 2009. 由汶川地震看应急物资的储备与管理[J]. 商品储运与养护, 30(11): 52-55.

吕芳, 2011. 社区公共服务中的"吸纳式供给"与"合作式供给"——以社区减灾为例[J]. 中国行政管理, (8): 76-79.

马骏, 2011. 不确定性及其后果——国际制度的认知基础[J]. 国际观察, (1): 52-59.

马振超, 2008. 新形势下国家安全观的演变及特点[J]. 中国青年政治学院学报, 27(5): 62-66.

毛小苓, 倪晋仁, 张菲菲, 等, 2006. 面向社区的全过程风险管理模型的理论和应用[J]. 自然灾害学报, (1): 27-32.

孟博, 刘茂, 王丽, 等, 2010. 风险感知研究的理论方法与其作用因子分析[J]. 中国应急管理, (9): 24-28.

苗东升, 2013. 复杂性科学研究[M]. 北京: 中国书籍出版社.

倪长健, 王杰, 2012. 再论自然灾害风险的定义[J]. 灾害学, 27(3): 1-5.

聂承静, 杨林生, 李海蓉, 2012. 中国地震灾害宏观人口脆弱性评估[J]. 地理科学进展, 31(3): 375-382.

皮埃尔·卡蓝默, 2005. 破碎的民主: 试论治理的革命[M]. 高凌瀚, 译. 北京: 生活·读书·新知三联书店.

乔刚, 程啸, 2012. 论我国自然灾害防治法律体系和管理机制的完善——以美国自然灾害防治的相关经验为鉴[C]// 中国法学会环境资源法学研究会. 可持续发展·环境保护·防灾减灾——2012 年全国环境资源法学研究会 (年会)论文集. 成都: 中国法学会环境资源法学研究会.

全球治理委员会, 1995. 我们的全球伙伴关系[M]. 牛津: 牛津大学出版社.

商彦蕊, 2000. 自然灾害综合研究的新进展——脆弱性研究[J]. 地域研究与开发, 19(2): 73-77.

尚志海, 2017. 自然灾害风险沟通的研究现状与进展[J]. 安全与环境工程, 24(6): 30-36.

尚志海, 刘希林, 2014. 自然灾害风险管理关键问题探讨[J]. 灾害学, 29(2): 158-164.

佘廉, 雷丽萍, 2008. 我国巨灾事件应急管理的若干理论问题思考[J]. 武汉理工大学学报(社会科学版), 21(4): 470-475.

石晶, 崔丽娟, 2016. 舆论支持对集体行动的影响: 有中介的调节效应[J]. 心理研究, 9(1): 72-78.

石勇, 2010. 灾害情景下城市脆弱性评估研究——以上海市为例[D]. 上海: 华东师范大学.

石勇, 许世远, 石纯, 等, 2011. 自然灾害脆弱性研究进展[J]. 自然灾害学报, (2): 131-137.

时勘, 范红霞, 贾建民, 等. 2003. 我国民众对 SARS 信息的风险认知及心理行为[J]. 心理学报, 35(4): 546-554.

史培军, 1991. 灾害研究的理论与实践[J]. 南京大学学报: 自然科学版, 自然灾害研究专辑, (11): 37-41.

史培军, 1996. 再论灾害研究的理论与实践[J]. 自然灾害学报, 11(4): 6-17.

史培军, 2003. 中国自然灾害系统地图集[M]. 北京: 科学出版社.

史培军, 李宁, 叶谦, 2009. 全球环境变化与综合灾害风险防范研究[J]. 地球科学进展, 24(4): 428-435.

史培军, 吕丽莉, 汪明, 等, 2014a. 灾害系统: 灾害群、灾害链、灾害遭遇[J]. 自然灾害学报, 23(6): 1-12.

史培军, 汪明, 胡小兵, 等, 2014b. 社会——生态系统综合风险防范的凝聚力模式[J]. 地理学报, 69(6): 863-876.

宋守信, 许葭, 陈明利, 等, 2017. 脆弱性特征要素递次演化分析与评价方法研究[J]. 北京交通大学学报(社会科学版), 16(2): 57-65.

苏桂武, 高庆华, 2003. 自然灾害风险的行为主体特性与时间尺度问题[J]. 自然灾害学报, 12(1): 9-16.

苏筠, 周洪建, 崔欣婷, 2005. 湖南鼎城农业旱灾脆弱性的变化及原因分析[J]. 长江流域资源与环境, 14(4): 522-527.

孙国强, 2004. 西方网络组织治理研究评介[J]. 外国经济与管理, (8): 8-12.

孙慧荣, 2007. 风险态度与汇率泡沫相关性的实验经济学研究[D]. 镇江: 江苏大学.

孙燕娜,谢恬恬,王玉海,2016. 社区灾害风险管理中政府与社会组织的博弈与合作途径初探[J]. 北京师范大学学报(自然科学版),52(5):616-621.

唐钧,2012. 危机管理的新形势与新趋势[J]. 中国减灾,(15):44-46.

唐立红,高帆,2010. 日美德政府自然灾害危机管理经验与启示[J]. 求索,(2):57-58.

唐曼萍,王海兵,2010. 企业自然灾害财务风险机理及其控制研究[J]. 软科学,(4):115-117.

唐贤兴,2010. "地沟油事件"与重塑社会信任之难[N]. 南方日报,2010-03-26(2).

陶欢欢,2009. 复原力(resilience)研究的回顾[J]. 襄樊职业技术学院学报,8(5):80-84.

陶鹏,童星,2011. 灾害社会科学:基于脆弱性视角的整合范式[J]. 南京社会科学,(11):51-57.

田亚平,向清成,王鹏,2013. 区域人地耦合系统脆弱性及其评价指标体系[J]. 地理研究,32(1):55-63.

童小溪,战洋,2008. 脆弱性、有备程度和组织失效:灾害的社会科学研究[J]. 国外理论动态,(12):61-63.

童星,2012. 风险灾害危机连续统与全过程应对体系[J],学习论坛,(8):47-50.

童星,2013. 风险灾害危机连续统与全过程应对体系[J]. 中国社会公共安全研究报告,(1):17-23.

童星,陶鹏,2011. "应急失灵"与防灾减灾[J]. 中国减灾,(15):38-40.

汪小帆,李翔,陈关荣,2012. 网络科学导论[M]. 北京:高等教育出版社.

汪玉凯,2007. 公共危机与管理[M]. 北京:中国人事出版社.

王东,2011. 企业风险管理中的风险沟通机制研究[J]. 保险研究,(4):62-69.

王锋,2013. 当代风险感知理论研究:流派、趋势与论争[J]. 北京航空航天大学学报(社会科学版),26(3):18-24

王浦劬,2014. 国家治理、政府治理和社会治理的含义及其相互关系[J]. 国家行政学院学报,(3):11-17.

王琪,2009. 中国巨灾风险融资研究[D]. 成都:西南财经大学.

王涛,2012. 农村灾害教育应急与常态管理机制研究[D]. 合肥:安徽农业大学.

王永明,刘铁民,2010. 应急管理学理论的发展现状与展望[J]. 中国应急管理,(6):24-30.

王振耀,2010. 中国自然灾害管理体系基本结构与面临的挑战[J]. 行政管理改革,(10):22-24.

王震,2014. 从"信任风险"到现代性的风险——吉登斯现代性理论新探[J]. 牡丹江大学学报,(11):37-39.

王志香,2011. 我国自然灾害防治法律制度研究[D]. 济南:山东师范大学.

温宁,刘铁民,2011. 基于对抗交叉评价模型的中国自然灾害区域脆弱性评价[J]. 中国安全生产科学技术,(4):26-30.

温晓金,2017. 恢复力视角下山区社会——生态系统脆弱性及其适应[D]. 西安:西北大学.

乌尔里希·贝克,2001a. 自反性现代化[M]. 赵文书,译. 北京:商务印书馆.

乌尔里希·贝克,2001b. 自由与资本主义[M]. 路国林,译. 杭州:浙江人民出版社.

乌尔里希·贝克,2004. 风险社会[M]. 何博文,译. 南京:南京译林出版社.

吴春梅,庄永琪,2013. 协同治理:关键变量、影响因素及实现途径[J]. 理论探索,(3):73-77.

吴宜蓁,2007. 专家与民众:健康风险认知差距研究内涵检视[J]. 西南民族大学学报(人文社科版),28(10):154-157.

伍麟,张璇,2012. 风险感知研究中的心理测量范式[J]. 南京师大学报(社会科学版),(2):95-102.

伍麟,王磊,2013. 风险缘何被放大?——国外"风险的社会放大"理论与实证研究新进展[J]. 学术交流,(1):141-146.

鲜文铎,向锐,2007. 基于混合 Logit 模型的财务困境预测研究[J]. 数量经济技术经济研究,(9):68-76

谢尔顿·克里姆斯基，多米尼克·戈尔丁，2005. 风险的社会理论学说[M]. 徐元玲，孟毓焕，徐玲，等译. 北京：北京出版社.

谢家智，蒲林昌，2003. 政府诱导型农业保险发展模式研究[J]. 保险研究，(11)：42-44.

谢家智，车四方，2017. 农村家庭多维贫困测度与分析[J]. 统计研究，34(9)：44-55.

谢家智，王文涛，车四方，2016. 巨灾风险经济抗逆力评价及分布特征分析[J]. 湖南大学学报(社会科学版)，30(3)：85-93.

谢世清，2009. 公私伙伴合作应对巨灾挑战：国际经验与启示[J]. 财贸经济，(7)：62-67.

谢晓非，谢冬梅，郑蕊，等，2003. SARS 危机中公众理性特征初探[J]. 管理评论，15(4)：6-12.

谢晓非，徐联仓，1995a. "风险"性质的探讨——一项联想测验[J]. 心理科学，18(6)：331-333.

谢晓非，徐联仓，1995b. 风险认知研究概况及理论框架[J]. 心理科学进展，3(2)：17-22.

谢晓非，陆静怡，2014. 风险决策中的双参照点效应[J]. 心理科学进展，22(4)：571-579.

谢晓非，郑蕊，2003. 风险沟通与公众理性[J]. 心理科学进展，11(4)：375-381.

邢慧茹，陶建平，2009. 美国农业自然灾害救助体系评价[J]. 农村经济，(8)：122-123.

徐飞，2009. 突变下的企业危机管理[N]. 首都建设报，2009-10-16(5).

徐联仓，1998. 风险与决策[J]. 科学决策，(2)：37-39.

徐伟，章元，万广华，2011. 社会网络与贫困脆弱性——基于中国农村数据的实证分析[J]. 学海，(4)：122-128.

徐绪松，2003. 复杂科学管理的管理思想[J]. 太平洋论坛，(1)：25-31.

徐绪松，吴强，2005. 管理科学的前沿：复杂科学管理[N]. 光明日报，2005-05-10(9).

许建华，罗玲，李伟华，2014. 汶川地震与东日本大地震救援行动对比的研究[J]. 中国应急救援，47(5)：35-38.

许琳，何晔，2005. 论慈善事业发展的乘数效应[J]. 西北大学学报(哲学社会科学版)，(1)：140-144.

薛晓源，刘国良，2005. 全球风险世界：现在与未来——德国著名社会学家、风险社会理论创始人乌尔里希·贝克教授访谈录[J]. 马克思主义与现实，(1)：44-55.

杨华锋，郑洪灵，2010. 论风险社会治理体系中的协同关系[J]. 辽宁行政学院学报，12(7)：18-21.

杨晖玲，2012. 日本福岛核泄漏事件的案例分析[D]. 郑州：郑州大学.

杨刘敏，2007. 风险认知与决策领域的研究现状分析[J]. 内江师范学院学报，22(3)：56-58.

杨明，叶启绩，2011. 当代技术风险的自然主义之殇[J]. 自然辩证法研究，27(12)：53-56.

杨维，罗静，周志刚，2014. 情绪状态、信息关注与地震风险感知研究[J]. 保险研究，(7)：61-71.

杨文明，陈功，陈诗逸，2017. 巨灾保险偿付能力风险管理研究[J]. 保险理论与实践，(8)：60-62

杨雪冬，2004. 全球化、治理失效与社会安全[J]. 中国人民大学学报，(2)：19-20.

杨雪冬，2006. 风险社会与秩序重建[M]. 北京：社会科学文献出版社.

姚树洁，韦开蕾，陈敏佳，2008. 2007 年的中国经济回顾与分析[J]. 当代经济科学，(3)：1-9.

殷本杰，2017. 全国综合减灾示范社区创建工作思考[J]. 中国减灾，(5)：34-37.

殷杰，尹占娥，许世远，等，2009. 灾害风险理论与风险管理方法研究[J]. 灾害学，24(2)：7-11.

尹卫霞，王静爱，余瀚，等，2012. 基于灾害系统理论的地震灾害链研究——中国汶川"5·12"地震和日本福岛"3·11"地震灾害链对比，防灾科技学院学报，14(2)：1-8.

于庆东，1993. 自然灾害经济损失函数与变化规律[J]. 自然灾害学报，(4)：3-9.

于汐，唐彦东，王慧彦，2010. 基于灾害背景下脆弱性基本内涵研究[C]//黄崇福，张继权，周宗放. 中国灾害防御协会风险分析专业委员会第四届年会论文集. 北京：Atlantis Press.

余中元，李波，张新时，2014. 社会生态系统及脆弱性驱动机制分析[J]. 生态学报，34(7)：1870-1879.

俞可平，2000. 经济全球化与治理的变迁[J]. 哲学研究，(10)：17-24，79.

约翰·H. 霍兰，2011. 隐秩序：适应性造就复杂性[M]. 周晓牧，韩晖，译. 上海：上海科技教育出版社.

岳经纶，李甜妹，2009. 合作式应急治理机制的构建：香港模式的启示[J]. 公共行政评论，2(6)：81-104，203-204.

运迎霞，马超，2019. 美国国家备灾框架研究及相关思考[J]. 国际城市规划，(6)：149-155.

詹姆斯·S. 科尔曼，1990. 社会理论的基础[M]. 邓方，译. 北京：社会科学文献出版社.

张海波，童星，2006. 从社会风险到公共危机——公共危机管理研究的新路径[C]//中山大学行政管理研究中心. 21世纪的公共管理：机遇与挑战——第二届国际学术研讨会文集. 上海：格致出版社，上海人民出版社.

张继权，冈田宪夫，多多纳裕一，2006. 综合自然灾害风险管理——全面整合的模式与中国的战略选择[J]. 自然灾害学报，15(1)：29-37.

张洁，张涛甫，2009. 美国风险沟通研究：学术沿革、核心命题及其关键因素[J]. 国际新闻界，(9)：95-101.

张连国，2006. 治理理论：本质是复杂科学范式[J]. 学术论坛，(2)：46-51.

张明，谢家智，2017. 巨灾社会脆弱性动态特征及驱动因素考察[J]. 统计与决策，(20)：56-60.

张素娟，卢阳旭，2016. 提升城市灾害应对能力降低社区社会脆弱性[J]. 中国减灾，(7)：44-46.

张旺勋，李群，王维平，等，2016. 复杂系统脆弱性综合分析方法[J]. 国防科技大学学报，38(2)：150-155.

张卫星，史培军，周洪建，2013. 巨灾定义与划分标准研究——基于近年来全球典型灾害案例的分析[J]. 灾害学，28(1)：15-22.

张文慧，王晓田，2008. 自我框架、风险认知和风险选择[J]. 心理学报，40(6)：633-641.

张秀兰，张强，2010. 社会抗逆力：风险管理理论的新思考[J]. 中国应急管理，(3)：36-42.

张岩，魏玖长，2011. 风险态度、风险认知和政府信赖——基于前景理论的突发状态下政府信息供给机制分析框架[J]. 华中科技大学学报(社会科学版)，25(1)：53-59.

张彦，2008. "风险"研究的历史擅变：转向与建构[J]. 学术月刊，(6)：27-32.

张艳，何爱平，赵仁杰，2016. 我国灾害经济研究现状特征与发展趋势的文献计量分析[J]. 灾害学，31(4)：150-156.

张业成，张立海，马宗晋，等，2007. 从印度洋地震海啸看中国的巨灾风险[J]. 灾害学，22(3)：105-108.

张志明，2006. 保险公司巨灾保险风险证券化初探[J]. 东北财经大学学报，(3)：60-63

张宗军，2013. 政府财政主导下的巨灾风险融资体系建设[J]. 西北农林科技大学学报(社会科学版)，(6)：103-109.

章国材，2014. 自然灾害风险评估与区划原理和方法[M]. 北京：气象出版社.

赵华，2010. 美国应急管理做法及启示[J]. 现代职业安全，(1)：92-93.

赵伟，2010. 基于复杂科学理论的武汉市突发事件应急管理研究[C]//Scientific Research Publishing. 基于互联网的商业管理学术会议论文集. 武汉：Scientific Research Publishing.

赵延东，2007. 解读"风险社会"理论[J]. 自然辩证法研究，23(6)：80-83.

赵延东，2011. 社会网络在灾害治理中的作用——基于汶川地震灾区调查的研究[J]. 中国软科学，(8)：56-64.

钟晓华，2016. 遗产社区的社会抗逆力——风险管理视角下的城市遗产保护[J]. 城市发展研究，23(2)：23-29.

周利敏，2012a. 社会脆弱性：灾害社会学研究的新范式[J]. 南京师大学报(社会科学版)，(4)：20-28.

周利敏，2012b. 灾害情境中的集体行动及形成逻辑[J]. 北京理工大学学报(社会科学版)，14(3)：82-88.

周利敏，2013a. 非结构式减灾：西方减灾的最新趋势及实践反思[J]. 国外社会科学，(5)：85-98.

周利敏，2013b. 从结构式减灾到非结构式减灾：国际减灾政策的新动向[J]. 中国行政管理，(12)：94-100.

周忻，徐伟，袁艺，等，2012. 灾害风险感知研究方法与应用综述[J]. 灾害学，27(2)：114-118.

周扬，李宁，吴文祥，等，2014. 自然灾害社会脆弱性研究进展[J]. 灾害学，29(2)：168-173.

周志刚，陈晗，2013. 风险感知与保险需求波动——基于最优保险模型的理论证明[J]. 保险研究，(5)：14-21.

朱华桂，2012. 论风险社会中的社区抗逆力问题[J]. 南京大学学报(哲学·人文科学·社会科学)，49(5)：47-53.

朱华桂，2013. 论社区抗逆力的构成要素和指标体系[J]. 南京大学学报(哲学·人文科学·社会科学)，50(5)：68-74.

朱新球，2009. 供应链风险传导的载体研究[J]. 长江大学学报(社会科学版)，(1)：66-68.

卓志，段胜，2010. 巨灾保险市场机制与政府干预：一个综述[J]. 经济学家，12(12)：88-97.

卓志，周志刚，2013. 巨灾冲击、风险感知与保险需求——基于汶川地震的研究[J]. 保险研究，(12)：74-86.

卓志，邝启宇，2014. 巨灾保险市场演化博弈均衡及其影响因素分析——基于风险感知和前景理论的视角[J]. 金融研究，(3)：194-206.

邹海平，王春乙，张京红，等，2013. 海南岛香蕉寒害风险区划[J]. 自然灾害学报，22(3)：130-134.

Adger W N, 2000. Social and ecological resilience: Are they related?[J]. Progress in Human Geography, 24(3): 347-364.

Adger W N, 2006. Vulnerability[J]. Global Environmental Change, 16(3): 268-281.

Adger W N, Brooks N, Bentham G, et al., 2004. New indicators of vulnerability and adaptive capacity[M]. Norwich: Tyndall Centre for Climate Change Research.

Adrianto L, Matsuda Y, 2002. Developing economic vulnerability indices of environmental disasters in small island regions[J]. Environmental Impact Assessment Review, 22(4): 393-414.

Adshead G, Canterbury R, Rose S, 1995. Current provision and recommendations for the management of psycho-social morbidity following disaster in England[J]. Disaster Prevention and Management, 4(4): 5-12.

Ainuddin S, Routray J K, 2012. Earthquake hazards and community resilience in Baluchistan[J]. Natural Hazards, 63(2): 909-937.

Albala-Bertrand J M, 1993. Natural disaster situations and growth: A macroeconomic model for sudden disaster impacts[J]. World Development, 21(9): 1417-1434.

Allison H E, Hobbs R J, 2004. Resilience, adaptive capacity, and the "lock-in trap" of the Western Australian agricultural region[J]. Ecology and Society, 9(1): 3.

Almond G A, Mundt R J, 1973. Crisis, choice and change: Some tentative conclusions[M]//Almond G A, Flanagan S C, Mundt R J. Crisis, choice and change: Historical studies of political development. Boston: Little, Brown and Company.

Althaus C E, 2005. A disciplinary perspective on the epistemological status of risk[J]. Risk Analysis, 25(3): 567-588.

Arrow K J, 1951. Social choice and individual values[M]. New York: Wiley.

Ashforth B E, Mael F, 1989. Social identity theory and the organization[J]. Academy of Management Review, 14(1): 20-39.

Auf der Heide E, Scanlon J, 2007. Health and medical preparedness and response[M]//Waugh W L, Tierney K.

Emergency management: Principles and pactice for ocal government. Washington, D.C.: International City Managers Association.

Aven T, Renn O, 2010. The role of quantitative risk assessments for characterizing risk and uncertainty and delineating appropriate risk management options, with special emphasis on terrorism risk[J]. Risk Analysis, 29(4): 587-600.

Bankoff G, Frerks G, Hilhorst D, 2004. Mapping vulnerability: Disasters, development and people[M]. London: Routledge.

Barrows H H, 1923. Geography as human ecology[J]. Annals of the Association of Geographers, 13(1): 1-14.

Beck E, André-Poyaud I, Davoine P A, 2012. Risk perception and social vulnerability to earthquakes in Grenoble (French Alps)[J]. Journal of Risk Research, 15(10): 1245-1260.

Beck U, 1988. Gegengifte: Die organisierte unverantwortlichkeit[M]. Frankfurt am Main: Suhrkamp.

Becker M B, 1993. Making democracy work: Civic traditions in modern Italy by Robert D. Putnam[J]. The Journal of Interdisciplinary History, 26(2): 306-308.

Beisner B E, Cuddington D T H, 2003. Alternative stable states in ecology[J]. Frontiers in Ecology and the Environment, 1(7): 376-382.

Bell M A, 2002. The five principles of organizational resilience[R]. Stanford: Gartner Research.

Birkmann J, 2006. Measuring vulnerability to natural hazards[M]. Tokyo: United Nations University Press.

Blaikie P, Cannon T, Davis I, et al., 1994. At risk: Natural hazards, people's vulnerability and disasters[M]. London: Routledge.

Bohle H G, 2001. Vulnerability and criticality: Perspectives from social geography[J]. IHDP Update, 2(1): 3-5.

Bolin B, 2007. Race, class, ethnicity, and disaster vulnerability[M]//Rodríguez H, Quarantelli E L, Dynes R R. Handbook of disaster research. New York: Springer.

Bonanno G A, 2004. Loss, trauma, and human resilience: Have we underestimated the human capacity to thrive after extremely aversive events?[J]. American psychologist, 59(1): 20-38.

Boyd A D, Jardine C G, 2011. Did public risk perspectives of mad cow disease reflect media representations and actual outcomes[J]. Journal of Risk Research, 14(5/6): 615-630.

Briguglio L, Cordina G, Farrugia N, et al., 2009. Economic vulnerability and resilience: Concepts and measurements[J]. Oxford Development Studies, 37(3): 229-247.

Bruneau M, Chang S E, Eguchi R T, et al., 2003. A framework to quantitatively assess and enhance the seismic resilience of communities[J]. Earthquake Spectra, 19(4): 733-752.

Buckle P, Marsh G, Smale S, 2001. Assessing resilience and vulnerability: Principles, strategies and actions[R]. Canberra: Emergency Management Australia.

Butler L, Morland L, Leskin G, 2007. Psychological resilience in the face of terrorism[M]//Bongar B, Brown L M, Beutler L E, et al. Psychology of Terrorism. Oxford: Oxford University Press

Carpenter S R, Westley F, Turner M G, 2005. Surrogates for resilience of social-ecological systems[J]. Ecosystems, 8(8): 941-944.

Chambers R, 2006. Vulnerability, coping and policy[J]. IDS Bulletin, 37(4): 33-40.

Coles E, Buckle P, 2004. Developing community resilience as a foundation for effective disaster recovery[J]. Australian Journal of Emergency Management, 19(4): 6-15.

Coles J P, Fryer T D, Smielewski P, et al., 2004. Incidence and mechanisms of cerebral ischemia in early clinical head injury[J]. Journal of Cerebral Blood Flow and Metabolism, 24(2): 202-211.

Colten C E, Kates R W, Laska S B, 2008. Community resilience: Lessons from new orleans and hurricane katrina[R]. Knoxville: Oak Ridge National Laboratory.

Comfort L K, Okada A, 2011. Coping with catastrophe: "Black swan" in Northeastern Japan, March 11[J]. Disaster Resiliency: Interdisciplinary Perspectives, 2013: 258-270.

Committee N P, 2017. Richard H. Thaler: Integrating economics with psychology[R]. Stockholm: Nobel Prize in Economics Documents.

Covello V T, Menkes J, Mumpower J, 1986. Risk Evaluation and management[M]. Boston: Springer.

Covello V T, Peters R G, Wojtecki J G, et al., 2001. Risk communication, the West Nile virus epidemic, and bioterrorism: Responding to the communication challenges posed by the intentional or unintentional release of a pathogen in an urban setting[J]. Journal of Urban Health, 78(2): 382-391.

Cummins J, Doherty A, Anita L, 2002. Can Insurers pay for the "big one"? Measuring the capacity of aninsurance market to catastrophic losses[J]. Journal of Banking and Finance, 26(2/3): 557-583.

Cutter S L, 2003. Social vulnerability to environmental hazards[J]. Social Science Quarterly, 84(2): 242-260.

Cutter S L, 2006. The long road home: Race, class, and recovery from Hurricane Katrina[J]. Environment, 48(2): 8-20.

Cutter S L, 2014. Building disaster resilience: Steps toward sustainability[J]. Challenges in Sustainability, 1(2): 72-79.

Cutter S L, Boruff B J, Shirley W L, 2003. Social vulnerability to environmental hazards[J]. Social Science Quarterly, 84(2): 242-261.

Cutter S L, Barnes L, Berry M, et al., 2008. A place-based model for understanding community resilience to natural disasters[J]. Global Environmental Change, 18(4): 598-606.

Cutter S L, Burton C G, Emrich C T, 2010. Disaster resilience indicators for benchmarking baseline conditions[J]. Journal of Homeland Security and Emergency Management, 7(1): 1271-1283.

Daniels R, Kettl D, Kunreuther H, et al., 2006. On risk and disaster: Lessons from Hurricane Katrina[M]. Philadelphia: University of Pennsylvania Press.

Defarges P M, 2015. La ggouvernance[M]. Paris: Presses Universitaires de France.

Dizard J E, 2008. The next catastrophe: Reducing our vulnerabilities to natural, industrial, and terrorist disasters by charles perrow[J]. Review of Policy Research, 27(1): 91-93.

Douglas M, Wildavsky A, 1982. Risk and culture: An essay on the selection of technological and environmental Dangers[M]. Berkeley: University of California Press.

Douglas M. 1985. Risk acceptability according to the social sciences[M]. New York: Russell Sage Foundation.

Dow K, Kasperson R E, Bohn M, 2006. Exploring the social justice implications of adaptation and vulnerability[M]//Adger N, Paavola J, Huq S. Fairness in adaptation to climate change. Cambridge: MIT Press.

Duncan J, Myers R J, 2000. Crop insurance under catastrophic risk[J]. American Journal of Agricultural Economics, 82(4): 842-855.

Dwyer A, Zoppou C, Nielsen O, et al., 2004. Quantifying social vulnerability: A methodology for identifying those at risk to natural hazards[M]. Canberra: Geoscience Australia.

Dynes R R, 2005. Community social capital as the primary basis for resilience[R]. Newark: University of Delaware.

Egeland B, Carlson E, Sroufe L A, 1993. Resilience as process[J]. Development and psychopathology, 5(4): 517-528.

Elmqvist T, Colding J, Barthel S, et al., 2004. The dynamics of Social-Ecological systems in urban landscapes: Stockholm and the national urban park, Sweden[J]. Annals of the New York Academy of Sciences, 1023(1): 308-322.

Farley J E, 1993. Earthquake hysteria, before and after: A survey and follow-up on public response to the browning forecast[J]. International Journal of Mass Emergencies and Disasters, 11(3): 305-321.

Fischhoff B, 1995. Risk perception and communication unplugged: Twenty years of process[J]. Risk Analysis, 15(2): 137-144.

Fischhoff B, Gonzalez R M, Small D A, et al., 2003. Evaluating the success of terror risk communications[J]. Biosecurity and Bioterrorism: Biodefense Strategy Practice and Science, 1(4): 255-258.

Folke C, 2006. Resilience: The emergence of a perspective for social-ecological systems analyses[J]. Global Environmental Change, 16(3): 253-267.

Folke C, Carpenter S, Elmqvist T, et al., 2002. Resilience and sustainable development: Building adaptive capacity in a world of transformations[J]. AMBIO, 31(5): 437-440.

Fukuyama F, 2000. Social capital and civil society[M]. Washington, D.C.: International Monetary Fund.

Funahashi A, 1989. Distribution of corticogeniculo-neurons and projection of geniculocortical fibers in methylazoxy methanol-induced microcephalic rats[J]. Congenital Anomalies, 29(3): 125-137.

Galea S, Nandi A, Vlahov D, 2005. The epidemiology of post-traumatic stress disorder after disasters[J]. Epidemiologic Reviews, 27(1): 78-91.

Gallopín G C, 2006. Linkages between vulnerability, resilience, and adaptive capacity[J]. Global Environmental Change, 16(3): 293-303.

Ganor M, Ben-Lavy Y, 2003. Community resilience: Lessons derived from Gilo under fire[J]. Journal of Jewish Communal Service, 79(2/3): 105-108.

Garmezy N, Devine V, 1984. Project competence: The Minnesota studies of children vulnerable to psychopathology[M]// Watt N E, Anthony J, Wynne L C, et al. Children at Risk for Schizophrenia: A Longitudinal Perspective. New York: Cambridge University Press.

Ghesquiere F, Mahul O, 2007. Sovereign natural disaster insurance for developing countries: A paradigm shift in catastrophe risk financing[R]. Washiongton, D. C.: The World Bonk.

Goldings H J, 1978. Vulnerability, coping, and growth from infancy to adolescence[J]. Journal of the American Academy of Child Psychiatry, 17(3): 549-551.

Gordon D C, 2011. Therapeutic metaphors[J]. Australian Journal of Clinical Hypnotherapy and Hypnosis, 33(2): 51-74.

Grootaert C, 1999. Social capital, houshold welfare, and poverty in Indonesia[R]. Washington, D.C.: The World Bank.

Gunderson L H, 2000. Ecological resilience—in theory and application[J]. Annual Review of Ecology and Systematics, 31(1): 425-439.

Hansen J, Holm L, Frewer L, et al., 2003. Beyond the knowledge deficit: Recent research into lay and expert attitudes to food risks[J]. Appetite, 41(2): 111-121.

Hansson S O, 2010. Risk: Objective or subjective, facts or values[J]. Journal of Risk Research, 13(2): 231-238.

Heath R L, Nathan K, 1990. Public relations role in risk communication: Information, rhetoric and power[J]. Public Relations Quarterly, 35(4): 21-45.

Hewitt K, 1997. Regions of risk: A geographical introduction to disasters [M]. London: Routledge.

Hogg M A, Terry D J, 2000. Social identity and self-categorization processes in organizational contexts[J]. The Academy of Management Review, 25(1): 121-140.

Holling C S, 1973. Resilience and stability of ecological systems[J]. Annual Review of Ecology and Systematics, 4(1): 1-23.

Hollister-Wagner G H, Foshee V A, Jackson C, 2001. Adolescent aggression: Models of resiliency[J]. Journal of Applied Social Psychology, 31(3): 445-466.

Holzheu T, Karl K, Helfenstein R, 2006. Securitization-new opportunities for insurers and investors[R]. Zürich: Swiss Re.

Howard L M, Molyneaux E, Dennis C, et al., 2014. Non-psychotic mental disorders in the perinatal period[J]. The Lancet, 384(9956): 1775-1788.

Howard S, Dryden J, Johnson B, 1999. Childhood resilience: Review and critique of literature[J]. Oxford Review of Education, 25(3): 307-323.

Hunter W C, Smith S D, 2002. Risk management in the global economy: A review essay[J]. Journal of Banking and Finance, 26(2): 205-221.

Huxham C, 1993. Pursuing Collaborative Advantage[J]. Journal of the Operational Research Society, 44(6): 599-611.

Huxham C, 2003. Theorizing collaboration practice[J]. Public Management Review, 5(3): 401-423.

Huxham C, 2005. Managing to collaborate: The theory and practice of collaborative advantage[M]. London: Routledge.

IPCC, 2001. Climate change 2001: Impacts, adaptation, and vulnerability: Contribution of Working Group II to the third assessment report of the Intergovernmental Panel on Climate Change[M]. New York: Cambridge University Press.

Janssen M A, Ostrom E, 2006. Resilience, vulnerability, and adaptation: A cross-cutting theme of the International Human Dimensions Programme on global environmental change[J]. Global Environmental Change, 16(3): 237-239.

Jerry T, 2009. Mitchell. Hazards education and academic standards in the Southeast United States[J]. International Research in Geographical and Environmental Education, 18(2): 134-148.

Johnson E J, Tversky A, 1983. Affect, generalization, and the perception of risk[J]. Journal of Personality and Social Psychology, 45(1): 20-31.

Kahan D M, Braman D, Slovic P, et al., 2009. Cultural cognition of the risks and benefits of nanotechnology[J]. Nature Nanotechnology, 4(2): 87-90.

Kahneman D，Tversky A，1979. Prospect theory: An analysis of decision under risk[J]. Econometrica，47(2): 263-291.

Kahneman D，Tversky A，2000. Choices，values，and frames[M]. New York: Cambridge University Press.

Kasperson R E，Kasperson J X，2001. Climate change，vulnerability，and social justice[M]. Stockholm: Stockholm Environment Institute.

Kasperson R E，Renn O，Slovic P，et al.，1988. The social amplification of risk: A conceptual framework[J]. Risk Analysis，8(2): 177-187.

Khazai B，Mahdavian F，Platt S，2018. Tourism recovery scorecard (TOURS)—Benchmarking and monitoring progress on disaster recovery in tourism destinations[J]. International Journal of Disaster Risk Reduction，27: 75-84.

Kinnear S，2013. Disaster resiliency: Interdisciplinary perspectives[J]. Resilience: International Policies，Practices and Piscourses，1(3): 231-233.

Klandermans B，2002. How group identification helps to overcome the dilemma of collective action[J]. American Behavioral Scientist，45(5): 887-900.

Knight J，Yueh L，2010. The role of social capital in the labour market in China[J]. Economics of Transition，16(3): 389-414.

Kollock P，1998. Social dilemmas: The anatomy of cooperation[J]. Annual Review of Sociology，24(1): 183-214.

Kooiman J，van Vliet M，1993. Governance and public management[M]//Eliassen K A，Kooiman J. Managing public organization: Lessons from contemporary european experience. London: Sage Publications.

Kreps G A，1984. Sociological inquiry and disaster research[J]. Annual Review of Sociology，10(10): 309-330.

Kuhar S E，2009. Public perceptions of florida red tide risks[J]. Risk Analysis，29(7): 963-969.

Kunreuther，Howard C，Roth R J，1998. Paying the price: The status and role of insurance against natural disasters in the United States[M]. Washington，D.C.: Joseph Henry Press.

Lai C L，Tao J，2003. Perception of environmental hazards in Hong Kong Chinese[J]. Risk Analysis，23(4): 669-684.

Leipold B，Greve W，2009. Resilience: A conceptual bridge between coping and development[J]. European Psychologist，14(1): 40-50.

Lerner J S，Gonzalez R M，Small D A，et al.，2003. Effects of fear and anger on perceived risks of terrorism: A national field experiment[J]. Psychological Science，14(2): 144-150.

Lewis C M，Murdock K C，1996. The role of government contractsin discretionary reinsurance markets for natural disasters[J]. The Journal of Risk and Insurance，63(4): 567-597.

Ligon E，Schechter L，2003. Measuring vulnerability[J]. The Economic Journal，113(486): 14-28.

Lin N，1999. Building a network theory of capital social[J]. Connections，22(1): 29-51.

Linquanti R，1992. Using community-wide collaboration to foster resiliency in kids: A conceptual framework[R]. Portland: Western Regional Center for Drug-Free Schools and Communities.

Lofstedt R E，2010. Risk communication guidelines for Europe: A modest proposition[J]. Journal of Risk Research，13(1): 87-109.

Luhmann N，1993. Riske: A sociological theory[M]. New York: Aldine de Gruyter.

Lundy K C, Janes S, 2009. Community health nursing: Caring for the publics health[M]. 2nd ed. Massachusetts: Jones and Bartlett Publishers.

Luthans F, Youssef C M, 2004. Human, social, and now positive psychological capital management: Investing in people for competitive advantage[J]. Organizational Dynamics, 33(2): 143-160.

Luthar S S, 1991. Vulnerability and resilience: A study of high-risk adolescents[J]. Child Development, 62(3): 600-616.

Luthar S S, 1993. Annotation: Methodological and conceptual issues in research on childhood resilience[J]. Journal of Child Psychology and Psychiatry, and Allied Disciplines, 34(4): 441-453.

Luthar S S, Cicchetti D, 2000. The construct of resilience: Implications for interventions and social policies[J]. Development and Psychopathology, 12(4): 857-885.

MacCarthy J J, Canziani O F, Leary N A, et al., 2001. Climate change 2001: Impacts, adaptation and vulnerability, third assessment report of the IPCC[M]. New York: Cambridge University Press.

Maskrey A, 2011. Revisiting community-based disaster risk management[J]. Environmental Hazards, 10(1): 42-52.

Masten A S, 2001. Ordinary magic: Resilience processes in development[J]. American Psychologist, 56(3): 227-238.

Masten A S, 2007. Resilience in developing systems: Progress and promise as the fourth wave rises[J]. Development and Psychopathology, 19(3): 921-930.

Masten A S, Best K M, Garmezy N, 1990. Resilience and development: Contributions from the study of children who overcome adversity[J]. Development and Psychopathology, 2(4): 425-444.

Masten A S, Coatsworth J D, 1998. The development of competence in favorable and unfavorable environments: Lessons from research on successful children[J]. American Psychologist, 53(2): 205-220.

Masuda J R, Garvin T, 2006. Place, culture, and the social amplification of risk[J]. Risk Analysis, 26(2): 437-454.

McComas K A, 2010. Public meetings about local cancer clusters: Exploring the relative influence of official versus symbolic risk messages on attendees, post-meeting concern[J]. Journal of Risk Research, 13(6): 753-770.

McElroy T, Seta J J, Waring D A, 2007. Reflections of the self: How self-esteem determines decision framing and increases risk taking[J]. Journal of Behavioral Decision Making, 20(3): 223-240.

McEntire D A, 2000. Sustainability or invulnerable development? Proposals for the current shift in paradigm[J]. Australian Journal of Emergency Management, 15(1): 58-61.

McMahon C A, Gibson F L, Allen J L, et al., 2007. Psychosocial adjustment during pregnancy for older couples conceiving through assisted reproductive technology[J]. Human Reproduction, 22(4): 1168-1174.

McManus S, Seville E, Vargo J, et al., 2008. Facilitated process for improving organizational resilience[J]. Natural Hazards Review, 9(2): 81-90.

Michel-Kerjan E, Zelenko I, Cardenas V, 2011. Catastrophe financing for governments: Learning from the 2009-2012 multicat program in Mexico[M], Paris: OECD Publishing.

Mileti D, 1999. Disasters by design: A reassessment of natural hazards in the United States[M]. Washington, D.C.: Joseph Henry Press.

Mochizuki M, Yu X Z, Seki S, et al., 2014. Thermally driven ratchet motion of a skyrmion microcrystal and topological magnon Hall effect[J]. Nature Materials, 13(3): 241-246.

Morrow B H, 2008. Community resilience: A social justice perspective[R]. Oak Ridge: Community and Regional Resilience Institute.

Moss R H, Brenkert A L, Malone E L, 2001. Vulnerability to climate change: A quantitative approach[M]. Richland: Pacific Northwest National Laboratories.

Musgrave R A, 1984. Pathway to tax reform[J]. Harvard Law Review, 98(2): 335-337.

Myers C A, Slack T, Singlemann J, 2008. Social vulnerability and migration in the wake of disaster: The case of Hurricanes Katrina and Rita[J]. Population and Environment, 29: 271-291.

Myers D R J, 2000. Crop insurance under catastrophic risk[J]. American Journal of Agricultural Economics, 82(4): 842-855.

Nakagawa Y, Shaw R, 2004. Social capital: A missing link to disaster recovery[J]. International Journal of Mass Emergencies and Disasters, 22(1): 5-34.

National Research Council, 1989. Improving risk communication[M]. Washington, D.C.: The National Academy Press.

National Research Council, 2006. Guidelines for the humane transportation of research animals[M]. Washington, D.C.: The National Academies Press.

Nel P, Righarts M, 2008. Natural disasters and the risk of violent civil conflict[J] International Studies Quarterly, 52(1): 159-185.

Nelson C A, 1999. Neural plasticity and human development[J]. Current Directions in Psychological Science, 8(2): 42-45.

Norris F H, Stevens S P, Pfefferbaum B, et al., 2008. Community resilience as a metaphor, theory, set of capacities, and strategy for disaster readiness[J]. American Journal of Community Psychology, 41(1/2): 127-150.

Nye J, 1997. Introduction: The decline of confidence in government[M]// Nye J S, Zelikow P D, King D C. Why people don't trust government?. Cambridge: Harvard University Press.

O'Keefe P, Westgate K, Wisner B, 1976. Taking the naturalness out of natural disasters[J]. Nature, 260(5552): 566-567.

Pandey B, Okazaki K, 2005. Community based disaster management: Empowering communities to cope with disaster risks[J]. Regional Development Dialogue, 26(2): 52-57.

Paton D, Johnston D, 2001. Disasters and communities: Vulnerability, resilience and preparedness[J]. Disaster Prevention and Management: An International Journal, 10(4): 270-277.

Paton D, McClure J, 2013. Preparing for disaster: Building household and community capacity[M]. Springfield: Charles C. Thomas Publisher.

Paton D, Smith L, Johnston D M, 2000. Volcanic hazards: Risk perception and preparedness[J]. New Zealand Journal of Psychology, 29(2): 86-91.

Peacock W G, Brody S D, Highfield W, 2005. Hurricane risk perceptions among Florida's single family homeowners[J]. Landscape and Urban Planning, 73(2/3): 120-135.

Pearce L, 2003. Disaster management and community planning, and public participation: How to achieve sustainable hazard mitigation[J]. Natural Hazards, 28(2/3): 211-228.

Pelanda C, 1981. Disaster and sociosystemic vulnerability[M]. Gorizia: Disaster Research Center.

Pelling M, High C, 2005. Understanding adaptation: What can social capital offer assessments of adaptive capacity?[J]. Global Environmental Change, 15 (4): 308-319.

Pelling M, Blackburn S, 2014. Megacities and the coast: Risk, resilience and transformation[M]. London: Routledge.

Perrow C. 2011. The next catastrophe: Reducing our vulnerabilities to natural, industrial, and terrorist disasters[M]. Princeton: Princeton University Press.

Petal M A, 2008. Education in disaster risk reduction[M]//Shaw R, Krishnamurthy R. Disaster management: Global challenges and local solutions . Boca Raton: CRC Press.

Petal M A, Izadkhah Y O, 2008. Concept note: Formal and informal education for disaster risk reduction[C]. Risk RED for the International Conference on School Safety, Islamabad.

Pfefferbaum B J, Reissman D B, Pfefferbaum R L, et al., 2008. Building resilience to mass trauma events[M]// Doll L S, Bonzo S E, Sleet D A, et al. Handbook of injury and violence prevention. Boston: Springer.

Philippe J B, Potters M, 2000. Price comparison: Theory of financial risk: From statistical physics to risk management[M]. Cambridge: Cambridge University Press.

Pidgeon N, 1999. Risk communication and the social amplification of risk: Theory, evidence and policy implications[J]. Risk Decision and Policy, 4 (2): 145-159.

Pielke Jr. R A, Pielke Sr. R A, 1999. Storms [M]. London: Routledge.

Portes A, 1998. Social capital: Its origins and applications in modern sociology[J]. Annual Review of Sociology, 24 (1): 1-24.

Pratt J W, 1975. Risk aversion in the small and in the large[J]. Econometrica, 44 (2): 115-130.

Pulley M L, 1997. Leading resilient organizations[J]. Leadership in Action, 17 (4): 1-5.

Putnam R D, 1993. The prosperous community social capital and public life[J]. American Prospect, 4 (13): 35-42.

Putnam R, Leonardi R, Naetti R, 1993. Making democracy work: Civic traditions in modern Italy[M]. Princeton: Princeton University Press.

Renn O, 1998. Three decades of risk research: Accomplishments and new challenges[J]. Journal of Risk Research, 1 (1): 49-71.

Renn O, 2007. White paper on risk governance: Toward an integrative approach[M]//Renn O, Walker K D. Global risk governance: Concept and ractice using the IRGC framework. Dordrecht: Springer.

Richardson G E, 2002. The metatheory of resilience and resiliency[J]. Journal of clinical psychology, 58 (3): 307-321.

Rode D, Fischhoff B, Fischbeck P, 2000. Catastrophic risk and securites design[J]. The Journal of Psychology and Financial Markets, 1 (2): 111-126.

Rose A Z, 2009. Economic resilience to disasters[R]. Oak Ridge: Community and Regional Resilience Institue.

Rosoff H, John R S, Prager F, 2012. Flu, risks, and videotape: Escalating fear and avoidance[J]. Risk Analysis, 32 (4): 729-743.

Rygel L, O'sullivan D, Yarnal B, 2006. A method for constructing a social vulnerability index: An application to hurricane storm surges in a developed country[J]. Mitigation and Adaptation Strategies for Global Change, 11 (3): 741-764.

Salamon L M，Anheier H K，1997. The civil society sector[J]. Society，34(2)：60-65.

Sandman P M，1989. Hazard versus outrage in the public perception of risk[M]//Covello V T，McCallum D B，Pavlova M T. Effective risk communication. Boston：Springer.

Sandman P M，Weinstein N D，Klotz M L，2006. Public response to the risk from geological radon[J]. Journal of Communication，37(3)：93-108.

Sarewitz D，Pielke Jr. R，2001. Extreme events：A research and policy framework for disasters in context[J]. International Geology Review，43(5)：406-418.

Scheffer M，Carpenter S，Foley J A，et al.，2001. Catastrophic shifts in ecosystems[J]. Nature，413(6856)：591-596.

Schneiderbauer S，Ehrlich D，2004. Risk，hazard and people's vulnerability to natural hazards：A review of definitions，concepts and data[R]. Brussel：European Commission's Joint Research Centre.

Sempier T T，Swann D L，Emmer R，et al.，2010. Coastal community resilience index：A community self-assessment[R]. Ocean Springs：Mississippi-Alabama Sea Grant Consortium.

Shaw R，2014. Community practices for disaster risk reduction in Japan[M]. Tokyo：Springer.

Shaw R，Kobayashi K S H，Kobayashi M，2004. Linking experience，education，perception and earthquake preparedness[J]. Disaster Prevention and Management，13(1)：39-49.

Sherrieb K，Norris F H，Galea S，2010. Measuring capacities for community resilience[J]. Social Indicators Research，99(2)：227-247.

Shi P J，2016. Mapping and ranking global mortality，affected population and GDP loss risks for multiple climatic hazards[J]. Journal of Geographical Sciences，26(7)：878-888.

Slovic P，1987. Perception of risk[J]. Science，236(17)：280-285.

Slovic P，1997. Public perception of risk[J]. Journal of Environmental Health，59(9)：22-23，54.

Slovic P，2010. Trust，emotion，sex，politics，and science：Surveying the risk-assessment battlefield[J]. Risk Analysis，19(4)：689-701.

Slovic P，Fischhoff B，Lichtenstein S，1979. Rating the risks[J]. Environment，21(3)：14-20.

Smith M J，1993. Pressure，power，and policy：state autonomy and policy networks in Britain and the United States[J]. University of Pittsburgh Press，12(1)：97-98.

Stallings R，1998. Disaster and the theory of social order[M]//Quarantelli E L. What is a Disaster? Perspectives on the Question. London：Routledge.

Starr C，1969. Social benefit versus technological risk[J]. Science，165(3899)：1232-1238.

Stigler G J，1971. The theory of economic regulation[J]. Bell Journal of Economics and Management Science，2(1)：3-21.

Stoker G，1995. Regime theory and urban politics[M]//Judge D，Stoker G，Wolman H. Theories of urban politics. London：Sage Publications.

Sun J，Wang J，Yang X J，2007. An overview on the resilience of social-ecological systems[J]. Acta Ecologica Sinica，27(12)：5371-5381.

Tate E，2013. Uncertainty analysis for a social vulnerability index[J]. Annals of the Association of American Geographers，103(3)：526-543.

Thomalla F, Downing T, Spanger-Seigfried E, 2006. Reducing hazard vulnerability: Towards a common approach between disaster risk reduction and climate adapation[J]. Disasters, 30(1): 39-48.

Thompson M, Ellis R, Wildavsky A, 1990. Cultural theory[M], Boulder: Westview Press.

Tierney K J, 2007. From the margins to the mainstream? Disaster research at the crossroads[J]. Annual Review of Sociology, 33(1): 503-525.

Tierney K, 2009. Disaster response: Research findings and their implications for resilience measures[R]. Oak Ridge: Community and Regional Resilience Institute.

Tierney K, Bevc C, Kuligowski E, 2006. Metaphors matter: Disaster myths, media frames, and their consequences in Hurricane Katrina[J]. The annals of the American academy of political and social science, 604(1): 57-81.

Tierney K, Bruneau M, 2007. Conceptualizing and measuring resilience: A key to disaster loss reduction[J]. TR News, (250): 14-17.

Titus C S, 2006. Resilience and the virtue of fortitude: Aquinas in dialogue with the psychosocial sciences[M]. Washington, D.C.: Catholic University of America Press.

Tramonte M R, 2001. Risk rrevention for all children/adolescents: Lessons learned from disaster intervention[R]. Washington, D.C. National Association of School Psychologistsl.

Troy D A, Carson A, Vanderbeek J, et al., 2010. Enhancing community-based disaster preparedness with information technology[J]. Disasters, 32(1): 149-165.

Turner B L, Kasperson R E, Matson P A, et al., 2003. A framework for vulnerability analysis in sustainability science[J]. Proceedings of the National Academy of Sciences of the United States of America, 100(14): 8074-8079.

Tversky A, Kahneman D, 1992. Advances in prospect theory: Cumulative representation of uncertainty[J]. Journal of Risks and Suncertainty, 5(4): 297-323.

UNISDR, 2004. Living with risk: A global review of disaster reduction initiatives[M]. Geneva: United Nations.

UNISDR, 2015. Global assessment report on disaster risk reduction (GAR)[M]. Geneva: United Nations.

Von Neumann J V, Morgenstern O, 1953. The theory of games and economic behavior[M]. Princeton: Princeton University Press.

Walker B, Holling C S, Carpenter S R, et al., 2004. Resilience, adaptability and transformability in social-ecological systems[J]. Ecology and Society, 9(2): 3438-3447.

Waller M A, 2001. Resilience in ecosystemic context: Evolution of the concept[J]. American Journal of Orthopsychiatry, 71(3): 290.

Wang X T, Simons F, Brédart S, 2001. Social cues and verbal framing in risky choice[J]. Journal of Behavioral Decision Making, 14(1): 1-15.

Ward P, 2016 Transient poverty, poverty dynamics, and vulnerability to poverty: An empirical analysis using a balanced panel from rural China[J]. World Development, 78(2): 541-553.

Werner E E, 1995. Resilience in development[J]. Current Directions in Psychological Science, 4(3): 81-84.

Williams N, Vorley T, Ketikidis P H, 2013. Economic resilience and entrepreneurship: A case study of the Thessaloniki City Region[J]. Local Economy, 28(4): 399-415.

Wisner B，Blaikie P，Cannon T，et al.，2003. At risk：Natural hazards，people's vulnerability and disasters[J]. Second Edition. New York：Routledge.

WMO，2014. WMO statement on the status of the global climate in 2013[M]. Geneva：World Meteorological Organization.

Young O R，1994. International governance：Protecting the environment in a stateless society[M]. Ithaca：Cornell University Press.

Zahran S，Peek L，Snodgrass J G，et al.，2011. Economics of disaster risk，social vulnerability，and mental health resilience[J]. Risk Analysis，31（7）：1107-1119.

Zhang Z S，Sun W，Zhou Y Z，2008. Quantitatively assessment of eco-environmental vulnerability in tropic coastal arid area：A case study of Leizhou Peninsula[J]. Journal of Desert Research，28（1）：125-130.

附录：实验问卷

问卷说明：总共分为四个部分。

第一部分是个人信息问卷调查。实验开始前我们需要您参与一份调查问卷以供我们的纯学术研究使用，问卷中的个人信息将会完全保密，且别人无法同时知道这些信息。请务必认真思考后填写您的真实信息和想法。第二部分是个体风险态度测试。当您在生活中面对收益或损失时，您将做出怎样的选择。第三部分是政府和社会信任度测试。测试个体对政府和社会的信任程度。第四部分是巨灾风险偏好与行为模拟。测试当个体面临巨灾损失时的风险偏好和行为决策。

非常感谢您参与此次实验研究。本研究主要探讨巨灾风险认知与行为主体决策的情况。请您根据真实情况作答，答案无对错之分。感谢您的参与！

第一部分（A）：个体特征信息

A1：性别:（   ）

a、男   b、女

A2：您的民族（   ）

a、汉族   b、少数民族

A3：您的家庭收入水平怎样？（   ）

a、很好   b、较好   c、一般   d、较差   e、很差

A4：您家在当地的社会地位怎样？（   ）

a、很高   b、较高   c、一般   d、较低   e、很低

A5：您家在农村还是城市？（   ）

a、农村   b、城市

A6：您所学的专业（   ）

a、与经济学相关   b、其他

A7：您是否有过灾害经历？（   ）

a、有   b、无(注：若有，请回答问题 A8；若无，则直接跳过问题 A8)

A8：您所经历的是小灾还是巨灾？（   ）

a、小灾(如普通车祸)   b、巨灾(如地震、恐怖袭击、战争等)

A9：您对巨灾的了解程度如何？（   ）

a、非常了解   b、比较了解   c、一般   d、不太了解   e、完全不了解

第二部分（B）：个体风险偏好

情景一：如果您正进行一项投资，请根据以下列出的两种方案，选择出您的真实感受。请注意，题目之间是相互独立的。

B1：请从下列两项中选择（　　　）

a、100%可以赚 800 元　　　b、80%可能赚 1000 元，20%可能分文不赚

B2：请从下列两项中选择（　　　）

a、100%可能赔 800 元　　　b、80%可能赔 1000 元，20%可能分文不赔

B3：请从下列两项中选择（　　　）

a、80%可能赚 20 万元，20%可能赔 10 万元

b、50%可能赚 40 万元，40%可能赔 15 万元，10%不赔不赚

B4：请从下列两项中选择（　　　）

a、80%可能赚 200 万元，20%可能赔 100 万元

b、50%可能赚 400 万元，40%可能赔 150 万元，10%不赔不赚

第三部分（C）：政府和社会信任度

C1：政府信任度

C11：您对官方媒体的信任程度如何？（　　　）

a、非常信任　　　b、较信任　　　c、一般信任　　　d、不信任　　e、非常不信任

C12：作为与公众互动的一方，您是否同意政府是值得信赖的？（　　　）

a、完全同意　　　b、比较同意　　　c、一般　　　d、不太同意　　e、完全不同意

C13：您是否觉得国家现有的法律制度是合理的？（　　　）

a、完全合理　　　b、比较合理　　　c、一般　　　d、不太合理　　e、完全不合理

C14：发生巨灾（如地震）后，您会多大程度依靠政府的救助？（　　　）

a、完全依靠　　　b、大多数依靠　　　c、较少依靠　　　d、完全不依靠

C2：社会信任度

C21：一般来说，您对现在社会上的陌生人是否信任？（　　　）

a、非常信任　　　b、信任　　　c、一般　　　d、不信任　　　e、非常不信任

C22：总的来说，您同不同意在这个社会上，绝大多数人都是可以信任的？（　　　）

a、非常同意　　　b、比较同意　　　c、说不上同意不同意　　　d、比较不

e、非常不同意

C23：当您或家人受到灾害（如重大疾病）困扰时，您是否会求助于社会？

a、会　　　b、可能会　　　c、不会

第四部分（D）：巨灾情境模拟

情景二：当您遇到巨灾（如地震、恐怖袭击）时，请你从下列两种方案中做出

您的真实抉择。

D1：请从以下两个选项中做出您的选择（　　　）

a、高确定性损失：100%的概率损失 1 万元

b、高不确定损失：0.1%的概率损失 50 万元

D2：您是否会购买巨灾保险？（　　　）

a、会　　　b、不会